EUL VERLAG

Corporate Social Responsibility als Erfolgsfaktor bei M&A-Transaktionen

Dissertation

zur Erlangung des Grades eines Doktors der Wirtschaftswissenschaften

der Rechts- und Wirtschaftswissenschaftlichen Fakultät

der Universität Bayreuth

vorgelegt von

Katja Theuerkorn

aus Ruit/Ostfildern

Dekan: Prof. Dr. Herbert Woratschek

Erstberichterstatter: Prof. Dr. Dr. Reinhard Meckl

Zweitberichterstatter: Prof. Dr. Dr. Alexander Brink

Tag der mündlichen Prüfung: 23. Januar 2013

Reihe: Planung, Organisation und Unternehmungsführung · Band 132

Herausgegeben von Prof. Dr. Dr. h. c. Norbert Szyperski, Köln, Prof. Dr. Udo Winand, Kassel, Prof. (em.) Dr. Joachim Griese, Bern, Prof. Dr. Harald F. O. von Kortzfleisch, Koblenz, und Prof. Dr. Ludwig Theuvsen, Göttingen

Dr. Katja Theuerkorn

Corporate Social Responsibility als Erfolgsfaktor bei M&A-Transaktionen

Mit einem Geleitwort von Prof. Dr. Dr. Reinhard Meckl, Universität Bayreuth

EUL VERLAG

Bibliografische Information der Deutschen Nationalbibliothek

Die Deutsche Nationalbibliothek verzeichnet diese Publikation in der Deutschen Nationalbibliografie; detaillierte bibliografische Daten sind im Internet über <http://dnb.d-nb.de> abrufbar.

Dissertation, Universität Bayreuth, 2013

ISBN 978-3-8441-0233-8
1. Auflage März 2013

JOSEF EUL VERLAG GmbH
Brandsberg 6
53797 Lohmar
Tel.: 0 22 05 / 90 10 6-6
Fax: 0 22 05 / 90 10 6-88
E-Mail: info@eul-verlag.de
http://www.eul-verlag.de

Bei der Herstellung unserer Bücher möchten wir die Umwelt schonen. Dieses Buch ist daher auf säurefreiem, 100% chlorfrei gebleichtem, alterungsbeständigem Papier nach DIN 6738 gedruckt.

Geleitwort

Corporate Social Responsibility (CSR) ist inzwischen nicht nur für viele Großunternehmen zu einem integralen Bestandteil der Unternehmensführung geworden. Die Stakeholder eines Unternehmens, und hier insbesondere das gesellschaftliche Umfeld, legen immer mehr Wert auf die Übernahme sozialer Verantwortung durch Unternehmen. Aufgrund dieser gesellschaftspolitischen Relevanz hat sich auch die wissenschaftliche Literatur in großem Umfang mit dem Phänomen CSR und seinen Implikationen für die Unternehmensführung beschäftigt. Allerdings findet sich ein interessanter „weißer Fleck" in der theoretisch-konzeptionellen Behandlung von CSR: Im Themenfeld Mergers & Acquisitions (M&A) fehlt bisher eine wissenschaftliche und strukturierte Auseinandersetzung mit der Frage ob und gegebenenfalls wie CSR M&A und vor allem auch den M&A-Erfolg beeinflusst. Dies ist umso überraschender, da M&A nun schon seit langer Zeit eine akzeptierte und praktizierte Variante der strategischen Unternehmensführung darstellt.

Die vorliegende Forschungsarbeit setzt sich das Ziel dieses Forschungsdefizit in wichtigen Teilen zu beseitigen. Auf Basis einer Identifikation der potenziellen Einflussstellen im M&A-Prozess wird eine Einschätzung der Erfolgswirkung von CSR für das Käuferunternehmen theoretisch begründet. Dabei wird CSR als Instrument des Risikomanagements im M&A-Prozess mit der Möglichkeit wichtige Risiken zu vermindern modelliert. Die aus dieser Sichtweise abgeleiteten Ergebnisse werden in Hypothesenform formuliert und einer großzahligen, empirischen Überprüfung unterzogen. Die CSR-Arten bzw. die CSR-Typeneinteilung für die Käuferunternehmen werden sehr praxisorientiert vorgenommen. Die Ergebnisse zeigen interessante und wichtige Erkenntnisse zur Rolle von CSR im M&A-Prozess.

Die vorliegende Arbeit stellt einen wichtigen Beitrag zur besseren Erfassung der Wirkung von CSR im M&A-Prozess dar. Der Verfasserin gelingt ein innovativer, theoretisch fundierter und empirisch abgesicherter Ansatz in einem bisher nur unzureichend bearbeiteten Forschungsgebiet, das in Zukunft weiter an Bedeutung gewinnen wird.

Prof. Dr. Dr. R. Meckl

Vorwort

Das vorliegende Buch entstand als Dissertation während meiner Zeit als Assistentin am Lehrstuhl für Internationales Management der Universität Bayreuth. An dieser Stelle möchte ich meinen Dank an all diejenigen richten, die mich bei der Erstellung der vorliegenden Dissertation unterstützt und begleitet haben.

Dank gebührt zunächst meinem Doktorvater, Prof. Dr. Dr. Reinhard Meckl, für die Betreuung meiner Dissertation, die stetige Bereitschaft zur fachbezogenen Diskussion sowie die mir gewährte wissenschaftliche Freiheit und das mir entgegengebrachte Vertrauen. Das von Ihm geschaffene Umfeld hat ganz wesentlich zum Gelingen dieser Arbeit beigetragen. Danken möchte ich außerdem Prof. Dr. Dr. Alexander Brink für die engagierte Übernahme und die rasche Anfertigung des Zweitgutachtens. Für den freundlichen Vorsitz der Promotionskommission danke ich Frau Prof. Dr. Ricarda Bouncken.

Sehr verbunden bin ich dem SFB 649 „Ökonomisches Risiko“ der Humboldt-Universität zu Berlin für den Gastzugriff auf die von mir benötigten Datenbanken sowie der Rating-Agentur Oekom Research, namentlich Ines Markmiller, für die äußerst kooperative Zusammenarbeit. Ebenfalls bedanken möchte ich mich bei Dr. Markus Franke und M.A. Valentin Burg für die Unterstützung zu Fachfragen rund um den Bereich der Abnormalen Rendite. Weiterhin möchte ich mich bei Dipl.-Kfm. Viktor Fredrich für die wertvollen, insbesondere die statistischen und methodischen Aspekte betreffenden Anregungen bedanken. Ein herzlicher Dank gilt außerdem Frau Beate Bücheleres-Rieppel für die Bereitschaft, meine Arbeit Korrektur zu lesen.

Meinen Kolleginnen und Kollegen Dipl.-Kffr. Anna Maria Müller, Dipl.-Kfm. Sebastian Weusthoff, Dr. Florian Riedel und Dr. Dominik Schultheiß sowie unseren Hilfskräften danke ich für die freundschaftliche Arbeitsatmosphäre und die unvergessliche Zeit am Lehrstuhl. Besonders verbunden bin ich meinem Kollegen Dipl.-Kfm. Sebastian Weusthoff und meiner Kollegin Dipl.-Kffr. Anna Maria Müller, die mir immer gute Freunde waren und sind. Weiter möchte ich mich an dieser Stelle bei Frau Petra Valentin für ihre Herzlichkeit und ihren motivierenden Zuspruch bedanken. Das ganze Lehrstuhlteam hat dazu beigetragen, dass jeder noch so trübe Tag im Büro durch Heiterkeit aufgehellt wurde.

Unentbehrlich während meiner Promotionsphase waren meine Freunde. Sie haben mir stets ein Umfeld geboten, in dem ich von der Arbeit abschalten und wieder Kraft tanken konnte. Dafür bin ich Ihnen sehr dankbar. Ein spezieller Dank gilt meinem Freund Christian Portz, der ein außerordentliches Verständnis für mich und meine Arbeit gezeigt hat und damit auch in Kauf nahm, dass insbesondere während der intensiven Phase der Promotion Wochenenden und Urlaubstage für die Arbeit investiert wurden. Für die großartige und fortwährende Unterstützung möchte ich mich von ganzem Herzen bedanken.

Widmen möchte ich diese Arbeit meiner Familie. Meinen Eltern Jens und Linda Theuerkorn danke ich für das immer währende Vertrauen in mich und in das, was ich tue. Meiner Schwester danke ich für die emotionale Unterstützung. Ihre tiefe Freundschaft gab mir immer Halt. Ohne meine Familie wäre es nicht möglich gewesen, neben den Höhen ebenso die immer wieder auftretenden Tiefen erfolgreich zu überwinden. Dafür danke ich Euch.

Katja Theuerkorn

Abstract

Mit der vorliegenden Arbeit wird die Fragestellung behandelt, inwieweit Corporate Social Responsibility (CSR) als Erfolgsfaktor bei M&A-Transaktionen fungiert. Ziel des Beitrages ist, einen theoretisch fundierten und empirisch abgesicherten Ansatz zum Wirkungsmechanismus von CSR auf den M&A-Erfolg zu erarbeiten. Auf Basis der Identifikation potenzieller Einflussstellen im M&A-Prozess wird eine Einschätzung der Erfolgswirkung von CSR für das Käuferunternehmen theoretisch begründet. Dabei wird CSR als Instrument des Risikomanagements im M&A-Prozess mit der Möglichkeit, wichtige Risiken zu vermindern, modelliert. Die sich aus dieser Sichtweise abgeleiteten Ergebnisse werden in Hypothesen formuliert und einer empirischen Untersuchung unterzogen. Hierfür wurden 113 Transaktionen börsennotierter Käuferunternehmen im Zeitraum von 2006 bis 2010 analysiert. Es zeigt sich, dass die Übernahme gesellschaftlicher Verantwortung des Käuferunternehmens im Zuge der univariaten Analyse einen negativen Einfluss auf den M&A-Erfolg hat. So erzielen unabhängig von der gewählten CSR-Dimension Prime gelistete Transaktionen niedrigere abnormale Renditen als Under-Prime gelistete Transaktionen. Die Resultate der multivariaten Analyse deuten jedoch darauf hin, dass es keinen verallgemeinerbaren Zusammenhang zwischen der CSR-Performance des Käuferunternehmens und dem M&A-Erfolg gibt. Der theoretisch fundierte Wirkungsmechanismus von CSR auf den M&A-Erfolg ist am Kapitalmarkt nicht erkennbar. Die gewonnenen Erkenntnisse der empirischen Untersuchung ermöglichen, konkrete Handlungsempfehlungen zur Notwendigkeit der Integration von CSR in den M&A-Prozess abzuleiten.

Inhaltsübersicht

Inhaltsverzeichnis

ABBILDUNGSVERZEICHNIS

TABELLENVERZEICHNIS

Abkürzungsverzeichnis

AA 1000	AccountAbility 1000
AAR	durchschnittlich abnormale Rendite
AktG	Aktiengesetz
APT	Arbitrage Pricing Theory
APV-Ansatz	Adjusted-Present-Value-Ansatz
AR	abnormal Rendite
AS/ NZS	Australian Standard/ New Zealand Standard
ATX	Austrian Traded Index
BilReG	Bilanzrechtsformgesetz
BLUE	Best Linear Unbiased Estimators
BMW	Bayerische Motoren Werke
BMAS	Bundesministerium für Arbeit und Soziales
BRIC	Brasilien, Russland, Indien, China
BSC	Balanced Scorecard
CAAR	kumulierte durchschnittliche abnormale Rendite
CAC40	Cotation Assisteé en Continu
CAE-Branche	Chemie-, Automobil und Energiebranche
CAPM	Capital Asset Pricing Modell
CAR	kumulierte abnormale Rendite
CC	Corporate Citizenship
CEP	Council on Economic Priorities
CERES	Coalition for Environmental Responsible Economics
CFOs	Chief Financial Officers
CFP	Corporate Financial Performance
CMS	Capital Market School
COSO	Committee of Sponsoring Organizations of the Treadway Commission
CPI	Corruption Perception Index
CSR	Corporate Social Responsibility
CSP	Corporate Social Performance
4C	Common Code for the Coffee Community
DAX	Deutscher Aktien Index
DCF	Discounted-Cashflow-Ansatz
DRSC	Deutsche Rechnungslegungs Standards Committees e.V.

EBIT	Earnings before interest and taxes
EBITDA	Earnings before interest, taxes, depreciation and amortisation
EMS-Forum	European Multi-Stakeholder-Forum
ER	Environmental Rating
ESV-Matrix	Environmental Shareholder Value Matrix
EU	Europäische Union
F&E	Forschung & Entwicklung
FERMA	Federation of European Risk Management Associations
FHL	Frankfurter-Hohenheimer Leitfaden
GRI	Global Reporting Initiative
HGB	Handelsgesetzbuch
HDAX	Dax 100
HRS	Human Resources School
HSSE	health, safety, social and environmental risks
IKS	internes Kontrollsystem
ICCA	International Council of Chemical Associations
ILO	International Labour Organisation
IOS	Industrial Organization School
ISO	International Organization for Standardization
JIS	Japanese Industrial Standard
KLD	Kinder, Lydenberg, Domini & Co
KonTraG	Gesetz zur Kontrolle und Transparenz im Unternehmensbereich
KQ	Kleinste Quadrate
LM-Test	Lagrange Multiplier-Test
M&A	Mergers & Acquisitions
M&A BSC	M&A Balanced Scorecard
MSCI	Morgan Stanley Capital International
NGOs	Non-Governmental-Organisationen
NPOs	Non-Profit-Organisationen
NROs	Nichtregierungsorganisationen
OBS	Organizational Behavior School
OECD	Organisation for Economic Co-operation and Development
OI	Organizational Identity Theory
OLS	Ordinary Least Squares
PAS	Principal Agent School

PMI	Post-Merger-Integrationserfolg
PR	Public Relations
Q-Q-Plot	Normalverteilungsplot
RAG & OR	Revisionsaufsichtsgesetz und Obligationsrecht
ROA	Return on Assets
ROE	Return on Equity
ROI	Return on Investment
RM	Risikomanagement
SCR	Social Rating
SEC	Securities and Exchange Commission
SIC-Code	Standard Industrial Classification-Code
SMI	Swiss Market Index
SMS	Strategic Management School
SOA	Sarbanes-Oxley Act
SWOT	Strengths, Weaknesses, Opportunities, Threats
TCF-Ansatz	Total-Cashflow-Ansatz
TNT	Thomas Nationwide Transports
TRI	Total Return Index
UN	United Nations
UNEP	United Nations Environment Programme
UPS	United Parcel Service
URÄG	Unternehmensrechtsänderungsgesetz
USA	United States of America
VaR	Value-at-Risk
VIF	Variance Inflaction Factor
WACC-Ansatz	Weighted-Average-Cost-of-Capital-Ansatz

1 EINFÜHRUNG

1.1 Relevanz des Themas

HOW GREEN IS THE DEAL?
THE GROWING ROLE OF SUSTAINABILITY IN M&A (DELOITTE 2009)

Corporate Social Responsibility (CSR) hat sich in den letzten Jahren zu einem der wichtigsten Themen in Wirtschaft und Gesellschaft entwickelt (vgl. Pernsteiner 2011, VI; Hiß 2009, 287; Dubielzig/Schaltegger 2005, 240). Erschütternde Medienberichte über Bilanzierungs- und Bestechungsskandale, intransparente Managementvergütung, fragwürdige Herstellungs- und Beschäftigungsmethoden in Zulieferbetrieben oder gesundheitliche Schädigung der Verbraucher führten dazu, dass die Forderung nach wirtschaftlicher Leistungsfähigkeit unter gleichzeitiger Wahrung sozialer und ökologischer Belange innerhalb und außerhalb des Unternehmens immer massiver wurde (vgl. Bassen/Jastram/Meyer 2005, 232). So musste u.a. das Modehaus H&M im August 2011 mit Negativschlagzeilen kämpfen, als bekannt wurde, dass das Unternehmen katastrophale Arbeitsbedingungen bei einem Zulieferbetrieb in Kambodscha duldete (vgl. www.focus.de 2011). Auch APPLE sah sich mit Imageschäden konfrontiert: neben dem Eingeständnis von Kinderarbeit in Zulieferbetrieben sorgte eine Serie von Selbstmorden von Angestellten der chinesischen Firma FOXCONN, in der APPLE Komponenten für sein iPhone und iPad produzieren lässt, weltweit für Aufsehen. Berichten zufolge nahmen die schlechten Arbeitsbedingungen dort solch ein Ausmaß an, dass der Betrieb einem „Arbeitslager" glich (vgl. www.spiegel.de 2012). Der international tätige Einzelhandelskonzern ALDI wurde von der christlichen Initiative ROMERO mit einem imitierten Werbeprospekt im Aldi-Look über die vermeintlich schlechten Produktionsbedingungen in chinesischen Zulieferbetrieben an den Pranger gestellt (vgl. www.spiegel.de 2010). Auch das Unternehmen NESTLÉ hatte 2011 aus ähnlichen Gründen mit Negativschlagzeilen zu kämpfen: GREENPEACE machte darauf aufmerksam, dass das Unternehmen für seine KitKat-Produktion Palmöl des indonesischen Herstellers SINAR MAS beziehe, der für die Abholzung von Regenwäldern und somit die Lebensraumverkleinerung von Orang-Utans bekannt ist. Mit seiner „Give the Orang-Utan a break"-Kampagne rief GREENPEACE zum Boykott des Produkts auf (vgl. www.digitaljournal.com 2010).

Der mediale Druck stellt die Unternehmen zunehmend vor die Herausforderung, das Verständnis von Nachhaltigkeit aus finanzwirtschaftlicher und strategischer Sicht im Sinne

„nachhaltiger Wettbewerbsvorteile“ (Porter 1985) in eine ökologische und soziale Perspektive zu integrieren. Um die Unternehmensrisiken dahingehend zu reduzieren, befassen sich zahlreiche Unternehmen mit der Planung, Integration und Umsetzung von CSR in den Unternehmensalltag (vgl. Odgen/Watson 1999, 526; Nijhof/Bruijn/Honders 2008, 165). Dies zeigt sich allein in den unterschiedlichen Projekten und Initiativen, die weltweit gestartet worden sind, um unternehmerische Verantwortung über den rein wirtschaftlichen Bereich hinaus auszudehnen (vgl. Hansen/Schrader 2005, 373). Aktuell berichten allein 75 Prozent der DAX-30-Unternehmen über ihr „ökonomisches, ökologisches und soziales“ Handeln (vgl. www.bmu.de 2007, 5). Ein prominentes Beispiel stellt auch die Kosmetikkette THE BODY SHOP dar. Diese informiert ihre potenziellen Kunden bereits an den Türen ihrer Filialen über ihre ethischen Grundsätze: Umweltschutz, Achtung der Menschenrechte, fairer Handel und Tierschutz (vgl. www.thebodyshop.de 2012).

Eine zentrale und immer wieder gestellte Frage im Zusammenhang mit der Übernahme gesellschaftlicher Verantwortung ist, ob bzw. wie sich die CSR-Performance eines Unternehmens auf den ökonomischen Unternehmenserfolg auswirkt (sog. Business Case for CSR). Ein eindeutiger Nachweis der Konvergenz gesellschaftlicher und privatwirtschaftlicher Ziele hätte den Vorteil, dass etwaige gesellschaftliche Verantwortungszuschreibungen nicht als Kosten- sondern als Erfolgsfaktor in der Unternehmenspraxis wahrgenommen werden würden (vgl. Schreck 2011, 65). Vor dem Hintergrund der Bedeutung dieser Fragestellung widmen sich seit knapp vierzig Jahren zahlreiche Studien der empirischen Überprüfung des sog. *„CSP-CFP Link“* (vgl. Schreck 2011, 72). Dieser prüft, ob es einen empirischen Zusammenhang zwischen der Übernahme gesellschaftlicher Verantwortung (Corporate Social Performance, CSP) und dem ökonomischen Unternehmenserfolg (Corporate Financial Performance, CFP) gibt (vgl. u.a. Griffin/Mahon 1997; Margolis/Walsh 2003; Orlitzky 2008; Schreck 2009). Wie Metaanalysen zu diesem Sachverhalt jedoch zeigen, kann unabhängig vom Messdesign der gewählten Datenbasis sowie der Operationalisierung des Konstruktes CSR keine belastbare Evidenz für einen allgemeinen (positiven oder negativen) Zusammenhang zwischen der ökonomischen und gesellschaftlichen Performance eines Unternehmens nachgewiesen werden (vgl. Schuler/Cording 2006, 540; Schreck 2011, 72 sowie im Detail Abschnitt 2.5). Damit bleibt die Frage, ob die Wahrung gesellschaftlicher Verantwortung den ökonomischen Erfolgsgrößen zuträglich ist, nach wie vor unklar.

Ungeachtet dessen fordern in jüngster Zeit immer häufiger Stimmen, das Nachhaltigkeitsmanagement eines Unternehmens auch im Zuge strategischer Unternehmensentscheidungen wie

Mergers & Acquisitons (M&A) zu integrieren (vgl. Deloitte 2010, 1-4; Pernsteiner 2011, VI). Der aus dem angelsächsischen Sprachraum stammende Begriff bezeichnet Transaktionen, bei denen Unternehmen andere Unternehmen kaufen bzw. Unternehmen miteinander fusionieren (vgl. Riedel 2010, 1). Gründe für das Eingehen von M&A-Transaktionen sind vielschichtig: neben der Realisierung von Kostenvorteilen durch Economies of Scale and Scope sowie der Erschließung neuer Märkte und Geschäftsfelder ermöglicht der Kauf eines Unternehmens einen enormen Zeitvorteil gegenüber dem internen Wachstum (vgl. Lucks/Meckl 2002, 5–10). Als übergeordnetes Ziel bei M&A-Transaktionen ist die Steigerung des Unternehmenswertes im Sinne des Marktwertes des Eigenkapitals zu nennen (vgl. Vogel/Schumann 2002, 32). Problematisch ist, dass das angestrebte Ziel der Wertsteigerung nur in wenigen Fällen erreicht wird. Wie empirische Studien zeigen, liegt die Misserfolgsrate von M&A bei weit über 50 Prozent (vgl. u.a. Sudarsanam 2010, 95–106; Frensch 2007, 18; Bauch 2004, 36–37; Tuch/O`Sullivan 2007, 144–162; Weinmann 2004, 204–212; Bühner 1990, 105–113).

Auf der Suche nach Ansätzen zur Lösung dieses Problems forderte jüngst die Unternehmensberatung DELOITTE die Einbindung von CSR im Rahmen des M&A-Prozesses. In ihrem 2009 veröffentlichten Artikel „HOW GREEN IS THE DEAL? THE GROWING ROLE OF SUSTAINABILITY IN M&A“ wird die These aufgestellt, dass die Wahrscheinlichkeit der Wertsteigerung im Zuge von M&A durch die Integration von CSR in den M&A-Prozess steigt (vgl. Deloitte 2009, 1–2). So soll aus Käufersicht eine frühzeitige Berücksichtigung des CSR-Engagements des Zielunternehmens eine umfassende Einschätzung der Integrationsproblematik ermöglichen, da Art, Inhalte und Ausgestaltung der CSR-Aktivitäten des Targets u.a. Aufschlüsse über dessen Unternehmenskultur oder die Werte und Normen aufzeigen. Zugleich gestattet die Berücksichtigung von CSR-Kriterien im Rahmen des M&A-Managements ein umfassenderes Bild der Risikoeinschätzung. Dadurch können aufkommende Transaktionskosten, die im Zuge der Integration der beiden Unternehmen getätigt werden müssen, besser eingeschätzt werden (vgl. Deloitte 2009, 2–3).

Eine andere Studie mit dem Titel „SUSTAINABLE FINANCE – THE RISKS AND OPPORTUNITIES THAT (SOME) CFOS ARE OVERLOOKING“ zeigt hingegen, dass über 70 Prozent der 208 befragten CFOs aus internationalen Unternehmen in zehn Ländern damit rechnen, dass Nachhaltigkeit eine immer bedeutsamere Rolle bei Themen wie Compliance und Risikomanagement einnimmt. Insgesamt glauben aber nur 20 Prozent, dass Nachhaltigkeitsthemen innerhalb der nächsten zwei Jahre für strategische Unternehmensentscheidungen einen signifikant hohen

Stellenwert einnehmen werden. 38 Prozent sind der Meinung, dass dies über einen evolutionären Prozess erst im Zuge der nächsten Jahre erreicht wird, ein Drittel der Befragten sieht darin gar keine Dynamik. Bei der Frage, inwieweit Nachhaltigkeit eine maßgebliche Rolle bei Akquisitionen, Fusionen und Übernahmen spielen wird, glauben nur 29 Prozent der befragten CFOs, dass Themen wie verfügbare Ressourcen an einem Standort, Umweltschäden oder prognostizierbare regulatorische Entwicklungen einen maßgeblichen Einfluss bei der Vorbereitung und Bewertung von M&A-Transaktionen spielen. 71 Prozent der befragten CFOs ordnen Nachhaltigkeit nach wie vor einen nachrangigen Aspekt im Zuge von M&A-Aktivitäten zu (vgl. Deloitte 2011, 4).

Die teils widersprüchlichen Ansichten zur Notwendigkeit der Integration von CSR in den M&A-Prozess gewähren Raum für weitere Untersuchungen. Die vorliegende Arbeit widmet sich daher der Frage, ob und inwieweit die Übernahme gesellschaftlicher Verantwortung als Erfolgsfaktor bei M&A-Transaktionen fungiert.

1.2 Forschungskontext

1.2.1 Schwerpunkte der CSR-Forschung

Die Übernahme gesellschaftlicher Verantwortung wird in der Literatur häufig als *„motherhood issue"* (Ryan 1973, 302) oder *„the hot business issue of the noughties"* (Blyth 2005, 30) bezeichnet. Obwohl der Begriff CSR ein scheinbar aktuelles Modewort ist, sind seine etymologischen Wurzeln bereits in den 1930er-Jahren zu finden, als E. MERRICK DODD über die Rolle von Managern schrieb (vgl. Dodd 1932, 1149). Die erste explizite Nennung des Begriffs CSR ist jedoch auf HOWARD R. BOWEN zurückzuführen, der in seinem 1953 erschienenen Buch „SOCIAL RESPONSIBILITY OF THE BUSINESSMAN" die Ansicht vertrat, dass Unternehmen im Einklang mit den gesellschaftlichen Zielen und Werten zu handeln hätten (vgl. Bowen 1953, 6). Zahlreiche Autoren sehen in ihm daher den „Vater der Corporate Social Responsibility", dessen Werk den Beginn der aktuellen CSR-Forschung darstellt (vgl. Carroll 1999, 270; Windsor 2001b, 230).

Mittlerweile ist die Literatur zu diesem Thema nahezu unüberschaubar geworden. Dies zeigt sich allein in der großen Anzahl an Journals, die sich mit dem Thema CSR auseinandersetzen (u.a. Business and Society Review, Journal of Business Ethics, Business Ethics Quarterly, Business Ethics: A European Review, Journal of Corporate Citizenship, Corporate Social Responsibility and Environmental Management). Auch in Management Journals findet das

Thema CSR umfassende Verbreitung. Wie eine Untersuchung von LOCKET ET AL. (2006) zeigt, wurden für den Zeitraum von 1992 bis 2002 allein 176 Artikel zum Thema CSR veröffentlicht. Das Ergebnis basiert auf einer Untersuchung von insgesamt zehn Management Journals[1], die auf die Schlagwörter „Social“[2], „Environmental“[3], „Ethics“[4] und „Stakeholder“[5] hin untersucht wurden. Eine weitere Metaanalyse bestätigt die große Bedeutung von CSR in der Literatur und zeigt, dass sich auch internationale Journals vermehrt mit dem Thema CSR auseinandersetzen. Die von EGRI/RALSTOND (2008) veröffentlichte Studie identifizierte 321 Publikationen zum Thema Corporate Responsibility. Die Ergebnisse beruhen auf der Analyse von 13 internationalen Management Journals[6], die innerhalb des Beobachtungszeitraumes von 1998 bis einschließlich 2007 untersucht wurden.

Befasst man sich mit den Forschungsinhalten zu CSR, so zeigt sich zunächst ein nahezu unüberschaubares Bild an Inhalten, Konzepten und Paradigmen. Bei näherer Betrachtung lassen sich diese Themen allerdings in **vier zentrale Forschungsfelder** einordnen, die miteinander (teilweise) interagieren.

Das **erste Forschungsfeld** widmet sich der Frage nach einer einheitlichen Definition, den zentralen Charakteristika sowie Modellen zur Beschreibung des Begriffes „Corporate Social Responsibility“. Obwohl CSR bereits mehr als fünf Jahrzehnte in der Literatur diskutiert wird, hat sich bislang keine einheitliche Definition des Begriffs CSR herausgebildet (für unterschiedliche Definitionsansätze sei auf Abschnitt 2.2.1 verwiesen). Dies führt dazu, dass es eine Vielzahl an Publikationen gibt, die sich nach wie vor mit der Deskription, Entwicklung und Implementierung von Maßnahmen, die unter die Bezeichnung CSR subsumiert werden können, befassen (vgl. u.a. Thomas/Nowak 2006; Hayes/Walker 2005; Moir 2001; Amba-Rao 1993, 554; Joyner/Payne 2002, 302; Quazi/O´Brien 2000, 34).

---

[1] Academy of Management Journal, Academy of Management Review, Administrative Science Quarterly, Journal of Management, Organization Science, Strategic Management Journal, Journal of Management Studies, Harvard Business Review, Sloan Management Review sowie California Management Review.

[2] Darunter fallen folgende Schlagwörter: social responsibility, social performance, corporate citizenship, philantrophy, charity, community, volunteerism, social compact.

[3] Darunter fallen folgende Schlagwörter: environmental responsibility, environmental performance, sustainability, green, ecology, pollution, nature.

[4] Darunter fallen folgende Schlagwörter: ethics, morals, values, corruption, ethical, integrity.

[5] Darunter fallen folgende Schlagwörter: stakeholder relations, stakeholder theory, stakeholder management, accountability, reputation.

[6] Asia Pacific Journal of Management, Cross Cultural Management, European Management Journal, International Business Review, International Journal of Commerce & Management, International Journal of Human Resource Management, International Journal of Management, International Studies of Management and Organization, Journal of International Business Studies, Journal of International Management, Journal of World Business, Management International Review, Thunderbird International Business Review, Journal of World Business, Management International Review sowie Thunderbird International Business Review.

Innerhalb des **zweiten Forschungsfeldes** werden Einflussfaktoren und Motive für die Initiierung und Gestaltung des CSR-Engagements identifiziert. Zahlreiche Publikationen untersuchen sowohl theoriebasiert als auch empirisch die Beweggründe für die Einführung von CSR-Projekten. Auffällig ist dabei, dass nur wenige Studien systematisch und strukturiert vorgehen. Die Mehrheit der Artikel beruht auf der Beschreibung der Beweggründe einzelner Unternehmen (vgl. Taneja/Taneja/Gupta 2011, 355). Ungeachtet dessen hat sich gezeigt, dass die Gründe für die Einführung von CSR-Maßnahmen nicht monokausal erklärbar, sondern vielschichtig sind. Sie variieren in Abhängigkeit von der Branchenstruktur, der Unternehmensgröße, der Eigentümerstruktur, der Wettbewerbssituation und dem Einfluss einzelner Stakeholdergruppen auf das Unternehmen (vgl. Johnson/Greening 1999; Weaver/Trevino/Cochran 1999; McWilliams/Siegel 2002).

Der **dritte Forschungsbereich** geht auf die Ausgestaltung und Steuerung von CSR ein. Der Fokus liegt dabei vorwiegend auf der Entwicklung von Managementansätzen, die sich mit der strategischen Planung, Integration, Umsetzung und Kontrolle von CSR-Aktivitäten auseinandersetzten (vgl. Odgen/Watson 1999; Nijhof/Bruijn/Honders 2008). So erweiterte beispielsweise JASTRAM (2007) das klassische Modell der strategischen Planung um die Komponente CSR (vgl. Jastram 2007). ROBBINS/JUDGE/JUDGE modifizierten das Drei-Phasen-Modell von LEWIN (1963) um die Gegebenheiten von CSR, um eine idealtypische Vorgehensweise zur Implementierung von CSR-Programmen zu generieren (vgl. Robbins/Campbell/Judge 2010). Zugleich finden sich Strategievorschläge für das CSR-Management multinationaler Unternehmen (vgl. u.a. Husted/Allen 2009; Arthaud-Day 2005). Hierbei werden z.B. die idealtypischen Internationalisierungsstrategien nach BARTLETT/GHOSHAL für die Entwicklung international ausgerichteter CSR-Strategien herangezogen (vgl. Chaudhri 2006; Spicer/Dunfee/Bailey 2004; Arthaud-Day 2005).

In der Diskussion um CSR steht häufig die Frage im Vordergrund, ob die Übernahme gesellschaftlicher Verantwortung letztlich mit Mehrkosten einhergeht, oder ob sie ganz im Gegenteil eine betriebswirtschaftliche Notwendigkeit darstellt, die dem ökonomischen Erfolg eines Unternehmens zuträglich ist. Das **vierte Forschungsfeld** befasst sich daher mit der Frage nach dem „Business Case for Corporate Social Responsibility“ und steht im letzteren Sinne für die grundlegende Idee, dass Unternehmen aus ökonomischen Gründen ein Interesse an CSR haben könnten (vgl. Schreck 2012, 67; Leitz 2009, 39). Der CSR Business Case untersucht den Wertschöpfungsbeitrag von CSR für ein Unternehmen (vgl. Habisch 2006, 81). Eine eindeutige Bestätigung des CSR Business Case würde für Unternehmen bedeuten, dass es sich bei CSR nicht um einen Akt der Wohltätigkeit handelt, auf den in Krisenzeiten unter Umständen verzichtet werden kann, sondern dass die freiwillige Übernahme gesellschaftlicher Verantwortung eine lohnende Investition in den betriebswirtschaftlichen Erfolg darstellt (vgl. Hansen/Schrader 2005, 384). Angesichts der Relevanz ökonomischer Erfolgsziele in der Unternehmenspraxis hätte die Forderung nach CSR damit eine deutlich höhere Chance auf Implementierung (vgl. Schreck 2012, 67). Vor dem Hintergrund der Bedeutung des Business Case für CSR in Wissenschaft und Praxis verfügt die Fachliteratur mittlerweile über eine nahezu unüberschaubare Anzahl an empirischen Studien, die sich mit dem wirtschaftlichen Nutzen von CSR auseinandersetzen (für einen Auszug an Studien zum Business Case sei auf Abschnitt 2.5.2 verwiesen).

1.2.2 Schwerpunkte der M&A-Forschung

Das Phänomen „Mergers & Acquisitions“ wird in der Literatur ebenfalls umfassend diskutiert. Allein für die letzten zwei Jahrzehnte finden sich mehr als elf Publikationen, die einen Überblick zum Stand der Forschung bei M&A liefern (vgl. Hutzschenreuter/Kleindienst/Schmitt 2011, 1-2). Die Sichtung der Literatur zum Stand der Forschung bei M&A lässt dabei drei zentrale Forschungsschwerpunkte erkennen (vgl. Haleblian et al. 2009).

Als **erstes Forschungsfeld** ist die M&A-Motivforschung zu nennen. Hierbei wird der Frage nachgegangen, welche Beweggründe eine Unternehmung dazu veranlassen, M&A-Aktivitäten aufzunehmen. Die in der Literatur identifizierten Motive sind inzwischen so vielfältig, dass zahlreiche Systematisierungsansätze unterschiedlichen Detaillierungsgrades vorzufinden sind (für eine Darstellung unterschiedlicher Systematisierungsansätze sei auf Abschnitt 3.3.1 verwiesen). Neben *ökonomischen Zielen* wie der Steigerung der Marktmacht bedingt durch einen höheren Marktanteil, der Erzielung von Kosten- und/oder Umsatzsynergien, dem beschleunigten Eintritt in neue Märkte, dem Zugriff auf Ressourcen in Form von Know-how, Vertriebssystemen, oder der generellen Verbesserung der Wettbewerbsposition spielen *persönliche Motive* eine zentrale Rolle bei der Initiierung von M&A-Projekten. Darunter fallen Aspekte wie die Erweiterung des Einflussbereichs des Managements und damit die Ausdehnung an Macht, Prestige und Ansehen oder die Zunahme der Entlohnungshöhe, die gewöhnlich mit der Unternehmensgröße steigt. Zugleich führen veränderte *Umweltfaktoren* wie (De-)Regulierungsmaßnahmen, local-content Vorschriften oder Ressourcenknappheit zur Durchführung von M&A-Transaktionen (vgl. u.a. Wirtz 2003; Dabui 2000; Lucks/Meckl 2002; Jansen 2008; Bachmann 2001; Fischer 2008; Riedel 2010).

Der **zweite Forschungsschwerpunkt** befasst sich mit dem M&A-Erfolg. Neben der Analyse des Begriffes „M&A-Erfolg" geht es vorwiegend darum, die Erfolgswirkung einer oder mehrerer Transaktionen zu messen. Die in der Literatur verwendete Methodenvielfalt ist dabei enorm. SCHMIDT ET AL. (2005) identifizieren sechs Denkschulen, die je nach der von ihnen eingenommenen Sichtweise und den damit einhergehenden Grundannahmen unterschiedlichste Forschungsmethoden und Kriterien zur Messung und Definition des M&A-Erfolges heranziehen (vgl. 2005, 300). Während die „CAPITAL MARKET SCHOOL" (CMS) beispielsweise den Erfolg einer M&A-Transaktion über die „abnormale Rendite" darstellt (vgl. im Detail Abschnitt 5.1.3), da aus ihrer Sicht die finanzökonomische Auswirkung von M&A im Zentrum der Betrachtung steht (vgl. u.a. Rovit/Lemire 2003; Finkernagel/Haleblian 2002; Hayward 2002; Rappaport/Sirower 1999), fokussiert sich die „PRINCIPAL AGENT SCHOOL" (PAS) primär auf die Analyse der Beziehungen zwischen Management und Eigentümer und deren Wirkungsweisen. Dabei wird durch das Heranziehen von Börsenwerten und Buchhaltungsdaten untersucht, inwieweit das Verhalten, die Entscheidungen und die Motivation der Manager und Eigentümer im Verhältnis zur Wertentwicklung der Unternehmung steht (vgl. u.a. Chatterjee/Harrison/Bergh 2003; Wright et al. 2002). Vertreter der „INDUSTRIAL ORGANIZATION SCHOOL" (IOS) analysieren M&A-Transaktionen wiederum auf gesamtwirtschaftlicher Ebene. Für sie ist eine Transaktion dann erfolgreich, wenn ein gesellschaftlicher Mehrwert in Form von Synergieeffekten bzw. einem effizienten Ressourceneinsatz im Vergleich zu einer vorab festgelegten „Peer Group" entsteht (vgl. u.a. Seth/Song/Pettit 2002; Lubatkin et al. 2001; Ahuja/Katila 2001). Die „ORGANIZATIONAL BEHAVIOR SCHOOL" (OBS) betrachtet M&A aus organisationaler und kultureller Perspektive. Hier steht die Integrationsphase im Zentrum der Betrachtung. Als Erfolgsmaßstab wird der Grad der Übereinstimmung kultureller Unterschiede zwischen Käufer- und Verkäuferunternehmen herangezogen (vgl. u.a. Vaara 2003; Meyer/Lieb-Dóczy 2003; Weber/Shenkar/Raveh 1996; Ghemawat/Ghadar 2000). Die „HUMAN RESOURCES SCHOOL" (HRS) beschäftigt sich vornehmlich mit den psychologischen Auswirkungen von Unternehmenszusammenschlüssen auf die Mitarbeiter. Untersucht werden primär Ursachen für das sog. „merger syndrom" und deren Folgen. Ziel ist, die negativen Folgen von M&A für die betroffenen Mitarbeiter zu vermeiden. Dabei messen die Vertreter der HRS den M&A-Erfolg vorwiegend mithilfe qualitativer Daten, die aus Interviews gezogen werden (vgl. Ranft/Lord 2002; Krug/Hegarty 2001; Bergh 2001; Schweiger/Ivancevich/Power 1987). Die Ansätze der „STRATEGIC MANAGEMENT SCHOOL" (SMS) sind weniger Ausdruck eines eigenständigen, in sich geschlossenen Konzeptes. Vielmehr wurde diese Denkschule aus der Kritik bestehender Theorien entwickelt und ist dadurch charakterisiert, dass sie methodologische Elemente unterschiedlicher Forschungsansätze miteinander kombiniert. Der strategische Transaktionserfolg spiegelt sich aus Sicht der SMS in einer verbesserten Wettbewerbssituation des fusionierten Unternehmens wider. In diesem Zusammenhang wird auf eine nachhaltige Wertsteigerung (sog. Value Creation), die über die rein transaktionsbedingte Wertsteigerung hinausreicht, abgestellt (vgl. Croyle/Kager 2002; Marks/Marvis/Brajkovich 2001). Die überblicksartige Darstellung der unterschiedlichen Denkschulen verdeutlicht, dass ein breites Spektrum an Fragestellungen, Perspektiven und Methoden im Zuge der M&A-Erfolgswirkung vorzufinden ist.

Das **dritte Forschungsfeld**, die sog. M&A-Erfolgsfaktorenforschung, ist thematisch eng mit der M&A-Erfolgsforschung verknüpft. Im Zentrum der Betrachtung steht die Identifikation und Bewertung von Faktoren, die eine moderierende Wirkung auf die Akquisitionsperformance haben. Ziel der M&A-Erfolgsfaktorenforschung ist, charakteristische Gemeinsamkeiten bei erfolgreichen Transaktionen zu entdecken. Diese auch als *„profitability driver"* zu bezeichnenden Faktoren sollen die Wahrscheinlichkeit einer erfolgreichen Transaktion signifikant steigern (vgl. Glaum/Hutzschenreuter 2010, 103). Aufgrund der Vielzahl durchgeführter M&A-Erfolgsfaktorenstudien ergibt sich eine große Variationsbreite an bereits identifizierten M&A-Erfolgsfaktoren. In der einschlägigen Literatur sind daher unterschiedliche Systematisierungen vorzufinden. Während Autoren wie KIRCHNER (1991, 112) oder KÜBLER (1996, 54) die Erfolgsfaktoren noch klassisch in strukturelle und prozessuale Einflussgrößen einteilen, subsumiert CLEVER (1993, 26–28) die M&A-Erfolgsfaktoren unter exogenen und endogenen Variablen. GUSLER (2002, 128–129) hingegen spricht von harten und weichen Erfolgsfaktoren. GERPOTT unterscheidet strategisch-strukturelle Erfolgsfaktoren von integrationsprozessual-mitarbeiterorientierten und unternehmenskulturorientierten Erfolgsfaktoren (vgl. 1993, 4–7). HAWRANEK nimmt wiederum eine Unterteilung in phasenübergreifende und phasenbezogene Erfolgsfaktoren vor (vgl. 2004, 40–43). Ein in der aktuellen Literatur sehr häufig verwendeter Systematisierungsansatz stellt der von MECKL/SODEIK/FISCHER (2006, 172) dar. Dieser teilt die Erfolgsfaktoren in strukturelle- und M&A-Management-Erfolgsfaktoren auf. Die strukturellen Erfolgsfaktoren beziehen sich auf die Art und Struktur der Transaktion und der beteiligten Unternehmen. Von diesen sind die sog. M&A-Management-Erfolgsfaktoren abzugrenzen, die sich mittels konkreter Managementmaßnahmen im Rahmen einer M&A-Transaktion gestalten lassen. Da die Anzahl an Erfolgsfaktoren, die sich auf die Aktivitäten innerhalb der Transaktion beziehen relativ groß ist, bieten MECKL/SODEIK/FISCHER (2006) innerhalb der M&A-Managementerfolgsfaktoren eine abermalige Unterteilung an. Erfolgsfaktoren, die sich auf die akquisitionsbezogenen Aktivitäten (sog. Primäraktivitäten) beziehen, werden der Dimension „M&A-Prozess" zugeordnet. Erfolgsfaktoren der Sekundär- oder unterstützenden Aktivitäten werden unter die Dimension „M&A-Projektmanagement" subsumiert (vgl. Meckl/Sodeik/Fischer 2006, 172).

1.3 Stand der Forschung zu CSR bei M&A

Bei der Suche nach wissenschaftlichen Publikationen, die sich mit der Synthese der Themengebiete CSR und M&A befassen, zeigt sich, dass dieser Thematik bislang kaum Beachtung geschenkt wurde (vgl. Lin/Wei 2006, 95). So finden sich nach umfassender Literaturrecherche nur zwei Publikationen, die sich explizit mit dem Schnittstellenthema CSR und M&A aus wissenschaftlicher Sicht auseinandersetzen.

Unter dem Titel „The Impact of Corporate Social Responsibility on Mergers & Acquisitions" untersucht Morgan (2009), inwieweit das CSR-Niveau des Käuferunternehmens einen Einfluss auf die Transaktionshäufigkeit hat. Ergänzt wird die Untersuchung durch die Frage, ob Unterschiede im CSR-Niveau der Transaktionspartner die Integrationsgeschwindigkeit beeinflussen. Als Datengrundlage dienen 534 Transaktionen, die innerhalb des Beobachtungszeitraumes von 1997 bis 2003 angekündigt wurden. Wie die Ergebnisse der Untersuchung zeigen, spielt die Übernahme gesellschaftlicher Verantwortung im Zuge strategischer Unternehmensentscheidungen wie M&A eine nachweisbare Rolle. So zeigt sich, dass Käuferunternehmen, die sich durch ein *hohes Corporate Governance Niveau* bzw. eine *hohe Produktverantwortung* auszeichnen, signifikant weniger M&A-Transaktionen durchführen. Hingegen führt ein *hohes Maß an Diversität* des Käuferunternehmens dazu, dass die Wahrscheinlichkeit, an M&A-Aktivitäten teilzunehmen, steigt (vgl. Morgan 2009, 31–32). Bei der Frage, ob CSR-Unterschiede zwischen Käufer- und Verkäuferunternehmen einen Einfluss auf die Integrationsdauer haben, konnte empirisch nachgewiesen werden, dass sowohl Unterschiede in der *Verantwortung gegenüber der Gemeinschaft* wie auch Unterschiede in der *Umweltperformance* dazu führen, dass sich die Dauer der Integration signifikant erhöht. Unterschiede im *Corporate Governance System* der Transaktionspartner führen hingegen zu einer deutlich schnelleren Integration (vgl. Morgan 2009, 34–36).

Aufgrund methodischer Schwächen ist die Aussagekraft der Erkenntnisse jedoch (teilweise) einzuschränken. So wurde die CSR-Performance der Transaktionspartner über den KLD-Index der amerikanischen Rating-Agentur Kinder, Lydenberg, Domini & Co (KLD) gemessen. Dieser findet in der Literatur zwar eine breite Akzeptanz (vgl. u.a. Hillman/Keim 2001,

130), allerdings misst er die CSR nur eindimensional über sog. Dummy-Variablen und schränkt damit den Aussagegehalt der Arbeit deutlich ein. Zugleich werden Veränderungen des CSR-Niveaus im Zeitablauf nicht berücksichtigt. Die Ergebnisse basieren auf der Annahme, dass ein einmal bewertetes CSR-Rating über den Beobachtungszeitraum konstant bleibt (zur ausführlichen Darstellung des KLD-Index sei auf Abschnitt 5.2.2.1 verwiesen). Darüber hinaus ist die Vorgehensweise bei der Messung der Integrationsgeschwindigkeit zu kritisieren. Entscheidende Aspekte der Integration werden hierbei ausgeklammert. Während die Integrationsgeschwindigkeit definiert wird als *„the shortness of time period needed to complete the intended integration of systems, structures, activities and processes of two companies"* (Homburg/Bucerius 2006), misst die vorliegende Untersuchung die Integrationsdauer lediglich anhand der Tage, die zwischen dem Announcement und dem Effective Date liegen (vgl. Morgan 2009, 34). Damit greift die vorliegende Definition deutlich zu kurz.

Eine weitere Publikation zum Thema CSR bei M&A liefert GUENSTER (2010). Auf der Basis von 303 US-amerikanischen M&A-Transaktionen, die zwischen 1995 und 2008 angekündigt wurden, untersucht er, ob Unterschiede im CSR-Niveau der Transaktionspartner den M&A-Erfolg beeinträchtigen. Als Erfolgsmaßstab wählt er eine kapitalmarktorientierte Betrachtung, indem auf die Realisierung abnormaler Renditen im Zuge des Announcements einer M&A-Transaktion abgestellt wird (vgl. dazu im Detail Abschnitt 5.1.2). Neben dem übergeordneten CSR-Rating der Transaktionspartner (sog. *total CSR*) unterscheidet GUENSTER noch zwischen unternehmensinternen (*internal*) und unternehmensexternen (*external*) CSR-Aktivitäten und deren Einfluss auf den M&A-Erfolg. Zudem fließt die Frage ein, ob sich Unterschiede in der Ausprägung des CSR-Niveaus (*strong CSR* vs. *weak CSR*) auf die Realisierung abnormaler Renditen feststellen lassen. Der Untersuchungszeitraum umfasst sowohl einen langfristigen Zeitraum (10 Tage), einen mittelfristigen (5 Tage) sowie einen kurzfristigen (1 Tag) Beobachtungszeitraum ausgehend vom Ankündigungszeitpunkt der Transaktion.

Die Ergebnisse zum *total CSR-Rating* zeigen, dass Unterschiede im übergeordneten CSR-Rating zwischen Käufer- und Verkäuferunternehmen sowohl für den langfristigen (10 Tage) als auch für den mittelfristigen Beobachtungszeitraum (5 Tage) einen signifikant positiven Einfluss auf die Realisierung abnormaler Renditen der Käuferunternehmen haben (vgl. Guenster 2010, 29). Für das Zielunternehmen führen Unterschiede im übergeordneten CSR-Niveau in keinem der untersuchten Ereignisfenster zu einem signifikant nachweisbaren Einfluss auf die Realisierung abnormaler Renditen (vgl. Guenster 2010, 43–44). Die Unterscheidung zwischen *internal* und *external CSR* bzw. zwischen *weak* und *strong CSR* zeigt jedoch, dass der signifikant positive Effekt von CSR auf den M&A-Erfolg schwindet. Während Unterschiede im *external CSR*-Engagement für den langfristigen Beobachtungszeitraum von 10 Tagen um den Announcement Date noch zu einem signifikant positiven Einfluss auf die Realisierung abnormaler Renditen des Käuferunternehmens führen, liegt bereits für den mittel- wie auch den kurzfristigen Beobachtungszeitraum kein nachweisbarer Zusammenhang vor (vgl. Guenster 2010, 30). Die *internal CSR*-Performance wie auch die Unterscheidung zwischen *weak* und *strong CSR* können dagegen in keinem der untersuchten Ereignisfenster eine signifikante Einflussnahme von CSR auf den M&A-Erfolg nachweisen (vgl. Guenster 2010, 32–35).

Die Arbeit von GUENSTER (2010) ist die Erste, die explizit den Einfluss von CSR auf den Transaktionserfolg misst. Damit schließt sie eine zentrale Forschungslücke zum Schnittstellenthema CSR bei M&A und stellt eine wichtige Basis für die vorliegende Arbeit dar. Allerdings zeigen sich auch in dieser Arbeit methodische Schwächen: So wird analog zu MORGAN (2009) auf die eindimensionale Messung der CSR-Performance in Form des KLD-Ratings zurückgegriffen. Dies schränkt die Qualität der Aussagen ein, da nicht gewährleistet werden kann, dass die CSR-Aktivitäten des untersuchten Unternehmens umfassend und in ihrer Mehrdimensionalität abgebildet wurden. Zugleich stellt sich die Frage, ob die Ergebnisse der Untersuchung unabhängig von der zugrunde liegenden Untersuchungsbasis sind. Da KLD nicht alle Unternehmen weltweit bewertet, sondern diese erst nach Bewertung vorab definierter Kriterien in die Untersuchung aufnimmt, ist es denkbar, dass sich eine Verzerrung aufgrund der Tatsache ergibt, dass die untersuchten Unternehmen nicht zufällig ausgewählt wurden. Problematisch ist auch, dass eine theoretische Fundierung des Wirkungszusammenhangs zwischen der CSR-Performance und der Realisierung abnormaler Renditen fehlt. So wird lediglich auf Literatur verwiesen, die auf den wirtschaftlichen Nutzen von CSR für Unternehmen hinweist. Gründe, warum die Übernahme gesellschaftlicher Verantwortung gerade bei M&A-Transaktionen als Erfolgsfaktor fungiert, werden nicht genannt.

Die Tatsache, dass die bisherigen Beiträge jüngeren Datums sind, deutet auf ein steigendes Interesse der Übernahme gesellschaftlicher Verantwortung im Zuge von M&A-Aktivitäten hin. Allerdings lässt sowohl die Art der Verknüpfung als auch die methodische Vorgehensweise bei den Untersuchungen folgende Forschungsdefizite erkennen:

(1) Theoretisches Forschungsdefizit

Die genannten Beiträge sehen CSR als potenziellen Erfolgsfaktor bei M&A, ohne den Wirkungsmechanismus theoretisch zu fundieren oder zumindest über Plausibilitätsüberlegungen den Sachverhalt zu erörtern. Die Fragestellung wird stets nur über den Verweis auf den Business Case von CSR begründet. Dadurch bleibt weiterhin unklar, warum CSR explizit bei M&A-Transaktionen als Erfolgsfaktor fungieren könnte und welche Ziele durch die Integration von CSR in den M&A-Prozess verfolgt werden können.

(2) Methodisch-konzeptionelles Forschungsdefizit

Neben Alternativen zur Operationalisierung des Konstruktes „CSR" ist es notwendig, die bisherigen Erkenntnisse durch das Hinzuziehen alternativer Untersuchungssamples zu verifizieren. Da die bisherigen Beiträge stets unterschiedliche Forschungsfragen zugrunde gelegt haben, wurde bislang kein Ergebnis auf seine Robustheit hin überprüft. So ist es möglich, dass Verzerrungen aufgrund des zuvor definierten Untersuchungssamples oder des ausgewählten Beobachtungszeitraumes vorliegen. Diesen Vorwurf gilt es durch weitere empirische Untersuchungen zu den einzelnen Sachverhalten auszuklammern.

(3) Normatives Forschungsdefizit

Handlungsempfehlungen zur Gestaltung und Integration von CSR in den M&A-Prozess wurden bislang nicht formuliert. Die bisherigen Aussagen sind vorwiegend einzelfallbezogen und verfügen vornehmlich über spekulativen Charakter. Es fehlt ein Konzept, welches die Möglichkeiten der Integration von CSR bei M&A in einen ganzheitlichen und konsistenten Rahmen bringt.

Trotz der Forschungsdefizite liefern die genannten Publikationen eine wichtige Grundlage für die vorliegende Arbeit. Sie bieten erste Anknüpfungspunkte, die im Folgenden aufzugreifen und sinnvoll in ein in sich schlüssiges Konzept einzubetten sind.

1.4 Zielsetzung und Forschungsfragen

Wie die Ausführungen des vorangegangenen Abschnitts zeigen, herrscht in der wirtschaftswissenschaftlichen Literatur bezüglich der Frage, ob die Übernahme gesellschaftlicher Verantwortung als Erfolgsfaktor im Zuge von M&A-Transaktionen fungiert, weiter Klärungsbedarf. Die vorliegende Untersuchung greift daher das Ziel auf, theoretisch und empirisch fundierte Aussagen zum Wertsteigerungspotenzial von CSR bei M&A-Transaktionen abzuleiten. Um sich von den vorherigen Arbeiten zum Thema CSR bei M&A abzugrenzen, fokussiert sich die vorliegende Analyse auf das Wertsteigerungspotenzial aus Sicht der Käuferunternehmen. Dem Wertsteigerungspotenzial von CSR aus Sicht der Verkäuferunternehmen soll in der vorliegenden Arbeit keine Beachtung geschenkt werden. Aus der soeben genannten Zielsetzung ergibt sich folgende übergeordnete Forschungsfrage:

„WIE SOLLTEN KÄUFERUNTERNEHMEN IHR CSR-ENGAGEMENT GESTALTEN, DAMIT DIE ÜBERNAHME GESELLSCHAFTLICHER VERANTWORTUNG ALS ERFOLGSFAKTOR IM ZUGE EINER M&A-TRANSAKTION FUNGIERT?"

Die übergeordnete Forschungsfrage lässt sich in drei untergeordnete Forschungsfragen aufspalten, die den soeben definierten Sachverhalt aus verschiedenen Blickwinkeln erfassen.

F_1: ***Warum*** *fungiert die Übernahme gesellschaftlicher Verantwortung des Käuferunternehmens als potenzieller Erfolgsfaktor bei M&A?*

F_2: ***Welche*** *CSR-Maßnahmen können in den M&A-Prozess integriert werden, damit die Wahrscheinlichkeit einer erfolgreichen M&A-Transaktion steigt?*

F_3: ***Wie*** *bedeutsam ist die Übernahme gesellschaftlicher Verantwortung des Käuferunternehmens für den M&A-Erfolg?*

Die Beantwortung der ersten Forschungsfrage F_1 kann als **theoretisches Forschungsziel** der Arbeit angesehen werden. Sie stellt auf einen Bezugsrahmen ab, der die Wirkungseinflüsse des CSR-Niveaus des Käuferunternehmens auf den Erfolg einer M&A-Transaktion aus wissenschaftstheoretischer bzw. plausibler Sicht *erklärt.*

Forschungsfrage F_2 hat einen *gestaltungsorientierten Charakter* und zielt darauf ab, die grundlegenden Möglichkeiten der Integration von CSR in den M&A-Prozess aus Sicht des Käuferunternehmens aufzuzeigen, um ein dezidiertes Grundgerüst zur Ableitung von Handlungsempfehlungen zu erarbeiten (**normatives Forschungsziel**).

Die dritte Forschungsfrage F_3 beschränkt sich auf die *Beschreibung* des Zusammenhangs zwischen der Übernahme gesellschaftlicher Verantwortung des Käuferunternehmens und dem Erfolg einer M&A-Transaktion und kann als **empirisches Forschungsziel** der Arbeit betrachtet werden. Zur Beantwortung dieser Frage gilt es, eine Messmethode zu entwickeln, die es erlaubt, den Wirkungszusammenhang der Variable CSR auf den Transaktionserfolg zu ermitteln.

FRAGETYP	FORSCHUNGSFRAGE DER VORLIEGENDEN ARBEIT
Erklärung	F_1: ***Warum*** *fungiert die Übernahme gesellschaftlicher Verantwortung des Käuferunternehmens als potenzieller Erfolgsfaktor bei M&A?*
Gestaltung	F_2: ***Welche*** *CSR-Maßnahmen können in den M&A-Prozess integriert werden, damit die Wahrscheinlichkeit einer erfolgreichen M&A-Transaktion steigt?*
Beschreibung	F_3: ***Wie*** *bedeutsam ist die Übernahme gesellschaftlicher Verantwortung des Käuferunternehmens für den M&A-Erfolg?*

Tabelle 1.1: Forschungsfragen im Überblick.
Quelle: Eigene Darstellung.

1.5 Aufbau der Arbeit

Um das soeben formulierte Forschungsziel zu erreichen, wurde für die Arbeit ein Aufbau gewählt, der sich insgesamt aus sieben Kapiteln zusammensetzt.

Nach der Einführung in **Kapitel 1** folgt mit **Kapitel 2** der erste Grundlagenteil der Arbeit. Dieser thematisiert die notwendigen Grundlagen zum Konzept der Corporate Social Responsibility. Neben der Darstellung der historischen Entwicklung und der Entstehung des CSR-Gedankens in Abschnitt 2.1 wird der Begriff „Corporate Social Responsibility" in seine drei Komponenten aufgespalten und näher betrachtet (Abschnitt 2.2). Dies ermöglicht, eine Begriffsdefinition für die vorliegende Arbeit abzuleiten und das Konzept der Corporate Social Responsibility gegenüber verwandten und häufig synonym verwendeten Begriffen abzugrenzen. In Abschnitt 2.3 werden die Handlungsfelder des CSR-Engagements beschrieben. Diese sind thematisch eng mit den in Abschnitt 2.4 erläuterten Instrumenten des CSR-Engagements verknüpft. Abschnitt 2.5 befasst sich mit der Frage, ob das Konzept der Corporate Social Responsibility als Business Case gewertet werden kann. Neben der wissenschaftstheoretischen Untermauerung des Wertschöpfungsbeitrags von CSR gemäß zweier Theoriebasen des Strategischen Managements (Abschnitt 2.5.1) wird ein Überblick zu empirisch nachgewiesenen Nutzendimensionen der CSR gegeben (Abschnitt 2.5.2).

Kapitel 3 bildet den zweiten Grundlagenteil der Arbeit. Dieser soll ein grundlegendes Verständnis zur externen Wachstumsstrategie M&A vermitteln. Dazu wird zunächst der Begriff „Mergers & Acquisitions" definiert (Abschnitt 3.1) und zentrale Formen von M&A (Abschnitt 3.2) vorgestellt. Darauf aufbauend werden die Ziele von M&A behandelt. Die intensive Diskussion der M&A-Ziele ist von großer Bedeutung, denn sie dienen als Messlatte zur Bestimmung der Erfolgsfaktoren einer M&A-Transaktion. Die intensive, systematische Betrachtung der M&A-Ziele stellt daher eine wichtige Basis für den theoretischen Syntheseteil der Arbeit dar. Um die in Abschnitt 3.3 dargestellten Ziele einer M&A-Transaktion zu erreichen, sind eine Reihe von Aufgaben und Tätigkeiten durchzuführen. Diese werden in Abschnitt 3.4 näher erörtert. Aufbauend auf den Erkenntnissen zu den Zielen und Aktivitäten von M&A werden überblicksartig Institutionen wie auch Personengruppen vorgestellt, deren Interessen und Ziele durch eine M&A-Transaktion tangiert werden (Abschnitt 3.5). Abgerundet wird das dritte Kapitel durch die Analyse bereits identifizierter M&A-Erfolgsfaktoren (Abschnitt 3.6).

Die Synthese der beiden Grundlagenteile erfolgt in **Kapitel 4**, dem theoretischen Hauptteil der Arbeit. Dieser verknüpft die bislang isoliert voneinander betrachteten Themenkomplexe „Corporate Social Responsibility" und „Mergers & Acquisitions" miteinander und zielt darauf ab, die erste und zweite untergeordnete Forschungsfrage (F_1 und F_2) zu beantworten. Als Bezugsrahmen fungiert dabei das Risikomanagement. In einem ersten Schritt wird gezeigt, dass Akquisitionsrisiken die Ursache für das Scheitern von M&A darstellen (Abschnitt 4.1). Neben der begrifflichen Abgrenzung des Terminus „Risiko" in Abschnitt 4.1.1 werden Indizien für die Risikoträchtigkeit von M&A-Transaktionen aufgelistet (Abschnitt 4.1.2). Abschnitt 4.1.3 zeigt, dass die in Abschnitt 4.1.1 genannten Risikomerkmale mit den charakteristischen Eigenschaften einer M&A-Transaktion übereinstimmen und leitet daraufhin den Begriff des „Akquisitionsrisikos" formaltheoretisch ab. Da das Akquisitionsrisiko durch eine Vielzahl unterschiedlicher Risikofaktoren ausgezeichnet ist, findet in Abschnitt 4.1.4 eine inhaltliche Systematisierung des Akquisitionsrisikos statt. Abschnitt 4.2 behandelt das Konzept der Übernahme gesellschaftlicher Verantwortung aus Sicht des Risikomanagements. Dazu werden zunächst notwendige Grundlagen zum Risikomanagement erläutert. Neben der Auflistung der Aufgaben und Ziele (Abschnitt 4.2.1) wird der Risikomanagementprozess thematisiert (Abschnitt 4.2.2). Darauf aufbauend werden die regulatorischen Rahmenbedingungen des Risikomanagements skizzenhaft erläutert (Abschnitt 4.2.3). Abschließend wird der Beitrag von CSR zum Risikomanagement abgeleitet. Hierzu werden zunächst die aktuellen Herausforderungen des Risikomanagements erläutert (Abschnitt 4.2.4.1). Danach wird CSR aus Sicht des Risikomanagements als Instrument zum Management ökologischer und sozialer Risiken deklariert (Abschnitt 4.2.4.2). Abschließend wird die Schnittstelle zwischen dem formalen Risikomanagement nach ISO 31000 und dem Konzept der Übernahme gesellschaftlicher Verantwortung erörtert (Abschnitt 4.2.4.3). Die Synthese von M&A und CSR vor dem Hintergrund des Risikomanagements erfolgt in Abschnitt 4.3. Aufbauend auf der Struktur eines akquisitionsbegleitenden Risikomanagements (Abschnitt 4.2.1) wird der Beitrag von CSR zur Reduzierung des Akquisitionsrisikos erörtert (Abschnitt 4.3.2). Hierbei zeigt sich, dass die Integration von CSR in den M&A-Prozess zur Risikovorsteuerung, Risikoanalyse und Risikopolitik des Akquisitionsrisikos beiträgt. Abgerundet wird das theoretische Synthesekapitel durch die Ableitung von Forschungshypothesen, die den auf Plausibilitätsüberlegungen basierenden Wirkungsmechanismus von CSR bei M&A in Form einer Ursache-Wirkungsbeziehung formulieren.

Aufbauend auf den Erkenntnissen zur Rolle von CSR bei M&A gilt es, den in Kapitel 4 formulierten Wirkungsmechanismus empirisch zu überprüfen (Forschungsfrage F_3). Hierzu wird in **Kapitel 5** zunächst die Untersuchungskonzeption vorgestellt. Abschnitt 5.1 befasst sich mit der Operationalisierung des Konstruktes „M&A-Erfolg". Hierzu werden zunächst grundlegende Kriterien zur Bestimmung des M&A-Erfolges erörtert (Abschnitt 5.1.1), bevor die wichtigsten Verfahren der Literatur zur Messung des Transaktionserfolges vorgestellt werden (Abschnitt 5.1.2). Darauf aufbauend wird die Eventstudie, welche als ausgewählte Methode zur Messung des M&A-Erfolges in der vorliegenden Arbeit herangezogen wird, dezidierter erläutert (Abschnitt 5.1.3). Neben dem Konzept, der Methodik und den Voraussetzungen für eine valide Messung wird zudem die Vorgehensweise bei der Signifikanzprüfung beschrieben. Abschnitt 5.2 charakterisiert die der Arbeit zugrundegelegte Operationalisierung des Konstruktes „CSR". Nach einem Überblick über die Möglichkeiten der Messung von CSR in Abschnitt 5.2.1 wird die Verwendung von CSR-Ratings näher beschrieben (Abschnitt 5.2.2). Aufgrund der Bedeutung des KLD-Index in der wissenschaftlichen Literatur wird dieser ausführlich beschrieben (Abschnitt 5.2.2.1), bevor das Universum, die Methodik und die Komponenten der Operationalisierung von CSR auf Basis des OEKOM-RESEARCH-Ratings thematisiert werden (Abschnitt 5.2.2.2). In einem dritten Schritt gilt es, das verwendete Analyseverfahren der vorliegenden Arbeit vorzustellen (Abschnitt 5.3). Neben der Verwendung univariater Analyseverfahren, deren Vorgehensweise in Abschnitt 5.3.1 erläutert wird, widmet sich die Untersuchung einer multivariaten Analysemethode in Form einer Regression (Abschnitt 5.3.2). Das Prinzip und die Prämissen einer multivariaten Regressionsanalyse werden in Abschnitt 5.3.2.1 und 5.3.2.2 beschrieben, bevor die Spezifikation der Regressionsgeraden an die vorliegende Fragestellung vorgestellt wird (Abschnitt 5.3.2.3). Schlussendlich wird die Datenbasis der Untersuchung präsentiert (Abschnitt 5.4). Neben der Nennung der

Auswahlkriterien (Abschnitt 5.4.1) findet eine deskriptive Darstellung des Untersuchungssamples (Abschnitt 5.4.2) statt.

Kapitel 6 stellt die Ergebnisse der empirischen Untersuchung vor. Um die Reliabilität und Validität der empirischen Ergebnisse umfassend beurteilen zu können, werden zunächst in Abschnitt 6.1 die Erkenntnisse der Voruntersuchung zur Ermittlung der abhängigen sowie der unabhängigen Variablen vorgestellt. Die abhängige Variable wird einmal in Form der ermittelten täglichen durchschnittlichen abnormalen Rendite (Abschnitt 6.1.1.1) sowie in Form der kumulierten durchschnittlichen abnormalen Rendite (Abschnitt 6.1.1.2) beschrieben. Zudem werden die Ergebnisse zur internen Validität der mithilfe des Marktmodells geschätzten abnormalen Renditen vorgestellt (Abschnitt 6.1.1.3). Mittels einer deskriptiven Statistik sowie einer Korrelationsanalyse wird in Abschnitt 6.1.2.1 die unabhängige CSR-Variable charakterisiert. Den Abschluss der Voruntersuchung bildet die deskriptive Datenanalyse der Kontrollvariable „Return on Asset“ (Abschnitt 6.1.2.2). Aufbauend auf den Erkenntnissen der Voruntersuchung finden sich die Ergebnisse der univariaten Analyse zum Einfluss von CSR auf den M&A-Erfolg in Abschnitt 6.2. Diese werden dahingehend unterschieden, ob das Corporate Rating (Abschnitt 6.2.1), das Social Rating (Abschnitt 6.2.2) oder das Environmental Rating (Abschnitt 6.2.3) als Trennkriterium des Datensamples herangezogen wurde. Abschnitt 6.3 befasst sich mit den Ergebnissen zur multivariaten Regression. Diese werden abermals durch drei Regressionsmodelle beschrieben, die sich dadurch unterscheiden, dass jedes Regressionsmodell die unabhängige CSR-Variable in unterschiedlichem Detaillierungsgrad aufnimmt. Um die Möglichkeit der zeitverzögerten Wirkung von CSR auf den Kapitalmarkt in die Untersuchung zu integrieren, wurde in einem Exkurs analog zu Abschnitt 6.3 eine multivariate Analyse vorgenommen, bei der anhand des CSR-Vorjahresratings der Einfluss von CSR auf den M&A-Erfolg gemessen wurde (Abschnitt 6.4). Abschnitt 6.5 fasst die Erkenntnisse der empirischen Untersuchung zusammen. Abgerundet wird das Kapitel durch die Auflistung der methodischen Grenzen der Untersuchung in Abschnitt 6.6.

Kapitel 7 beendet die Arbeit mit einer Schlussbetrachtung und einem Ausblick. Nachdem die Kernerkenntnisse der Arbeit in Abschnitt 7.1 zusammengefasst werden, gilt es, Implikationen für die weitere Forschung abzuleiten (Abschnitt 7.2). Darauf aufbauend werden Managementimplikationen und Gestaltungempfehlungen formuliert (Abschnitt 7.3). Abgerundet wird das Kapitel durch eine finale Schlussbetrachtung (vgl. Abbildung 1.1).

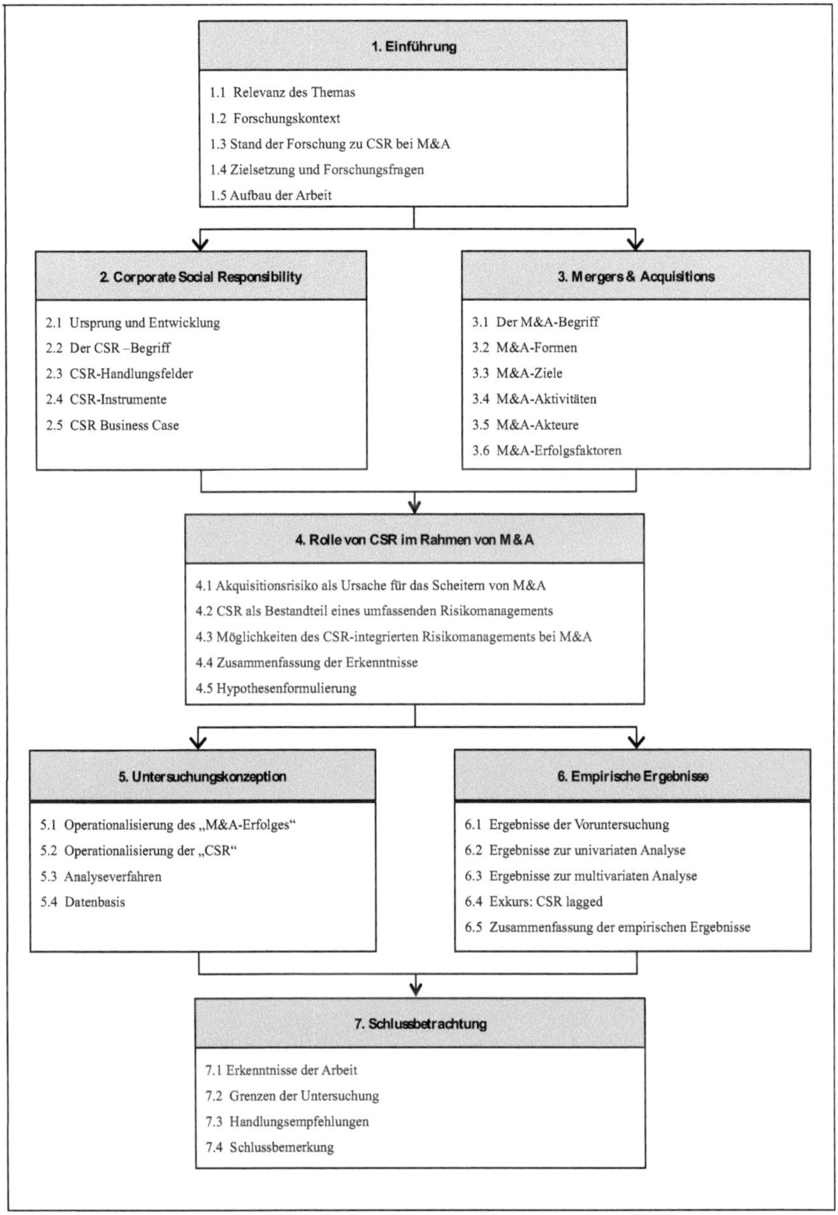

Abbildung 1.1: Aufbau der Arbeit.

Quelle: Eigene Darstellung.

2 CORPORATE SOCIAL RESPONSIBILITY

2.1 Ursprung und historische Entwicklung

Während der Begriff Corporate Social Responsibility (CSR) in den frühen 1990er-Jahren ein eher unbekannter Terminus war, hat sich CSR mittlerweile zu einem neuen Modewort entwickelt (vgl. Hiß 2009, 287). Auf der Suche nach den etymologischen Wurzeln von CSR lässt sich allerdings feststellen, dass die Übernahme gesellschaftlicher Verantwortung durch Unternehmen so alt ist wie der Unternehmensbegriff selbst. Erste Ansätze lassen sich bereits im alten Mesopotamien erkennen. Schon damals wurde dem Kaufmann bzw. Geschäftsmann gesellschaftlich verantwortungsvolles Handeln abverlangt (vgl. Asongu 2007a, 8). Allerdings führte das industrielle Zeitalter schnell zu großen Veränderungen bezüglich der Stellung der Geschäftsleute in der Gesellschaft, was sich auch auf ihr Verhalten auswirkte. Gegen Ende des 19. Jahrhunderts entstanden große Unternehmen, die durch ihre Machtbündelung die Wirtschaft dominierten und wenig soziales Verantwortungsbewusstsein zeigten (vgl. Eberstadt 1977, 20). Zu Beginn des 20. Jahrhunderts prägte die Wirtschaft das klassisch-ökonomische Modell des „Laissez-faire", welches dem Staat die Rolle des „Beobachters" in der Wirtschaft zusprach. Alleinige Zielsetzung der Unternehmen in dieser Phase war die Gewinnmaximierung (vgl. Hay/Gray 1977, 8–9). Erst um 1930 nahm der Staat wieder eine kritischere und aktivere Rolle ein und erwartete von den Unternehmen zunehmend stärkere gesellschaftliche Verantwortung (vgl. Carroll/Buchholtz 2008, 451).

Die Wissenschaft griff das Konzept CSR erstmals in den 1950er-Jahren in den USA auf (vgl. Loew et al. 2004, 19). Der Grund dafür liegt in der von Regierung und Unternehmen eingenommenen Rolle innerhalb der amerikanischen Gesellschaft. Während in Europa der Staat einen starken Einfluss auf die Ausgestaltung der Rahmenbedingungen von Unternehmen nahm, hatten die Unternehmen in den USA einen deutlich größeren Freiraum, was jedoch mit einer größeren Erwartungshaltung seitens der Gesellschaft an die unternehmerische Verantwortung einherging (vgl. Moon/Vogel 2009, 306). Allerdings waren die 1950er-Jahre noch stark von einem Klima des Respekts gegenüber Unternehmen gekennzeichnet, weshalb diese in einer Zeit relativ geringen sozialen Aktivismus dennoch eher selten kritisiert wurden (vgl. Carroll 1999, 269–270).

Das änderte sich in den **1960er-Jahren**, in denen zunehmend kritische Stimmen gegenüber dem Verhalten von Unternehmen laut wurden, und setzte sich bis in die **1970er-Jahre** fort.

Immer häufiger galt es, Unternehmen nicht nur an ihrer ökonomischen Leistungsfähigkeit zu messen, sondern darüber hinaus auch Themen wie Arbeitsplatzsicherheit, Umweltschutz oder Verbraucherschutz zu berücksichtigen (vgl. Hiß 2006, 30). Die bis dahin vornehmlich in den USA diskutierte Thematik der gesellschaftlichen Verantwortung von Unternehmen setzte sich erst langsam in Europa durch. Erste Ansatzpunkte lassen sich in dem Davoser Manifest von 1973 wiederfinden, dem der Entwurf eines Kodex des ethischen Wohlverhaltens für die Unternehmensführung zugrunde liegt (vgl. Dyllick 2004, 1–2).

In den **1980er-Jahren** lenkte die angebotsorientierte Wirtschaftspolitik die öffentliche Aufmerksamkeit wieder verstärkt auf die ökonomische Leistungsfähigkeit von Unternehmen. Der einsetzende neoliberale Diskurs in England und den USA führte zu einer weitgreifenden De-Regulierung und betonte die unternehmerischen Rechte (vgl. Carroll 1999, 284–285).

Erst im Zuge der voranschreitenden Globalisierung in den **1990er-Jahren** kam neue Dynamik in das Konzept CSR. Das öffentliche Interesse am Verhalten multinationaler Unternehmen gegenüber ihren Beschäftigten in Entwicklungsländern stieg, insbesondere in (den) Industrieländern (vgl. Reichert 2002, 16). Verstärkt durch Kampagnen von Nichtregierungsorganisationen (NROs), die multinationale Unternehmen zu sozial und ökologisch verantwortlichem Handeln aufforderten, gewann die Thematik wieder an Bedeutung (vgl. Scherrer/Greven 1999, 21). Als Beispiel sei die 1990 gegründete Kampagne für saubere Kleidung (Clean Clothes Campaign) zu nennen, die die Öffentlichkeit auf die Arbeitsbedingungen bei der Herstellung im Sektor Textil und Bekleidung aufmerksam machen sollte. Großes Aufsehen erregten auch die Proteste 1992 gegen die Arbeitsbedingungen bei dem Sportartikelhersteller Nike, die zur freiwilligen Selbstverpflichtung des Unternehmens in Form eines Verhaltenskodex zur Einhaltung minimaler Standards in den Zulieferbetrieben führten (vgl. Locke 2002, 40).

Auch auf **internationaler Ebene** war in den 1990er-Jahren verstärktes Interesse an CSR zu erkennen (vgl. Henderson 2001, 29). Die International Labour Organisation (ILO) definierte im Jahre 1997 sieben Kernarbeitsnormen zu grundlegenden Prinzipien zum Schutz der Menschenrechte in der Arbeitswelt, die mittlerweile auf acht ILO-Konventionen erweitert wurden (vgl. Abschnitt 2.4.2.2). Weiterhin wurden die Sullivan Principles, die zu Beginn der 1970er-Jahre das Ziel hatten, im Kontext der Apartheid in Südafrika gegen die Diskriminierung von Farbigen am Arbeitsplatz vorzugehen, ausgeweitet und in Global Sullivan Principles of Social Responsibility umbenannt (vgl. Sullivan 2009). Daneben gab es zunehmend verstärkt Weltkonferenzen zu Teilthematiken einer globalen Ordnung, wie z.B. die 1992 abgehaltene Umweltkonferenz in Rio de Janeiro, die als Initialzündung des Leitbildes einer nachhaltigen Entwicklung als international anerkannte gesellschaftliche Zielsetzung gesehen werden kann (vgl. Loew et al. 2004, 56), oder der Weltsozialgipfel der Vereinten Nationen in Kopenhagen im März 1995 (vgl. Fues 2001, 51–52). Auch im neuen Jahrhundert setzt sich die Thematisierung von CSR fort. Dies dokumentiert die Entwicklung zahlreicher Umwelt- und Sozialstandards, z.B. des Forest Stewardship Councils, des Marine Stewardship Councils oder des Flower Label Programs (vgl. Müller/Gomes dos Santos/Seuring 2008, 113) wie auch des im Jahr 2000 ins Leben gerufene UN Global Compacts (siehe Abschnitt 2.4.2.2). Auf Seiten der zivilgesellschaftlichen Initiative ist das Weltsozialforum, das als jährliche Parallelveranstaltung zum Weltwirtschaftsforum in Davos (Schweiz) betrachtet wird, zu nennen. Das Weltsozialforum wurde in Porte Alegre (Brasilien) erstmals im Jahre 2001 durchgeführt und diskutiert über die sozialen Aspekte der Weltökonomie.

Auf **europäischer Ebene** hielt das Konzept CSR erst im Jahre 2000 mit der Festlegung des Lissabon-Ziels Einzug in die wirtschaftliche Diskussion (vgl. Holzborn 2006, 28; Kommission der Europäischen Gemeinschaft 2001, 3). Darin wurde festgelegt, die Europäische Union zum „wettbewerbsfähigsten und dynamischsten wissensbasierten Wirtschaftsraum der Welt zu machen - einem Wirtschaftsraum, der fähig ist, ein dauerhaftes Wirtschaftswachstum mit mehr und besseren Arbeitsplätzen und einem größeren sozialen Zusammenhalt zu erzielen" (Kommission der Europäischen Gemeinschaft 2001, 3). Das danach entstandene Grünbuch „EUROPÄISCHE RAHMENBEDINGUNGEN FÜR DIE SOZIALE VERANTWORTUNG DER UNTERNEHMEN" stellt die erste Publikation zu dem Themenkomplex CSR auf europäischer Ebene dar (vgl. Holzborn 2006, 29). Es zielt darauf ab, eine Debatte über Möglichkeiten zur Förderung der sozialen Verantwortung von Unternehmen auf europäischer wie auch internationaler Ebene anzuregen. Im Jahr 2002 wurde außerdem das European Multi-Stakeholder-Forum (EMS-Forum) gegründet, das die Interaktion zwischen Experten, Unternehmensvertretern und der Politik unterstützt und Ratschläge zur Förderung von CSR geben soll (vgl. Loew et al. 2004, 24).

In der **Unternehmenspraxis** ist das Thema CSR nicht mehr wegzudenken. Zehn Jahre nach seiner Gründung hat der Global Compact bereits mehr als 8000 Unternehmen aus mehr als 135 Ländern der Welt als Mitglieder gewonnen (vgl. unglobalcompact.org). Auch das Weltwirtschaftsforum greift CSR-Themen immer wieder auf, wie beispielsweise im Jahr 2002 in der Erklärung „GLOBAL CORPORATE CITIZENSHIP: THE LEADERSHIP CHALLENGE FOR CEOS

AND BOARDS“, in der sich mehr als 40 Unternehmensführer zu ihrer Verantwortung bekennen (vgl. World Economic Forum 2002, 1). Allein in Deutschland haben sich zahlreiche Unternehmen zum Forum Nachhaltige Entwicklung *econsense* zusammengeschlossen, um einen Dialog über die gesellschaftliche Verantwortung von Unternehmen zu führen (vgl. www.econsense.de). Dabei handelt es sich nicht nur um Unternehmen, die sozial-ökologische Nischenprodukte produzieren und vertreiben, wie z.B. Body Shop, Bio-Läden oder Naturtextilversender. Viele der beteiligten Unternehmen zählen zu den großen und wirtschaftlich erfolgreichen Global Playern wie BP, Coca-Cola, Daimler, Lufthansa, Siemens, Volkswagen oder McDonalds (vgl. Hansen/Schrader 2005, 372).

Mit der Zahl und der Größe der involvierten Unternehmen wächst auch die **öffentliche Aufmerksamkeit** für CSR. Sowohl überregionale Tageszeitungen als auch die Wirtschaftspresse widmen sich verstärkt dieser Thematik. Sonderbeilagen zu Aspekten wie *„the good company“* (vgl. www.economist.com 2005) sind keine Seltenheit mehr. Auch die wissenschaftliche Literatur ist unüberschaubar geworden (vgl. Hiß 2009, 289). Neben klassischen Werken wie „MARKT FÜR TUGEND“ von VOGEL (2005) bestehen sich in jüngerer Zeit zahlreiche Handbücher oder wirtschaftswissenschaftliche, wirtschaftsethische und wirtschaftssoziologische Zugänge zum Thema CSR (vgl. u.a. Habisch/Wildner/Wenzel 2008; Matten/Moon 2008; Cambpell 2007; Rieth 2009; Hammann/Habisch/Pechlaner 2009; Schreck 2009).

2.2 Der CSR-Begriff

2.2.1 Begriffsdiskussion

In der Diskussion um Corporate Social Responsibility gibt es eine Vielzahl unterschiedlicher Auffassungen zu der Frage, was unter CSR zu verstehen ist. Bislang hat sich in der Literatur allerdings keine einheitliche Definition herausgebildet (vgl. Müller/Schaltegger 2008, 17). So vertritt DYLLICK z.B. eine weite Definition des CSR-Begriffs, welche die gesellschaftliche Verantwortung von Unternehmen sowohl als legale wirtschaftliche Tätigkeit wie auch als Summe von Handlungen begreift, die über die Kernaktivitäten der Unternehmen hinausreichen (vgl. 1992, 95). MCWILLIAMS/SIEGEL hingegen legen ein wesentlich engeres Begriffsverständnis zugrunde, welches die gesellschaftliche Verantwortung von Unternehmen nur jenseits von Profit- und Rechterfüllung ansiedelt (vgl. 2001, 117). HENRY MANNE argumentiert, dass insbesondere der Aspekt der Freiwilligkeit die Übernahme gesellschaftlicher Verantwortung von Unternehmen ausmacht: *„another aspect of any workable definition of cor-*

porate social responsibility is, that the behavior of the firms must be voluntary" (Manne/Wallich 1972, 5). Die UN-Organisation für Entwicklungsarbeit hingegen bezieht den Begriff der gesellschaftlichen Verantwortung nicht nur allein auf Unternehmen, sondern schließt neben Unternehmen auch verschiedene Organisationen und Institutionen mit ein (vgl. UNCTAD 1999, 1).

Die Finessen der einzelnen Definitionen verdeutlichen, dass man nicht von einer allgemeingültigen Definition sprechen kann. In der akademischen Debatte spiegelt sich daher eine unüberschaubare Menge an CSR-Definitionen wider (vgl. zu Übersichten Amba-Rao 1993, 554; Joyner/Payne 2002, 302; Quazi/O´Brien 2000, 34). Neben der fehlenden allgemeingültigen Begriffsdefinition kommt erschwerend hinzu, dass die Diskussion um CSR als dynamisch betrachtet werden kann. Durch aktuelle Themen und Berichterstattungen in den Medien verändert sich das Konzept CSR kontinuierlich und unterliegt damit einer stetigen Weiterentwicklung (vgl. Bassen/Jastram/Meyer 2005, 233). Dies mündet in eine komplexe, facettenreiche und gleichzeitig auch sehr unscharfe Konzeption der Corporate Social Responsibility (vgl. Lantos 2001, 1).

Trotz der fehlenden einheitlichen Definition können grundlegende charakteristische Merkmale von CSR abgeleitet werden, die in nahezu jeder CSR-Definition zu finden sind. Diese werden im Folgenden näher analysiert. Dazu werden die Komponenten Corporate, Social und Responsibility vorerst unabhängig voneinander behandelt, um anschließend eine dieser Arbeit zugrunde liegende Definition abzuleiten.

2.2.2 Komponenten

2.2.2.1 Corporate

Über das Merkmal Corporate wird die Verbindung zum **unternehmerischen Engagement** hergestellt. Grundsätzlich steht allen Unternehmensformen die Möglichkeit offen, CSR-Projekte zu initiieren - Aktiengesellschaften genauso wie Familienunternehmen oder Unternehmen der öffentlichen Hand (vgl. Hiß 2006, 23).

Die Initiierung von CSR-Projekten beruht dabei auf dem Grundprinzip der **Freiwilligkeit** (vgl. Kuhlen 2005, 12). Freiwilligkeit bedeutet, dass Maßnahmen getroffen werden, die über die gesetzlichen Anforderungen hinausgehen, wobei das Unternehmen selbst entscheidet, welche CSR-Instrumente in welchem Umfang umgesetzt und in die Unternehmensstrategie integriert werden (vgl. Kommission der Europäischen Gemeinschaft 2001, 4; Münstermann 2007, 15). In diesem Zusammenhang stellt sich oft die Frage, ob die Freiwilligkeit der Maßnahme nur dann gegeben ist, wenn ein reiner Altruismus zugrunde liegt, oder ob ökonomische Beweggründe ebenfalls eine Rolle spielen dürfen (vgl. Herchen 2007, 34). EMPT untersuchte am Beispiel der Aktiengesellschaft die rechtliche Frage, inwieweit freiwillig mit Gesellschaftsmitteln soziale Zwecke verfolgt werden dürfen, die nicht mit dem Ziel der langfristigen Profitmaximierung für die Anteilseigner vereinbar sind. Er kam zu dem Ergebnis, dass allein schon durch den rechtlichen Standpunkt der untersuchten Aktiengesellschaft kein Spielraum für „echte" Philanthropie besteht (vgl. Empt 2004, 199–200). Hinzu kommt, dass eine Unterscheidung zwischen rein altruistisch motivierten CSR-Maßnahmen und solchen mit Profitmaximierungsgedanken gar nicht oder nur sehr schwer möglich wäre (vgl. Herchen 2007, 35). Der Freiwilligkeitsgedanke ist demnach so zu deuten, dass die Übernahme von Verantwortung nicht nur durch institutionelle Rahmenbedingungen vorgeschrieben ist, sondern dem Unternehmen selbst die Wahl gelassen wird, ob und in welchen Bereichen es gesellschaftliche Verantwortung übernimmt (vgl. Hansen 2004, 62).

2.2.2.2 Social

Das Wort social wird oft fälschlicherweise mit dem Wort „sozial" ins Deutsche übersetzt (vgl. Wegner 2004, 127), was jedoch mit einer Sinnverkürzung des englischen Begriffs einhergeht. Der englische Begriff „social" beschreibt ein umfassendes gemeinnütziges Engagement und schließt damit nicht nur soziale, sondern eine über Wohltätigkeitsveranstaltungen hinausgehende Übernahme „gesellschaftlicher" Verantwortung mit ein (vgl. Kirchhoff 2006, 17; Wegner 2004, 127). Aus diesem Grund ist der Terminus „gesellschaftliche" Verantwortung bei der deutschen Übersetzung vorzuziehen (vgl. Fieseler 2008, 32–33).

Durch diese Übersetzung wird Bezug zur **Triple-Bottom-Line** (auch „Drei-Säulen-Modell", „3BL" oder „People, Planet, Profit" genannt) genommen. Das Konzept der Triple-Bottom-Line orientiert sich an einem nachhaltigen, langfristigen und gesellschaftlich verantwortungsvollen Wirtschaften, das die Elemente Ökonomie, Ökologie und Soziales umfasst. Ursprünglich bezeichnet der Wortlaut „Bottom Line" im englischsprachigen Raum aus ökonomischer Sicht den Schlussstrich der Gewinn- und Verlustrechnung eines Unternehmens. Die Erweiterung des Wortlautes um den Begriff „Triple" soll symbolisieren, dass nicht nur ökonomische Aspekte, sondern auch ökologische und soziale Aspekte, die durch ein Unternehmen geschaffen wurden, unter dem Schlussstrich der Gewinn- und Verlustrechnung darzustellen sind (vgl.

Kuhn 2008, 12). Dies führt dazu, dass bei der Messung der Gesamtperformance auch der Beitrag des Unternehmens zu wirtschaftlichem Wohlstand, der Umweltqualität und des Sozialkapitals berücksichtigt wird (vgl. Kommission der Europäischen Gemeinschaft 2001, 30).

Das Merkmal der **ökonomischen Dimension** zeichnet sich dabei durch die Konzentration des Unternehmens auf langfristige Erträge im Sinne der Kapitalerhaltung aus. In der **ökologischen Dimension** wird auf den schwer fassbaren Wert der Natur und die Endlichkeit der natürlichen Ressourcen eingegangen, woraus sich die Notwendigkeit ergibt, das bestehende Kapital der Natur nicht nur zu erhalten, sondern gleichzeitig auch ökologische Bedingungen zu schaffen, die das langfristige Überleben der Menschen sichern. Hieraus entsteht die Forderung, in den Bilanzen der Unternehmen auch die ökologischen Kosten der Produktion und des Konsums zu berücksichtigen (vgl. Herchen 2007, 33). Die **soziale Dimension** stellt sich der Frage der Verteilungsgerechtigkeit und somit dem Zugang zu Ressourcen und Chancen. Das Ziel ist eine Grundbedürfnisbefriedigung sowohl für heutige, als auch für zukünftige Generationen, die nicht nur auf einzelne Länder beschränkt sein darf, sondern insbesondere auf den globalen Verteilungskonflikt zwischen Erster und Dritter Welt eingeht (vgl. Herchen 2007, 34).

2.2.2.3 Responsibility

Zur Bestimmung des Begriffs Responsibility gibt es verschiedene Ansätze, die sich jedoch alle auf die grundlegende Frage nach den Aufgaben und dem **Zweck von Unternehmen** beziehen (vgl. Hiß 2006, 25). Die zahlreichen Ansätze zur Systematisierung der Unternehmensverantwortung basieren auf zwei konträren Auffassungen hinsichtlich der Übernahme gesellschaftlicher Verantwortung durch Unternehmen.

Vertreter der Theorie des **Shareholder-Value** sehen die gesellschaftliche Aufgabe von Unternehmen bereits in der Erwirtschaftung von Gewinnen sowie der Produktion von Gütern und Dienstleistungen und der Versorgung der Gesellschaft mit diesen Produkten. Die Unternehmensverantwortung ist somit eng an die Erfüllung der Kernaufgaben eines Unternehmens geknüpft (vgl. u.a. Joyner/Payne 2002, 306; Baden 2001, 399; Copeland 2000, 3–4; Quazi/O´Brien 2000, 33). Diese Auffassung stütz sich auf den von MILTON FRIEDMAN 1970 veröffentlichten Aufsatz „THE SOCIAL RESPONSIBILITY OF BUSINESS IS TO INCREASE ITS PROFITS“, bei dem FRIEDMAN die Verteilung gesellschaftlicher Wohltaten ausschließlich als Pflicht und Aufgabe von Regierungen und nicht von Unternehmen ansieht (vgl. Friedman 1970). Die gesamtunternehmerische Verantwortung wird demnach sehr *eng* gefasst und auf die Kernaufgaben des Unternehmens reduziert und kann als *enge* CSR-Definition ausgelegt werden.

Im Gegensatz zu dieser *engen* Auslegung werden Unternehmen nach dem **Stakeholderansatz** als Teile der Gesellschaft gesehen, die durch eine umfassende Verantwortung charakterisiert sind (vgl. Quazi/O´Brien 2000, 34). Die von EDWARD FREEMAN 1984 entwickelte Stakeholder-Theorie fordert, neben den Anteilseignern auch anderen Anspruchsgruppen, den sog. Stakeholdern ein legitimes Interesse am Handeln eines Unternehmens zuzusprechen (vgl. Schloter 2004, 202; Kleikamp 2007, 5). Der Anspruch der Stakeholder besteht aufgrund der von ihnen erbrachten Leistung für das Unternehmen und dem Gefühl, durch die Handlung desselbigen betroffen zu sein (vgl. Nagos 1991, 14; Freeman 1984, 46). Als Stakeholder werden Einzelpersonen wie Kunden und Mitarbeiter, Gemeinschaften wie Verbraucher oder Kundengruppen und Organisationen wie Gewerkschaften oder Non-Profit-Organisations (NPOs) angesehen, die vom Handeln eines Unternehmens beeinflusst werden oder dieses beeinflussen können (vgl. Freeman 1984, 46). Stakeholder lassen sich u.a. in interne (z.B. Mitarbeiter) und externe Stakeholder (z.B. Verbraucher oder Zulieferer) unterteilen (vgl. Piser 2004, 9–10). Eine weitere Differenzierungsmöglichkeit liefert die Einteilung nach der Zugehörigkeit zur wirtschaftlichen oder gesellschaftlichen Umwelt (vgl. Nagos 1991, 12).

Ziel des Stakeholderansatzes ist es, die Unternehmensziele mit den Bedürfnissen der Anspruchsgruppen eines Unternehmens in Einklang zu bringen. Da die Bedürfnisse aller Anspruchsgruppen jedoch sehr heterogen sind und folglich auch zahlreiche Zielkonflikte auftreten, bietet es sich an, auf das Konzept der **„strategischen Stakeholder"** zurückzugreifen. Dieses bewertet die Stakeholder eines Unternehmens nicht nur nach dem Kriterium der Betroffenheit, sondern zugleich danach, ob sie die Ansprüche gegenüber dem Unternehmen geltend machen können (vgl. Janisch 1993, 125). Gelingt es, die Anliegen der strategischen Anspruchsgruppen auf eine möglichst konfliktfreie Weise zu integrieren, kann das Unternehmen gemäß der Anreiz-Beitrags-Theorie von BERNARD (1938) und CYERT/MARCH (1963) Wettbewerbsvorteile maximal ausschöpfen (vgl. Welge/Holtbrügge 2006, 286).

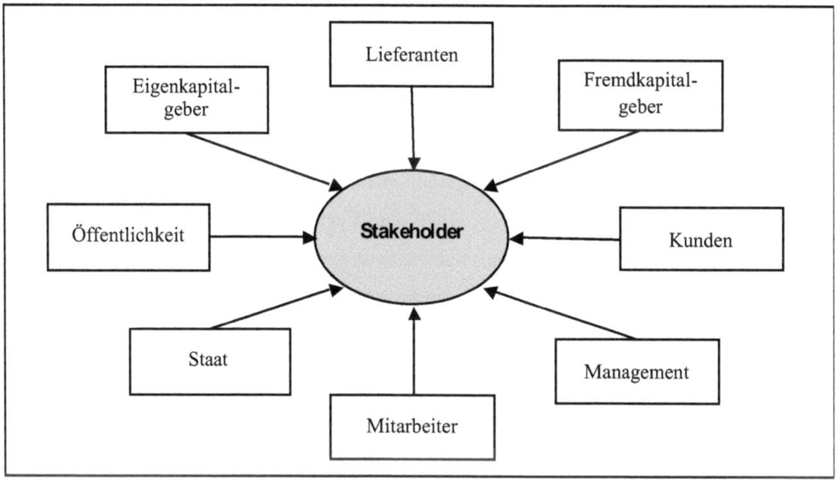

Abbildung 2.1: Die wichtigsten Stakeholder eines Unternehmens.
Quelle: In Anlehnung an Böhl (2006, 10).

Die **Anreiz-Beitrags-Theorie** besagt, dass Individuen den Eintritt in ein Arbeitsverhältnis wie auch ihr Leistungsverhalten von ihrem Anreiznutzen (materielle und immaterielle Belohnungen) in Relation zum erforderlichen Beitrag (einschließlich Opportunitätskosten) abhängig machen. Demnach gehen Individuen nur dann eine (ökonomische) Beziehung ein, wenn sie einen individuellen Nutzen hieraus erzielen, der für sie Anreiz genug ist, produktive Beiträge zur Erfüllung des Organisationszwecks zu leisten (vgl. Schreyögg 2003, 50). Aufgrund der Tatsache, dass strategische Stakeholder ihre Beiträge zurückziehen können, wenn entsprechende Anreize fehlen, bedarf es eines Stakeholdermanagements, bei dem durch ein Anreiz-Beitrags-Gleichgewicht die Unternehmensbeziehungen sichergestellt sind und ein Austauschprozess in Gang gebracht wird, der die maximale Leistungsbereitschaft von Individuen gewährleistet (vgl. Maaß 2009, 35). Der Stakeholderansatz liefert damit eine argumentative Basis, um die ökonomische Relevanz funktionsfähiger, möglichst konfliktfreier und stabiler Beziehungen im Wirtschafts- und Wertschöpfungskontext theoretisch zu begründen (vgl. Clarkson 1995, 98).

Die Mehrheit der an der CSR-Diskussion beteiligten Autoren fasst den Dialog mit den Stakeholdern und damit den **Stakeholderansatz als normative Basis** für das Konzept der gesellschaftlichen Verantwortung auf (vgl. Dubielzig/Schaltegger 2005, 236; Bassen/Jastram/

Meyer 2005, 235; McIntosh 2003, 98). Ihrer Ansicht nach dienen CSR-Maßnahmen genau dem Zweck, die Ansprüche der Stakeholder eines Unternehmens zu erfüllen. Damit stellen die Stakeholder eines Unternehmens jene Gruppe dar, auf die sich die Unternehmensverantwortung bezieht (vgl. Herchen 2007, 30–31).

Um im Rahmen der CSR-Definition die gesamtunternehmerische Verantwortung fassbar zu machen, entwickelte ARCHIE B. CARROLL 1979 eine **Verantwortungspyramide**, die die unterschiedlichen Ebenen der Unternehmensverantwortung anschaulich darstellt (vgl. Müller/Schaltegger 2008, 20). Nach CARROLL umfasst CSR *„the economic, legal, ethical, and discretionary expectations that society has of organizations at a given point of time"* (Carroll 1979, 500). Folgt man dieser Auffassung, setzt sich ein vollständiges CSR-Konzept aus vier Verantwortungsbereichen zusammen: Economic, Legal, Ethical und Philanthropic Responsibilities (vgl. Carroll 2008, 92). Die Pyramide stellt dabei die grafische Veranschaulichung dar.

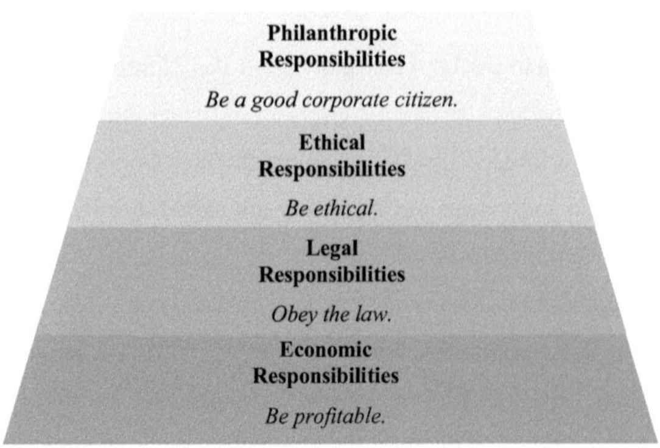

Abbildung 2.2: Die Verantwortungspyramide von Carroll.
Quelle: In Anlehnung an Carroll (1991, 42).

Unternehmen übernehmen zunächst ökonomische Verantwortung **(Economic Responsibility)** (vgl. Brink 2009, 83). Diese liegt in der kontinuierlichen Gewinnträchtigkeit des Unternehmens durch das Angebot von Waren und Dienstleistungen. Alle Maßnahmen und Aktivitäten im Bereich CSR bauen auf dieser unternehmerischen Grundverantwortung auf (vgl. Mayerhofer/Grusch/Mertzbach 2008, 13). Gleichzeitig müssen sich Unternehmen am geltenden Recht orientieren **(Legal Responsibility)**. Die Forderung nach Einhaltung der Gesetze bildet die zweite Verantwortungsstufe. Diese rechtliche Komponente wird von CARROLL auch als „verschlüsselte Ethik“ bezeichnet, da Gesetze bereits einen Teil der gesellschaftlichen Normen ausmachen, die wiederum ein Teilbereich der Ethik sind (vgl. Carroll 1991, 41; Kuhlen 2005, 8). Problematisch an Gesetzen ist jedoch, dass sie lediglich die unterste Ebene gesellschaftlich akzeptablen Verhaltens darstellen und damit reaktiv sind, d.h. sie legen ausschließlich fest, was nicht getan werden sollte (vgl. Carroll 1998, 3; Lantos 2001, 4). Beide Stufen bilden das Fundament der freien Marktwirtschaft ab. Die ethische Verantwortung **(Ethical Responsibility)** geht über die rechtliche (Verantwortung) hinaus, da sie die Erwartungen der Gesellschaft an das, was als gerecht und gut betrachtet wird, widerspiegelt. Sie stellt Normen dar, die nicht durch das Gesetz geregelt werden (können) (vgl. Carroll 1991, 41). Die ethische Verantwortung steht dabei stets in einem dynamischen Wechselspiel zur rechtlichen Verantwortung. Durch die Tatsache, dass neue Gesetzgebungen aus den sich entwickelnden Vorstellungen und Erwartungen der Gesellschaft resultieren, beeinflusst die ethische Verantwortung somit auch die Rechtliche. Die Spitze der Pyramide bildet schließlich die **Philanthropic Responsibility**. Diese umfasst Unternehmensaktivitäten, die als Reaktion auf die Wünsche der Gesellschaft an das Unternehmen als „guter Bürger“ der Gesellschaft entstehen. Dies zeigt sich z.B. in der finanziellen und/oder technischen Unterstützung von Projekten und Programmen zur Förderung des gesellschaftlichen Wohlergehens (vgl. Mayerhofer/Grusch/Mertzbach 2008, 14). Philanthropie wird im Gegensatz zur ethischen Verantwortung nicht von der Gesellschaft erwartet, sondern vielmehr von ihr gewünscht. Unternehmen gelten nicht als unmoralisch, wenn sie keine Philanthropie praktizieren. Die Philantropic Responsibility ist somit freiwilliger Natur (vgl. Carroll 1991, 42–43; Brink 2009, 83).

Die Verantwortungspyramide von CARROLL bietet einen ersten Anhaltspunkt zur Darstellung der unterschiedlichen und vielfältigen Dimensionen der gesamtunternehmerischen Verantwortung und den damit einhergehenden Erwartungen der Gesellschaft an das Unternehmen (vgl. Hiß 2006, 37). Die wesentliche Kritik an dem Modell liegt in der Unabhängigkeit der vierten von den ersten drei Verantwortungsbereichen (vgl. Brink 2009, 83). Die unterschiedlichen Stufen werden in CARROLLS Modell getrennt betrachtet, obwohl sie in der Realität nie unabhängig voneinander auftreten. Im Gegenteil, sie beeinflussen sich gegenseitig, was häufig zu Spannungen zwischen der ersten Ebene (Economic Responsibility) und den drei oberen Ebenen führt (vgl. Carroll 2008, 95; Mayerhofer/Grusch/Mertzbach 2008, 14). Insgesamt kann festgehalten werden, dass die Systematisierung nach CARROLL für eine erste Grobgliederung hilfreich ist, das Konzept selbst allerdings sehr weitumfassend und allgemein gehalten wird (vgl. Müller/Schaltegger 2008, 20).

Eine alternative Systematisierung der gesamtunternehmerischen Verantwortung bilden die **Verantwortungskreise** nach Hiß. Mit dem Ziel einer praktisch-betriebswirtschaftlichen Systematisierung von CSR aus Unternehmenssicht werden die sozialen Verantwortungsbereiche durch drei konzentrische Kreise dargestellt. Die grafische Darstellung der Kreise symbolisiert, dass mit zunehmender Weite der konzentrischen Kreise der Verantwortungsbereich von Unternehmen eine immer aktivere und sensiblere Gestaltung ihres Wirtschaftsprozesses und dessen gesellschaftlicher Umwelt umfasst (vgl. Hiß 2006, 38).

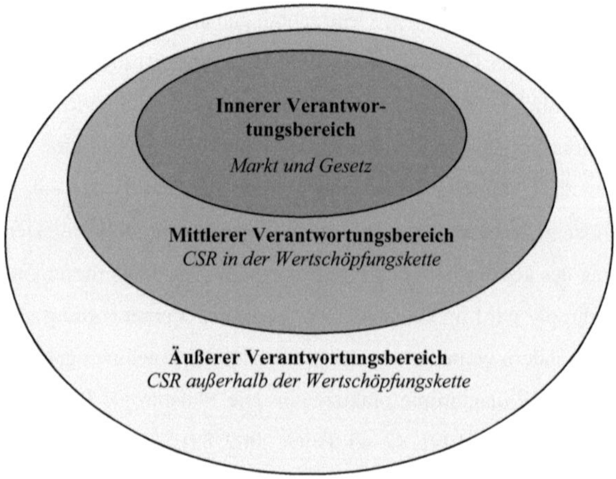

Abbildung 2.3: Verantwortungsbereiche von Corporate Social Responsibility.
Quelle: In Anlehnung an Hiß (2006, 38).

Der **innere Verantwortungsbereich** lässt sich im Sinne einer „unfreiwilligen" Übernahme an Verantwortung gleichsetzen, die die Erfüllung der ökonomischen Funktion eines Unternehmens wie auch die Einhaltung von Gesetzen umfasst. Hierbei werden vor allem die Interessen der Shareholder berücksichtigt. Dennoch kann bereits im inneren Verantwortungskreis von CSR gesprochen werden, da durch die Teilnahme am Markt und die Respektierung von Recht und Gesetz z.B. Arbeitsplätze geschaffen und Güter produziert werden oder durch die Beachtung internationaler Konventionen, wie die International Labor Organization (ILO) ein Beitrag gegenüber der Gesellschaft im Sinne von CSR übernommen wird (vgl. Hiß 2006, 39).

Dem **mittleren Verantwortungsbereich** werden die im direkten Zusammenhang mit der Wertschöpfungskette eines Unternehmens übernommenen freiwilligen CSR-Aktivitäten zugeordnet. Darunter fallen z.B. Arbeitsschutzmaßnahmen oder die Selbstverpflichtung zu Sozialstandards (vgl. Hiß 2006, 39). Der **äußere Verantwortungsbereich** umfasst alle unternehmerischen CSR-Aktivitäten, die in keinem direkten Zusammenhang mit der Wertschöpfungskette des Unternehmens stehen. Dies kann mit Philanthropie, Mäzenatentum oder Charity gleichgesetzt werden. Kennzeichnend für CSR-Aktivitäten des äußeren Verantwortungsbereiches ist die Tatsache, dass sich Unternehmen hierbei mit gesellschaftlichen Problemzusammenhängen auseinandersetzen, die gerade nicht mit ihrer ökonomischen Tätigkeit in einem direkten Zusammenhang stehen (vgl. Hiß 2006, 40–41). Die unternehmerische Verantwortung weitet sich somit vom „zwingenden Rahmen" in einen zunehmend freiwilligen Bereich aus, der sich im äußersten Kreis gleichzeitig auch vom eigentlichen Wertschöpfungsprozess des Unternehmens entfernt.

Hinsichtlich der Leistungsfähigkeit des Konzepts kann auch dieser Systematisierung der Vorwurf der Unschärfe gemacht werden. Die einzelnen drei Bereiche werden nicht vollständig unabhängig und ohne ihre gegenseitigen Wechselwirkungen betrachtet. Gleichzeitig kann angeführt werden, dass eine direkte Zuordnung von Stakeholder- und Shareholderinteressen in den einzelnen Verantwortungsbereichen nicht vorgenommen werden kann. Zur gedanklichen Einordnung der unterschiedlichen Einflusssphären des CSR-Konzepts auf die Unternehmen ist die Systematik allerdings hilfreich (vgl. Müller/Schaltegger 2008, 22).

2.2.3 Festlegung einer Begriffsdefinition

Die Einzelbetrachtung der Komponenten **C**orporate, **S**ocial und **R**esponsibility ermöglicht eine umfassende Analyse der wesentlichen Merkmale des Konzepts CSR. Es wurde gezeigt, dass insbesondere der Aspekt der **Freiwilligkeit**, die **Integration von Ökonomie, Ökologie und Sozialem** und die Tatsache, dass **alle Anspruchsgruppen** und nicht nur die Shareholder eines Unternehmens, entscheidend sind, als charakteristische Merkmale des CSR-Konzepts fungieren. Dieser Auffassung folgt auch das GRÜNBUCH DER KOMMISSION DER EUROPÄISCHEN GEMEINSCHAFT. Dieses sieht CSR als

„ein Konzept, das den Unternehmen als Grundlage dient, auf freiwilliger Basis soziale Belange und Umweltbelange in ihre Tätigkeiten und in ihre Wechselbeziehungen mit den Stakeholdern zu integrieren. Sozial verantwortlich handeln bedeutet dabei nicht nur die bloße Einhaltung gesetzlicher Bestimmungen, sondern geht durch die Investition in Humankapital,

in die Umwelt sowie in die Beziehungen zu anderen Stakeholdern weit darüber hinaus" (Kommission der Europäischen Gemeinschaft 2001, 7).

Dieser Auffassung soll auch im Rahmen dieser Arbeit nachgegangen werden. Die Systematisierung der drei relevanten Merkmale von CSR wird nachfolgend durch Abbildung 2.4 nochmals dargestellt.

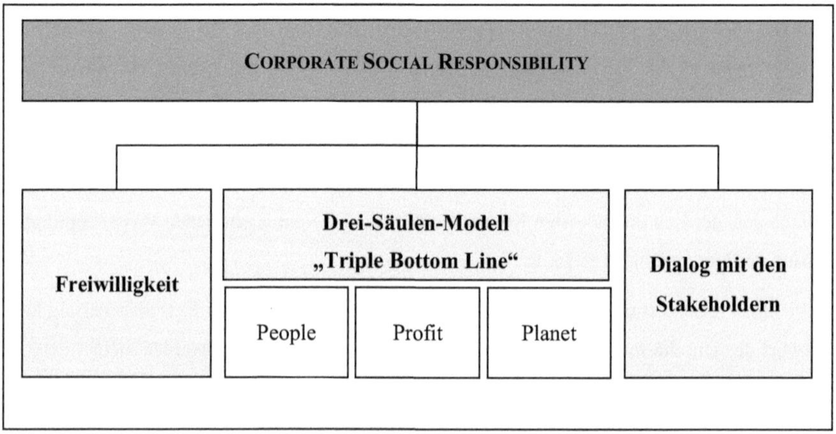

Abbildung 2.4: Charakteristische Merkmale von CSR.
Quelle: Eigene Darstellung.

2.2.4 Einordnung und Abgrenzung zu verwandten Begriffen

In der Literatur tauchen neben CSR immer wieder zahlreiche **verwandte Begriffe** auf, die teilweise synonym zu CSR verwendet werden. Begriffe wie „Corporate Citizenship", „Corporate Sustainability" oder „Corporate Governance" werden häufig ohne jede Abgrenzung gebraucht (vgl. Schwalbach/Schwerk 2008, 78). Dies erschwert oftmals eine klare und eindeutige Begriffsdefinition von CSR. Aus diesem Grund sollen die oben genannten Begriffe im Folgenden definiert und von CSR abgegrenzt werden mit dem Ziel, alle Begriffe in eine Systematisierung zu bringen.

Corporate Sustainability lässt sich aus dem Konzept der nachhaltigen Entwicklung (Sustainable Development) ableiten. Der Begriff Nachhaltigkeit wurde wesentlich durch den BRUNDLANDT-REPORT 1987 geprägt und kann wie folgt definiert werden: *"sustainable development meets the need of the present without compromising the ability of future generations to meet their own needs"* (United Nations World Commission on Environment and Development 1987, 8). Die Übertragung des Nachhaltigkeitsbildes auf Unternehmen erfolgte Anfang der 1990er-Jahre (vgl. Loew et al. 2004, 64–66; Schranz 2007, 24–25). Corporate Sustainability charakterisiert eine Unternehmensführung, die darauf ausgerichtet ist, Beiträge an die sozialen, ökologischen und ökonomischen Nachhaltigkeitsforderungen zu maximieren (vgl. Loew et al. 2004, 69). Sie ist auf einzelwirtschaftlicher Ebene anzusiedeln und trägt zu einer nachhaltigen Entwicklung auf gesamtwirtschaftlicher Ebene bei (vgl. Herchen 2007, 23).

Corporate Citizenship (CC) ist innerhalb der Diskussion um die gesellschaftliche Verantwortung von Unternehmen ein relativ neuer Begriff. Ausgehend von den USA, wo der Begriff erstmals in den 1980er-Jahren auftauchte, findet er seit der Jahrhundertwende auch mehr und mehr Verbreitung in Europa (vgl. Hansen/Schrader 2005, 376). Corporate Citizenship kann als unternehmerisches Bürgerengagement innerhalb der Gesellschaft aufgefasst werden (vgl. Schranz 2007, 25). Eine einheitliche Definition liegt dem Begriff, genau wie bei CSR, allerdings nicht zugrunde. Im angloamerikanischen Sprachgebrauch wird der Begriff häufig mit CSR gleichgesetzt, wohingegen er in Deutschland sehr viel enger gefasst wird (vgl. Herchen 2007, 24). In Deutschland bezeichnet Corporate Citizenship alle gesellschaftsbezogenen Aktivitäten eines Unternehmens und deren strategische Ausrichtung auf die Unternehmensziele (vgl. Bassen/Jastram/Meyer 2005, 234). Durch bereichsübergreifende Partnerschaftsprojekte mit Bildungs-, Sozial- und Kultureinrichtungen, Bürgerinitiativen oder NGOs, Verbänden, der Politik oder anderen Unternehmen werden gemeinsam Probleme des Gemeinwesens gelöst (vgl. Habisch 2003, 58–59). Verbreitete Formen der CC sind: (1) Corporate Giving, die Unterstützung von Non-Profit-Organisationen durch Spenden oder Sponsoring, (2) Corporate Volunteering, die Bereitstellung von Know-how und Arbeitskraft für ehrenamtliche Tätigkeiten und (3) Corporate Foundation, die Gründung gemeinnütziger Unternehmensstiftungen.

Corporate Governance wird erst seit wenigen Jahren mit CSR in Verbindung gebracht. In seiner ursprünglichen Begriffsdefinition hat Corporate Governance keinen direkten Bezug zu CSR. Dieser lässt sich erst durch die Veränderung des Begriffsverständnisses in den letzten Jahren herstellen (vgl. Schwalbach/Schwerk 2008, 71; Schranz 2007, 26–27). Corporate Governance und CSR verfolgen beide das Ziel der Reduktion von Risiken. Allerdings unterscheiden sich die beiden Begriffe im Wesentlichen durch die eingesetzten Mittel (vgl. Bassen/Jastram/Meyer 2005, 234). Corporate Governance, zu Deutsch „Herrschaft im Unternehmen", bezeichnet den rechtlichen und faktischen Ordnungsrahmen für die Leitung und Überwachung eines Unternehmens zur Verwirklichung von aus Interessen geborenen Zielen (vgl.

Bergmoser/Theusinger/Gushurst 2008, 1). Es steht dabei für eine transparente und verantwortungsbewusste Unternehmensführung und ist dabei, genau wie CSR, für alle Stakeholder relevant (vgl. Herchen 2007, 27). Allerdings beschränkt sich Corporate Governance auf die Organe des Unternehmens und setzt sich mit Anreiz- und Kontrollstrukturen auseinander, die Fehlverhalten des Managements vermeiden sollen (vgl. Bassen/Jastram/Meyer 2005, 234–235).

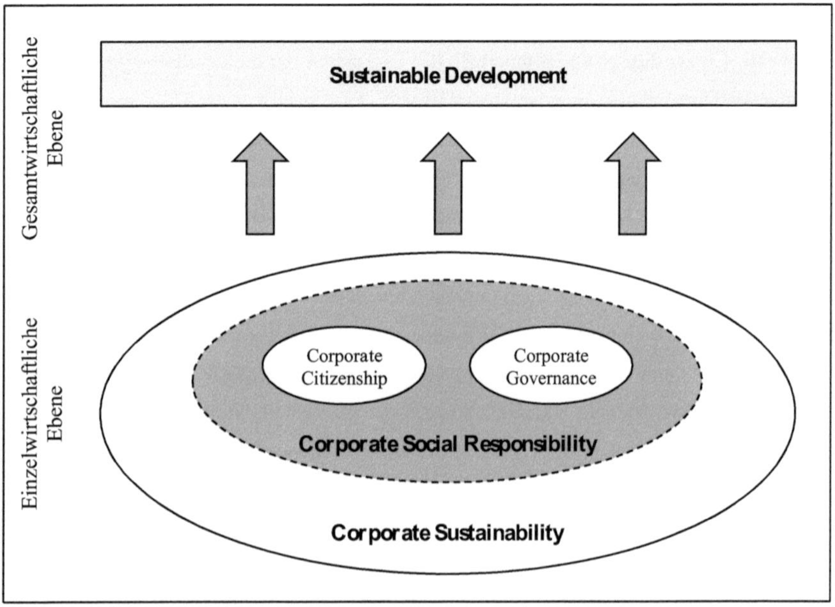

Abbildung 2.5: Einordnung und Abgrenzung von CSR zu verwandten Begriffen.
Quelle: In Anlehnung an Loew et al. (2004, 12).

Ordnet man die soeben definierten Begriffe ein, ergibt sich folgende Systematisierung: Der Begriff „Nachhaltige Entwicklung“ (Sustainable Development) steht für das übergeordnete und gesamtwirtschaftliche Ziel der Nachhaltigkeit. Corporate Sustainability ist auf einzelwirtschaftlicher Ebene einzuordnen und umfasst sowohl Corporate Citizenship, Corporate Governance als auch CSR mit dem Ziel, eine nachhaltige Entwicklung auf gesamtwirtschaftlicher Ebene zu bewirken. Corporate Sustainability bildet gewissermaßen die Klammer zwischen CSR und der nachhaltigen Entwicklung (vgl. Herchen 2007, 26–27). Corporate Citizenship und Corporate Governance können als Teilgebiete von CSR aufgefasst werden. CSR beschäftigt sich im Vergleich zu Corporate Citizenship nicht nur mit der Beziehung des

Unternehmens zu lokalen Gemeinschaften, sondern umfasst alle Bereiche des Unternehmens, u.a. auch den Wertschöpfungsprozess, Mitarbeiter und Lieferanten (vgl. Loew et al. 2004, 10). Corporate Governance beschränkt sich wiederum auf die Organe des Unternehmens, während CSR auch Prozesse einbezieht (vgl. Bassen/Jastram/Meyer 2005, 235). Abschließend bleibt festzuhalten, dass letztendlich alle oben genannten Elemente ihren Beitrag zu einer nachhaltigen Entwicklung (Sustainable Development) leisten. Abbildung 2.5 stellt den Zusammenhang grafisch dar.

2.3 CSR-Handlungsfelder

2.3.1 Strukturierungsansätze

Die Übernahme gesellschaftlicher Verantwortung ist thematisch breit gefasst und ermöglicht eine Vielzahl an Systematisierungsmöglichkeiten. Während beispielsweise Autoren wie SPILLER oder KEINERT die Handlungsfelder des CSR-Engagements in Anlehnung an die betroffenen Stakeholdergruppen vornehmen (vgl. Spiller 2000, 151; Keinert 2008, 81), spalten PORTER/KRAMER die Handlungsfelder nach den Aktivitäten der Wertschöpfungskette eines Unternehmens auf (vgl. Porter/Kramer 2008, 13). LOEW/BRAUN entwickelten 2006 eine Systematisierung, die die CSR-Handlungsfelder in die Bereiche „Governance und Managementsysteme“, „Handlungsfelder in zentralen Geschäftsprozessen“ und „Handlungsfelder der Verantwortung im Umfeld“ gliedert (vgl. Loew/Braun 2006, 10). Das BUNDESMINISTERIUM FÜR ARBEIT UND SOZIALES (BMAS) unterscheidet wiederum die vier Handlungsfelder „Arbeit“, „Verbraucherinformation“, „Umwelt“ und „Globalisierung“ (vgl. www.csr-in-deutschland.de/portal). Eine ähnliche Kategorisierung nimmt die von DRESEWSKI 2007 veröffentlichte Systematisierung vor. Er unterteilt die CSR-Themen in die vier Bereiche „Arbeitsplatz“, „Markt“, „Gemeinwesen“ und „Umwelt“ (2007, 12–13). Eine etwas differenziertere Kategorisierung enthält das GRÜNBUCH DER EUROPÄISCHEN KOMMISSION. Darin wird zwischen einer internen und einer externen Dimension von CSR-Bereichen unterschieden. Der interne Bereich wird in die Handlungsfelder „Humanressourcenmanagement“, „Arbeitsschutz“, „Anpassung an den Wandel“ sowie „Umweltverträglichkeit und Bewirtschaftung der natürlichen Ressourcen“ gegliedert. Die externe Dimension unterteilt sich in „Lokale Gemeinschaften“, „Geschäftspartner, Zulieferer und Verbraucher“, „Menschenrechte“ und „Globaler Umweltschutz“ (vgl. 2001, 9–18).

Erschwert wird eine einheitliche Systematisierung der CSR-Handlungsfelder durch die Tatsache, dass die Themen des CSR-Engagements abhängig sind von Aspekten wie den Unternehmensspezifika, der Branche oder den Märkten, auf denen das jeweilige Unternehmen agiert. Unterschiedliche geografische Handlungsebenen oder Unterschiede in der Unternehmensgröße sowie zwischen Entwicklungs- und Industrieländern führen zu einer ungleichen Schwerpunktsetzung der CSR-Themenfelder von Unternehmen (vgl. Bundesverband der Deutschen Arbeitgeberverbände 2009). Trotz der fehlenden einheitlichen Systematisierung soll auf eine Darstellung der Verantwortungsbereiche des CSR-Engagements nicht verzichtet werden. In Anbetracht des im Rahmen dieser Arbeit festgelegten CSR-Begriffsverständnisses (vgl. Abschnitt 2.2.3), findet analog zum Grünbuch der europäischen Gemeinschaften eine Aufteilung in **interne** und **externe** gesellschaftliche Verantwortung statt (vgl. Kommission der Europäischen Gemeinschaft 2001, 9–17).

Handlungsfelder des CSR-Engagements	
intern	**extern**
▪ Investition in Humankapital ▪ Arbeitsschutz ▪ Anpassung an den Wandel ▪ Umweltverträglichkeit des unternehmerischen Handelns	▪ Lokale Gemeinschaft ▪ Geschäftspartner und Zulieferer ▪ Verbraucher ▪ Globaler Umweltschutz

Tabelle 2.1: Handlungsfelder des CSR-Engagements.
Quelle: In Anlehnung an die Kommission der europäischen Gemeinschaften (2001, 10–17).

Die im Folgenden aufgezeigten Handlungsfelder des CSR-Engagements erheben dabei nicht den Anspruch auf Vollständigkeit, da die Einteilung der Handlungsfelder immer individuell zu betrachten ist (vgl. Bundesverband der Deutschen Arbeitgeberverbände 2009).

2.3.2 Interne Handlungsfelder

Die **interne Dimension** der unternehmerischen Verantwortung ist auf das Innere im Unternehmen gerichtet. Im Mittelpunkt steht hier die Investition in Humankapital, Arbeitsschutz und die Bewältigung des Wandels wie auch ein umweltbewusstes Handeln mit den in der Produktion verwendeten natürlichen Ressourcen (vgl. Kommission der Europäischen Gemeinschaft 2001, 9).

(1) Investition in Humankapital

Im Bereich des Personalmanagements geht es in erster Linie um die Beziehung des Unternehmens zu seinen Mitarbeitern. Dabei ist das Hauptziel des Unternehmens, qualifizierte Arbeitnehmer zu gewinnen bzw. zu halten. Es gilt, Anreize für ein lebenslanges Lernen auf jedem „Qualifizierungsniveau", Empowerment, die Vereinbarkeit von Familie und Beruf, Beseitigung von Diskriminierung am Arbeitsplatz, faire Bezahlung oder die Sicherung der Beschäftigungsfähigkeit zu gewährleisten (vgl. Kommission der Europäischen Gemeinschaft 2001, 9; Dresewski 2007, 18; Daub 2005, 97).

(2) Arbeitsschutz

Ein weiteres Element der internen Dimension stellt der Arbeitsschutz dar. Dieser wurde bislang hauptsächlich durch die Gesetzgebung oder durch Vollzugsmaßnahmen verordnet. Ziel ist hier, den Arbeitsschutzstandard anzuheben. Er stellt häufig ein Kriterium bei der Beschaffung von Produkten und Dienstleistungen gegenüber anderen Unternehmen dar oder wird als Argument im Verkauf eigener Produkte bzw. Dienstleistungen angeführt. Freiwillige Maßnahmen, die die herkömmlichen Rechtssetzungs- und Kontrolltätigkeiten der Behörden ergänzen, sind hier zu nennen (vgl. Kommission der Europäischen Gemeinschaft 2001, 9–10).

(3) Anpassung an den Wandel

Unter der Anpassung an den Wandel sind alle Maßnahmen zu verstehen, die eine unternehmensinterne Umstrukturierung sozial verantwortlich durchführen. Sozial verantwortungsvolle Umstrukturierung bedeutet, dass z.B. bei der Notwendigkeit von Betriebsschließungen und einem damit einhergehenden Stellenabbau oder im Rahmen von strukturellen Veränderungen, die Interessen der von der Veränderung betroffenen Akteure in ausgewogener Weise berücksichtigt werden. Insbesondere eine transparente und umfassende Information und Anhörung aller Betroffenen gilt es hier zu managen (vgl. Kommission der Europäischen Gemeinschaft 2001, 10–11).

(4) Umweltverträglichkeit des unternehmerischen Handelns

Die Umweltverträglichkeit des unternehmerischen Handelns und die Bewirtschaftung der natürlichen Ressourcen kennzeichnen das Umweltbewusstsein eines Unternehmens. Durch Umweltmanagementsysteme, wie z.B. umweltschonende Produktionsverfahren und Produktionstechniken, die Einführung ökologischer Abfallvernichtungs- und Entsorgungsmethoden oder die Schaffung eines hohen Umweltbewusstseins bei den Mitarbeitern, können negative

Auswirkungen auf die Umwelt so gering wie möglich gehalten werden. Gleichzeitig ermöglichen derartige Umweltinvestitionen Win-Win-Potenziale, wenn die Einführung einer solchen CSR-Maßnahme zu einer Erhöhung der Ertragskraft und einer Verbesserung der Wettbewerbsfähigkeit des Unternehmens führt (vgl. Dresewski 2007, 36; Kaufmann/Ehrgott/Reimann 2008, 8).

2.3.3 Externe Handlungsfelder

Die **externe Dimension** bei der Übernahme gesellschaftlicher Verantwortung durch Unternehmen stellt alle Aspekte in den Vordergrund, bei denen das Unternehmen als Teil der Gesellschaft mit anderen Akteuren der Gesellschaft in Kontakt tritt. Hier sind Geschäftspartner, Kunden, Behörden, lokale Gemeinschaften wie auch globaler Umweltschutz und die Übernahme gesellschaftlicher Verantwortung über die Landesgrenzen hinaus zu nennen (vgl. Kommission der Europäischen Gemeinschaft 2001, 12).

(1) Lokale Gemeinschaft

Unternehmen sind für die lokale Gemeinschaft von hoher Bedeutung, da sie am Unternehmensstandort Arbeitsplätze schaffen und Steuern zahlen. Andererseits wirkt das lokale Umfeld auch auf das jeweilige Unternehmen. So wird die Mehrzahl der Arbeitnehmer eines Unternehmens auf dem lokalen Arbeitsmarkt rekrutiert; häufig stammt auch ein Großteil des Kundenstamms aus dem lokalen Umfeld. Durch die Bereitstellung zusätzlicher Berufsausbildungsplätze, die Finanzierung von Kinderbetreuungseinrichtungen, ehrenamtliche Tätigkeiten der Mitarbeiter für soziale und gemeinnützige Organisationen (z.B. Jugendzentren, Einrichtungen für behinderte Menschen, Schulen, Selbsthilfegruppen, etc.) oder die Gründung von Unternehmensstiftungen kann das Unternehmen einen positiven Einfluss auf die Gemeinschaftsbelange des lokalen Umfelds erzielen. Das Engagement ist dabei weniger Teil einer gezielten Gesamtstrategie, noch ist es von Public Relations-Aktivitäten begleitet. Es entsteht vielmehr aus persönlichen Beziehungen und einem gesellschaftlich verantwortlichen Unternehmertum. Häufig ist es Bestandteil von Corporate Citizenship-Programmen, deren Wirkungsebenen bis auf die kommunale Ebene reichen (vgl. Bundesverband der Deutschen Arbeitgeberverbände 2009; Dresewski 2007, 30; Kaufmann/Ehrgott/Reimann 2008, 11; Kommission der Europäischen Gemeinschaft 2001, 13).

(2) Geschäftspartner und Zulieferer

Bei der Zusammenarbeit mit Geschäftspartnern beinhaltet verantwortliches Handeln sowohl die Einhaltung einschlägiger Rechtsvorschriften der EU und des nationalen Wettbewerbsrechtes sowie die faire Preisgestaltung oder eine zuverlässige Zusammenarbeit (vgl. Kommission der Europäischen Gemeinschaft 2001, 14). Dazu zählt auch die Gestaltung des Lieferantenmanagements. Die Einhaltung sozialer und ökologischer Standards der Zulieferer über dem Branchendurchschnitt oder Maßnahmen zur Lieferantenentwicklung sind hier zentral (vgl. Dresewski 2007, 24; Kaufmann/Ehrgott/Reimann 2008, 10–12; Daub 2005, 97). Im Rahmen der internationalen Wirtschaftstätigkeit, z.B. in der Zusammenarbeit mit ausländischen Geschäftspartnern oder Zulieferbetrieben, stellen die weltweite Wahrung der Menschenrechte sowie Maßnahmen und Sanktionen gegen Korruption, die Einführung eines Mindestlohns, der über dem jeweiligen ausländischen Länderdurchschnitt liegt, oder die Negierung von Kinderarbeit ein zentrales Merkmal gesellschaftlicher Verantwortung dar (vgl. Bundesverband der Deutschen Arbeitgeberverbände 2009).

(3) Verbraucher

Im Rahmen der gesellschaftlichen Verantwortung von Unternehmen erwartet insbesondere der Verbraucher, dass die Produkte und Dienstleistungen eine hohe Produktqualität und Produktsicherheit aufweisen. Faire Preisgestaltung, umfassende Produktinformation, Verbraucherschutz, Zuverlässigkeit, guter Service sowie Ehrlichkeit in der Werbung stehen hier im Vordergrund (vgl. Kaufmann/Ehrgott/Reimann 2008, 10–12; Daub 2005, 97; Kommission der Europäischen Gemeinschaft 2001, 14).

(4) Globaler Umweltschutz

Bedingt durch die grenzüberschreitenden Auswirkungen zahlreicher Umweltprobleme ist die ökologische Verantwortung eines Unternehmens immer auch eine internationale Angelegenheit. Themen wie Klimaschutz, erneuerbare Energien, die Reduzierung von Emissionen oder die umweltgerechte Entsorgung von Abfallprodukten sollten nicht nur in solchen Ländern Anwendung finden, bei denen auf ökologische Aspekte besonderer Wert gelegt wird. Hier besteht im Rahmen von CSR-Programmen die Möglichkeit, die Umweltverträglichkeit in ihrer gesamten Versorgungskette anzuheben und vermehrt auch Umweltmanagementsysteme in Entwicklungs- und Schwellenländern einzusetzen (vgl. Kommission der Europäischen Gemeinschaft 2001, 17; Kaufmann/Ehrgott/Reimann 2008, 8; Bundesverband der Deutschen Arbeitgeberverbände 2009).

2.4 CSR-Instrumente

2.4.1 Überblick

Aufgrund der unterschiedlichen Auffassungen und Systematisierungsmöglichkeiten der CSR-Verantwortungsbereiche ergibt sich zugleich eine Vielzahl unterschiedlicher CSR-Instrumente. Die Instrumente des CSR-Engagements stellen dabei die **Art und Weise** dar, wie Unternehmen gesellschaftliche Verantwortung übernehmen (vgl. Münstermann 2007, 103). Analog zur Strukturierung der Handlungsfelder des CSR-Engagements bietet es sich an, die einzelnen CSR-Instrumente hinsichtlich ihres Einflussbereichs in unternehmens**interne** und unternehmens**externe** Instrumente zu unterteilen. Interne CSR-Instrumente stellen Maßnahmen dar, die sich auf unternehmensinterne Stakeholdergruppen wie z.B. Mitarbeiter, Management oder Lieferanten beziehen, wohingegen externe Instrumente auf externe Stakeholdergruppen wie die Gemeinschaft, Kunden oder den Staat abzielen. Nachfolgend werden die am häufigsten genannten unternehmensinternen und –externen CSR-Instrumente vorgestellt. Aufgrund des dynamischen Charakters von CSR und dem damit einhergehenden hohen Innovationsgrad erhebt die Darstellung jedoch keinen Anspruch auf Vollständigkeit.

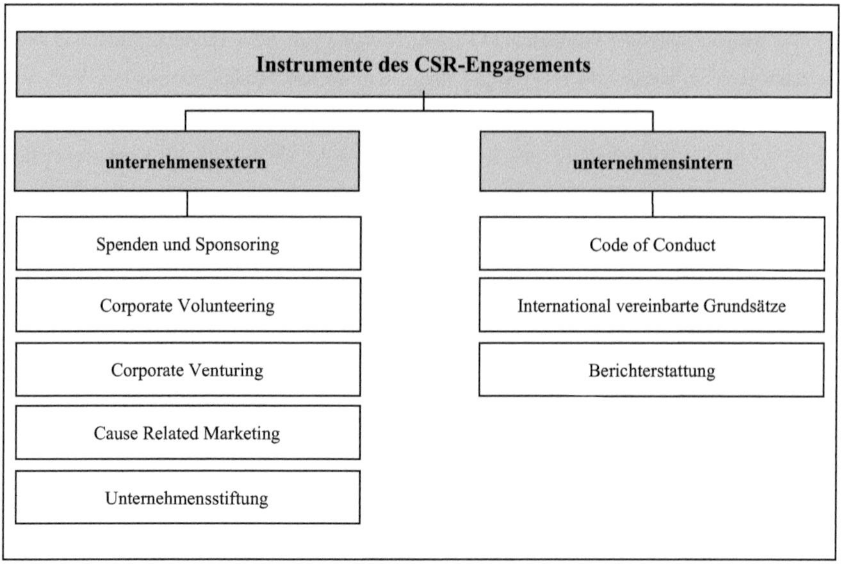

Abbildung 2.6: Instrumente des CSR-Engagements.
Quelle: Eigene Darstellung

2.4.2 Unternehmensintern

2.4.2.1 Code of Conduct

Eine erste Möglichkeit, CSR innerhalb des Unternehmens zu integrieren, ist die Entwicklung und Einführung eines Verhaltenskodex. Ein **Verhaltenskodex (sog. „Code of Conduct")** stellt eine formelle Erklärung zu den Werten und Aktivitäten eines Unternehmens dar. Es handelt sich dabei um Regeln, die sich ein Unternehmen selbst oder in Kooperation mit anderen Akteuren auferlegt und deren Einhaltung das Unternehmen freiwillig zusagt (vgl. Zimmer 2006, 11). Verhaltenskodizes können unilateral, d.h. nur durch eine unternehmenseigene Vereinbarung, oder multilateral durch die Vereinbarung zwischen zwei oder mehreren Partnern ausgestaltet sein (vgl. Zimmer 2008, 158). Als dritte Möglichkeit besteht die Entwicklung eines unternehmensübergreifenden Verhaltenskodex in Zusammenarbeit mit NGOs oder in Kooperation mit anderen Initiativen. Bekannte Beispiele sind der „CODE OF LABOUR", die „CLEAN CLOTHES CAMPAIGN" oder der „SA 8000 VON DER SOCIAL ACCOUNTABILITY INTERNATIONAL" (vgl. Loew 2006, 16; Buntenbroich 2007, 62).

Ein Verhaltenskodex gibt Mindeststandards an, zu deren Einhaltung sich das Unternehmen freiwillig verpflichtet. Zahlreiche Verhaltenskodizes beziehen auch die Zulieferkette, Lizenznehmer oder Vertragspartner mit ein (vgl. Kommission der Europäischen Gemeinschaft 2001, 15). Der Kodex stellt jedoch keinen Ersatz für nationale, europäische oder internationale Rechtsvorschriften dar, sondern kann lediglich die darin festgeschriebenen Standards ergänzen bzw. anheben (vgl. Zimmer 2006, 11; Kommission der Europäischen Gemeinschaft 2001, 15). Verhaltenskodizes werden vorwiegend in den Bereichen Arbeitsbeziehungen, Menschenrechte und Umwelt für CSR-Zwecke eingesetzt. Inhalte sind z.B. Bekenntnisse zu Werten (Corporate Values), Orientierung und Leitlinien für spezielle moralische Fragen, ethische und zwischenmenschliche Prinzipien, das Verhältnis und die Verantwortung gegenüber Stakeholdern, Leitlinien für den internen und externen Umgang miteinander und generelle Führungsgrundsätze (vgl. Kuhlen 2005, 15). Die Einhaltung der Mindeststandards liegt im Ermessen der einzelnen Unternehmen und hängt damit grundsätzlich von der Bereitschaft des Unternehmens zu gesellschaftsverantwortlichem Handeln ab (sog. „soft law"). Der Kodex als solcher hat damit keine unmittelbaren Rechtsansprüche, die vor staatlichen Gerichten einklagbar sind (vgl. Kocher 2004, 28). Nur durch die Integration einzelner Mindeststandards als Bestandteile eines Vertrags, z.B. in Arbeitsverträgen mit Mitarbeitern oder bei den allgemeinen Geschäftsbedingungen, kann ein Verstoß gerichtlich geltend gemacht werden (vgl. Kocher 2005, 648).

Der Code of Conduct zielt darauf ab, als Orientierungsrahmen für Mitarbeiter eines Unternehmens in moralischen Dilemmasituationen zu fungieren und trägt gleichzeitig zu einer Stärkung der Unternehmensidentität bei. Er ermöglicht den Aufbau bzw. Erhalt von Vertrauens- und Glaubwürdigkeit und fördert die Entwicklung einer Unternehmenskultur, bei der ein Maßstab zur Prüfung eigener Ansprüche explizit vorhanden ist (vgl. Kuhlen 2005, 16). Verhaltenskodizes sind an die individuelle Situation eines Unternehmens anzupassen. Einen Musterkodex kann es somit nicht geben (vgl. Bundesvereinigung der Deutschen Arbeitgeberverbände 2005, 17). Eine Ausnahme stellt der Branchenkodex dar. Der Branchenkodex ist ein Regelwerk von Prinzipien, auf das sich Vertreter eines Wirtschaftszweiges, ggf. auch einer Branchengewerkschaft, verständigt haben. Dieser zielt in der Regel auf die Einhaltung sozialer Mindeststandards und grundlegender Umweltschutzmaßnahmen ab, die an branchenspezifische Kriterien und Anforderungen angepasst sind (vgl. Bundesvereinigung der Deutschen Arbeitgeberverbände 2005, 18). Beispiele sind der im Jahre 2004 in der Kaffee-Industrie entwickelte „COMMON CODE FOR THE COFFEE COMMUNITY“ (4C), die „RESPONSIBLE CARE“ des International Council of Chemical Associations (ICCA) zu Gesundheit, Sicherheit und Umweltschutz in der internationalen Chemischen Industrie oder der „CODE OF BUSINESS PRACTICES“, der die Arbeitsbedingungen der internationalen Spielzeugindustrie festlegt.

2.4.2.2 International vereinbarte Grundsätze

Eine weitere Möglichkeit zur Entwicklung gesellschaftlichen Engagements innerhalb der Wertschöpfungskette eines Unternehmens besteht in der Anwendung und Umsetzung **international vereinbarter Grundsätze**, die in Form von **Referenztexten** von unterschiedlichen CSR-Initiativen entwickelt wurden (vgl. Bundesvereinigung der Deutschen Arbeitgeberverbände 2005, 9). Diesen Referenztexten liegen bestimmte Wertvorstellungen zugrunde, die durch sog. Standards geprägt werden (vgl. Zimmer 2006, 5). Standards umfassen sowohl rechtsverbindliche Normen, als auch Richtlinien, Verhaltensanweisungen und Prinzipien, mithin unverbindliche Regelungen, die dazu bestimmt sind, eine richtungsweisende Größe für eine untere Grenze an CSR-Handlungsfeldern zu formulieren. Die Möglichkeit für die Umsetzung höherer Standards bleibt damit weiterhin offen (vgl. Zimmer 2008, 43). Prinzipiell besteht im Rahmen des CSR-Engagements die Möglichkeit, sich an Sozialstandards, Umweltstandards und/oder entwicklungspolitische Standards zu binden. Sozialstandards stellen Regeln für das Verhalten eines Unternehmens innerhalb der Beschäftigungs- und Arbeitsbedingungen dar (vgl. Zimmer 2003, 125). Umweltstandards helfen, grenzüberschreitende Rechtsgüter im Interesse der Weltbevölkerung zu schützen (vgl. Kocher 2004, 27). Entwicklungspolitische Standards schreiben hingegen Mindestanforderungen an das Verhalten gegenüber Verbrauchern, lokalen Gemeinschaften, dem Staat etc. vor (vgl. Carlo 2004, 15–18). Nachfolgend werden die bedeutendsten internationalen Bezugsdokumente für CSR vorgestellt:

Als wichtigste globale Initiative gilt der im Jahr 2000 operativ in Kraft getretene **UN Global Compact**. Der von UN-Generalsekretär Kofi Annan gegründete Global Compact hat zum Ziel, die Zusammenarbeit zwischen den Vereinten Nationen, der Wirtschaft und gesellschaftlichen Gruppen zu stärken und somit einen weltweiten Beitrag zu einem nachhaltigen Wachstum zu leisten (vgl. Bundesvereinigung der Deutschen Arbeitgeberverbände 2005, 13). Er ist eine freiwillige, auf gemeinsamen Werten basierende Plattform zur Förderung gesellschaftlichen Engagements, der alle wesentlichen Akteure, d.h. Regierungen, Unternehmen, Arbeitnehmer, zivilgesellschaftliche Organisationen und die UN als Initiator und Organisator, mit einschließt (vgl. www.unglobalcompact.org 2005, 4).

Teilnehmer verpflichten sich über eine Beitrittserklärung, sich innerhalb ihrer weltweiten Aktivitäten von zehn Kernprinzipien leiten zu lassen, die die Bereiche Menschenrechte, Arbeitsbeziehungen, Umweltschutz und Korruptionsbekämpfung umfassen (vgl. Tabelle 2.2). Seit der Gründung der Initiative haben sich weltweit bereits mehr als 6700 Teilnehmer aus 130 verschiedenen Ländern den Prinzipien des UN Global Compact verschrieben (vgl. www.unglobalcompact.org 2011). Kritisch zu betrachten ist jedoch die Tatsache, dass der UN Global Compact über keine expliziten Kontroll- und Sanktionsmechanismen verfügt. Die Unternehmen sind lediglich dazu angehalten, einen jährlichen Bericht über den Fortschritt bei der Umsetzung der Prinzipien an das Sekretariat des Global Compact zu schicken (vgl. www.unglobalcompact.org 2005, 5–6). Als „Sanktion“ für einen nicht fristgerecht veröffentlichten Fortschrittsmitteilungsbericht wird das Unternehmen auf der Webseite des UN Global Compact als „non-communication“ eingestuft. Versäumt es ein weiteres Mal, seinen Bericht zu veröffentlichen, so gilt das Unternehmen als „inaktiv“. Nach einem dritten Versäumnis wird es aus dem Teilnehmerverzeichnis gestrichen (sog. „de-listing“).

Menschenrechte	
Prinzip 1:	Unternehmen sollen den Schutz der internationalen Menschenrechte innerhalb ihres Einflussbereichs unterstützen und achten und
Prinzip 2:	sicherstellen, dass sie sich nicht an Menschenrechtsverletzungen mitschuldig machen.
Arbeitsnormen	
Prinzip 3:	Unternehmen sollen die Vereinigungsfreiheit und die wirksame Anerkennung des Rechts auf Kollektivverhandlungen wahren sowie ferner für
Prinzip 4:	die Beseitigung aller Formen der Zwangsarbeit,
Prinzip 5:	die Abschaffung der Kinderarbeit und
Prinzip 6:	die Beseitigung von Diskriminierung bei Anstellung und Beschäftigung eintreten.
Umweltschutz	
Prinzip 7:	Unternehmen sollen im Umgang mit Umweltproblemen einen vorsorgenden Ansatz unterstützen,
Prinzip 8:	Initiativen ergreifen, um ein größeres Verantwortungsbewusstsein für die Umwelt zu erzeugen und
Prinzip 9:	die Entwicklung und Verbreitung umweltfreundlicher Technologien fördern.
Korruptionsbekämpfung	
Prinzip 10:	Unternehmen sollen gegen alle Arten der Korruption eintreten, einschließlich Erpressung und Bestechung.

Tabelle 2.2: Die zehn Prinzipien des Global Compacts.
Quelle: http://www.globalcompact.de/index.php?id=14&L=0.

Einen weiteren, international vereinbarten Grundsatz stellen die **OECD-Leitsätze für multinationale Unternehmen** dar. Sie bilden bislang den umfassendsten Verhaltensstandard für international agierende Unternehmen. Auf Basis gemeinsamer Empfehlungen der Regierungen der OECD-Länder wurden Richtlinien für verantwortungsbewusstes unternehmerisches Verhalten abgeleitet (vgl. Bundesvereinigung der Deutschen Arbeitgeberverbände 2005, 9). In zehn Kapiteln geben die Leitsätze Empfehlungen für verantwortliches Unternehmerverhalten zu den Bereichen Transparenz, Arbeitsbeziehungen, Umwelt, Korruption, Verbraucherschutz, Technologietransfer sowie Wettbewerb und Steuern (vgl. Heydenreich 2005, 15). Die OECD-Leitsätze richten sich dabei an alle im Ausland aktiven Unternehmen und deren Tochtergesellschaften (vgl. Bundesvereinigung der Deutschen Arbeitgeberverbände 2005, 9). Sie unterscheiden sich von den Kritierien des UN Global Compacts durch einen höheren Detaillierungsgrad und konkrete Ansätze zur Umsetzung der Richtlinien (vgl. Finkernagel 2007, 39). Die Leitsätze basieren ebenfalls auf dem Prinzip der Freiwilligkeit. Aufgrund der staatlichen Anerkennung und der Kontaktstellen in den jeweiligen Ländern, die Anfragen zu den

Leitsätzen beantworten, zur Lösung von Problemen Hilfestellungen bieten oder bei Beschwerden über die Nichteinhaltung der Leitsätze kontaktiert werden können, besitzen sie jedoch eine höhere Verbindlichkeit (vgl. Bundesvereinigung der Deutschen Arbeitgeberverbände 2005, 9). Insbesondere für kleine und mittelständische Betriebe erfüllen die OECD-Leitsätze eine wichtige Hilfestellung in der Umsetzung und Einführung von CSR-Aspekten im Unternehmen (vgl. Finkernagel 2007, 39).

Kernarbeitsnormen der ILO	
Übereinkommen über Zwangs- und Pflichtarbeit (1930)	Übereinkommen über die Abschaffung der Zwangsarbeit (1957)
Übereinkommen über die Vereinigungsfreiheit und den Schutz des Vereinigungsrechts (1948)	Übereinkommen über die Abschaffung der Diskriminierung in Beschäftigung und Beruf (1958)
Übereinkommen über die Anwendung der Grundsätze des Vereinigungsrechts und des Rechts zu Kollektivverhandlungen (1949)	Übereinkommen über das Mindestalter in Beschäftigung und Beruf (1973)
Übereinkommen über die Gleichheit des Entgelts männlicher und weiblicher Arbeitskräfte für gleichwertige Arbeit (1951)	Übereinkommen über das Verbot und unverzügliche Maßnahmen zur Beseitigung der schlimmsten Form von Kinderarbeit (1999)

Tabelle 2.3: **Die acht Kernarbeitsnormen der ILO.**
Quelle: In Anlehnung an de Carlo (2004, 15).

Die **dreigliedrige Grundsatzerklärung der Internationalen Arbeitsorganisation (International Labour Organization (ILO))** stellt einen weiteren wichtigen Referenzrahmen für international tätige Unternehmen dar. Die Grundsatzerklärung wurde von Regierungen, Arbeitnehmer- und Arbeitgeberorganisationen gemeinsam beschlossen und verabschiedet und basiert damit auf einem breiten Konsens. Anders als die OECD-Leitsätze richtet sich die Grundsatzerklärung der ILO an Unternehmen und Regierungen aller Länder und schließt damit auch Unternehmen, Sozialpartner und Regierungen in Entwicklungsländern mit ein. Darüber hinaus befasst sich die Erklärung ausschließlich mit sozialpolitischen Themen (vgl. Herchen 2007, 49). Innerhalb der ILO werden Grundsätze zu den Bereichen Beschäftigung, Ausbildung, Arbeits- und Lebensbedingungen sowie Arbeitsbeziehungen aufgenommen (vgl. Bundesvereinigung der Deutschen Arbeitgeberverbände 2005, 12). Ein wesentliches Kriterium der Grundsatzerklärung liegt in dem hohen Freiraum bei der Ausgestaltung der Grundsätze. Die ILO verlangt weder gezielte CSR-Maßnahmen, noch setzt sie Mindestanforderungen an die teilnehmenden Unternehmen. Vielmehr liegt das Ziel der Erklärung in der individuellen Verbindung der Kernarbeitsnormen der ILO (vgl. Tabelle 2.3) mit den durchgeführten CSR-Maßnahmen eines Unternehmens (vgl. International Labour Organisation o.J., 8; Finkernagel 2007, 40).

2.4.2.3 Nachhaltigkeitsberichterstattung

Neben Verhaltenskodizes und der Einführung international vereinbarter Grundsätze wird von Unternehmen zunehmend gefordert, transparent und offen über ihr gesellschaftliches und ökologisches Engagement zu berichten. Dies hat dazu geführt, dass zahlreiche **Nachhaltigkeitsberichterstattungen** von Verbraucherverbänden, NGOs oder der Politik eingefordert wurden. Innerhalb der Berichterstattung gibt es eine ganze Reihe an Instrumenten, derer sich Unternehmen in ihrer Nachhaltigkeitsberichterstattung bedienen können. Am bekanntesten sind die GRI-Leitsätze und der AccountAbility 1000 (vgl. Bundesvereinigung der Deutschen Arbeitgeberverbände 2005, 26).

Die **Global Reporting Initiative (GRI)** wurde 1997 von CERES (Coalition for Environmentally Responsible Economies) und UNEP (United Nations Environment Programme) gestartet und in Zusammenarbeit mit NGOs, Wirtschaftsprüfern und Mitarbeitern multinationaler Unternehmen als unabhängig agierende Multi-Stakeholder Organisation gegründet. Aufgrund von Schwierigkeiten bei der Operationalisierung von CSR und dem Bestehen eines umfangreichen Gerüsts an Leitlinien, Standards und Begriffsdefinitionen zielt die GRI darauf ab, einen global anwendbaren und branchenübergreifenden Leitfaden für die Erstellung von Nachhaltigkeitsberichten zu ermöglichen (vgl. Samsinger/Schiessl 2005, 6). Der GRI-Leitfaden umfasst Berichterstattungsprinzipien sowie spezifische Inhalte für die Nachhaltigkeitsberichterstattung. Diese unterstützen eine gleichwertige Integration von ökonomischen, ökologischen und sozialen Dimensionen in die Berichterstattung (vgl. Bundesvereinigung der Deutschen Arbeitgeberverbände 2005, 27).

Der GRI-Leitfaden besteht dabei aus drei Hauptkomponenten: der erste Teil beinhaltet eine Anleitung und erläutert die geforderten Grundprinzipien für die Erstellung eines aussagekräftigen und glaubwürdigen Nachhaltigkeitsberichts (vgl. Tabelle 2.4). Im zweiten Teil werden

Standardangaben vorgestellt. Diese bilden die Kernkomponenten, die für alle Unternehmen anwendbar sind und um die sog. *Sector Supplements* (branchenspezifische Leistungsindikatoren) und den *National Annexes* (Adaption bestimmter regionaler oder nationaler Rahmenbedingungen) erweitert werden können. Die dritte Komponente bilden Protokolle, die aus Indikatorprotokollen und technischen Protokollen bestehen. Indikatorprotokollsätze unterstützen die Unternehmen bei der Messung ihrer CSR-Leistungen durch eine Auflistung relevanter Leistungsindikatoren und erörtern Hinweise zur einheitlichen Auslegung dieser Indikatoren. Technische Protokolle enthalten Anweisungen zu Fragestellungen bei der Berichterstattung (vgl. GRI 2006, 3).

Grundprinzipien der GRI	
Wesentlichkeit	Vergleichbarkeit
Stakeholderdialog	Genauigkeit
Nachhaltigkeitskontext	Aktualität
Vollständigkeit	Zuverlässigkeit
Ausgewogenheit	Neutralität

Tabelle 2.4: Grundsätze der GRI Berichterstattung.
Quelle: Global Reporting Guidelines (2006, 4–45).

Um trotz der Vereinheitlichung und Standardisierung des Nachhaltigkeitsberichts den unternehmensspezifischen Anforderungen nachkommen zu können, bietet der GRI-Leitfaden nur Richtlinien und keine exakten Regeln. Es werden weder konkrete Vorgehensweisen für die Datenerhebung noch organisatorische Verfahren zur Erstellung des Nachhaltigkeitsberichts bzw. Vorgaben zur Häufigkeit, Kontrolle und Verifizierung der Berichte vorgeschrieben (vgl. Anzinger 2009, 41). Die Übernahme der GRI-Leitsätze beruht damit auf freiwilliger Basis.

Schließlich gibt es noch den **AccountAbility 1000** (AA 1000). Dieser stellt einen Standard für soziale und ethische Bilanzierung, Auditing und Berichterstattung dar. Er zielt darauf ab, Unternehmen bei der Festlegung der Indikatoren und Ziele bezüglich ihrer gesellschaftlichen Auswirkung zu unterstützen und die daraus entstehenden Fortschritte zu messen bzw. über diese zu berichten (vgl. Bundesvereinigung der Deutschen Arbeitgeberverbände 2005, 28). Der AA 1000 kann sowohl komplementär zu anderen Berichterstattungsinstrumenten, wie z.B. dem GRI, oder auch als eigenständiges System angewendet werden. Er hilft den Unternehmen durch einen systematischen Stakeholder-Einbezug unter Verwendung von Kennzahlen sowie bei der Definition ihrer CSR-Zielsetzungen. Allerdings gibt der AA 1000 keine inhaltlichen Vorgaben, sondern bezieht sich vielmehr auf den Prozess der Berichterstattung. Damit wird auf die Bereitstellung eigener Indikatoren verzichtet und lediglich ein systematisches Regelwerk zur Orientierung für die Umsetzung und Dokumentation von CSR-Aktivitäten dargestellt.

2.4.3 Unternehmensextern

2.4.3.1 Spenden und Sponsoring

Das traditionelle Instrument für CSR-Aktivitäten außerhalb der Wertschöpfungskette stellt die **Unternehmensspende** dar. Sie steht als Oberbegriff für die freiwillige Übertragung von Ressourcen an einen Partner (vgl. Boochs 2000, 95). Die Ressourcen stellen finanzielle Mittel oder Sachleistungen dar (vgl. Paar 2005, 53). Charakteristisch für eine Spende ist, dass keine Gegenleistung mit dem Ressourcentransfer verbunden ist.

Beim **Sponsoring** unterstützt ein Unternehmen eine gemeinnützige Einrichtung finanziell und profitiert dabei von dem Imagetransfer und einem erhöhten Bekanntheitsgrad. Im Gegensatz zur Spende beruht das Sponsoring auf einer vertraglichen Vereinbarung, bei der der Sponsor für seine Zuwendung eine ganz konkrete Gegenleistung, meist in Form von Kommunikationsleistungen, erhält (vgl. Boochs 2000, 127). Sponsoring lässt sich in vier verschiedene Erscheinungsformen gliedern: Medien-, Sozial-, Sport- und Kultursponsoring (vgl. Herbst 2003, 460–462). Für CSR-Aktivitäten spielt insbesondere das Sozialsponsoring eine wichtige Rolle (vgl. Finkernagel 2007, 29). Hierbei werden im kommunalen Bereich die Interessen der Gesellschaft unterstützt. Zunehmend gewinnt allerdings auch das Kultursponsoring, bei dem die Förderung von Galerien oder Ausstellungen im Zentrum steht, an Bedeutung.

2.4.3.2 Corporate Volunteering und Venturing

Corporate Volunteering beschreibt das ehrenamtliche Engagement von Mitarbeitern und Unternehmensleitung. Charakteristisch für das Instrument ist, dass nicht das Unternehmen selbst im eigenen Namen aktiv wird, sondern die Mitarbeiter des Unternehmens durch z.B.

Freistellung von der Arbeit, Vergütung oder „social points“ dazu ermutigt werden, sich für soziale Zwecke einzusetzen (vgl. Mutz 2008, 241). Damit steht die Ressource „Personal“ im Vordergrund. Bei diesem Instrument werden im Gegensatz zu Spenden oder Sponsoring keine Geldmittel zugunsten externer Dritter eingesetzt. Im Rahmen des Corporate Volunteering stehen insbesondere die unternehmensinterne Kommunikation und der Einfluss auf die Arbeitsmoral im Vordergrund. Neben positiven Auswirkungen auf das Betriebsklima und der Stärkung der Unternehmenspersönlichkeit kann die daraus entstehende Reputation positiv beeinflusst werden (vgl. Köppl 2003, 163).

Corporate Venturing bezeichnet eine Minderheitsbeteiligung an einer Unternehmensneugründung mit dem Ziel, die Entwicklung des neu gegründeten Unternehmens zu unterstützen. Dies ermöglicht dem neu gegründeten Unternehmen den Zugriff auf Kapital und kann gleichzeitig dazu führen, dass der Corporate Venturing-Initiator einen Zugriff auf innovative Entwicklungen oder Know-how bekommt (vgl. Kommission der Europäischen Gemeinschaft 2001, 14).

2.4.3.3 Cause Related Marketing

Beim **Cause Related Marketing** wird eine Verbindung zwischen dem klassischen Marketing und sozialen Zielen geschaffen (vgl. Köppl 2003, 161). In der Literatur werden häufig Synonyme wie social marketing, charity marketing, cause branding oder „advertising with social dimensions“ verwendet (vgl. u.a. Adkins 1999, 9–10; Drumwright 1996, 71; Kim/Lee 2009, 466). Die bis heute am häufigsten verwendete Definition in der Literatur definiert Cause Related Marketing als *„process of formulating and implementing marketing activities that are characterized by an offer from the firm to contribute a specified amount to designated cases when customers engage in revenue-providing exchanges that satisfy organizational and individual objectives“* (Basil/Deshpande/Runte 2008, 1). CSR wird dadurch wahrgenommen, dass ein bestimmter Prozentsatz oder Betrag aus dem Produkt- oder Dienstleistungsverkauf einem spezifischen Zweck gewidmet bzw. gespendet wird. Studien belegen, dass über zwei Drittel der Bevölkerung in Deutschland Cause Related Marketing als CSR-Aktivität schätzen (vgl. Blumberg 2006, 1). Beispiele finden sich zahlreich in der Praxis. So engagiert sich das Unternehmen 3M Deutschland GmbH/Post-it zusammen mit dem Deutschen Kinderhilfswerk e.V. seit April 2008 in der Kampagne „Bildungschancen spenden“. Dabei ist ein spezielles Post-it Aktionssortiment erhältlich. Für jedes verkaufte Aktionsprodukt unterstützt das Unternehmen 3M das Deutsche Kinderhilfswerk mit 20 Cent. Ein weiteres Beispiel liefert die Kampagne

„Help the Honey Bees“ von Häagen Dazs (General Millers GmbH). Hierbei möchte das Unternehmen auf das Problem des seit 2006 vorwiegend in den USA bestehenden mysteriösen Bienensterbens aufmerksam machen.

2.4.3.4 (Unternehmens-)Stiftung

Dauerhaft und nachhaltig angelegte Gemeinwohlförderung zeigt sich besonders in der Gründung und Unterstützung von **(Unternehmens-)Stiftungen.** Die auch unter dem Begriff Corporate Foundation bekannte CSR-Aktivität ist eines der ältesten Instrumente gesellschaftsorientierten Handelns (vgl. Mainzer 2005, 1–2). In der Praxis gibt es eine Vielzahl unterschiedlicher Stiftungsformen mit verschiedensten Beziehungen wie Unternehmens- oder Unternehmerstiftung, Industriestiftung, Bankstiftung, unternehmensbezogene Stiftung, Kommunikations- oder PR-Stiftung (vgl. Anheier 2003, 51; Strachwitz/Reimer 2008, 216). Trotz der Unterschiede weisen alle gemeinsame Charakteristika auf: sie stellen gemeinnützige, d.h. nicht-erwerbsorientierte Stiftungen dar, die meist in der Rechtsform einer selbständigen Stiftung des Privatrechts organisiert sind (vgl. Berndt/Götz 2009, 55–56). Ferner erfüllen sie gemeinnützige Förderleistungen im Sinne des Stifters und dienen der Deckung öffentlicher Bedürfnisse und damit nicht der unternehmerischen Gewinnmaximierung (vgl. Silberer/Köpler/Marquardt 2000, 208). Die Wirkung dieser Stiftungen ist vielfältig. Sie können z.B. die Motivation der Mitarbeiter beeinflussen, da diese erkennen, dass ein Teil des Unternehmensgewinns für einen guten Zweck verwendet wird (vgl. Strachwitz/Reimer 2008, 218; Dresewski 2007, 35). Des Weiteren signalisiert eine Stiftungsgründung ein langfristiges CSR-Engagement, das zu einer positiven Beeinflussung des Images der Firma führen kann (vgl. Wegner 2004, 141). Allerdings bedarf es zur Gründung einer Unternehmensstiftung eines hohen finanziellen Aufwands, damit die Kosten zur Gründung und Verwaltung sowie das geforderte Mindestkapital gedeckt werden können (vgl. Wegner 2004, 141; Strachwitz/Reimer 2008, 225).

2.5 CSR-Business Case

2.5.1 CSR im Lichte ausgewählter Theorien

2.5.1.1 Einordnung

Ein zentrales Interesse in der Diskussion um die unternehmerische Übernahme gesellschaftlicher Verantwortung nimmt die Frage nach dem wirtschaftlichen Nutzen von CSR ein - besser bekannt unter dem Begriff **CSR Business Case** (vgl. Leitz 2009, 39). Der Business Case fragt nach dem Wertschöpfungsbeitrag von CSR für das jeweilige Unternehmen (vgl. Habisch 2006, 81). Dabei steht die Frage im Vordergrund, ob die Übernahme gesellschaftlicher Verantwortung letztlich mit Mehrkosten einhergeht und damit eine illegitime Ressourcenverwendung bedeutet, oder ob sie gar eine betriebswirtschaftliche Notwendigkeit darstellt, die dem ökonomischen Erfolg eines Unternehmens zuträglich ist (vgl. Schreck 2011, 87). Eine eindeutige Bestätigung des CSR Business Case würde für Unternehmen heißen, dass es sich bei CSR nicht um eine Wohltätigkeitsveranstaltung handelt, auf die in Krisenzeiten unter Umständen verzichtet werden kann, sondern dass die freiwillige Übernahme gesellschaftlicher Verantwortung eine lohnende Investition in den betriebswirtschaftlichen Erfolg darstellt (vgl. Hansen/Schrader 2005, 384).

Die Analyse des CSR Business Case stellt einen zentralen Forschungsschwerpunkt im Bereich der Übernahme gesellschaftlicher Verantwortung dar. Die Fachliteratur verfügt mittlerweile über eine Vielzahl an empirischen Studien, die sich mit dem strategischen Nutzen und der Wirkung von CSR für ein Unternehmen auseinandersetzt. Eine kaum noch zu überblickende Vielzahl an Studien widmet sich der empirischen Überprüfung und untersucht, ob das Ausmaß der Übernahme gesellschaftlicher Verantwortung durch ein Unternehmen mit finanziellem Unternehmenserfolg zusammenhängt (vgl. Schreck 2011, 87–88). Interessanterweise fehlt es bislang jedoch weitgehend an einem geschlossenen Theoriekonzept, das den betriebswirtschaftlichen Nutzen von CSR theoretisch fundiert (vgl. Maaß 2009, 26). Die meisten Autoren belassen es bei dem Verweis auf eine Win-Win-Situation als ökonomische Rechtfertigung für CSR, ohne dabei die wechselseitigen Vorteilsgewinne theoretisch näher zu erörtern. Nur wenige Forschungsbeiträge setzen sich mit theoretisch-konzeptionellen strategischen Grundlagen der Erfolgswirkung von CSR auseinander (darunter u.a. Hahn 2005, 19–25; Wieland 2003, 15; Maaß 2009, 26–31).

Um im Rahmen der vorliegenden Arbeit ein umfassendes Bild des CSR Business Case zu gewährleisten, soll deshalb zunächst eine theoretische Analyse des Nutzens der Übernahme gesellschaftlicher Verantwortung für Unternehmen erfolgen, bevor die Ergebnisse der empirischen Untersuchungen in Abschnitt 2.5.2 näher vorgestellt werden.

Betrachtet man die Handlungsfelder des CSR-Engagements (vgl. Abschnitt 2.3) lässt sich erkennen, dass das Konzept CSR keiner bestimmten Teildisziplin der Betriebswirtschaftslehre ausschließlich zuzuordnen ist, sondern unterschiedliche Bereiche innerhalb und außerhalb des

Unternehmens betrifft. Dies lässt vermuten, dass eine monokausale Erklärung nicht zu erwarten ist. Vielmehr stellt CSR eine Querschnittsmaßnahme dar, deren Theoriebasis ebenso einer übergeordneten Handlungslogik folgen sollte (vgl. Maaß 2009, 30–31).

Die Eigenschaft einer Querschnittsmaßnahme legt es nahe, CSR dem **Strategischen Management** zuzuordnen (für einen Diskurs über die Aufgabenbereiche und Inhalte des Strategischen Managements vgl. u.a. Hungenberg 2004, 4–6; Welge/Al-Laham 2005, 4–7). Diese Ansicht vertritt die Mehrheit der Autoren, was sich allein daran zeigt, dass zur Erörterung und Erklärung, warum es für effizienzorientierte Unternehmen zweckmäßig sein kann, sich gesellschaftlich zu engagieren, der normative Ansatz des Stakeholderkonzeptes herangezogen wird (siehe dazu Abschnitt 2.2.2.3). Allerdings setzen sich nur wenige Arbeiten mit alternativen Ansätzen der Strategieinhaltsforschung auseinander. Auf der Suche nach Erklärungsansätzen zum wirtschaftlichen Nutzen gesellschaftlicher Verantwortung sind traditionell der „market-based-view“ sowie der „resource-based-view“ zu nennen.

Aus Sicht des **marktbasierten Ansatzes** hängt der Erfolg eines Unternehmens von der Auswahl seiner Geschäftsfelder und in diesem Zusammenhang mit der Erschließung von Wettbewerbsvorteilen durch die Besetzung von Marktnischen oder durch die Errichtung von Marktzutrittsbarrieren ab (vgl. Meckl 2010, 46). Dem marktbasierten Ansatz wird in der Managementliteratur der **ressourcenbasierte Ansatz** gegenübergestellt, der wiederum das Augenmerk auf unternehmensinterne Sachverhalte richtet und die Erschließung und Sicherung strategischer Ressourcen in den Mittelpunkt stellt. Die Ressourcenbasis eines Unternehmens und der daraus resultierende Betrachtungsspielraum werden als entscheidend für den wirtschaftlichen Erfolg angesehen (vgl. Meckl 2010, 57). Da CSR sowohl der Positionierung des Unternehmens am Markt sowie der Erschließung von Ressourcen dienen kann, erscheint die Bezugnahme auf den marktbasierten und ressourcenbasierten Ansatz als Theoriebasis zur Erklärung der Rationalität von CSR als zielführend.

Mit dem markt- und dem ressourcenbasierten Ansatz stehen zwei Theoriebasen zur Verfügung, die bislang im CSR-Fachdiskurs weitgehend unbeachtet blieben (vgl. Maaß 2009, 32). Die nachfolgende Gegenüberstellung der Ansätze soll zeigen, dass eine Kombination der drei Ansätze des Strategischen Managements als theoretisches Fundament zu empfehlen ist. Dadurch kann eine Theoriebasis verfolgt werden, die einer übergeordneten Handlungslogik folgt und der Wirkungsvielfalt von CSR gerecht wird.

2.5.1.2 CSR aus Sicht des „market-based-views"

Im Mittelpunkt der „market-based-view" steht die marktorientierte Sichtweise ökonomischen Handelns. Marktorientierung bedeutet dabei die Ausrichtung des Managements an den Bedürfnissen des Marktes. Der market-based-view geht davon aus, dass der Erfolg eines Unternehmens ausschließlich durch sein wettbewerbliches Umfeld bestimmt wird. Unternehmensspezifische Eigenschaften bzw. Fähigkeiten werden nicht betrachtet. Vielmehr wird ein Unternehmen als Menge von Produkt-Marktpositionen betrachtet (sog. Outside-In-Perspektive).

Seine Ursprünge hat der market-based-view in dem traditionellen **Structure-Conduct-Performance-Paradigma** der Industrieökonomik, das in den 1950er- und 1960er-Jahren von MASON und BAIN entworfen wurde und 1980 von MICHAEL PORTER wieder aufgegriffen und überarbeitet wurde (vgl. Porter 1985 und Hungenberg/Wulf 2007, 62). Das Structure-Conduct-Performance-Paradigma basiert auf der Annahme, dass die Struktur einer Branche das Verhalten der Marktteilnehmer bestimmt, was wiederum Einfluss auf die Performance eines Unternehmens hat. PORTER kommt bei der Weiterentwicklung des Modells zu dem Ergebnis, dass der Erfolg eines Unternehmens insbesondere von zwei Aspekten abhängt: einerseits von den strukturellen Eigenschaften der Geschäftsfelder, in denen das jeweilige Unternehmen aktiv ist, andererseits von den strategischen Aktivitäten des Unternehmens selbst (vgl. Zahn/Foschiani/Tilebein 2000, 49). Neben der Attraktivität der Branche ist damit auch die Positionierung des Unternehmens innerhalb der Branche von entscheidender Bedeutung (vgl. Porter 1990, 610).

CSR kann aus marktorientierter Perspektive einen vielfältigen wirtschaftlichen Nutzen für ein Unternehmen erbringen. Einerseits besteht durch die Übernahme gesellschaftlicher Verantwortung die Möglichkeit, den Bekanntheitsgrad des Unternehmens zu erhöhen, wodurch eine stärkere Marktdurchdringung möglich ist und die Chance besteht, in neue (regionale) Absatzmärkte einzudringen (vgl. Maaß 2009, 37). Dies verhilft der Unternehmung zu einer stabilen und nachhaltigen Positionierung auf dem Markt. Gleichzeitig kann CSR ein Unternehmen befähigen, Markteintrittsbarrieren zu entwickeln, die wiederum den Zugriff auf quasimonopolistische Gewinne ermöglichen. CSR kann außerdem dazu beitragen, dass die Leistungsfähigkeit des Unternehmens und die Qualität der Produkte nach außen hin sichtbar werden, sodass eine „psychologische" Produktdifferenzierung aufgrund eines guten Images erzielt wird. Dies führt zu Alleinstellungsmerkmalen gegenüber Kunden, was einen Anstieg der Nachfrage zur Folge hat.

2.5.1.3 CSR aus Sicht des „resource-based-view“

Der „resource-based-view“ stellt einen relativ jungen Ansatz der Strategischen Managementforschung dar und ist der Industrieökonomik zuzuordnen. Erste Arbeiten auf diesem Gebiet reichen bereits in die 50er-Jahre zurück, als insbesondere PENROSE und SELZNICK auf die Bedeutung unternehmensspezifischer Ressourcen für den langfristigen Erfolg eingingen (vgl. Penrose 2009). Mitte der 1980er-Jahre wurde dieser Ansatz von WERNERFELT weiterentwickelt. Dies löste eine intensive Diskussion im Schrifttum aus, die bis heute anhält.

Der ressourcenorientierte Ansatz (vgl. u.a. Burr 2005, 16–31; Wolf 2011, 563–598; Bouncken 2000) geht von der Grundthese aus, dass die einem Unternehmen zur Verfügung stehenden Ressourcen seine Wettbewerbsfähigkeit bestimmen (sog. Inside-Out-Perspektive). Eine Ressource beschreibt grundsätzlich alles, worauf ein Unternehmen direkt oder indirekt zugreifen kann (vgl. Müller-Stewens/Lechner 2005, 357). Innerhalb dieser relativ weit gefassten Definition lassen sich Ressourcen verschiedenen Typen zuordnen: So unterscheidet man beispielsweise zwischen extern oder intern erstellten Ressourcen nach ihrer Herkunft oder zwischen materiellen und immateriellen Ressourcen hinsichtlich ihrer Beschaffenheit. Materielle Ressourcen umfassen im Wesentlichen Vermögensgegenstände, die in der Bilanz auf der Aktivseite stehen. Immaterielle Ressourcen hingegen bezeichnen z.B. Patente oder F&E-Erkenntnisse, die auch auf der Aktivseite in der Bilanz dargestellt werden können - allerdings gehören hierzu auch organisations- und produktspezifische Prozesse wie technisches Know-how, Erfahrungswissen, organisationales Wissen, der Ruf eines Unternehmens bzw. das Image von Marken oder die Unternehmenskultur. Da Mitarbeiter in der Regel Träger spezifischer Kenntnisse und Fähigkeiten sind, werden diese häufig explizit als Ausstattungsmerkmal definiert. Ihre Fähigkeiten, Erfahrungen, Motivation oder Loyalität zum Unternehmen sind ebenfalls zentrale Ressourcen für ein Unternehmen (vgl. Meckl 2010, 57). Einen mit der Ressource eng verwandten Begriff stellen **Kernkompetenzen** dar. Kernkompetenzen beschreiben unternehmensspezifische Ressourcen, die nur schwer imitierbar sind und damit dauerhafte Wettbewerbsvorteile begründen. Sie unterscheiden sich von Ressourcen dadurch, dass sie nicht den Besitz eines Unternehmens bezeichnen, sondern Fähigkeiten von Unternehmen hinsichtlich der Verwertung der Ressourcen (vgl. Blecker 1999, 214).

Um nachhaltige Wettbewerbsvorteile erzielen zu können, muss ein Unternehmen über strategisch bedeutsame Ressourcen verfügen. Wesentliche Charakteristika strategisch relevanter Ressourcen stellen deren Knappheit, Seltenheit und Einzigartigkeit dar. Strategische Ressourcen sind schwer imitier- und substituierbar und leisten gleichsam einen merklichen Beitrag zur Entwicklung eines bedürfnisgerechten und wahrnehmbaren Kundennutzens (vgl. Barney 1991, 105–106). Häufig sind strategische Ressourcen daher gleichzusetzen mit immateriellen Ressourcen oder Kernkompetenzen, da sie im Vergleich zu materiellen Ressourcen nicht auf ein anderes Unternehmen beliebig übertragen werden können (vgl. Lis 2010, 57–58).

CSR-Aktivitäten, die eine Verbesserung der Ressourcenausstattung eines Unternehmens - insbesondere im Bereich der immateriellen Ressourcen oder Kernkompetenzen - mit sich bringen, können daher als strategische Investition betrachtet werden (vgl. Ruf et al. 2001, 144; Garriga/Melé Domènec 2004, 54; Branco/Rodrigues 2006, 111). Dies ist beispielsweise dann der Fall, wenn CSR einen positiven Einfluss auf potenzielle Arbeitgeber hat, sodass das Unternehmen mit ausreichend quantitativem und qualitativem Humankapital ausgestattet ist (vgl. Lis 2010, 56–58). CSR stellt auch dann eine strategische Ressource dar, wenn über das gesellschaftliche Engagement einzigartige Erfahrungen und Erkenntnisse gesammelt werden, die auch für die Geschäftstätigkeit verwendet werden können. Werden durch das CSR-Engagement eines Unternehmens Vertrauen und die Treuebereitschaft der Kunden sowie auch der Mitarbeiter als betriebliche Ressource erschlossen, gelten diese Fähigkeiten vor allem im Wettbewerbskontext als knappes Gut und damit auch als strategisch relevante Ressourcen (vgl. Maaß 2009, 42–43).

2.5.2 CSR im Lichte ausgewählter Studien

2.5.2.1 Überblick

Aufgrund der Vielzahl vorgenommener empirischer Untersuchungen zum CSR Business Case können diese sehr unterschiedlich strukturiert werden. So besteht die Möglichkeit, empirische Studien hinsichtlich ihres Verständnisses von gesellschaftlicher Verantwortung oder den entsprechend verwendeten Messkonstrukten zu unterscheiden (vgl. Schreck 2011, 89). Zugleich können die Studien hinsichtlich der Art der verwendeten Informationen systematisiert werden. Hierbei können einstellungsbasierte von performancebasierten Messungen sowie von solchen differenziert werden, die sich auf Inhaltsanalysen diverser Unternehmensveröffentlichungen beziehen (vgl. dazu Kapitel 5). Die im Rahmen der vorliegenden Arbeit ausgewählte Strukturierung der empirischen Studien basiert auf der **Erfassung der Nutzendimensionen** des CSR-Engagements. Hierbei lassen sich grundsätzlich zwei Arten von Nutzendimensionen unterscheiden: die ökonomische sowie die vorökonomische Nutzendimension (vgl. Münstermann 2007, 192; Hansen/Schrader 2005, 283–385).

Ökonomische Nutzendimensionen zeichnen sich durch direkt ermittelbare, finanzielle Erfolgsgrößen, wie z.B. Personal- oder Betriebskostenersparnisse, aus. Hiervon grenzen sich **vorökonomische Nutzendimensionen** ab, die sich im Wesentlichen auf indirekte Vorteile eines Unternehmens wie Reputationseffekte oder Mitarbeitermotivation beziehen (vgl. Hansen/Schrader 2005, 383; Münstermann 2007, 192). Durch die Auflistung zahlreicher, unterschiedlicher empirischer Studien soll die Wirkung von CSR auf vorökonomische und ökonomische Nutzendimensionen eines Unternehmens dezidiert analysiert werden.

2.5.2.2 Vorökonomische Erfolgswirkung

Die wichtigste vorökonomische Erfolgswirkung von CSR liegt im Aufbau und der Sicherung der **Reputation** eines Unternehmens (vgl. Hansen/Schrader 2005, 383). Unter Reputation wird die „Summe der Wahrnehmungen und Einschätzungen aller relevanten Stakeholder hinsichtlich der Leistung, Produkte, Services, Personen, Organisationen, etc. eines Unternehmens und der sich hieraus jeweils ergebenden Achtung vor diesem Unternehmen“ (Wiederman 2006, 148) verstanden. Konsumentenbefragungen belegen, dass CSR die Reputation eines Unternehmens verbessert (vgl. u.a. King/Mackinnon 2001; Schwaiger 2004; Walsh/Wiederman 2004; Fombrun 1997; Fombrun/Gardberg/Barnett 2000; Westebbe/Logan 1995, 22; Marsden/Andriof 1998; Waddock 2000; Bertelsmann Stiftung 2005, 13; Münstermann 2007).

Infolge des Reputationsaufbaus als gesellschaftlich verantwortliches Unternehmen ergeben sich weitere positive Effekte (vgl. Hansen/Schrader 2005, 383–384). Studien zeigen, dass CSR auf Konsumenten eine **vertrauensbildende Wirkung** hat, die sowohl die Kundenzufriedenheit als auch die Kundenbindung erhöht (vgl. Maignan/Ferrell/Hult 1999; Mohr/Webb/Harris 2001; Sen/Bhattacharya 2001; MORI 2000). Parallel dazu ergeben Umfragen, dass CSR bei zahlreichen Kunden als **Qualitätssignal** angesehen wird und somit ein Kaufargument darstellen kann, wohingegen Produkte und Leistungen von unverantwortlich handelnden Unternehmen boykottiert werden können (vgl. Du/Bhattacharya/Sen 2007; Becker-Olsen/Hil 2005; Klein/Dawar 2004; Luo/Bhattacharya 2006; Salmones/Crespo/Bosque 2005; Smith 2003; Asongu 2007b; imug 2006a, 2006b, 5–6; Kuhlen 2005; Siegel/Vitaliano 2006).

Die Reputation als gesellschaftlich verantwortliches Unternehmen wirkt sich aber nicht nur auf das Kundenverhalten positiv aus, sondern ist ebenso für aktuelle und potenzielle Mitarbeiter von Bedeutung. Die am häufigsten genannten Wirkungen sind die **Steigerung der Mitar-**

beitermotivation und Mitarbeiterzufriedenheit, die **erhöhte Bindungsintensität** der Mitarbeiter an das Unternehmen, eine stärkere Identifikation mit dem Unternehmen sowie ein hohes Niveau an sozialer Kompetenz bei den Mitarbeitern. Daneben können Wettbewerbsvorteile im Halten von hochqualifiziertem Personal und eine stärkere Fähigkeit zur Anwerbung neuer Mitarbeiter herbeigeführt werden (vgl. Lis 2010; Bhattacharya/Sen/Korschun 2008; Maignan/Ferrell/Hult 1999; Bertelsmann Stiftung 2005; Kuhlen 2005; Paul/Siegel 2006; Schlund 2007; Albinger/Freeman 2000; Backhaus/Stone/Heiner 2002; Greening/Turban 2000; McWilliams/Siegel 2001; Riordan/Gatewood/Bill 1997; Smith 2003; Montgomery 2003). Parallel dazu lässt sich feststellen, dass CSR als Basis für Kooperationen mit staatlichen Institutionen und NGOs oder als Goodwill-Puffer in Krisenzeiten zur Absicherung der sog. „Licence to operate" fungiert (vgl. Enquete-Kommission 2002, 221; Fombrun/Gardberg/Barnett 2000; Wieland 2005; Marsden/Andriof 1998; Riess 2006, 31).

Als zweitwichtigste Zielgröße vorökonomischer Wirkungen von CSR-Strategien wird die **Risikovermeidung** gesehen. CSR wirkt dabei spiegelbildlich zu der zuvor erläuterten Reputationswirkung. Während bei der Reputation positive Reaktionen der Stakeholder durch CSR ausgemacht werden konnten, liegt das Ziel von CSR innerhalb des Risikomanagements in der Vermeidung negativer Stakeholderreaktionen in Form von Kundenboykotten, Schadensersatzforderungen oder kritischen NGO-Kampagnen (vgl. Branco/Rodrigues 2006; Husted 2005; Smith 2003; Orlitzky/Benjamin 2001; Dawn/Trevor 2006; Hansen 2004). Derartige Risiken, die insbesondere durch die Medien verstärkt werden, sind für verantwortliche Unternehmen geringer (vgl. u.a. Schnietz/Epstein 2005; Boutin-Dufresne/Savaria 2004).

2.5.2.3 Ökonomische Erfolgswirkung

Der Einfluss auf die **Aktienkursentwicklung** ist die am häufigsten durchgeführte empirische Untersuchung der ökonomischen Erfolgswirkung von CSR (vgl. Hansen/Schrader 2005, 384). Allerdings konnte bislang weder eine eindeutig positive, negative noch neutrale Erfolgswirkung von CSR nachgewiesen werden (vgl. u.a. Rennings 2006, 208–209; Carroll 2000, 474; Lee 2008, 64; McWilliams/Siegel/Wright 2006, 11–12; Hillman/Keim 2001, 134; Dowell/Hart/Yeung 2000, 1071–1072; King/Lenox 2001, 112–113; Konar/Cohen 2001, 289; Russo/Fouts 1997, 546–549; Waddock/Graves 1997, 310–312; Ruf et al. 2001, 150; Pava/Krausz 1996, 348; McWilliams/Siegel 2000, 608). Autoren, die einen positiven Zusammenhang von CSR-Aktivitäten und der Aktienperformance nachgewiesen haben, begründen ihr Ergebnis mit einem CSR-bedingten geringeren Kursrisiko sowie guten Wachstumschancen verantwortlich handelnder Unternehmen, die nicht nur für Kunden sondern auch für ethisch orientierte Investoren eine hohe Attraktivität aufweisen (vgl. Hennig-Thurau/Hansen/Bornemann 2001, 205; Rivoli 2003, 272–273).

Auch in Bezug auf die ökonomische Erfolgswirkung von CSR zur **Umsatzrentabilität** konnte bislang nur in Einzelfällen ein direkter positiver Zusammenhang ermittelt werden (vgl. Mohr/Webb/Harris 2001, 67; Schaltegger/Synnestvedt 2002; Freimann/Walther 2002). Umfragen zeigen, dass CSR-Aktivitäten eine erhöhte Kaufbereitschaft der Konsumenten für Leistungen und Produkte sozial-ökologisch verantwortlich handelnder Unternehmen mit sich bringen (vgl. imug 2006a; MORI 2000), allerdings stellt sich die Wirkung von CSR auf die Umsatzrentabilität weniger in der Neugewinnung von Kunden als vielmehr in der Vertiefung bereits bestehender Geschäftsbeziehungen dar. Vergleichbare Effekte zeigen sich im Hinblick auf die finanzwirtschaftliche Größe des **Return on Investment (ROI)**. Auch hier sind die Ergebnisse stark kontextabhängig (vgl. Hart/Ahuja 1996, 33–34; Hansen 2004, 71; Aigner/Hopkins/Johansson 2003, 1135–1137; Russo/Fouts 1997).

Eine wesentliche Barriere für die freiwillige Übernahme gesellschaftlicher Verantwortung liegt häufig in der Sorge um zusätzliche **Kosten** und einer damit einhergehenden Schwächung der Wettbewerbsfähigkeit des Unternehmens. Gleichzeitig besteht die Angst, dass eine einmalig signalisierte Bereitschaft zum gesellschaftlichen Engagement weitere Begehrlichkeiten auslösen kann und damit das Anforderungsniveau an das Unternehmen steigt (vgl. Wieland 2005, 15–16; Habisch 2003, 155; Windsor 2001a, 40–41). Untersuchungen zeigen indes, dass kostensenkende Effekte im Umweltbereich, z.B. durch die Einführung von Umweltmanagementsystemen häufig mit Ressourceneinsparungen einhergehen (vgl. Freimann/Walther 2002, 92; Hamschmidt/Dyllick 2001, 53; Fombrun/Gardberg/Barnett 2000; Konar/Cohen 2001, 281; Münstermann 2007, 192; Paul/Siegel 2006, 208). Im Personalbereich lässt sich durch eine gesteigerte Mitarbeiterzufriedenheit die Fluktuationsrate senken und damit finanzielle Mittel einsparen. Gleichzeitig ermöglichen CSR-Aktivitäten eine effiziente und effektive Kommunikationsstrategie, insbesondere wenn von Seiten Dritter kostenlos und mit hoher Glaubwürdigkeit über das freiwillige gesellschaftliche Engagement eines Unternehmens berichtet wird. Durch die Devise „Tue Gutes und lass andere darüber reden“ können so immense Kommunikationsvorteile erwirtschaftet werden (vgl. Fombrun/Gardberg/Barnett 2000, 93–95).

Insgesamt liefern empirische Untersuchungen zur ökonomischen Wirkung von CSR keine eindeutige klare Aussage. Die Ursache liegt u.a. in der generellen Messproblematik von CSR. Die fehlende einheitliche CSR-Definition, unstimmige Stichproben, unpräzise Forschungsdesigns sowie unterschiedliche Messverfahren führen zu divergierenden Forschungsergebnissen (vgl. Carroll 2000, 474; McWilliams/Siegel/Wright 2006, 12). Gleichzeitig finden sich Probleme in der Festlegung der Kausalität. Ökonomische Erfolgsgrößen messen die Erfolgswirkung, ohne die dahinter stehende Richtung zu berücksichtigen (vgl. King/Lenox 2001, 113). So konnte bislang kein empirischer Nachweis gefunden werden, ob die freiwillige Übernahme gesellschaftlicher Verantwortung selbst einen Erfolgsfaktor darstellt, oder ob sich vielmehr ökonomisch erfolgreiche Unternehmen erst freiwillige Verantwortungsübernahme leisten können. Außerdem ist festzustellen, dass CSR nur einer der Faktoren ist, der den Erfolg eines Unternehmens beeinflussen kann. Durch die Vielzahl unterschiedlicher Einflussfaktoren auf finanzwirtschaftliche Größen ist anzunehmen, dass die tatsächliche Erfolgswirkung der CSR durch Halo-Effekte anderer Faktoren überstrahlt werden kann und damit nicht vollständig nachweisbar ist (vgl. Wühle 2007, 44). Eine klare Aussage bezüglich der ökonomischen Erfolgswirkung der CSR ist daher nicht zu treffen, wie studienübergreifende Metaanalysen zur ökonomischen Erfolgswirkung von CSR bestätigen (vgl. Walsh/Weber/Margolis 2003; Orlitzky 2003; Wu 2006, 167–168).

3 MERGERS & ACQUISITIONS

3.1 M&A-Begriff

Mergers & Acquisitions (M&A) ist ein aus dem angelsächsischen Sprachraum stammender Begriff, der erstmals gegen Ende des 19. Jahrhunderts in den USA Anwendung gefunden hat. In der deutschen wissenschaftlichen Forschung wurde das Thema zu Beginn der 1980er-Jahre intensiviert (vgl. Vogel/Schumann 2002, 3–4; Wirtz 2003, 10). Die ständig miteinander verbundene Terminologie „M&A" unterliegt bis heute allerdings keiner allgemein gültigen Definition (vgl. Lucks/Meckl 2002, 23; Wirtz 2003, 11). Vielfach werden im deutschen Sprachraum Synonyme wie „Unternehmensakquisition", „Unternehmenskäufe", „Fusionen", „Übernahmen", „Zusammenschlüsse" bis hin zu „Strategischer Allianz" und „Unternehmenskooperationen" verwendet, ohne eine klare Begriffsabgrenzung vorzunehmen (vgl. Horzella 2010, 24–25). Selbst im angloamerikanischen Schrifttum lässt sich keine einheitliche Begriffsverwendung erkennen (vgl. Wirtz 2003, 10). Nachfolgende Tabelle 3.1 zeigt einen Auszug der in der aktuellen deutschsprachigen Literatur verwendeten M&A-Begriffsdefinitionen.

Vor dem Hintergrund der uneinheitlichen Auffassungen soll im Rahmen der vorliegenden Arbeit für den M&A-Begriff folgende Definition zugrunde gelegt werden:

Unter **MERGER & ACQUISITION** wird der Erwerb, die Verschmelzung oder die Veräußerung von Unternehmen bzw. Unternehmensanteilen verstanden, die aufgrund einer strategisch induzierten Motivation mit einer Änderung der Eigentumsverhältnisse an den betroffenen Einheiten und damit einer Übertragung von Leitungs- Kontroll-, und Verfügungsbefugnissen einhergeht.

Mit der Festlegung dieser Begriffsdefinition werden M&A-Aktivitäten von weiteren Formen von Unternehmenszusammenschlüssen abgegrenzt. So führt das obige M&A-Verständnis einerseits zu einer Abgrenzung gegenüber Unternehmenskooperationen und andererseits gegenüber renditeorientierten Finanzinvestitionen (vgl. Abbildung 3.1).

AUTOR	DEFINITION „MERGERS & ACQUISITIONS“
Willers/Siegert (1988)	„Unter M&A wird jede Form von externem Wachstum verstanden, wobei die Integrationsvarianten von Joint Ventures/strategischen Allianzen über Beteiligungsmodelle bis hin zum 100%-igen Kauf eines Unternehmens reichen können.“
Behrens/Merkel (1990)	„Mergers und Acquisitions (M&A) sind Fusionen und Übernahmen von Unternehmen bzw. deren Teilbereichen oder Tochtergesellschaften.“
Gerpott (1993)	„Unter (Unternehmens-)Akquisitionen (wird) verstanden: ▪ Der Erwerb von Eigentumsrechten ▪ durch ein Unternehmen ▪ an einem anderen Unternehmen oder an in sich geschlossenen und abgrenzbaren Teileinheiten i.S. von Betrieben eines anderen Unternehmens ▪ mittels einer mehrheitlichen Übertragung der Gesellschaftskapitalanteile oder des gesamten oder wesentlicher Teile des Vermögens des Akquisitionsobjektes an den Erwerber ▪ mit der Folge, dass der Erwerber die Möglichkeit einer beherrschenden Einflussnahme auf das Akquisitionsziel erhält.“
Müller-Stewens/ Spickers/Deiss (1999)	„M&A sind Transaktionen, die neben dem Transfer von Eigentumsrechten vor allem auch die Übertragung von Kontroll- und Leitungsbefugnissen an Unternehmen zum Gegenstand haben.“
Vogel (2002)	„Der Begriff Merger & Acquisition schließt alle Transaktionen einschließlich der zugehörigen Dienstleistungen ein, welche die Übertragung strategisch induzierter und aktiv wahrzunehmender Kontroll- und Leitungsbefugnisse an Unternehmen bzw. entsprechender Rechte und Pflichten bei vertraglichen Kooperationen zum Inhalt haben.“
Lucks/Meckl (2002)	„(…) M&A (kann) als Oberbegriff für Transaktionen verwendet (werden), die durch den Übergang von Weisungs- und Kontrollbefugnissen an Unternehmen auf andere Unternehmen gekennzeichnet sind. Die Trennung von Fusion und Akquisition nach der juristischen Begrifflichkeit wird (…) nur dann vorgenommen, wenn sich für den M&A-Prozess relevante Unterschiede ergeben.“
Wirtz (2003)	„M&A-Management umfasst den Prozess und das Ergebnis des strategisch motivierten Kaufs beziehungsweise Zusammenschlusses von Unternehmen oder Unternehmensteilen und deren anschließende Integration oder Weiterveräußerung. Damit verbunden ist eine Übertragung der Leitungs-, Kontroll- und Verfügungsbefugnisse.“

Tabelle 3.1: Begriffsdefinitionen „Mergers & Acquisitions".
Quelle: Eigene Darstellung.

Eine **Unternehmenskooperation** zeichnet sich durch eine auf einer expliziten Vereinbarung beruhende, langfristige und freiwillige Zusammenarbeit zwischen wirtschaftlich und rechtlich selbstständigen Unternehmen aus, die darauf ausgerichtet ist, gemeinsame Ziele zu erreichen. Diese können strategischer oder operativer Natur sein. Strategische Ziele stellen beispielsweise die Steigerung von Umsatzerlösen, die Senkung von Kosten oder die Minderung von Risiken dar (vgl. Meckl 2010, 23–24). Die Zusammenarbeit erfolgt durch die Einbringung spezifischer Ressourcen und eine kontinuierliche Abstimmung zwischen den einzelnen Kooperationspartnern (vgl. Holtbrügge/Welge 2010, 115). Strukturiert man Unternehmenskooperationen gemäß ihrer Zielsetzung, so lassen sich strategische Kooperationen in Joint Ventures und strategische Allianzen sowie operative Kooperationen in Interessensgemeinschaften, Wirtschaftsverbände und Konsortien aufspalten (vgl. Wirtz 2003, 13–15). Da es im Rahmen einer Kooperation weder zu Eingriffen in die Leitungs- und Kontrollbefugnisse des Partners kommt, noch eine gegenseitige Eigenkapitalbeteiligung stattfindet, werden Unternehmenskooperationen in dieser Arbeit klar von M&A abgegrenzt (vgl. Lucks/Meckl 2002, 25).

Einen weiteren hohen Verwandtschaftsgrad mit Unternehmenszusammenschlüssen weisen **renditeorientierte Finanzinvestitionen** auf. Diese sind zwar durch den Erwerb von Eigenkapital gekennzeichnet, allerdings verfolgt der Investor dabei nicht die Absicht, Einfluss auf das (operative) Management auszuüben, sondern stellt vielmehr Renditeüberlegungen in den Vordergrund. Beispielhaft sei hierfür der Kauf von Unternehmensanteilen an einer Versicherung durch eine Bank zu nennen (vgl. Riedel 2010, 96).

Da die oben genannte M&A-Definition jedoch das Verständnis zugrunde legt, dass es sich bei M&A-Aktivitäten um strategische Maßnahmen handelt, die einen Einfluss auf die Unternehmenspolitik und damit den Übergang von Leitungs- und Kontrollbefugnissen nach sich ziehen, werden in der vorliegenden Arbeit renditeorientierte Finanzinvestitionen nicht unter dem M&A-Begriff subsumiert.

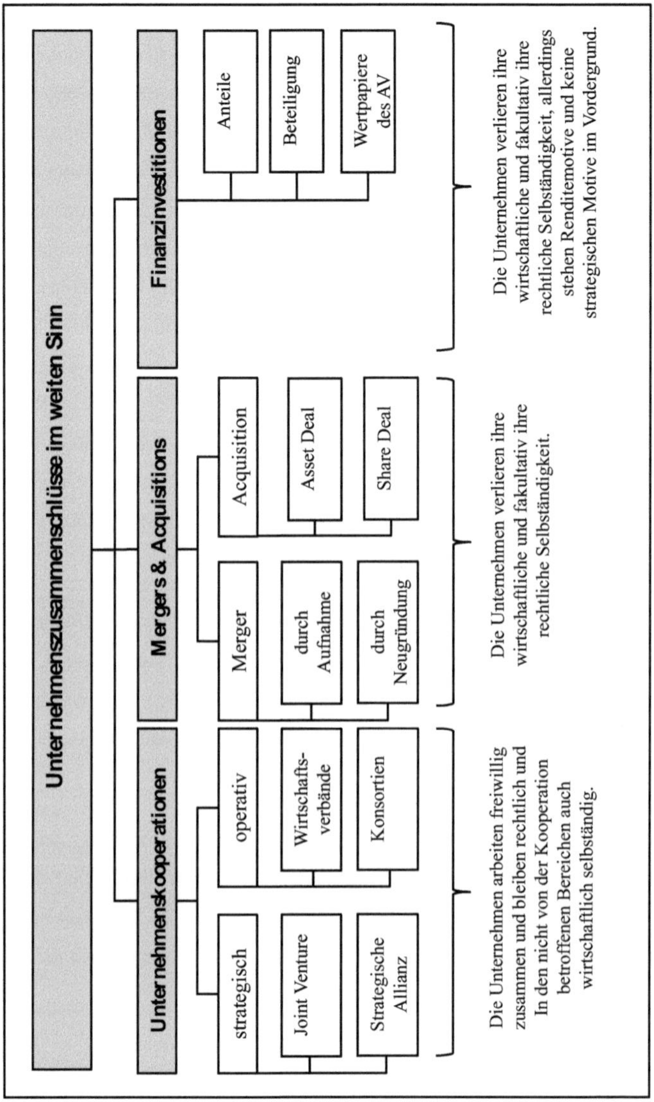

Abbildung 3.1: Unternehmenszusammenschlüsse im weiten Sinn.

Quelle: In Anlehnung an Wirtz (2003, 13).

3.2 M&A-Formen

3.2.1 Überblick

Mergers & Acquisitions werden im Schrifttum anhand einer Vielzahl unterschiedlicher Ausprägungsmerkmale differenziert (vgl. u.a. Eschen 2002, 25–28; Jansen 2008, 99; Wirtz 2003, 17). So unterscheidet man beispielsweise zwischen der juristischen Ausgestaltung, der strategischen Ausrichtung oder der geografischen Reichweite (vgl. Tabelle 3.2). Nachfolgend sollen die in der Literatur am häufigsten genannten Ausprägungsformen näher erläutert werden.

TYPOLOGISIERUNGSMERKMAL	AUSPRÄGUNGEN		
Juristische Ausgestaltung	Merger	Acquisition	
Strategische Ausrichtung	Horizontal	Vertikal	Konglomerat
Geografische Reichweite	Nationale Transaktion	Internationale Transaktion	
Managementhaltung	Freundlich	Feindlich	
Bindungsintensität	Minderheit	Paritätisch	Mehrheit
Form der Finanzierung	Eigenkapital	Mezzanine Kapital	Fremdkapital
Form der Bezahlung	Barabfindung	Aktientausch	
Integrationsgrad	Vollständige Integration	Partielle Integration	Keine Integration

Tabelle 3.2: Überblick über mögliche M&A-Formen.
Quelle: Eigene Darstellung.

3.2.2 Juristische Ausgestaltung

Bei dem Merkmal der **juristischen Ausgestaltung** wird zwischen den zwei Ausprägungsformen Merger (Fusion) und Acquisition (Akquisition) unterschieden.

Eine **Fusion (Merger)** ist ein Zusammenschluss zweier oder mehrerer bis dahin rechtlich und wirtschaftlich selbstständiger Unternehmen, wobei mindestens ein beteiligtes Unternehmen seine rechtliche Selbstständigkeit verliert (vgl. Coenenberg/Schultze 2007, 340). Sie kann als engste Form von Unternehmenszusammenschlüssen aufgefasst werden (vgl. Vogel/Schumann 2002, 6). Dabei lassen sich zwei grundsätzliche Fusionstypen unterscheiden: die Verschmelzung durch Aufnahme sowie die Verschmelzung durch Neugründung.

Im Rahmen der **Verschmelzung durch Aufnahme** (auch Annexion oder Absorption genannt) überträgt ein bisher selbstständiges Unternehmen sowohl das Vermögen als auch die Verbindlichkeiten auf ein anderes Unternehmen und verliert dabei seine bisherige rechtliche und wirtschaftliche Selbstständigkeit. Charakteristisch für diese Form der Fusion ist, dass das bis dahin eigenständige Unternehmen vollständig in das jeweilige Partnerunternehmen integriert wird (vgl. Vogel/Schumann 2002, 6). Davon abzugrenzen ist die **Verschmelzung durch Neugründung**, bei der die beteiligten Unternehmen ihr Vermögen gegen Gewährung von Anteilen einer zu diesem Zwecke neu gegründeten Gesellschaft übertragen. Die zuvor rechtlich und wirtschaftlich selbstständigen Unternehmen erlöschen mit der Eintragung der neuen Gesellschaft. Alte Geschäftsverhältnisse werden im neuen Unternehmen weitergeführt (vgl. Vogel/Schumann 2002, 6; Lucks/Meckl 2002, 23–24).

Im Gegensatz zur Fusion versteht man unter **Akquisition (Acquisition)** den Kauf eines Unternehmens bzw. den Erwerb einer Mehrheitsbeteiligung durch ein anderes Unternehmen. Im Vergleich zur Fusion bewirken Übernahmen, dass Teilbereiche eines Unternehmens den Einfluss- und Entscheidungsbereich wechseln und damit zumindest ein Stück der wirtschaftlichen Autonomie verlieren (vgl. Schwaab 2003, 17). Das erworbene Unternehmen wird in den neuen Unternehmensverbund eingegliedert, wobei die rechtliche Selbstständigkeit durchaus beibehalten werden kann (vgl. Vogel/Schumann 2002, 9; Coenenberg/Jakoby 2000, 178). Auch hier können grundsätzlich zwei Erwerbsformen unterschieden werden. Steht die Übertragung von Gesellschaftsanteilen im Vordergrund, so spricht man von einem sog. **Share Deal** (vgl. Keller 2002, 11). Dem Beteiligungserwerb steht der sog. **Asset Deal** gegenüber. Beim Asset Deal geht es um die Übertragung reiner Vermögensgegenstände in Form von Wirtschaftsgütern und Verbindlichkeiten (sog. Vermögenserwerb). Wichtig ist dabei, dass die übernommenen Vermögensgegenstände einen prägenden Charakter für das wirtschaftliche und soziale Gebilde haben und damit einen unabdingbaren Vermögensbestandteil darstellen (vgl. Haller 2000, 7).

3.2.3 Strategische Ausrichtung

Das Merkmal der **strategischen Ausrichtung** bezieht sich auf die Ähnlichkeit bzw. Verschiedenartigkeit der von den beteiligten Unternehmen bearbeiteten Produkt- und Marktfelder. Die auch als leistungswirtschaftlicher Zusammenhang bezeichnete Ausprägungsform differenziert horizontale, vertikale und konglomerate M&A-Transaktionen (vgl. Wirtz 2003, 18) (vgl. Abbildung 3.2).

Als **horizontale Zusammenschlüsse** werden Transaktionen bezeichnet, bei denen sich Unternehmen derselben Branche auf gleicher Wertschöpfungsstufe verbinden (vgl. Achleitner/Wirtz/Wecker 2004, 481). Dabei kann weiter zwischen horizontalen Zusammenschlüssen mit und ohne Produktausweitung unterschieden werden. Ein horizontaler Zusammenschluss mit Produktausweitung liegt vor, wenn Unternehmen bei gleicher Produktionstechnologie auf benachbarten Marktsegmenten des gleichen Wirtschaftsbereichs tätig sind (vgl. Pausenberger 1989, 622). Horizontale Zusammenschlüsse ohne Produktausweitung sind dadurch gekennzeichnet, dass durch die M&A-Transaktionen das Produktionsprogramm oder die Produktionsbreite nicht erweitert wird (vgl. Wirtz 2003, 18).

Von **vertikalen Zusammenschlüssen** wird indes gesprochen, wenn sich Unternehmen unterschiedlicher Produktions- und/oder Handelsstufen miteinander verbinden. Im Vordergrund steht dabei die Erhöhung der Fertigungs- bzw. Leistungstiefe. Je nachdem, ob der Zusammenschluss auf einer vor- oder nachgelagerten Produktionsstufe vollzogen wird, lassen sich zwei Varianten (sog. Up- und Downstream-Transaktionen) unterscheiden (vgl. Paprottka 1996, 11). Von einer Upstream-Integration spricht man bei der Akquisition eines Lieferanten. Wird dagegen ein Abnehmer erworben, handelt es sich um eine Downstream-Integration (vgl. Achleitner/Wirtz/Wecker 2004, 482).

Bei M&A-Transaktionen, die weder unter horizontalen noch unter vertikalen Gesichtspunkten durchgeführt werden, spricht man von **konglomeraten Zusammenschlüssen**. Konglomerate Zusammenschlüsse zeichnen sich dadurch aus, dass weder bei den bearbeiteten Märkten noch bei den angebotenen Produkten/Leistungen Übereinstimmungen aufzufinden sind.

Die auch als heterogene oder diagonale Transaktionen bezeichneten Zusammenschlüsse zielen in erster Linie darauf ab, Expansions- und Diversifikationsaspekte zu verfolgen. Zum einen wird durch eine solche Transaktion der Versuch unternommen, die Abhängigkeit des Unternehmens von bestimmten Produkt-Markt-Feldern zu reduzieren. Andererseits soll eine Partizipation an wachstums- und renditeorientierten Märkten erzielt werden, um so das strategische Cashflow-Portfolio zu erweitern (vgl. Pausenberger 1989, 623). Konglomerate Transaktionen zielen darauf ab, an positiven Konjunkturzyklen bestimmter Branchen durch Ausweitung des Unternehmensportfolios teilzuhaben bzw. negative Zyklen durch eine breit gestreute Diversifikation zu kompensieren.

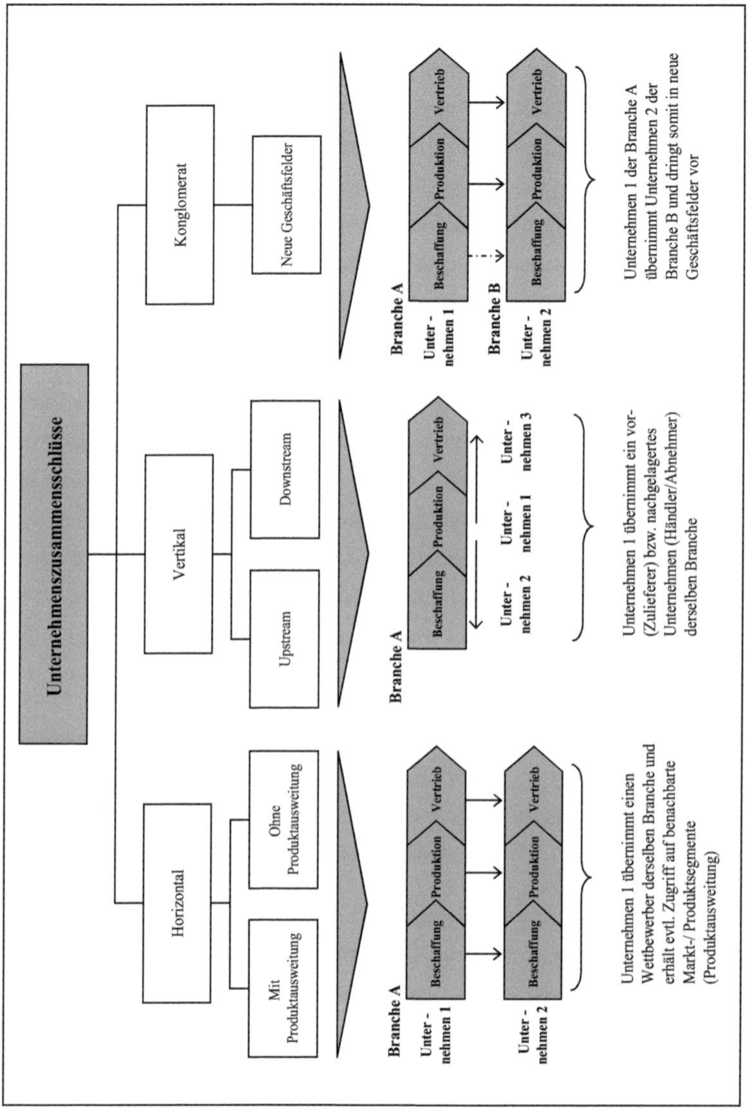

Abbildung 3.2: Strategische Ausrichtung von M&A-Transaktionen.

Quelle: Wirtz (2003, 19).

3.2.4 Geografische Reichweite

Ein weiteres Unterscheidungskriterium stellt die **geografische Reichweite** der M&A-Transaktion dar. Hierbei werden auf einem hohen Aggregationsniveau nationale von internationalen Zusammenschlüssen, sog. cross-border Deals, unterschieden (vgl. Mittermair/ Knourek 2006, 23). Die Bedeutung einer derartigen Unterscheidung resultiert aus der zunehmenden empirischen Relevanz internationaler Transaktionen (vgl. Tschöke/Klemen 2010, 85; Böhringer et al. 2006, 133; Mittermair/Knourek 2006, 23–24).

Cross-border M&A weisen bedeutsame Unterschiede gegenüber rein national getätigten M&A-Transaktionen auf. Aufgrund von politisch-rechtlichen Unterschieden in den beteiligten Ländern der einzelnen Transaktionspartner ergeben sich sehr unterschiedliche Rahmenbedingungen hinsichtlich der gesellschafts-, steuer-, und arbeitsrechtlichen Gestaltungsmöglichkeiten. So kann es passieren, dass M&A als Markteintrittsstrategie in einem angestrebten, nationalen Markt aufgrund von rechtlichen Regelungen überhaupt nicht möglich sind. Nach wie vor existieren Länder, die ausländische Beteiligungen an Unternehmen verhindern oder zumindest beschränken. Doch auch in zahlreichen Branchen wie z.B. die Bereiche Verteidigung, Versicherung, Schifffahrtswesen, Presse, Rundfunk oder der Bereich Energie bedürfen M&A in zahlreichen Ländern einer staatlichen Genehmigung oder sind generell nicht gestattet (vgl. Lucks/Meckl 2002, 257; Hemmelrath 2001, 231). Neben den rechtlichen Regelungen, die unmittelbar den Zusammenschluss von Unternehmen betreffen, haben gesellschafts-, steuer-, und arbeitsrechtliche Unterschiede einen Einfluss auf das M&A-Management einer Transaktion. So erschweren oder erleichtern unterschiedliche nationale Publikationsvorschriften die Informationsbeschaffung über Unternehmen. Zugleich spielen länderspezifische Aktionärsrechte innerhalb des M&A-Prozesses eine zentrale Rolle. So ist beispielsweise bei der Auswahl der Verhandlungsstrategie zu berücksichtigen, ob es sich um familiengeführte Unternehmen handelt (z.B. vorwiegend in Italien zu finden) oder um Pensionsfonds oder andere Großaktionäre (z.B. in den USA) (vgl. Böhringer et al. 2006, 140). Darüber hinaus erhöhen kulturelle Unterschiede, die aus divergierenden historischen und religiösen Hintergründen resultieren, die Komplexität internationaler Transaktionen. Das Kulturmanagement steht bei cross-border Transaktionen vor zusätzlichen Herausforderungen. Neben Differenzen in der Unternehmenskultur treffen zudem Unterschiede in der Landeskultur aufeinander. Diese nationalen Unternehmenskulturen beeinflussen u.a. das Mitarbeiterverhalten, die Unternehmensabläufe und die Praktiken im Unternehmen (vgl. Forstmann 1998, 61).

3.2.5 Weitere Differenzierungskriterien

M&A lassen sich ebenfalls nach der **Managementhaltung** des Zielunternehmens differenzieren. Bei freundlichen Übernahmen (sog. friendly takeover) verhandelt der Kaufinteressent mit dem Management des Zielunternehmens, um die Transaktion gemeinsam abzustimmen (vgl. Gerpott 1993, 50–51). Im Gegensatz dazu sind feindliche Übernahmen (sog. hostile takeover) dadurch gekennzeichnet, dass das Management der Bietergesellschaft den Eigentümern der Zielgesellschaft direkt ein Übernahmeangebot unterbreitet, ohne die vorherige Zustimmung oder das Einvernehmen des Managements der Zielgesellschaft einzuholen (vgl. Wirtz 2003, 21; Jansen 2008, 117; Sudarsanam 2006, 265–266). Dabei trifft das Angebot des Kaufinteressenten das Management des Zielunternehmens häufig völlig unerwartet. Beispielhaft kann hier die Übernahme von MANNESMANN durch VODAFONE im Jahr 2000 oder die Übernahme von CONTINENTAL durch SCHAEFFLER im Jahr 2009 genannt werden. Feindliche Übernahmen stellen eine Sonderform von M&A-Transaktionen dar, da sie sich vor allem in Hinblick auf die zu erwarteten Schwierigkeiten bei der Planung und Integration des übernommenen Unternehmens unterscheiden. So ist die Akquisitionsplanung bei einem Hostile Takeover häufig schwieriger zu bewerkstelligen, da die Informationsbasis ohne den Kontakt zum Management des Zielunternehmens wesentlich geringer ausfällt und sich damit der Planungshorizont bzw. die Vorbereitungsphase im Vergleich zu freundlichen Transaktionen deutlich langwieriger gestaltet (vgl. Gerpott 1993, 51). Daneben ergibt sich bei feindlichen Übernahmen zusätzlich das Problem der Abwanderung wichtiger Manager in Schlüsselpositionen. Gleichzeitig steigt die Gefahr des Widerstands der Mitarbeiter des Zielunternehmens in der Integrationsphase (vgl. Vogel/Schumann 2002, 23). In der Praxis zeigt sich, dass eine Vielzahl feindlich begonnener Übernahmeversuche infolge von Angebotsnachbesserungen in freundliche Übernahmen mündet.

Die **Bindungsintensität** als Systematisierungskriterium gibt an, wie stark der Einfluss des Käuferunternehmens auf das Zielunternehmen ist. Dies ist gleichzusetzen mit der Abhängigkeit des übernommenen Unternehmens von seinem Käufer. Minderheitsbeteiligungen erlauben grundsätzlich keinen beherrschenden Einfluss auf die unternehmerischen Tätigkeiten des Beteiligungsunternehmens. Wichtig kann hier das Erreichen der sog. Sperrminorität sein, die je nach Land bei 25 Prozent, 26 Prozent oder 33 Prozent liegt. Im Gegensatz zur Minderheitsbeteiligung gewährt die Mehrheitsbeteiligung von mehr als 50 Prozent dem Käuferunternehmen einen beherrschenden Einfluss auf das Akquisitionsobjekt. Neben der Mehrheits- und

Minderheitsbeteiligung gibt es auch die Möglichkeit, einen exakten Unternehmensanteil von 50 Prozent zu erwerben (sog. Parität) (vgl. Lucks/Meckl 2002, 26–27).

Die **Finanzierungsform** bildet ein weiteres Kriterium zur Typisierung von M&A-Transaktionen (vgl. Eschen 2002, 28). Hierbei kommen grundsätzlich Eigen- und Fremdfinanzierung sowie Mezzanine Kapital infrage. Mezzanine Kapital stellt eine Mischform zwischen Eigen- und Fremdkapital dar, das die Finanzierungslücken von Eigenkapital und den sog. Senior Depts deckt. Senior Depts sind konventionelle Darlehnsfinanzierungen in Form von vorrangig besicherten Bankdarlehen, bei denen der Anteil an der Gesamtfinanzierung 50 Prozent beträgt. Wesentliches Charakteristikum des Mezzanine Kapitals ist die Tatsache, dass keine dringliche Besicherung erfolgen muss, d.h. dass die Basis für den Kredit lediglich die prospektiven Cash-Flows darstellen (vgl. Jansen 2008, 111).

Analog zur Finanzierung lassen sich Unternehmenszusammenschlüsse auch anhand der gewählten **Zahlungsart** unterscheiden. Generell kann zwischen Barzahlung und Zahlung mit Sicherheiten differenziert werden (vgl. Rappaport/Sirower 1999, 148). Für die Zahlung mit Sicherheiten entwickelte sich in den letzten Jahrzehnten eine Vielzahl unterschiedlicher Finanzierungsinstrumente. Diese reichen vom Aktientausch bis hin zu hochverzinslichen Anleihen (sog. Junk Bonds) oder Mischformen (vgl. Eschen 2002, 28).

Schließlich ist eine Differenzierung von M&A aufgrund des gewählten **Integrationsgrads** möglich. Eine vollständige Integration liegt vor, wenn sämtliche administrative und operative Bereiche der betroffenen Unternehmen miteinander verschmolzen werden. Dies kann auch als Symbiose bezeichnet werden. Entsprechend beschränkt sich die partielle Integration auf ausgewählte Integrationsbereiche, während eine vollkommene Autonomie dann vorherrscht, wenn sich die Integration lediglich auf rechtlich notwendige Mindesteingriffe beschränkt (vgl. Kübler 1996, 14–15; Haspeslagh/Jemison 1992, 174).

3.3 M&A-Ziele

3.3.1 Überblick

Ähnlich vielfältig wie die erläuterten M&A-Formen lassen sich auch die Ziele für das Durchführen von M&A-Transaktionen darstellen. Grundsätzlich werden M&A getätigt, um bestimmte Vorteile zu realisieren, die im Alleingang nicht möglich gewesen wären (vgl. Pausenberger 1989, 621). Die Vielfältigkeit der Beweggründe ist allerdings so groß, dass eine

Fülle alternativer Systematisierungen unterschiedlicher Detaillierungsgrade in der Literatur zu finden ist (vgl. Fischer 2008, 21). Während einige Autoren z.B. die Ziele von M&A in Form einer unverbundenen Darstellung verschiedener ökonomischer Theorien bevorzugen (vgl. Jansen 2008, 129–172; Trautwein 2008, 110–122), stellen andere Autoren die Ziele von M&A in Gestalt enumerativer Auflistungen von Befragungsergebnissen dar (vgl. Bachmann 2001, 102). Weiterhin ist zu beobachten, dass in der Literatur keine eindeutige Trennung der Termini „Motive", „Gründe" oder „Ziele" zu finden ist. Während einige Autoren sich für die Gründe von M&A aussprechen, verwenden andere den Begriff Motive oder setzen die Termini Motive, Ziele und Gründe gleich (vgl. u.a. Lucks/Meckl 2002, 5–10; Dabui 2000, 28–41; Wirtz 2003, 57–75)[7].

Trotz der unterschiedlichen Darstellungen bei der Erläuterung der M&A-Ziele ergeben sich Gemeinsamkeiten bei der Unterscheidung zwischen Zielen aus **Käufer- und Verkäufersicht** (vgl. Fischer 2008, 21). Den Käuferzielen wird in aller Regel eine höhere Aufmerksamkeit zuteil, weshalb sich die nachfolgenden Ausführungen auch auf diese Sichtweise beschränkt (Details zur Verkäufersicht siehe u.a. Gerpott 1993, 63; Jansen/Körner 2000, 7 oder Wirtz 2003, 73). Die M&A-Ziele aus Käufersicht werden in zahlreichen Beiträgen weiter in „Management-Ziele" und „Unternehmens-Ziele" aufgeteilt.

Für den Begriff der **Management-Ziele** finden sich in der Literatur zahlreiche alternative Ausdrucksweisen wie „sozio-emotionale Motive" (vgl. Raffée/Eisele 1993, 21), „nicht-wertmaximierende Motive" (vgl. Kerler 2000, 37), „nicht-ökonomische Motive" (vgl. Liebener 1999, 30), „irrationale Motive" (vgl. Frank 1993, 137) oder „persönliche Motive" (vgl. Wirtz 2003, 58). Häufig ist eine Unterteilung in materielle bzw. quantitative und immaterielle bzw. qualitative Management-Ziele vorzufinden.

Unternehmens-Ziele werden häufig unter die Begriffe „wertsteigernde Motive" (vgl. z.B. Dabui 2000, 28–29) oder „ökonomische Ziele" (vgl. z.B. Liebener 1999, 30) zusammengefasst. Die Aufteilung der Unternehmens-Ziele erfolgt analog zu einer Pyramide, bei der auf oberster Ebene das Ziel der Shareholder Value Steigerung steht. Dieses Oberziel wird auf strategischer Ebene durch die Realisierung von Synergien erreicht (vgl. Riedel 2010, 102). Die Erzielung von Synergien wird wiederum auf operativer Ebene durch unterschiedliche

[7] Da jedoch unabhängig von der Bezeichnung die Inhalte von Motiven stets auch Ziele im Sinne eines zukünftigen Zustands, der angestrebt wird, beschreiben (vgl. Kirsch 1991, 205), soll auch im Rahmen der vorliegenden Arbeit auf eine Trennung der Termini Motive, Gründe und Ziele verzichtet werden. Vielmehr werden diese als Synonyma verwendet.

Beweggründe begünstigt, die in der Literatur auch als „klassische“ M&A-Ziele bekannt sind. Im Rahmen der vorliegenden Arbeit werden die M&A-Ziele auf operativer Ebene den Bereichen „market seeking“, „resource seeking“, „efficiency seeking“ und „strategic seeking“ zugeordnet. Abbildung 3.3 zeigt die Systematisierung der M&A-Ziele auf.

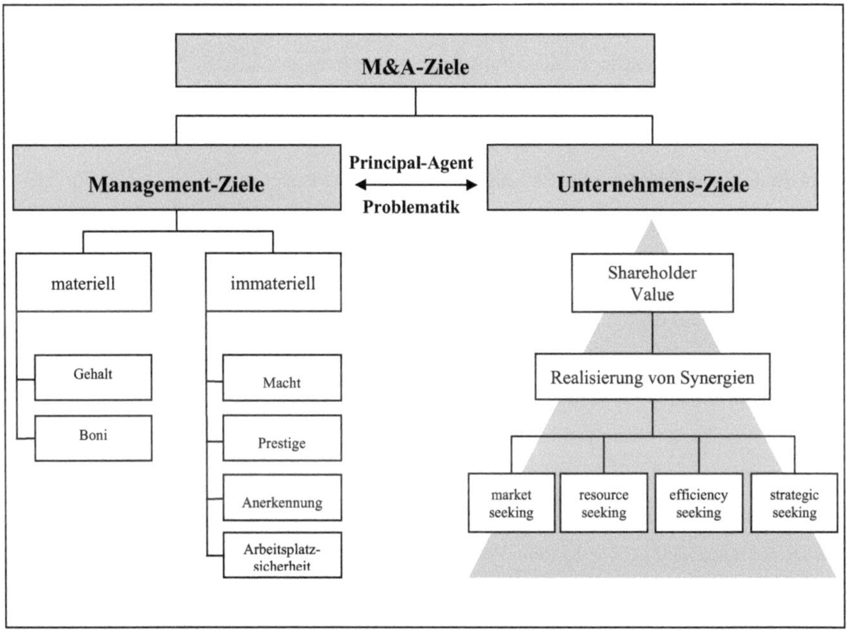

Abbildung 3.3: Kategorisierung der M&A-Ziele.
Quelle: Eigene Darstellung.

3.3.2 Management-Ziele

Management-Ziele sind darauf ausgerichtet, der Maximierung des eigenen Nutzens der Manager (sog. Management-Value-Steigerung) zu dienen (vgl. Riedel 2010, 102).

Ein **materielles** Management-Ziel stellt die Steigerung des Arbeitseinkommens in Form von Festgehalt oder Boni dar. Dies ist darauf zurückzuführen, dass das Arbeitseinkommen der Manager häufig mit der Höhe des Umsatzes korreliert (vgl. Baumol 1959, 113 und Kerler 2000, 53). Somit besteht über die Vergrößerung des Unternehmens durch M&A-Transaktionen die Möglichkeit, zu einem höheren Umsatz für das Unternehmen und damit auch zu einem höheren Einkommen für das Management zu gelangen.

Auf gleiche Weise lässt sich die Verwirklichung **immaterieller** Management-Ziele erklären, die vor allem aus der Erhöhung von Macht, der Erlangung von sozialem Ansehen, Anerkennung und Arbeitsplatzsicherheit bestehen (vgl. Kerler 2000, 52–53). Ihr Ausmaß korreliert ebenfalls - wie empirisch nachgewiesen werden konnte - positiv mit dem Umsatz bzw. der Größe eines Unternehmens (vgl. Mueller 1969, 644; Lucks/Meckl 2002, 10).

Rational betrachtet, dürfte es die Gruppe der managementorientierten M&A-Motive nicht geben, da es für sie keine ökonomische Rechtfertigung gibt (vgl. Lucks/Meckl 2002, 16). Die in der Praxis jedoch tatsächlich existierenden Management-Motive resultieren aus der sog. **Principal-Agent-Problematik,** die als genereller theoretischer Erklärungsansatz für diese Zielkategorie gilt (vgl. Wirtz 2003, 69).

Die Principal-Agent-Theorie thematisiert das Verhältnis zwischen dem Management eines Unternehmens und dessen Eigentümers als Auftraggeber-Auftragnehmer-Beziehung (für eine ausführliche Darstellung vgl. Erlei/Leschke/Sauerland 2007, 65–190). Die Rolle des Auftraggebers (sog. Principal) kommt dabei den Unternehmenseigentümern zu, die das Management mit der Aufgabe betrauen, das Unternehmen in ihrem Interesse zu führen. Damit agiert das Management als Auftragnehmer bzw. Agent und übernimmt gegen eine bestimmte Vergütung die Unternehmensführung auf Grundlage eines entsprechenden Vertrags (vgl. Picot/Dietl/Franck 2005, 72) Mit dem Vertrag verpflichtet sich das Management, im Interesse der Unternehmenseigentümer zu handeln. Dennoch gelingt es dem Management aufgrund von zentralen Prämissen, Eigeninteressen zu verfolgen:

- Durch eine **asymmetrische Informationsverteilung** zugunsten des Agenten befindet sich der Prinzipal aus informationstheoretischer Sicht im Nachteil und kann die Handlungsalternativen sowie den vom Agenten geleisteten Beitrag zum Erfolg der Aufgabenerfüllung nicht in gleichem Maße einschätzen wie der Agent selbst.
- Dem Agenten wird eine Verhaltensweise unterstellt, die auf die **Maximierung des persönlichen Nutzens** ausgerichtet ist. Dies schließt opportunistisches Verhalten im Sinne von Täuschung, Leistungszurückhaltung und (im Extremfall) Betrug mit ein (vgl. Meckl 2010, 76).

Da sich in dem Vertrag zwischen Prinzipal und Agent nicht alle Eventualitäten regeln lassen (sog. „unvollständige Verträge"), entstehen **diskretionäre Handlungsspielräume**, die der Agent dazu ausnutzen kann, auf Kosten des Prinzipals eigene Interessen zu verfolgen (vgl. Bausch 2003, 141, für eine ausführliche Darstellung der diskretionären Handlungsspielräume siehe Erlei/Leschke/Sauerland 2007, 65–190). Übertragen auf den vorliegenden Kontext bedeutet dies, dass diskretionäre Handlungsspielräume und damit Informationsasymmetrien dafür verantwortlich sind, dass das Management eines Unternehmens bei der Durchführung von M&A (auch) eigennutzorientierte Ziele verfolgen kann, die nicht im Interesse der Eigentümer liegen (vgl. Kerler 2000, 52).

3.3.3 Unternehmensziele

3.3.3.1 auf strategischer Ebene

3.3.3.1.1 Shareholder-Value-Steigerung

Unternehmensziele erklären M&A als Mittel zur **Steigerung des Shareholder Value** (vgl. Dabui 2000, 28; Balz 2003, 22; Kürsten/Meckl/Krostewitz 2007, 158; Riedel 2010, 107–110). Der Shareholder Value Approach legt die Idee zugrunde, ein Unternehmen als Investitionsobjekt zu betrachten, das darauf aus ist, die finanzielle Vermögensposition des Investors zu verbessern. Dies ist dann der Fall, wenn der Barwert (d.h. der Wert, den zukünftige Zahlungen in der Gegenwart besitzen) der durch die Investition verursachten Ein- und Auszahlungen (sog. Kapitalwert) positiv ist (vgl. Richter 2005, 11–16). Ziel des Shareholder Value Konzepts ist demnach die nachhaltige Steigerung des Unternehmenswertes im Sinne des Marktwertes des Eigenkapitals (vgl. Böhl 2006, 10–11). Dieser ergibt sich aus der Differenz des Gesamtunternehmenswertes (sog. „Corporate Value“) und dem Wert des Fremdkapitals (sog. „Market Value of Debt“) (vgl. u.a. Rappaport/Klien 1999, 39; Düsterlho 2003, 5; Juchli/Müller/Ulmer 2006, 14).

Die Steigerung des Shareholder Value basiert auf dem Prinzip einer **wertorientierten Unternehmensführung**, bei der die Ziele und Tätigkeiten eines Unternehmens an den Forderungen der Eigentümer und Investoren ausgerichtet sind (vgl. Michel/Roß 2001, 84). Erstmals vorgestellt wurde der Shareholder Value Approach in den Veröffentlichungen „STRATEGIC ANALYSIS FOR MORE PROFITABLE ACQUISITIONS“ (Rappaport 1979) und „FINANCIAL STRATEGY – STUDIES IN CREATION, TRANSFER AND DESTRUCTION OF SHAREHOLDER VALUE“ (Fruhan 1979). Seinen Durchbruch erlebte er im Jahr 1986, als RAPPAPORT das Buch „CREATING SHAREHOLDER VALUE: THE NEW STANDARD FOR BUSINESS PERFORMANCE“ veröffentlichte.

Ausgangspunkt für die Entwicklung des Shareholder Value Approach war einerseits die Deregulierung der Kapitalmärkte und die Zunahme der Bedeutung institutioneller und internationaler Investoren auf den Kapitalmärkten (vgl. Böhl 2006, 18) sowie andererseits die Kritik an der Diversifikationsstrategie zahlreicher M&A-Transaktionen in den USA, die eine ernüchternde Erfolgsbilanz lieferten (vgl. Rappaport 1979, 99). Gleichzeitig wurde erkannt, dass traditionelle Erfolgsgrößen wie der Gewinn, die Umsatzrendite oder die Eigenkapitalrendite als Erfolgsmaßstab zur Beurteilung der Ertragskraft eines Unternehmens und damit zur Messung der Zielerreichung des Managements nicht oder nur bedingt geeignet sind (vgl. Düsterlho 2003, 11). Traditionelle Erfolgsgrößen unterliegen Bewertungsspielräumen, die durch buchhalterische Vorgänge wie Abschreibungen und Periodisierungen bewusst beeinflusst werden können und damit nicht eindeutig feststellbar sind. Die Bestimmung des Shareholder Value hingegen basiert auf Zahlungsströmen und ist frei von bilanziellen Manipulationen (Bea/Haas 2005, 76–77). Während die traditionellen Erfolgsgrößen einer kurzfristigen Betrachtung unterliegen und damit vergangenheitsbezogen sind (vgl. Beck 2003, 5), folgt der Shareholder Value Ansatz einer langfristigen Orientierung, bei der die Erfolgsmessung ex ante über mehrere Perioden hinweg erfolgt (vgl. Michel/Roß 2001, 84). Durch die Diskontierung zukünftiger Cashflows mit dem Kapitalkostensatz berücksichtigt der Shareholder Value außerdem den Zeitwert des Geldes und gibt Aufschluss über die Risikostruktur im Unternehmen (vgl. Gomez/Weber 1989, 29).

Zur Operationalisierung des Shareholder Value greift man auf den **Discounted-Cashflow-Ansatz (DCF)** zurück (vgl. Stiefl/Westerholt 2008, 26). Hierbei wird sinngemäß zur Investitionsrechnung der Kapitalwert als barwertige Summe zukünftiger Zahlungsströme verstanden. Innerhalb der DCF-Methode lassen sich zwei Verfahren zur Berechnung der zukünftigen Nettoausschüttungen an die Eigentümer bzw. Anteilseigner eines Unternehmens unterscheiden: das Equity- und das Entity-Verfahren (vgl. Stührenberg/Streich/Henke 2003, 7).

Der **Equity-Ansatz** ermittelt den Shareholder-Value direkt durch die Berechnung der Nettoausschüttungen an die Eigentümer bzw. Anteilseigner. Dabei werden ausgehend von der ewigen Existenz eines Unternehmens die künftigen, periodischen **Netto-Cashflows** bis in die Unendlichkeit prognostiziert und auf den Betrachtungszeitpunkt abgezinst.

Als Netto-Cashflow wird derjenige Betrag verstanden, der zur Befriedigung der Eigenkapitalgeber in Form von Dividenden zur Verfügung steht. Formal wird dieser wie folgt berechnet: Vom *Brutto-Cashflow* (Überschuss der Ein- und Auszahlungen aus der operativen betrieblichen Leistungserstellung eines Unternehmens) werden die Ersatz- und Erweiterungsinvestitionen ins Anlagevermögen sowie die Veränderung des Working Capitals (Investition ins Umlaufvermögen) abgezogen. Der verbleibende Überschuss wird *Free-Cashflow* genannt. Vom freien Cashflow spricht man deshalb, weil dieser Betrag frei ist, um die Ansprüche der Kapitalgeber (Eigen- und Fremdkapitalgeber) zu befriedigen. Ausgehend vom Free-Cashflow müssen zunächst die Ansprüche der Fremdkapitalgeber befriedigt werden (sog. Kontrakteinkommensempfänger). Dies erfolgt in Form von Tilgungs- und Zinszahlungen. Erst wenn diese gezahlt wurden, verbleibt mit dem *Netto-Cashflow* derjenige Betrag, der zur Befriedigung der Eigenkapitalgeber zur Verfügung steht (vgl. Düsterlho 2003, 39) (vgl. Abbildung 3.4).

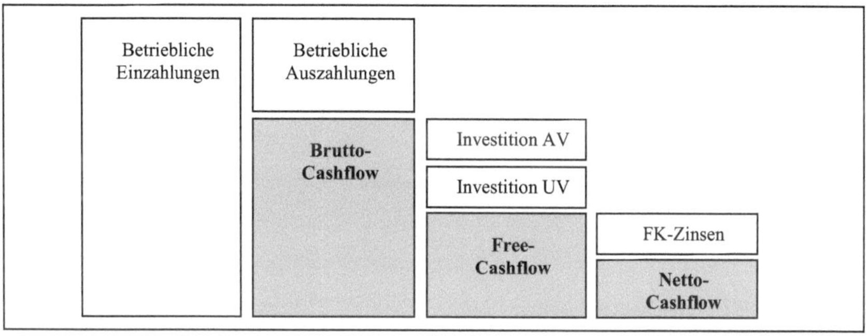

Abbildung 3.4: Operationalisierung des Cashflows.
Quelle: Düsterlho (2003, 43).

Als Diskontierungsfaktor fungiert der Eigenkapitalkostensatz (k_{EK}). Zur Bestimmung des Eigenkapitalkostensatzes haben sich unterschiedliche Verfahren herausgebildet. Beispielhaft lassen sich das Capital Asset Pricing Modell (CAPM), die Arbitrage Pricing Theory (APT) oder das Dividendenwachstumsmodell nennen (für eine ausführliche Darstellung der jeweiligen Verfahren siehe u.a. Nowak 2003, 63–78).

$$Shareholder\ Value = \sum_{t=1}^{\infty} \frac{Netto - Cashflow_t}{(1 + k_{EK})^t}$$

Innerhalb des **Entity-Verfahrens** erfolgt die Berechnung des Shareholder Value in zwei aufeinanderfolgenden Schritten: zunächst wird der Unternehmenswert als Wert des Gesamtkapitals anhand des **Free-Cashflows** bestimmt, bevor in einem zweiten Schritt die Ermittlung der Nettoausschüttungen an die Shareholder durch Abzug des Wertes des verzinslichen Fremdkapitals erfolgt (vgl. Stiefl 2005, 213). Innerhalb der Entity-Methode kann nochmals zwischen dem „Adjusted-Present-Value-Ansatz“ (APV-Ansatz), dem „Weighted-Average-Cost-of-Capital-Ansatz“ (WACC-Ansatz) sowie dem „Total-Cashflow-Ansatz“ (TCF-Ansatz) unterschieden werden. Der zentrale Unterschied der drei Varianten besteht in der Berücksichtigung des durch die Fremdfinanzierung entstehenden Steuervorteils (sog. Tax Shield) (vgl. Hachmeister 2000, 96–97; Nowak 2003, 27). Die am häufigsten verwendete Entity-Methode ist die Variante des WACC-Ansatzes. Diese wird nachfolgend formalmathematisch aufgezeigt.

$$Shareholder\ Value = \sum_{t=1}^{\infty} \frac{Free - Cashflow_t}{(1 + WACC)^t} + \frac{Residualwert}{(1 + WACC)^{\infty}} - Market\ Value\ of\ Debt$$

Da die Free-Cashflows nur für einen bestimmten Zeitraum, meist für fünf Jahre, sinnvoll und akzeptabel geschätzt werden können, werden alle danach folgenden Free-Cashflows im Residualwert zusammengefasst. Für dessen Bestimmung gibt es unterschiedliche Methoden, die sich nach der jeweiligen Strategie in der Planungsperiode richten. So kann dieser z.B. bei einer Desinvestitionsstrategie als Liquidationswert definiert werden (vgl. Wortmann 2001, 85–86) oder über den Wert der „ewigen Rente“ eines konstanten Cashflow-Niveaus (vgl. Currle 1999, 431).

Der zentrale Kritikpunkt am Shareholder Value Ansatz ist die vermeintlich mit dem Ansatz verbundene einseitige Ausrichtung des unternehmerischen Handelns auf die Interessen der Aktionäre und Anteilseigner (vgl. Beck 2003, 28–36). Rappaport selbst begegnet diesem Vorwurf mit der Argumentation, dass ein hoher geschaffener Shareholder Value der Interessensbefriedigung aller Anspruchsgruppen eines Unternehmens dient - sowohl den Mitarbeitern, Kunden und Lieferanten als auch Fremdkapitalgebern, da sie alle finanzielle Ansprüche gegenüber der Unternehmung haben, deren Erfüllung nur durch das Bestehen des Unternehmens als lebensfähige Organisation möglich ist (vgl. Rappaport/Klien 1999, 12–13). Ein weiterer kritischer Aspekt am Shareholder Value Konzept ist die Fokussierung auf rein finanzielle Größen. Nicht-monetäre Erfolgsfaktoren wie beispielsweise Mitarbeiterzufriedenheit oder Förderung der Forschung und Entwicklung werden nicht direkt berücksichtigt (vgl. Bakhaya 2006, 39). Nicht-quantitative Strategien wie Corporate Identity-Maßnahmen können ein Unternehmen im Wettbewerb jedoch ebenso stärken und damit aus Sicht der Aktionäre ebenso zu einer Wertsteigerung führen. Diese nicht-quantitativen Sachverhalte werden allerdings vom Cashflow nur indirekt erfasst und schlagen sich im quantitativen Unternehmenswert damit nicht nieder (vgl. Janisch 1993, 102). Trotz der soeben genannten Kritikpunkte stellt der Shareholder Value Approach ein Konzept der Unternehmensführung dar, das sowohl über eine stabile investitions- und finanzierungstheoretische Basis verfügt, als auch die Ableitung praxisorientierter Handlungsempfehlungen für die Führung und Steuerung von Unternehmen ermöglicht. Damit führt der Shareholder Value zu einer *„marriage of strategic thinking and modern financial theory"* (Kiechel 1988), dessen Konzept vor allem im angloamerikanischen Raum aber auch zunehmend in Europa als wertorientierte Kennzahl gebilligt wird (vgl. Brunner 1999, 31).

3.3.3.1.2 Realisierung von Synergien

Das strategische Unternehmensziel der Steigerung des Shareholder Value kann im Rahmen von M&A erst dann erreicht werden, wenn die durch eine Transaktion entstehenden positiven Wertkomponenten die negativen Wertkomponenten einer Transaktion übersteigen (vgl. Wirtz 2003, 58).

Positive Wertkomponenten bei M&A stellen der Shareholder Value des Käuferunternehmens, der Stand-alone Value des Zielunternehmens sowie der Netto-Synergiewert der Transaktion dar. Bei dem Stand-alone Value des Zielunternehmens handelt es sich um jenen Wert, den das Zielunternehmen für die Eigentümer des Käuferunternehmens besitzt, wenn diese sich für dessen unveränderte Weiterführung entscheiden würden (vgl. Lucks/Meckl 2002, 176). Der Netto-Synergiewert stellt den Barwert aller Synergieeffekte dar, abzüglich der bei der Synergierealisierung entstehenden Kosten (vgl. Bauernhansl/Eversheim 2003, 47).

Negative Wertkomponenten bilden der Kaufpreis, die Übernahmeprämie und die Kosten der Transaktion. Die Übernahmeprämie ergibt sich rein rechnerisch aus der Differenz zwischen dem Stand-alone Value des Käuferunternehmens und dem gezahlten Kaufpreis. Diese wird je nach Verhandlungsposition des Verkäufers als eine Art „Ablösesumme" verlangt (vgl. Riedel 2010, 108–109). Bei den Kosten der Transaktion handelt es sich um pagatorische Kosten, die z.B. durch die Beauftragung externer M&A-Dienstleister wie Wirtschaftsprüfern, Steuerberatern oder Investment Bankern entstehen. Darüber hinaus beinhalten sie Opportunitätskosten, die durch die Bindung interner Kapazitäten für die Transaktionsabwicklung aufkommen (vgl. Lucks/Meckl 2002, 188).

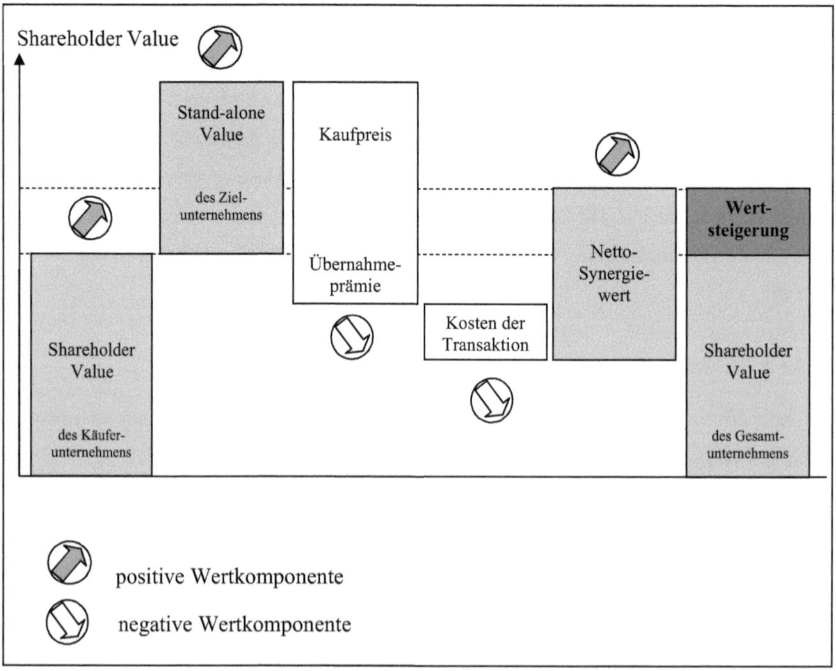

Abbildung 3.5: Shareholder Value Steigerung durch M&A.
Quelle: In Anlehnung an Riedel (2010, 108).

Die Summe aller positiven und negativen Wertkomponenten ergibt den Shareholder Value des Gesamtunternehmens. Folglich kommt es nur dann zu einer Steigerung des Shareholder Value bei M&A, wenn die Summe des Stand-alone Value des Zielunternehmens und des Netto-Synergiewertes größer ist, als die Summe des Kaufpreises (inkl. Übernahmeprämie) und der Kosten der Transaktion. Abbildung 3.5 stellt die Argumentationskette grafisch dar.

Geht man davon aus, dass der Kaufpreis eine abhängige Variable des Stand-alone Value des Zielunternehmens darstellt, so bleiben für eine Wertsteigerung durch M&A nur noch der Stand-alone Value des Käuferunternehmens und der Netto-Synergiewert. Die Kosten der Transaktion sind zwar grundsätzlich ins Kalkül mit einzubeziehen und zu minimieren, ein Ansatzpunkt zur operativen Wertsteigerung sind sie allerdings nicht (vgl. Riedel 2010, 110). Zieht man den Stand-alone Value als Wertkomponente heran, ist eine Erhöhung des Shareholder Value nur dann zu erreichen, wenn der „tatsächliche" Stand-alone Value des Targets über dem gezahlten Kaufpreis (inkl. aller Transaktionskosten) liegt. Dies ist nur dann der Fall, wenn das Unternehmen unterbewertet ist. Erst dadurch kann Wert für die Eigentümer geschaffen werden (vgl. Roll 1986, 199–200). Allerdings stellt der Erwerb eines (vermeintlich) unterbewerteten Unternehmens eine spekulative Maßnahme dar (vgl. Metz 2002, 108) und soll als systematisches M&A-Ziel in der vorliegenden Arbeit ausgeklammert werden. Damit bleibt allein die **Realisierung von Synergien** ein tragfähiges M&A-Ziel, das im Interesse der Eigentümer eine Shareholder Value Steigerung anstrebt.

Der Begriff **Synergie** stammt aus dem Griechischen und steht im Deutschen für das Wort „zusammenwirken" (aus „syn" = zusammen und „ergon" = wirken) (vgl. Kogeler 1992, 4). Synergien treten in der Wissenschaft in unterschiedlichen Disziplinen auf, wobei keine einheitliche Begriffsdefinition vorhanden ist (vgl. Biberacher 2003, 9). In der Betriebswirtschaftslehre wird der Terminus Synergie verwendet, wenn durch das Zusammenwirken von Faktoren ein anderer Effekt erzielt wird, als die Summe der getrennt und voneinander unabhängigen Einzelwirkungen (vgl. Ebert 1998, 18).

Im Rahmen von M&A stellen Synergien die den Shareholder Value verändernden Effekte dar, die auf operativer Ebene durch den Zusammenschluss von Unternehmen oder einzelnen Unternehmensteilen hervorgerufen werden (vgl. Kerler 2000, 23; Lucks/Meckl 2002, 113). Synergien können dabei unterschiedliche Wirkungsrichtungen aufweisen und sind nicht - wie häufig fälschlicherweise angenommen wird - ausschließlich mit dem Synergiebegriff positiver Synergien assoziiert. **Positive Synergien** werden durch unternehmenswertsteigernde Effekte charakterisiert. Diese stellen sich im Rahmen von M&A beispielsweise durch mengeninduzierte, verbundinduzierte, machtinduzierte oder risikoinduzierte Kostensenkungen oder Umsatzsteigerungen dar. **Negative Synergien** (sog. Dissynergien) führen dagegen zu einer Minderung des Unternehmenswertes (vgl. Vogel/Schumann 2002, 33). Sie stellen ungewollte und unerwartete Effekte dar, die sich ex ante lediglich durch entsprechend vorsichtige Prognosen der positiven Synergien antizipieren lassen. Dissynergien treten bei M&A insbesondere aufgrund kompromissinduzierter Kosten, Inflexibilität, Kulturunterschieden und Mitarbeiterunsicherheit sowie leistungswahrnehmungsinduzierter oder erwartungsinduzierter Umsatzminderungen auf (vgl. Fischer 2008, 25).

In diesem Zusammenhang scheint es sinnvoll, den Synergie-Begriff weiter zu differenzieren: die reine Bezeichnung des Wortlautes „Synergie" bezieht sich in der Regel auf den Vorgang des Zusammenwirkens, wohingegen Synergie**potenziale** ex ante prognostizierte Wertveränderungen beschreiben. Synergie**effekte** bezeichnen dagegen ex post tatsächlich eingetretene

Wertveränderungen (vgl. Bauernhansl/Eversheim 2003, 47). Unter Synergie**wert** ist indes der absolute Wert der positiven Synergien zu verstehen. Werden vom Synergiewert alle negativen Synergien subtrahiert, ergibt sich der **Netto-**Synergiewert (vgl. Riedel 2010, 114). Dieser stellt insbesondere im Rahmen von M&A den eigentlichen, ausschlaggebenden Synergiewert dar.

Die Realisierung positiver Synergiepotenziale kann durch unterschiedliche Aktivitäten angestrebt werden. Diese werden in der Literatur häufig als „klassische M&A-Ziele" beschrieben. Nachfolgender Abschnitt greift die M&A-Ziele auf operativer Ebene auf.

3.3.3.2 auf operativer Ebene

3.3.3.2.1 Market seeking

Ein klassisches Ziel von M&A ist die **Erhöhung der Marktmacht**. Durch den Zusammenschluss von Unternehmen bzw. Unternehmensteilen kann die Markt- und Wettbewerbsposition der am Zusammenschluss beteiligten Unternehmen gestärkt werden. Dies verleiht dem Unternehmen eine höhere Marktmacht gegenüber Kunden, Wettbewerbern und Lieferanten (vgl. Lindstädt 2006, 69–72).

Die verbesserte Marktmacht ermöglicht der Unternehmung Preis- und Verhandlungsspielräume, die sowohl in Form von Preissynergien als auch in Form von Konditionensynergien einhergehen. *Preissynergien* ergeben sich durch höhere Absatzpreise für die angebotenen Produkte und Leistungen am Markt. *Konditionensynergien* ergeben sich aufgrund der Stärkung der Verhandlungsmacht gegenüber Lieferanten und den damit einhergehenden günstigeren Konditionen in Form von niedrigeren Einstandspreisen, verlängerten Zahlungszielen oder einer Verringerung der zu leistenden An- bzw. Vorauszahlungen (vgl. Riedel 2010, 120-122; 125-127).

Neben der Erhöhung der Marktmacht können M&A zum Eintritt in aussichtsreiche, bislang nicht bearbeitete Geschäftsfelder im Sinne einer **Optimierung des Unternehmensportfolios** oder auch zum **Eintritt in neue, regionale Märkte** verhelfen (vgl. Lucks/Meckl 2002, 78–79). Eine Portfoliooptimierung ist durch den Zukauf eines Geschäftsfelds z.B. von einem bisherigen Wettbewerber realisierbar. Das Unternehmen kann sich dadurch in attraktive Märkte einkaufen oder die eigene Position dort verbessern. Eine regionale Verbesserung kann durch die gezielte Verstärkung der Aktivitäten in Ländern mit Entwicklungsperspektive erreicht werden.

Durch die Optimierung des Unternehmensportfolios kann der Verkauf eigener Produkte an Kundengruppen erhöht werden, die sich innerhalb bereits bearbeiteter Märkte bisher nicht erreichen ließen. Der Eintritt in neue, regionale Märkte erlaubt die Nutzung der Vertriebskanäle des Akquisitionspartners, was die Absatzmenge eigener Produkte durch den Verkauf auf weiteren regionalen Märkten erhöhen kann. Beide Aspekte ermöglichen die Generierung von *Mengensynergien*, die jedoch nur dann eintreten, wenn die sich zusammenschließenden Unternehmen in der Lage sind, die abgesetzte Menge ihrer Produkte zu erhöhen, ohne eine gleichzeitige, proportionale Umsatzkostensteigerung zu erzielen (vgl. Bausch 2003, 115; Sandler 1991, 36–37). Mengensynergien sind auf das Konzept der Skaleneffekte („economies of scale") zurückzuführen, die einen funktionalen Zusammenhang zwischen den durchschnittlichen Gesamtkosten pro Stück und der Ausbringungsmenge herstellen. Economies of Scale liegen vor, wenn die Gesamtkosten unterproportional zur Ausbringungsmenge ansteigen d.h. die durchschnittlichen Gesamtkosten pro Stück mit steigender Ausbringungsmenge sinken. Dies ist auf den Kapazitätsauslastungseffekt in Form von Fixkostendegression und unterproportionalem Anstieg variabler Kosten zurückzuführen (vgl. Sandler 1991, 28; Bausch 2003, 115). Unternehmenszusammenschlüsse können sowohl kurzfristige als auch langfristige Skalenerträge generieren. Kurzfristige Skalenerträge beziehen sich auf die Fixkostendegression, die z.B. im Rahmen einer M&A-Transaktion durch die Zusammenlegung oder Schließung redundanter Abteilungen erreicht wird. Langfristige Skalenerträge entstehen durch die eigentliche Veränderung des Kapitalbestandes (vgl. Schwalbe 2005, 74).

3.3.3.2.2 Resource seeking

Ein weiteres Ziel von M&A-Transaktionen ergibt sich aus der Knappheit von Fähigkeiten und Ressourcen. M&A bieten die Möglichkeit, Engpässe bezüglich Rohstoffen, Personal oder technischem Know-how gezielt und schnell zu beseitigen (vgl. Lucks/Meckl 2002, 9; Balz 2003, 25–26). Durch die **Erweiterung der Ressourcenbasis** in das materielle und/oder immaterielle Vermögen des Unternehmens lassen sich *Investitionssynergien* erzielen, die auf die Realisierung von profitablem Wachstum ausgerichtet sind. Grundsätzlich kann eine Erweiterung der Ressourcenbasis auf zwei Wegen durchgeführt werden: entweder werden die benötigten Ressourcen selbst erstellt (sog. make-Entscheidung) oder sie werden von „außen" über externes bzw. anorganisches Wachstum zugekauft (sog. buy-Entscheidung) (vgl. Lucks/Meckl 2002, 76–78). M&A-Transaktionen lassen sich der Buy-Entscheidung zuordnen und können z.B. für den Erwerb von Produktionstechnologien, Fertigungsprozessen, Patenten, Lizenzen, Marken oder ähnlichen Ressourcen genutzt werden (vgl. Coenenberg/Jakoby 2000,

179; Kerler 2000, 35; Bachmann 2001, 102). Investitionssynergien treten in diesem Zusammenhang auf, wenn ein Umsatzwachstumsziel mit extern gekauften Ressourcen kostengünstiger, schneller und/oder risikoärmer erreicht werden kann (vgl. Rall 2002, 18). Ein konkretes Beispiel für Investitionssynergien lässt sich bei der Auflistung diverser chinesischer Unternehmen aufzeigen, die seit der Jahrtausendwende insbesondere europäische und US-amerikanische Unternehmen akquirieren, um hierdurch einen langwierigen und teuren Aufbau von Know-how und Marken zu entgehen (vgl. Fuchs 2007, 24). So hat beispielsweise der chinesische Computerhersteller LENOVO im Jahre 2005 die PC-Sparte des US-amerikanischen Konzerns IBM genau aus diesem Grund übernommen (vgl. Riedel 2010, 136).

3.3.3.2.3 Efficiency seeking

Die angestrebten synergetischen Effekte bei M&A können auch durch Effizienzverbesserungen erreicht werden. Dies ist einerseits durch die **Senkung von Transaktionskosten**, andererseits durch die **Zentralisierung von Wertschöpfungsaktivitäten** möglich.

Als Transaktionskosten werden jene Kosten verstanden, die durch *„Anbahnung, Vereinbarung und Abwicklung einer Transaktion"* entstehen (Lindstädt 2006, 72). Externe Transaktionskosten fallen beim Leistungsaustausch zwischen Marktakteuren an und beinhalten Informations- und Suchkosten, Verhandlungs- und Vertragskosten, Überwachungskosten, Konflikt- und Durchsetzungskosten sowie Anpassungskosten. Interne Transaktionskosten treten auf, wenn ein unternehmensinterner Leistungsaustausch stattfindet, und fallen in Form von Koordinationskosten innerhalb der Hierarchie der Unternehmung an (vgl. Ebers/Gotsch 2006, 278; Kräkel 1999, 12).

Gelingt es, die Transaktionskosten der hierarchischen Koordination geringer zu halten als diejenigen des Marktes, so entstehen *Verknüpfungssynergien*. Verknüpfungssynergien resultieren z.B. aus vertikalen Zusammenschlüssen, wenn das betrachtete Unternehmen und sein Lieferant bzw. Abnehmer ihre Wertschöpfungsstufen so miteinander „verknüpfen", dass durch den unmittelbaren und ohne vertragliche Grundlage erfolgenden Input- bzw. Outputfaktor-Austausch Überwachungskosten eingespart oder zumindest gesenkt werden können (vgl. Wöginger 2004, 63–64).

Daneben ergeben M&A-Aktivitäten die Möglichkeit, identische oder ähnliche Wertschöpfungsaktivitäten kostensparend an einem zentralen Ort zusammenzufassen und durchzuführen. Durch die Eliminierung redundanter Doppelarbeiten und die bessere Ausnutzung vorhandener Leistungserstellungskapazitäten lassen sich Verbundvorteile („economies of scope") erzielen, die die Produktionskosten verringern (vgl. Tirole 1995, 33). Diese *Zentralisierungssynergien* lassen sich prinzipiell in allen Bereichen eines Unternehmens realisieren. Werden beispielsweise für die Produktion mehrerer Güter gleichartige Produktionsfaktoren benötigt, können diese aufgrund der größeren Menge kostengünstiger beschafft werden. Forschungs- und Entwicklungskenntnisse eines Produktes können zugleich für ein anderes Produkt verwendet werden, ohne dass Zusatzinvestitionen getätigt werden müssen. Dies ist ebenso durch die gemeinsame Nutzung von Transport- und Lagereinrichtungen, Produktionsanlagen, Vertriebswegen oder Marketing-Know-how möglich (vgl. Schwalbe 2005, 76).

3.3.3.2.4 Strategic seeking

Ein weiteres Ziel von Unternehmenszusammenschlüssen stellt die **Risikoreduktion** dar. Portfoliotheoretischen Überlegungen zufolge treten bei M&A-Transaktionen *Risikosynergien* auf, bei denen das Marktrisiko des entstandenen Gesamtunternehmens unter dem gewichteten Durchschnitt der Marktrisiken der am Zusammenschluss beteiligten Einzelunternehmen liegt (vgl. Biberacher 2003, 65). Eine solche Konstellation lässt sich vor allem bei konglomeraten Unternehmenszusammenschlüssen finden, wenn die Transaktionspartner ihre Umsätze in unterschiedlichen Branchen oder Ländermärkten erwirtschaften. Durch die Diversifikation können die unvollständig korrelierten unsicheren Cashflows miteinander kombiniert werden und so das unternehmensspezifische, unsystematische Risiko senken (vgl. Seth 1990, 444–445). Auf diese Weise verringern Risikosynergien die Kapitalkosten, was unmittelbar den Unternehmenswert steigert.

Schließlich lassen sich Unternehmenszusammenschlüsse auch mit dem Ziel der **Realisierung steuerlicher Vorteile** begründen. Je nach Steuerrechtssystem ergeben sich länderspezifische Möglichkeiten, durch die M&A-Transaktion eine Senkung der Steuerlast zu erreichen (vgl. Dabui 2000, 39). Insbesondere Ertragssteuern stellen eine geeignete Grundlage für die Realisierung von *Steuersynergien* durch M&A dar. Neben der Möglichkeit, durch cross-border M&A zu einer Senkung des Steuersatzes zu gelangen, besteht auch die Chance, steuerpflichtige Gewinne durch interne Verrechnungspreise in die Region mit niedrigeren Ertragssteuersätzen zu transferieren. Allerdings sind derartigen Gewinnverschiebungen durch das sog. „dealing at arm´s length principle" Grenzen gesteckt. Dieses von der OECD etablierte Prinzip besagt, dass für grenzüberschreitende Leistungen und Lieferungen zwischen Konzerngesellschaften jener Preis anzusetzen ist, der auch zwischen wirtschaftlich voneinander unabhängigen Unternehmen vereinbart worden wäre (vgl. Meckl 2010, 150–152).

An dieser Stelle sei angemerkt, dass M&A-Transaktionen auf konkreter Ebene nicht zwingend nur ein einzelnes Motiv verfolgen. Vielmehr ist davon auszugehen, dass in der Regel mehrere Beweggründe parallel wirken und das gleichzeitige Erreichen mehrerer Ziele angestrebt wird (vgl. Balz 2003, 22). Die genannten Synergien stellen außerdem nur Potenziale zur Kostensenkung bzw. Umsatzsteigerung dar, deren tatsächliche Erreichung erst ex post bewertet werden kann. Daneben ist anzumerken, dass bei M&A gleichzeitig auch negative Kosten- und Umsatzsynergien entstehen können, die häufig zwangsläufig im Rahmen der Realisierung von Wertsteigerungspotenzialen bei der Verflechtung von Unternehmenseinheiten anfallen (vgl. Ossadnik 1995, 6; Rockholtz 1999, 50). So führen beispielsweise einmalige Koordinationskosten, bedingt durch die Anschaffung neuer Informations- und Kommunikationssysteme, oder dauerhafte Koordinationskosten in Form von erhöhter Kommunikation zur Beherrschung komplexer Wertschöpfungsaktivitäten zu einer Erhöhung der Kosten und damit zu Kostendyssynergien (vgl. Hofmann 2004, 287). Parallel dazu können durch M&A auch kompromissinduzierte Kostendyssynergien entstehen, die ihren Ursprung in der Gestaltung der Anpassung der Aufgabenerfüllung haben und mit dem Schließen von Kompromissen im Sinne einer suboptimalen Lösung einhergehen (vgl. Rockholtz 1999, 50). Weitere negative Synergien ergeben sich durch kulturanpassungs- und mitarbeiterinduzierte Aufwendungen, die im Rahmen der Freisetzung von Mitarbeitern in Form von Abfindungen oder Sozialplänen aufkommen (vgl. Lucks/Meckl 2002, 138). Dies zeigt, dass die Realisierung positiver Synergien oft zwangsläufig auch zum Eintreten negativer Synergien führt. Das Ziel eines wertorientierten Synergiemanagements muss folglich darin gesehen werden, die positiven Synergiepotenziale soweit auszuschöpfen, dass der durch die gleichzeitig entstehenden negativen Synergien geschmälerte Netto-Synergiewert maximiert wird (vgl. Fischer 2008, 33).

3.4 M&A-Aktivitäten

3.4.1 Chronologischer Ablauf

Um die in Abschnitt 3.3 dargestellten Ziele einer M&A-Transaktion zu erreichen, sind eine Reihe von Aufgaben und Tätigkeiten durchzuführen (vgl. Lucks 2002, 197). Sie stellen die kleinste Einheit einer M&A-Transaktion dar und füllen das abstrakte Konstrukt mit konkreten Inhalten (vgl. Riedel 2010, 145). Diese auch als **M&A-Aktivitäten** bezeichneten Aufgaben gilt es zu „managen“. Bei der Strukturierung von Ablauf und Inhalten der M&A-Aktivitäten findet sich in der Literatur allerdings keine genormte Darstellung. Die überwiegende Mehrheit der Ansätze zur Strukturierung, Organisation und Abarbeitung einzelner Prozessbausteine legt allerdings eine chronologische Struktur zugrunde, die auf das „klassische“ Phasenmodell des Projektmanagements zurückgreift (vgl. Riedel 2010, 159).

Das Phasenmodell des Projektmanagements macht sich das Projekt-Merkmal der zeitlichen Begrenzung zunutze und teilt den durch Anfangs- und Endtermin abgegrenzten Zeitraum in mehrere Phasen (vgl. Hesseler 2007, 22). Eine Projektphase ist dabei als *„zeitlicher Abschnitt eines Projektablaufs zu verstehen, der sachlich gegenüber anderen Abschnitten getrennt ist“* (DIN 1987, 2). Das Ende einer Phase markieren bestimmte Zwischenergebnisse, die auch als Meilensteine bezeichnet werden (vgl. Hesseler 2007, 22; Kuster et al. 2008, 14; Zielasek 1999, 100–102). Dies ermöglicht eine hohe Transparenz im Projektablauf, die als Basis für weiterführende Entscheidungen oder Anpassungen im Zeitablauf dient (vgl. Litke 2007, 29). Traditionell umfasst das Phasenmodell vier distinktive Projektphasen: die Projektdefinition und -konzeption, die Projektplanung, die Projektsteuerung und -durchfühung sowie den Projektabschluss (vgl. Ahlemann/Schröder/Teuteberg 2005, 17; Madauss 2000, 68–76). Die Anzahl der Phasen hängt jedoch wesentlich vom Grad der Komplexität des Projektes und dessen Zeithorizont ab (vgl. Kraus/Westermann 1997, 53–54). Dies trifft auch auf den konkreten Phasenverlauf und die inhaltlichen Schwerpunkte zu (vgl. Schelle/Ottmann/Pfeiffer 2008, 119).

Übertragen auf das M&A-Management wird vorwiegend eine Unterscheidung in drei bis vier zeitliche Abschnitte vorgeschlagen (vgl. Lucks/Meckl 2002, 54; Vogel/Schumann 2002, 113–114; Jansen 2008, 154), denen jeweils eine Sequenz von weiter zu differenzierenden M&A-Aktivitäten zugeordnet wird (vgl. Richter 2005, 199; Very/Schweiger 2001, 12). Die M&A-Phasen werden als Vorfeld-, Transaktions-, Integrations- und Abschlussphase beziffert (vgl. Abbildung 3.6), wobei die explizite Abschlussphase in der M&A-Literatur eher selten Betrachtung findet. Häufig wird die Abschlussevaluation bereits während der Integrationsphase berücksichtigt (vgl. u.a. Lucks/Meckl 2002, 59). Bei der Abarbeitung der M&A-Aktivitäten wird im Rahmen des Phasenmodells von einem linear-chronologischen Ablauf ausgegangen (vgl. Riedel 2010, 158–159). Die Berücksichtigung zeitlicher Überlappungen oder möglicher Interdependenzen zwischen den einzelnen Aktivitäten bzw. Phasen findet nur selten statt (vgl. Kirchner 1991, 250; Metz 2002, 19).

Die Phasenübergänge werden häufig an Ereignisse geknüpft, die den M&A-Prozess einschneidend verändern. Über diese gibt es in der Literatur allerdings divergierende Meinungen (vgl. Richter 2005, 203; Lucks/Meckl 2002, 54). Im Folgenden wird das Ende der Vorfeldphase mit dem Abschluss der Vorverträge, dem sog. **Letter of Intent** gleichgesetzt (vgl. dazu Abschnitt 3.4.2.1). Den Abschluss der Transaktionsphase bildet das sog. **Closing** (zur Erläuterung siehe Abschnitt 3.4.2.2). Dies liegt darin begründet, dass sich zu diesen Zeitpunkten die Gestaltungsbedingungen des M&A-Projektes ändern. Sowohl die fachliche Verantwortung als auch die erforderlichen Inhalte und damit letztlich auch die Erfolgsfaktoren des Projektmanagements erfahren mit diesen Aktivitäten eine Änderung (vgl. Lucks 2005, 164).

Bevor nun die einzelnen M&A-Aktivitäten während der drei Phasen vorgestellt werden, sei darauf hingewiesen, dass nachfolgend lediglich die strategischen M&A-Aktivitäten vorgestellt werden, da diese die Grundausrichtung der M&A-Aktivitäten bestimmen. Sekundäraktivitäten werden ausgeklammert. Dies dient der besseren Übersichtlichkeit und Transparenz.

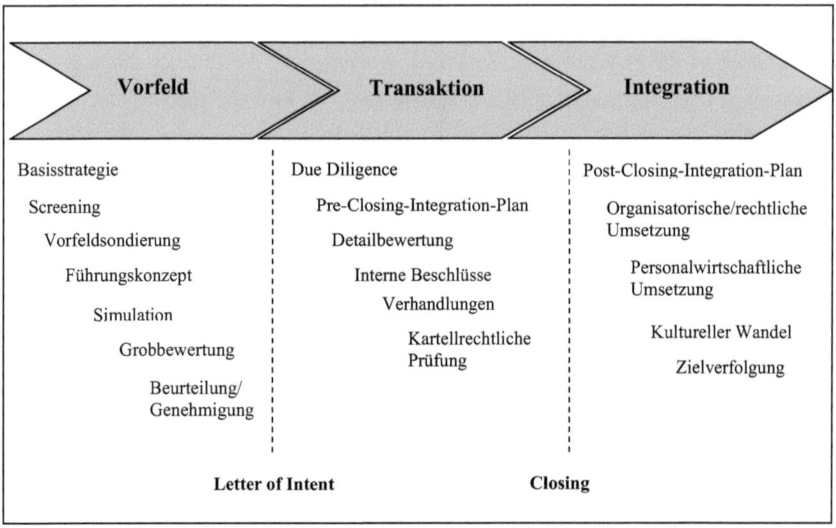

Abbildung 3.6: Phaseneinteilung und Einzelaktivitäten bei M&A-Transaktionen.
Quelle: Lucks/Meckl (2002, 54).

3.4.2 Phasenspezifische Einzelaktivitäten

3.4.2.1 Vorfeldphase

Die erste Hauptphase von M&A-Projekten stellt die Vorfeldphase dar. Den Ausgangspunkt bildet hierbei die Entwicklung einer **Basisstrategie**. Im Rahmen der Basisstrategie ist zunächst zu klären, ob M&A als Wachstumsstrategie grundsätzlich zur Erreichung der Unternehmensziele geeignet ist. Dies ist dann der Fall, wenn sich die Option des externen Wachstums gegen die Option des internen Wachstums aufgrund eines höheren Beitrags zum Unternehmenswert durchsetzt. Daneben sind die konkreten strategischen Ziele auf Geschäftsfeldebene zu bestimmen. Diese können entweder geschäftsfeld-, regional- oder technologieorientiert sein und sollten sich konsistent aus einer unternehmensinternen Stärken-/Schwächenanalyse ergeben (vgl. Lucks/Meckl 2002, 76–79).

Zweiter Schritt ist die mehrstufige Bewertung und Auswahl von Akquisitionskandidaten (sog. **Screening**). Bei dieser Aktivität werden zunächst, nach Festlegung bestimmter Auswahlkriterien vergleichsweise viele potenzielle Targets identifiziert, die grundsätzlich für eine Akquisition in Frage kommen (sog. Long List). Zur sukzessiven Reduzierung der Long List werden die Unternehmen sequenziell hinsichtlich des Erfüllungsgrades von strategischen, unternehmenskulturellen und finanziellen Anforderungen überprüft. Das Resultat des Screenings stellt eine Rangordnung potenzieller Übernahmekandidaten (sog. Short List) dar, die den Suchkriterien hinreichend entsprechen und für eine erste Kontaktaufnahme in Frage kommen (vgl. Lucks/Meckl 2002, 79–86; Wirtz 2003, 172–182; Wöhler/Cumpelik 2006, 456).

In der sich anschließenden **Vorfeldsondierung** erfolgt eine erste Kontaktaufnahme mit dem Akquisitionskandidaten, der die höchste Erfolgswahrscheinlichkeit aufweist. Das Ziel dieser Aktivität besteht darin, abzuklären, ob grundsätzliches Interesse an einer Fusion bzw. Akquisition besteht. Die Kontaktaufnahme kann über eine direkte Ansprache der Eigentümer bzw. Geschäftsführung des potenziellen Targets oder über die mittelbare Ansprache des Zielunternehmens mithilfe von externen Beratern durchgeführt werden (vgl. Wöhler/Cumpelik 2006, 457–458). Je nach Ablauf der Gespräche werden diese vertieft oder Kontakt zum nächsten Kandidaten der Short List aufgenommen (vgl. Lucks/Meckl 2002, 86–88). Am Ende der Vorfeldsondierung sollte eine Beurteilung vorliegen, die Aussagen darüber macht, ob die Transaktion mit dem jeweiligen Zielunternehmen unter Berücksichtigung der neuen Informationslage weiterhin erfolgsversprechend ist.

Im Falle positiv verlaufender Verhandlungen kommt es im Rahmen eines **Führungskonzepts** zur Festlegung der angestrebten gesellschaftlichen und organisatorischen Strukturen sowie zur Verteilung der Entscheidungskompetenz (vgl. Lucks/Meckl 2002, 97–107).

In einer **Simulation** ist der Stand-alone Wert des weitergeführten Akquisitionsobjektes der integrierten Variante gegenüberzustellen. Dabei spielt bereits die Prognose der aus der geplanten Transaktion resultierenden Synergien eine bedeutende Rolle. Im Ergebnis sollten durch die Integration werterhöhende Cashflows entstehen (vgl. Lucks/Meckl 2002, 88–91).

Die Ermittlung der Cashflows erfolgt im Zuge einer ersten **Grobbewertung** des Zielunternehmens. Grundlage hierfür sind Werte für Kosten und Synergien, die durch die Veränderung der Organisationsstruktur zu erwarten sind. Allerdings schränkt der noch vergleichsweise geringe Detaillierungsgrad der vorhandenen Informationen über den potenziellen Kandidaten die Aussagekraft der Grobbewertung deutlich ein (vgl. Fischer 2008, 39–40).

Abschließend muss **beurteilt** werden, ob die Standort- und Wettbewerbskonstellationen aus kartell- und anderen rechtlichen Gründen **genehmigungsfähig** sind. Hierbei gilt es, mögliche rechtliche Sachverhalte gezielt zu überprüfen, die für eine explizite Genehmigung notwendig sind. Neben der kartellrechtlichen Prüfung, die eine marktbeherrschende Stellung des Unternehmens nach der Transaktion überprüft, sind spezifische Sachverhalte außerhalb des Kartellrechts zu untersuchen. Dazu zählen länderspezifische und/oder branchenspezifische Regulierungen und Regelungen wie local-content-Vorschriften (vgl. Borowicz 2006, 44).

Liegt die Genehmigung des Zusammenschlusses vor, stellt der sog. **Letter of Intent (LoI)** den Abschluss der Vorfeldphase dar. Der Begriff LoI stammt aus der angelsächsischen Rechtspraxis und bezeichnet einen Vorvertrag zwischen Käuferunternehmen und Target, der den Willen der Verhandlungspartner ausdrückt, einen Abschluss der Transaktion herbeizuführen. Wichtig ist dabei, dass dem LoI keine rechtliche Bindungswirkung zukommt. Vielmehr stellt er die Grundlage für eine zielführende Verhandlung dar und dient als Voraussetzung für den Austausch sensibler Unternehmensdaten (vgl. Semler 2005, 663).

3.4.2.2 Transaktionsphase

Auf Basis der mit dem Letter of Intent geschaffenen Vertrauensbasis ist das Zielunternehmen nun bereit, dem Kaufinteressenten gegenüber einen detaillierteren Einblick in das Kaufobjekt zu gewähren. Hierzu werden umfangreiche Informationen bereitgestellt, damit weitere Entscheidungen hinsichtlich der Transaktion getroffen werden können. Diese Informationen werden vielfach zeitlich begrenzt und in einem sog. Datenraum bereitgestellt, zu dem nur bestimmten Personen der Zutritt gewährt wird (vgl. Lucks/Meckl 2002, 162).

Die sorgfältige Überprüfung und Analyse des Zielunternehmens in strategischer, finanzieller, rechtlicher, steuerlicher, personalwirtschaftlicher, organisatorischer und unternehmensumweltbezogener Hinsicht ist dabei Gegenstand der sog. **Due Diligence** (vgl. Rockholtz 1999, 67, Görtz 2006, 521). Ziel der Due Diligence ist es, die bestehende Informationsasymmetrie zum Target so weit wie möglich abzubauen und eine sichere Informationsgrundlage für nachfolgende Entscheidungen zu erhalten (vgl. Lucks/Meckl 2002, 162–169). Hierbei ist insbesondere zu untersuchen, ob mögliche Tatbestände vorliegen, die einen Abbruch der Verhandlungen notwendig machen (sog. Deal Breaker) (vgl. Wirtz 2003, 186).

Aus den durch die Simulation und der Due Diligence gewonnenen Informationen wird der **Pre-Closing-Integration-Plan** erstellt. Dabei werden Maßnahmen zur Integration des Zielunternehmens formuliert, die unmittelbar nach dem Closing auf Geschäftsbereichsebene umgesetzt werden. Die Ausgestaltung kann dabei unterschiedlich ausfallen. Eine zentrale Rolle spielt jedoch die Formulierung von Vorgaben zur Realisierung von Synergiepotenzialen (vgl. Lucks/Meckl 2002, 111–117).

Um eine möglichst genaue Quantifizierung der Synergiepotenziale zu gewährleisten, erfolgt in der **Detailbewertung** die Ermittlung des Stand-alone Value, des Restrukturierungswertes sowie der Risiko- und Transaktionskosten. Ziel ist dabei die Ermittlung der absoluten Kaufpreisobergrenze (vgl. Scholz 2000, 54).

Nachdem die Detailbewertung durchgeführt wurde, sind die Voraussetzungen gegeben, sich im Rahmen **interner Beschlüsse** für oder gegen die Transaktion auszusprechen. Die dafür verantwortlichen Personen und Gremien hängen einerseits von der Rechtsform des akquirierenden Unternehmens, andererseits von den unternehmensspezifischen Genehmigungsabläufen ab (vgl. Lucks/Meckl 2002, 117–118).

Im Rahmen der nächsten Prozessstufe werden die **Verhandlungen** eingeleitet, die bei einer Einigung mit dem Verkäufer in die Ausarbeitung von **Umsetzungsverträgen** münden. Neben der Einigung auf einen Kaufpreis sind die Transaktionsstruktur, Gewährleistungsansprüche und weitere fallspezifische Übernahmemodalitäten zu klären (vgl. Hölters 2005, 71–73). Mit der Unterzeichnung der Umsetzungsverträge, dem sog. **Signing**, wird die Transaktion in rechtlich bindender Weise vollzogen (vgl. Wirtz 2003, 262–265; Strasser 2000, 13–15).

Bevor der mit dem Kaufvertrag vereinbarte Zusammenschluss jedoch tatsächlich vollzogen werden kann, bedarf es einer **kartellrechtlichen Genehmigung** durch die zuständige Behörde. Die dazu notwendige Anmeldung kann sowohl vor als auch nach dem Signing durchgeführt werden.

Den Abschluss der Transaktionsphase bildet das sog. **Closing**. Der Begriff bezeichnet den mit dem Signing und der kartellrechtlichen Prüfung nicht übereinstimmenden, im Kaufvertrag jedoch fixierten Zeitpunkt, bei dem der Kontrollübergang erfolgt (vgl. Picot 2005, 185; Semler 2005, 684).

3.4.2.3 Integrationsphase

Nach dem Closing geht es nun darum, die beiden zuvor getrennten Unternehmen zu integrieren. Der Integrationsphase kommt dabei eine fundamentale Bedeutung für das Gelingen des gesamten M&A-Projektes zu. Während dieser Phase gilt es, die im Rahmen der Vorfeld- und Transaktionsphase identifizierten Wertsteigerungspotenziale tatsächlich zu realisieren (vgl. Fischer 2008, 44).

Hierzu wird zunächst der **Post-Closing-Integration-Plan** erstellt. Dieser stellt eine Konzeption der Integrationsmaßnahmen dar und baut auf dem Pre-Closing-Integration-Plan auf. Der Post-Closing-Integration-Plan enthält eine Vielzahl zeitlich und funktionsspezifisch geordneter Maßnahmen zur Umsetzung.

Anschließend erfolgt die **Umsetzung** der zuvor im Post-Closing-Integration-Plan festgelegten Maßnahmen. Erst an dieser Stelle des M&A-Prozesses findet die tatsächliche Realisierung der geplanten Synergien statt. Im Vordergrund steht dabei eine möglichst schnelle Realisierung der in der Vorfeld- und Transaktionsphase identifizierten Synergiepotenziale (vgl. Lucks/Meckl 2002, 141–145). Innerhalb der **organisatorischen Umsetzung** wird die Aufbau- und Ablauforganisation der beiden Unternehmen vereinheitlicht. Die **rechtliche Umsetzung** geht Hand in Hand mit der organisatorischen Umsetzung einher und ist außer mit der Eintragung ins Handelsregister auch mit der Überprüfung der Einhaltung von Vertragsbedingungen beschäftigt (vgl. Lucks/Meckl 2002, 129). Einen weiteren Schwerpunkt innerhalb der Umsetzungsphase stellt die **personalwirtschaftliche Integration** dar. Hierunter ist die Beseitigung qualitativer und quantitativer Lücken bzw. Überhänge im Personalbereich zu verstehen. Die im Zuge der Personalfreisetzung entstehenden Kosten sind als Investition in die Realisierung von Synergien interpretierbar (vgl. Lucks/Meckl 2002, 145). Während sich die personalwirtschaftliche Umsetzung in erster Linie um die sog. „hard facts“ kümmert, werden unter dem Stichwort der **kulturellen Integration** „weiche“ Faktoren integriert. Ziel der kulturellen Integration ist die bewusste Steuerung des Aufeinandertreffens zweier Unternehmenskulturen, die idealerweise ohne Konflikte in eine neue Unternehmenskultur übertragen werden. Als grundsätzliche Alternative bieten sich die gleichberechtigte Koexistenz der Kulturen, eine Kombination beider Kulturen oder die Übernahme der Kultur des Partners an (vgl. Lucks/Meckl 2002, 152–154).

Im Rahmen der **Zielverfolgung** wird durch entsprechendes Controlling überprüft, ob die gesteckten Ziele der Transaktion erreicht wurden. Dabei ist durch einen regelmäßigen Soll-Ist-Vergleich sowohl das Oberziel der Wertsteigerung an sich wie auch der Umsetzungsstatus der einzelnen Integrationsmaßnahmen zu prüfen (vgl. Lucks/Meckl 2002, 130–131; Stegmann 2002, 114).

Sollte sich herausstellen, dass die wesentlichen Ziele nicht erreicht wurden oder Abweichungen von Soll- und Ist-Größen im Zeitablauf erkennbar sind, so können entsprechende **Folgerestrukturierungen** notwendig sein, die über die eigentliche organisatorische Integration hinausreichen. Ziel dieser Prozessstufe ist es, durch eine Anpassung der Integrationsaktivitäten unter der Nutzung aktueller Informationen stets eine optimale Wertsteigerung zu ermöglichen. Diese M&A-Aktivität geht mit zunehmender Integration fließend in die laufenden Restrukturierungsmaßnahmen eines Unternehmens mit ein.

3.5 M&A-Akteure

3.5.1 Überblick

M&A-Transaktionen betreffen sämtliche Unternehmensbereiche - von der F&E-Abteilung, der Logistik, dem Marketing bis hin zur Produktion - von dem Zusammenschluss betroffen sind. Dies führt zwangsläufig dazu, dass zugleich eine Vielzahl interner und externer Anspruchsgruppen (sog. „Stakeholder“) von der Transaktion tangiert werden (vgl. Meckl 2005, 68; Wirtz 2003, 95). Diese internen und externen Anspruchsgruppen können als **M&A-Akteure** bezeichnet werden. Sie verkörpern sowohl Institutionen als auch Personen, deren Interesse und Ziele durch den Zusammenschluss oder die Fusion tangiert werden. Dabei treten sie einerseits als Anspruchsnehmer gegenüber dem Unternehmen auf, andererseits erhebt das Unternehmen Ansprüche gegen sie selbst (vgl. Wirtz 2003, 95).

Interne M&A-Akteure finden sich im Unternehmenssystem und beziehen sich auf das Management, die Aktionäre und die Mitarbeiter des Unternehmens. Externe M&A-Akteure stammen aus dem Wirtschafts- bzw. Gesellschaftssystem. Im Bereich des Wirtschaftssystems treten insbesondere Kunden, Lieferanten, Wettbewerber oder M&A-Dienstleister auf. Im Rahmen des Gesellschaftssystems werden vorwiegend Stakeholdergruppen wie die Medien, der Staat (insbesondere in Form der Kartellbehörde) oder Arbeitgeber- und Arbeitnehmerorganisationen angesprochen (vgl. Abbildung 3.7). Die internen M&A-Akteure sind am stärksten durch die M&A-Transaktion betroffen. Dies ist darauf zurückzuführen, dass sie diejenige Gruppe bilden, die unmittelbar von der Transaktion berührt ist (vgl. Waas 2005, 15). Auch die externen M&A-Akteure werden durch die M&A-Aktivität beeinflusst. Allerdings nicht mehr in dem Maße wie die Akteure innerhalb des Unternehmenssystems.

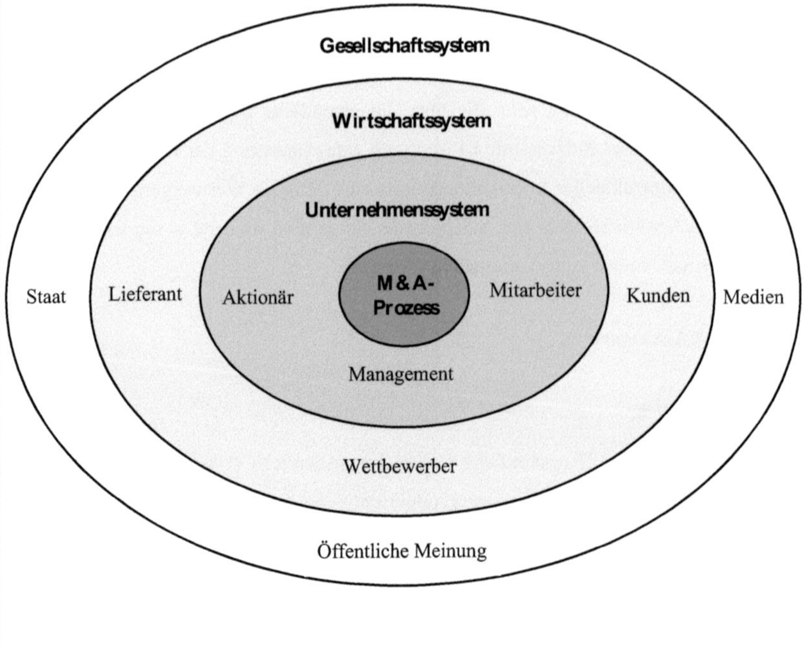

Abbildung 3.7: M&A-Akteure.

Quelle: In Anlehnung an Sauter-Sachs (1992, 193).

Abbildung 3.7 stellt den Einflussbereich der M&A-Transaktion auf seine internen und externen M&A-Akteure durch den Aktionsradius der jeweiligen „Systeme“ dar. Je weiter ein Kreis vom „Kern“ der M&A-Transaktion entfernt ist, desto geringer fällt ceteris paribus der Einfluss der Transaktion auf die jeweilige Stakeholdergruppe aus.

3.5.2 Interne M&A-Akteure

Den **Eigentümern (Anteilseignern)** der an der Transaktion beteiligten Unternehmen wird wohl die bedeutendste Rolle zugesprochen. Sie sind von der M&A-Transaktion unmittelbar betroffen, da sie die finanziellen Auswirkungen der jeweiligen Transaktion tragen (vgl. Hinne 2008, 21). Ihr Ziel ist die Minimierung des Kaufpreises und die damit einhergehende Maximierung des Unternehmenswertes (vgl. Meckl 2005, 68). Da die Eigentümer die M&A-Transaktion in der Regel jedoch nicht selbst durchführen, müssen sie darauf vertrauen, dass das von ihnen eingesetzte Management die Transaktion aus ökonomischen Motiven wertorientiert ausrichtet.

Obwohl das **Management** bzw. der Vorstand grundsätzlich ein hohes Interesse an einer erfolgreichen und damit wertsteigernden Transaktion haben sollte, können gerade bedeutende Transaktionen persönliche Motive wie Anerkennung, Machtdenken, Prestige verstärken (vgl. Abschnitt 3.3.2). Kommt es zwischen Eigentümern und dem Management zu Ziel- und Interessenskonflikten, so kann dies dazu führen, dass ein fehlendes oder unzulängliches Strategiekonzept umgesetzt wird, dem weniger ökonomisch rationale Überlegungen als überstürzte, behavioristische Entscheidungen zugrunde liegen (vgl. Pack 2005, 267; Dicken 2000, 360, 2000, 360; Bühner 1990, 45). Dies kann zu einer mangelnden oder gar fehlenden wertorientierten Ausrichtung der Transaktion führen und stellt eine häufige Ursache für das Scheitern von M&A-Transaktionen dar (vgl. Riedel 2010, 5; Weinmann 2004, 214).

Die **Mitarbeiter** werden ebenso maßgeblich von einer M&A-Transaktion berührt. Während die Anteilseigner an einer Erhöhung des Shareholder-Values interessiert sind, umfassen die Arbeitnehmerinteressen vor allem das Ziel einer hohen Arbeitsplatzsicherheit, eines stabilen, motivationsfördernden Umfelds bei gerechter Bezahlung und guten Arbeitsbedingungen (vgl. Meckl 2005, 68–69). Die Ziel- und Interessenskonflikte zwischen dem Unternehmen (in Form der Eigentümer bzw. des Managements) und den Mitarbeitern zeigen sich in der Regel durch die Entstehung des sog. „merger-syndroms“. Da die erhofften Synergieeffekte häufig durch Personalabbau und Umstrukturierungsmaßnahmen erreicht werden müssen, löst eine M&A-Transaktion oftmals Ängste und Unsicherheiten in der Belegschaft bezüglich der sich verändernden Arbeitsinhalte oder im Hinblick auf einen möglichen Arbeitsplatzverlust aus (vgl. Haspeslagh/Jemison 1992, 156). Diese Verunsicherung kann zu persönlichen Widerständen in Form von vermindertem Arbeitseinsatz oder Fluktuation hoch qualifizierter Mitarbeiter führen. Dies führt wiederum zu Einbußen in der Rentabilität, Produktivität und bei den betrieblichen Prozessen, die notwendig sind, um die identifizierten Erfolgspotenziale umsetzen zu können (vgl. Weinmann 2004, 212).

Allerdings ist auch anzumerken, dass die Höhe der Interessenskonflikte immer situationsabhängig ist. Wird z.B. ein Unternehmen, das kurz vor der Insolvenz steht, von einem anderen Unternehmen gekauft, so kann die Akquisition zumindest für einen Teil der Belegschaft die einzige Möglichkeit sein, ihren Arbeitsplatz zu behalten. Grundsätzlich darf jedoch davon ausgegangen werden, dass Interessenskonflikte insbesondere bei internen M&A-Akteuren in der Mehrzahl der M&A-Fälle auftreten (vgl. Meckl 2004, 24).

3.5.3 Externe M&A-Akteure

Eine bedeutende Gruppe innerhalb des Wirtschaftssystems stellen die **Kunden** der an der M&A-Transaktion beteiligten Unternehmen dar. Diese sind in erster Linie durch die erhöhte Ungewissheit in Form von Preis-, Leistungs- und Beziehungsunsicherheit geprägt (vgl. Homburg 2000, 174). Die Preisunsicherheit resultiert aus der höheren Marktmacht der an der Transaktion beteiligten Unternehmen (im Falle einer daraus resultierenden stärkeren Marktposition). Die Tatsache, dass zahlreiche, bislang als Kernleistung wahrgenommene Leistungen ggf. nach der Transaktion nicht mehr von dem Unternehmen angeboten werden, führt dazu, dass Kunden aufgrund von M&A-Transaktionen häufig auch mit einer Leistungsunsicherheit zu kämpfen haben. So kann ein Leistungsentfall vor dem Hintergrund der Sortimentsanpassung oder im Zuge einer Reorganisation des Vertriebs mit ggf. verbundener Stilllegung von Vertriebsstätten stattfinden (vgl. Hinne 2008, 20). Insbesondere im Zuge der Integration und der damit häufig einhergehenden organisatorischen Veränderung kann es für Kunden zu wahrnehmbaren Veränderungen des gewohnten Service-Niveaus kommen (vgl. Homburg 2000, 175). Ihr Ziel ist, keine (negative) Veränderung des Preis-Leistungs-Verhältnisses ihrer Produkte oder gar den Ausfall eines Produktes durch die Transaktion in Kauf nehmen zu müssen.

Eine weitere Gruppe, die enorm von der M&A-Transaktion zweier Unternehmen betroffen sein kann, sind die **Wettbewerber.** Diese werden insbesondere von horizontalen Transaktionen tangiert, da sich durch den Zusammenschluss zweier Konkurrenten die Größenverhältnisse auf dem relevanten Markt verändern. Dies führt zugleich zu einer Veränderung der Marktposition der verbleibenden Wettbewerber (vgl. Hinne 2008, 19). So kann z.B. der Zusammenschluss zweier Unternehmen aus einer Branche die Verhandlungsmacht des neu entstandenen Unternehmens gegenüber seinen Lieferanten deutlich vergrößern, was (häufig) mit einem Druck auf die bislang realisierten Verkaufspreise des Produktes einhergeht. Dies hat zur Folge, dass die verbleibenden Wettbewerber sich ebenso der Notwendigkeit von Rationalisierungs- und Wachstumsmaßnahmen stellen müssen, um die durch die Transaktion entstandenen Wettbewerbsnachteile kompensieren zu können (vgl. Lucks/Meckl 2002, 37). Sind die Wettbewerber der Branche nicht in der Lage, die Rationalisierungs- und Wachstumsmaßnahmen durch interne Optimierung zu erreichen, stehen auch sie vor dem Zwang, M&A-Aktivitäten durchzuführen. Dies führt zu einer induzierten Neu-Konfiguration der Branchenstruktur, die erst dann zum Stillstand kommt, wenn ein neues Wettbewerbsgleichgewicht am Markt erreicht worden ist (vgl. Hinne 2008, 19).

Die **Lieferanten** sind durch eine M&A-Transaktion ebenso vor erhebliche Konsequenzen gestellt (vgl. Ausführungen oben). Da das Ausschöpfen von Synergievorteilen zentraler Bestandteil der M&A-Strategie des kaufenden Unternehmens ist, werden die an der Transaktion beteiligten Unternehmen versuchen, den Einkauf ihrer Inputfaktoren mit dem Ziel der Preisreduktion zu bündeln (vgl. Hinne 2008, 20). Dies kann aus Lieferantensicht zur enormen Umsatzeinbußen oder gar zum kompletten Verlust des Kunden führen (vgl. Lucks/Meckl 2002, 38).

Als Akteur des Gesellschaftssystems wird insbesondere dem **Staat** eine bedeutende Rolle bei M&A-Transaktionen beigemessen. Dieser strebt in erster Linie nach volkswirtschaftlicher Wohlfahrt und trägt soziale Verantwortung für das Gemeinwohl der Gesellschaft. Mit seinen öffentlichen Institutionen gestaltet er die Rahmenbedingungen, innerhalb derer sich die M&A-Transaktion bewegt (vgl. Hinne 2008, 20–21).

Die aufgeführten M&A-Akteure stellen nur einen Auszug der Stakeholdergruppen dar, die durch eine M&A-Transaktion tangiert werden. Nichtsdestotrotz zeigt sich bereits hier, dass Transaktionen durch eine **komplexe Struktur verschiedenartiger Interessensgruppen** charakterisiert sind (vgl. Sauter-Sachs 1992, 194). Die Berücksichtigung der Ziele und Interessen strategisch bedeutsamer Interessensgruppen ist daher ebenso zentral für den Transaktionserfolg wie die Generierung positiver Synergien (vgl. Trzicky 1999, 43). Nur so kann gewährleistet werden, dass Dissynergien - ausgelöst durch Ziel- und Interessenskonflikte der einzelnen M&A-Akteure - weitgehend reduziert werden.

Die Ausbalancierung der Ziele und Interessen stellt damit eine primäre Herausforderung des M&A-Prozesses dar. PENZEL bezeichnet dies wie folgt: *„Die Fähigkeit, die Ziele aller Stakeholder und nicht nur die finanziellen Ziele der Aktionäre permanent im Auge zu behalten und mit allen Stakeholdern regelmäßig zu kommunizieren, stellt einen zentralen Erfolgsfaktor einer M&A-Transaktion dar"* (Penzel 2000, 26). Diese Aussage lässt sich durch empirische Studien über M&A-Erfolgsfaktoren bestätigen.

3.6 M&A-Erfolgsfaktoren

3.6.1 Systematisierungsansätze

Aufgrund der Vielzahl durchgeführter M&A-Erfolgsfaktorenstudien ergibt sich eine große Variationsbreite an bereits identifizierten M&A-Erfolgsfaktoren. In der einschlägigen Literatur sind daher unterschiedliche Systematisierungen vorzufinden. Während Autoren wie KIRCHNER (1991, 112) oder KÜBLER (1996, 54) die Erfolgsfaktoren noch klassisch in strukturelle und prozessuale Einflussgrößen gliedern, teilt CLEVER (1993, 26–28) die M&A-Erfolgsfaktoren in exogene und endogene Variablen auf. GUSLER (2002, 128–129) hingegen spricht von harten und weichen Erfolgsfaktoren und GERPOTT unterscheidet strategisch-strukturelle Erfolgsfaktoren von integrationsprozessual-mitarbeiterorientierten und unternehmenskulturorientierten (1993, 4–7). HAWRANEK nimmt wiederum eine Unterteilung in phasenübergreifende und phasenbezogene Erfolgsfaktoren vor (vgl. 2004, 40–43).

Einen in der aktuellen Literatur sehr häufig verwendeten Systematisierungsansatz stellt der von MECKL/SODEIK/FISCHER (2006, 172) dar. Dieser teilt die Erfolgsfaktoren in **strukturelle** und **M&A-Management-**Erfolgsfaktoren auf. Die strukturellen Erfolgsfaktoren beziehen sich auf die Art und Struktur des Deals und der beteiligten Unternehmen. Von diesen sind die sog. M&A-Management-Erfolgsfaktoren abzugrenzen, die sich mittels konkreter Managementmaßnahmen im Rahmen einer M&A-Transaktion gestalten lassen. Da die Anzahl an Erfolgsfaktoren, die sich auf die Aktivitäten innerhalb der Transaktion beziehen, relativ groß ist, bietet sich innerhalb der M&A-Managementerfolgsfaktoren eine abermalige Unterteilung an. Hierbei werden Erfolgsfaktoren, die sich auf die akquisitionsbezogenen Aktivitäten (sog. Primäraktivitäten) beziehen, unter die Dimension **M&A-Prozess** gefasst. Erfolgsfaktoren, die sich um sekundäre oder unterstützende Aktivitäten drehen, werden unter die Dimension **M&A-Projektmanagement** subsumiert (vgl. Meckl/Sodeik/Fischer 2006, 172).

Der Vorteil dieser Strukturierung liegt darin, dass die klassische Unterteilung in strukturelle und prozessuale Faktoren noch um die Spezifität der M&A-Aktivitäten und des Projektmanagements erweitert werden. Hierdurch kann die Komplexität und Vielschichtigkeit von M&A-Projekten besser hervorgehoben und zugleich eine deutlich spezifischere Auflistung der Erfolgsfaktoren gewährleistet werden. Aus diesem Grund soll auch im Rahmen der vorliegenden Untersuchung der Systematisierungsansatz nach MECKL/SODEIK/FISCHER herangezogen werden.

3.6.2 Strukturelle Erfolgsfaktoren

Strukturelle M&A-Erfolgsfaktoren identifizieren insbesondere die Unternehmenskultur, die Transaktionsgröße, die geografische Ausdehnung, die strategische Ausrichtung, die konjunkturelle Lage, die Zahlungsmethode, die Börsennotierung des Zielunternehmens sowie die Managementhaltung („friendly takeover“) als erfolgskritisch.

Einer kompatiblen **Unternehmenskultur** wird von der Mehrheit der Studien eine überragende Bedeutung zugeschrieben (vgl. u.a. Aon Hewitt 2010; Hay Group 2010; Aon Hewitt 2009; AT Kearny 2008; DLA Piper 2007; Brock 2005; Chanmugam/Anslinger/Park 2004; Bark/Kötzle 2003). Nur eine Metaanalyse kommt zu dem Ergebnis, dass kulturelle Unterschiede zwischen den Transaktionspartnern den Erfolg positiv beeinflusst (vgl. Stahl/Voigt 2008). Auch bei länderübergreifenden Studien wird die kulturelle Anpassung (vgl. PricewaterhouseCoopers 2009b) sowie die Auseinandersetzung und die Bewältigung kultureller Unterschiede hervorgehoben (vgl. Deloitte 2007; Furtner 2006).

Zum Untersuchungsfeld der **Transaktionsgröße** liegen hingegen keine eindeutigen Aussagen vor. Einige Untersuchungen zeigen, dass sich Transaktionen, die von kleineren Unternehmen durchgeführt werden, tendenziell positiv auf den M&A-Erfolg auswirken (vgl. KPMG 2007; Moeller/Schlingemann 2005; Moeller/Schlingemann/Stulz 2004), wohingegen andere Studien die relative Größe der Transaktionspartner als unbedeutend bezeichnen (vgl. Georgen/Renneboog 2004; Lenhard 2008; Beitel/Schiereck/Wahrenburg 2004). Eine weitere Untersuchung wiederum zeigt auf, dass größere Deals tendenziell einen positiven Shareholder Value generieren (vgl. Kohli/PricewaterhouseCoopers 2006; Thomas 2008; Bradley/Sundarsam 2006; Bain & Company 2003; Kaup 2009; Muehlfeld/Sahib 2007; Pauser 2007).

Hinsichtlich der **geografischen Ausdehnung** der Transaktion zeigt sich ebenfalls ein differenziertes Bild. Während einige Studien bestätigen, dass cross-border Transaktionen erfolgreicher sind als nationale Transaktionen (vgl. Martynova/Oosting/Renneboog 2006; Bausch/Fritz 2005; Conn et al. 2005; Moeller/Schlingemann 2005; André/Kooli/L'Her 2004; Aw/Chatterjee 2004; Grün 2010), kommen andere Studien zu gegenteiligen Aussagen (vgl. Georgen/Renneboog 2004). So stellt eine Studie, die sich explizit auf die Untersuchung von cross-border Transaktionen spezialisiert hat, fest, dass die Distanz zwischen den Transaktionspartnern den M&A-Erfolg signifikant negativ beeinflusst (vgl. Hyun/Kim 2010; Laabs/Schiereck 2010; Hassan et al. 2007; Mentz 2006; Cummins/Weiss 2004). Zugleich existieren auch Studien, die der geografischen Ausdehnung einer Transaktion keinerlei bedeutsamen Einfluss beimessen (vgl. KPMG 2007; Martynova/Oosting/Renneboog 2006; Gugler et al. 2003; Löhr 2005).

Widersprüchliche Erkenntnisse zeigen sich auch bei der **strategischen Ausrichtung** der Transaktion. Während einige Studien den negativen Einfluss von vertikalen Transaktionen postulieren (vgl. KPMG 2007), sehen andere darin eine Erfolgssteigerung (vgl. Bausch/Fritz 2005). Weitere Studien sehen horizontale Transaktionen erfolgreicher als konglomerate M&A-Aktivitäten (vgl. The Boston Consulting Group 2010; Gugler et al. 2003; Meggison/Morgan/Nail 2004). Eine Studie konnte keinen Unterschied zwischen horizontalen und konglomeraten Transaktionen erkennen (vgl. Bausch/Fritz 2005).

In Bezug auf die **konjunkturelle Lage** zeigt sich, dass M&A-Transaktionen im Durchschnitt eher in konjunkturell schwachen Phasen erfolgreicher sind als in konjunkturell stärkeren Phasen (vgl. The Boston Consulting Group 2010; Thomas 2008; Kengelbach/Le Grand/Roos 2003).

Zahlreiche Untersuchungen haben sich zudem mit der **Zahlungsmethode** auseinandergesetzt. Dabei kommt die Mehrheit der Studien zu dem Ergebnis, dass die Zahlungsmethode als erfolgskritisch zu bewerten ist (vgl. The Boston Consulting Group 2010; KPMG 2007; Kohli/PricewaterhouseCoopers 2006; Georgen/Renneboog 2004; Meggison/Morgan/Nail 2004). Hierbei zeigen einige Studien auf, dass Transaktionen, die in Form von Aktien gezahlt wurden, erfolgreicher sind als Transaktionen, die mithilfe anderer Zahlungsmethoden abgewickelt wurden (vgl. The Boston Consulting Group 2010; KPMG 2007; Kohli/ PricewaterhouseCoopers 2006; Martynova/Renneboog 2006; Georgen/Renneboog 2004; Meggison/Morgan/Nail 2004; Bradley/Sundarsam 2006). Manche Untersuchungen ergeben jedoch, dass Barzahlungen erfolgreicher sind als Bezahlungen in Aktien (vgl. Lenhard 2008; Muehlfeld/Sahib 2007; Pauser 2007; Mentz 2006; Boateng 2010; André/Kooli/L'Her 2004; Fuller/Glatzer 2003; Deloitte 2007). Insgesamt finden sich nur wenige Studien, die keinen signifikanten Einfluss der Zahlungsmethode auf den M&A-Erfolg feststellen konnten (vgl. Martynova/Oosting/Renneboog 2006; King et al. 2004).

Die **Börsennotierung des Zielunternehmens** wirkt überwiegend negativ auf den M&A-Erfolg. So konnten zahlreiche Studien belegen, dass nicht-börsennotierte Unternehmen (private targets) vorteilhafter sind als börsennotierte Unternehmen (public targets) (vgl. Capron/Shen 2007; Martynova/Renneboog 2006; Bradley/Sundarsam 2006; Moeller/Schlingemann 2005; Kohers 2004; Muehlfeld/Sahib 2007).

Bei den Ergebnissen zur **Managementhaltung des Zielunternehmens** lassen sich abermals widersprüchliche Erkenntnisse zusammenfassen. Während zahlreiche Studien die Behauptung aufstellen, dass feindliche Übernahmen eine negative abnormale Rendite verursachen (vgl. Martynova/Renneboog 2006), kommen andere Untersuchungen zu der Schlussfolgerung, dass diese ein deutlich besseres Ergebnis erzielen als freundliche Übernahmen (vgl. Georgen/Renneboog 2004). Eine andere Analyse zeigt wiederum keinen Einfluss der Managementhaltung auf den M&A-Erfolg (vgl. Martynova/Oosting/Renneboog 2006).

Insgesamt weisen die strukturellen Erfolgsfaktoren ein sehr uneinheitliches Bild aus. Die Bedeutung struktureller Erfolgsfaktoren kann zwar empirisch belegt werden, allerdings lässt sich insbesondere bei den Untersuchungsfeldern „Transaktionsgröße“, „konjunkturelle Lage“, „Börsennotierung des Zielunternehmens“ sowie „Beurteilung des Managements des Zielunternehmens“ keine eindeutige Wirkungsrichtung erkennen. Bei der Analyse des Erfolgsfaktors „strategische Ausrichtung“ lassen sich die Erkenntnisse der einzelnen Studien nur schwer vergleichen. Während einige Studien zwischen horizontalen, vertikalen und konglomeraten Transaktionen unterscheiden, trennen andere Studien die Transaktionen lediglich zwischen fokussierenden und diversifizierenden M&A. Da die Mehrheit der Untersuchungen auf einen negativen Einfluss von diversifizierenden bzw. konglomeraten Transaktionen hinweist, scheint dieser Zusammenhang zunehmend erkennbar. Hinsichtlich der „Unternehmenskultur“ zeichnet sich eine eindeutige Tendenz zu einem positiven Einfluss kompatibler Unternehmenskulturen ab.

3.6.3 Management-Erfolgsfaktoren

3.6.3.1 M&A-Prozess

Die erste Dimension der M&A-Erfolgsfaktoren kann erneut in prozessübergreifende und prozessbezogene Erfolgsfaktoren untergliedert werden. Im Rahmen der **prozessübergreifenden Studien** wird häufig die Bedeutung der drei Hauptphasen hervorgehoben - empirische Untersuchungen stützen sich jedoch vorwiegend auf die Frage der **Integrationsgeschwindigkeit**. Eindeutige Aussagen, inwieweit eine schnelle bzw. langsame Integration vorteilhafter ist, können allerdings nicht gegeben werden. Während einige Studien auf eine „moderate" Geschwindigkeit verweisen, ohne genauere Angaben zu machen (vgl. u.a. Bark/Kötzle 2003), führen andere Studien an, dass eine zu langsame Integration (vier bis sechs Monate) im Vergleich zu einer schnellen Integration (sechs bis acht Wochen) zum Misserfolg führt (vgl. PricewaterhouseCoopers 2009a; Ungerath/Hoyningnenn-Huene 2005). Wieder andere Studien plädieren für eine schnelle Integration und verweisen auf die Kosten einer langsamen Integration sowie auf die mit dem Integrationsprozess entstehende Unsicherheit (vgl. PricewaterhouseCoopers 2009b; Deloitte 2007). Indessen besagt eine Studie von HOMBUNG/BUCERIUS, dass die Erfolgswirkung der Integrationsgeschwindigkeit von unterschiedlichen unternehmensinternen und unternehmensexternen Variablen abhängt wie z.B. die Ähnlichkeit/Verschiedenheit der Transaktionspartner. Generelle Aussagen seien nicht möglich (vgl. 2006).

Eine deutlich dezidiertere Analyse ermöglichen die Erkenntnisse der **prozessbezogenen Erfolgsfaktoren** des M&A-Prozesses. Im Zuge der M&A-Erfolgsfaktorenforschung können acht Untersuchungsfelder identifiziert werden: Strategie/Führung, Personal, Organisation, Information, Unternehmensbewertung, Kommunikation, Controlling und Kundenmanagement.

Das Untersuchungsfeld **Strategie/Führung** befasst sich mit Aspekten der Zielsetzung von M&A und der damit verbundenen Vorgehensweise. Als erfolgskritisch wird hierbei insbesondere eine eindeutige und konkrete Strategiefestlegung mit klarer Führungsstrategie (vgl. AT Kearny 2008; Clever 1993; Ungerath/Hoyningnenn-Huene 2005), die Ausarbeitung von Managementplänen (vgl. PricewaterhouseCoopers 2009a; Bark/Kötzle 2003) sowie die Fokussierung auf die Realisierung von Synergien (vgl. KPMG 2003; AT Kearny 2008) bewertet. Hierbei sollte der Fokus vor allem auf der Umsetzung von Umsatzsynergien liegen, da diese einen deutlich stärkeren, signifikanten Effekt auf den M&A-Erfolg aufweisen als die Realisierung von Kostensynergien (vgl. Homburg/Bucerius 2006).

Der Bereich **Personalmanagement** legt das Hauptaugenmerk auf das Personal der zu integrierenden Einheit (vgl. Meckl/Sodeik/Fischer 2006, 175). Als zentraler Erfolgsfaktor wird eine klare Personalstrategie (vgl. Towers Watson 2010) sowie die generelle Einbindung der Personalfunktion in den M&A-Prozess gesehen (vgl. Bain & Company 2003). Insbesondere eine frühe und intensive Einbindung der Personalabteilung (vgl. Bain & Company 2003; Towers Watson 2010), die frühzeitige Benennung von Führungskräften und eine umfassende Einbindung von Mitarbeitervertretern gilt als erfolgskritisch (vgl. Auerbach 2009). Zugleich zeigt sich, dass konkrete Maßnahmen wie Schulungs- und Anreizsysteme (vgl. Gerds/Schewe 2011; Auerbach 2009) oder die Incentivierung des Personals als zentrale Kriterien bei der Bindung von Schlüsselmitarbeitern gelten (vgl. Ungerath/Hoyningnenn-Huene 2005; Towers Perrin 2004). Darüber hinaus spielt die vorhandene Veränderungsbereitschaft der Mitarbeiter, deren Engagement, Kooperationsbereitschaft und ihr Commitment eine Schlüsselrolle für die erfolgreiche Integration (vgl. Chanmugam/Anslinger/Park 2004; Bark/Kötzle 2003; Gerds/Schewe 2011).

Die Bedeutung der **organisatorischen Integration** der Unternehmen wird in zahlreichen M&A-Erfolgsfaktorenforschungsstudien erwähnt (vgl. Gerds/Schewe 2011; AT Kearny 2008). Hierbei zeigt sich, dass die Anpassung sowie die Integration interner Systeme im Vordergrund steht (vgl. PricewaterhouseCoopers 2009a; Deloitte 2007). Eine Studie sieht die Implementierung einer neuen Unternehmensstruktur als erfolgskritisch an (vgl. Stahlke 2007).

Im Rahmen der **Information** wird die Bedeutung einer umfassenden Due Diligence im M&A-Prozess hervorgehoben (vgl. Hay Group 2010; Towers Watson 2010; DLA Piper 2007; Haynes 2005; Chanmugam/Anslinger/Park 2004; Bark/Kötzle 2003; Furtner 2006).

Im Hinblick auf die **Unternehmensbewertung** ist die realistische Einschätzung des Zielunternehmens erfolgskritisch zu bewerten (vgl. Haynes 2005; Bark/Kötzle 2003; Deloitte 2007). Zugleich konnte ein Zusammenhang zwischen der Höhe der zu vergütenden Übernahmeprämie und dem Erfolg nachgewiesen werden (vgl. Löhr 2005).

Die Relevanz der **Kommunikation** wird in zahlreichen Untersuchungen analysiert (vgl.Towers Watson 2010; Aon Hewitt 2009; AT Kearny 2008; Ungerath/Hoyningnenn-Huene 2005; Towers Perrin 2004; Homburg/Bucerius 2006). Hierbei wird vor allem ein gut ausgearbeiteter Kommunikationsplan (vgl. Towers Perrin 2004), eine regelmäßige und umfassende interne Kommunikation (vgl. Deloitte 2007; Furtner 2006; Papadakis 2005; Auerbach 2009) sowie direkte Kommunikation mit dem Kunden betont (vgl. Homburg/Bucerius 2006).

Beim **Controlling** wird die Einführung eines Risikomanagements (vgl. AT Kearny 2008; Stahlke 2007) und eine unabhängige Post-Deal-Bewertung durch externe Berater (vgl. Bark/Kötzle 2003; PricewaterhouseCoopers 2009b) empfohlen.

Als letztes Untersuchungsfeld gilt das **Kundenmanagement**. In diesem Zusammenhang erweist sich eine hohe Marktorientierung während der Post-Merger-Integration sowie die generelle Integration der Kunden (vgl. Hay Group 2010) und die Durchführung temporärer Kundenbindungsmaßnahmen als vorteilhaft (vgl. Homburg/Bucerius 2006). Die Erhaltung des bisherigen Kundenstammes stellt einen erfolgskritischen Aspekt dar (vgl. PricewaterhouseCoopers 2009b; Deloitte 2007). Dies ermöglicht die Vermeidung von Umsatzrückgängen und die damit einhergehende Erzielung von Umsatzsynergien (vgl. PricewaterhouseCoopers 2009b; Deloitte 2007).

Fasst man die Erkenntnisse der Erfolgsfaktoren zum M&A-Prozess zusammen, so zeigt sich, dass die Integrationsgeschwindigkeit an sich als zentraler prozessübergreifender Erfolgsfaktor identifiziert wird. Allerdings gehen die Meinungen über die Art der Geschwindigkeit (schnell, moderat, langsam) weit auseinander. Im Rahmen der prozessbezogenen Erfolgsfaktoren liegt der Forschungsschwerpunkt klar auf den Untersuchungsfeldern Strategie/Führung, Personalmanagement und Kommunikation. Das Interesse an den Erfolgsfaktoren zu Organisation, Unternehmensbewertung und Controlling hat zugenommen, allerdings ist die zugrunde liegende Studienanzahl nach wie vor deutlich geringer als bei den zuvor genannten Forschungsfeldern.

3.6.3.2 M&A-Projektmanagement

Das M&A-Projektmanagement stellt die zweite Dimension des M&A-Managements dar, die sich vorwiegend mit der Führung, dem Personalmanagement, der Organisation und des Controlling des M&A-Projektes beschäftigt. Zugleich befasst es sich mit dem Wissensmanagement innerhalb des Projektteams und der Geschwindigkeit der Maßnahmenumsetzung.

Bei der **Projektführung** spielt vorwiegend die Erstellung eines Integrationsplans (vgl. Deloitte 2007), eine termingerechte Umsetzung (vgl. Ungerath/Hoyningnenn-Huene 2005) und die Implementierung konkreter Integrationsmaßnahmen (vgl. Towers Watson 2010) eine zentrale Rolle. Zugleich wird vereinzelt auf eine frühzeitige Integrationsplanung verwiesen (vgl. Bark/Kötzle 2003).

Im Rahmen des **Projekt-Personalmanagements** wird die Besetzung der M&A-Projektteams thematisiert (vgl. Meckl/Sodeik/Fischer 2006, 177). Als erfolgskritisch wird insbesondere die Auswahl eines Top-Teams und der Einsatz von Integrationsverantwortlichen gesehen (vgl. Gerds/Schewe 2011; Bark/Kötzle 2003; Deloitte 2007; Deutsche Gesellschaft für Personalführung 2007).

Die **Projektorganisation** umfasst die Aufbau- und Ablauforganisation des M&A-Projektes (vgl. Meckl/Sodeik/Fischer 2006, 177). Als Erfolgsfaktor wird die Führung durch ein Top-Team (vgl. Stahlke 2007), die frühzeitige Einbindung des Integrationsteams (vgl. PricewaterhouseCoopers 2009a; AT Kearny 2008; DLA Piper 2007), die Zentralisierung der Entscheidungsbefugnisse (vgl. Ungerath/Hoyningnenn-Huene 2005) sowie zentrale Entscheidungsstrukturen und die Zuweisung von Verantwortlichkeiten (vgl. Deloitte 2007) gesehen. Außerdem sollte eine ausreichende Management-Kapazität sichergestellt werden (vgl. Ungerath/Hoyningnenn-Huene 2005; Furtner 2006).

In Bezug auf das **Projekt-Controlling** wird eine kontinuierlich durchgeführte Kontrolle der Planfortschritte und ein effektives Reporting über den Projektfortschritt empfohlen (vgl. Bark/Kötzle 2003; Auerbach 2009).

Ein wichtiges Untersuchungsfeld stellt das **Wissensmanagement** innerhalb des M&A-Projektes dar, das die Sicherstellung eines effizienten Ablaufes der zentralen Wissensprozesse umfasst. Empirische Studien betonen vor allem die Bedeutung konkreter M&A-Fähigkeiten und -Erfahrungen im Unternehmen (vgl. KPMG 2007; Bark/Kötzle 2003; Gerds/Schewe 2011; Deutsche Gesellschaft für Personalführung 2007; Furtner 2006; Bain & Company 2003). Allerdings führen die Ergebnisse zu unterschiedlichen Aussagen. Während vielfach die M&A-Erfahrung als Erfolgsfaktor betrachtet wird (vgl. Laabs/Schiereck 2010; Kaup 2009; Stahlke 2007), zeigt die Studie von KOHLI/PWC (2006), dass dieser positive Einfluss ab einem gewissen Erfahrungslevel ins Negative umschlägt, sodass keine klare Aussage mehr über den Faktor „M&A-Erfahrung“ getroffen werden konnte (vgl. Kohli/PricewaterhouseCoopers 2006). Andere Studien verweisen von vornherein auf einen negativen Einfluss von M&A-Erfahrung (vgl. KPMG 2007; Mentz 2006; Beitel/Schiereck/Wahrenburg 2004). Eine weitere Untersuchung kommt zu dem Schluss, dass die M&A-Erfahrung weder einen positiven noch einen negativen Einfluss auf den M&A-Erfolg hat (vgl. King et al. 2004). Neben der M&A-

Erfahrung stellt sich der Informationsaustausch und Wissenstransfer auf Management-Ebene (vgl. Bark/Kötzle 2003), die Umwandlung von implizitem in explizites Wissen (vgl. Zollo/Singh 2004) und die Dokumentation des M&A-Projektes (vgl. Deloitte 2007; Auerbach 2009) als erfolgskritisch heraus.

Zu guter Letzt spielt der Aspekt der **Geschwindigkeit** der Umsetzung sämtlicher im M&A-Projekt notwendigen Maßnahmen eine entscheidende Rolle (vgl. Aon Hewitt 2009; AT Kearny 2008; DLA Piper 2007; Bark/Kötzle 2003). Die Ergebnisse spiegeln jedoch ein uneinheitliches Bild wider. Während vereinzelt eine „angemessene" oder längere Geschwindigkeit bevorzugt wird (vgl. DLA Piper 2007; Furtner 2006), zeigen die Ergebnisse anderer Studien, dass eine schnelle Durchführung der Maßnahmen erfolgskritisch ist (vgl. Bark/Kötzle 2003; Auerbach 2009). Die Einhaltung der geplanten Realisationszeit wird ebenso erwähnt (vgl. Aon Hewitt 2009).

Bei den Projektmanagementerfolgsfaktoren zeigt sich, dass ein eindeutiger Forschungsschwerpunkt im Bereich der Projektorganisation und dem Wissensmanagement liegt. Die Erkenntnisse zur Geschwindigkeit der Maßnahmenumsetzung liegen noch weit auseinander. Dem Projekt-Personalmanagement sowie dem Projektcontrolling wird in den vorliegenden Studien deutlich weniger Beachtung geschenkt.

Zusammenfassend kann geschlussfolgert werden, dass sowohl in der Theorie als auch in der Praxis eine Vielzahl potenzieller Erfolgsfaktoren identifiziert wurden. Dennoch bleibt es weiterhin schwierig, eindeutige Erkenntnisse aus der Forschung zu gewinnen und damit präzise Handlungsempfehlungen abzuleiten.

4 Die Rolle von CSR im Rahmen von M&A

4.1 Akquisitionsrisiko als Ursache für das Scheitern von M&A

4.1.1 Begriffliche Abgrenzung des Terminus „Risiko“

Der Risikobegriff wird sowohl in der Wirtschaftswissenschaft als auch in Studien zur Unternehmenspraxis unterschiedlich ausgelegt (vgl. Pablo 1999, 92). Erste Nennungen finden sich bereits im 16. Jahrhundert in der italienischen Kaufmannssprache (vgl. Böger 2010, 11) - die etymologische Herkunft des Terminus ist jedoch umstritten (vgl. Luhmann 2003, 17–20). Zugleich mangelt es an einer einheitlichen Definition des Risikobegriffs. So herrscht allein in der betriebswirtschaftlichen Theoriebildung eine große Vielfalt unterschiedlichster Begriffe mit zum Teil deutlichen Bedeutungsunterschieden (vgl. Wolf/Runzheimer 2009, 18; Banse 1996, 23–25).

Ungeachtet dessen finden sich in der Literatur drei Hauptbeschreibungsmerkmale wieder, welche in nahezu allen deutschsprachigen Risikodefinitionen Verwendung finden (vgl. Jonen 2007, 4–10). Diese sollen auch im Rahmen der vorliegenden Arbeit herangezogen werden, um den Risikobegriff zu spezifizieren.

(1) **Unsicherheit:** Risiken werden durch eine Unsicherheitssituation ausgelöst, die aufgrund von Informationsdefiziten entsteht. Unsicherheiten liegen immer dann vor, wenn mehrere mögliche Umweltzustände eintreten können und damit aus mindestens einer Handlung mehrere mögliche Ergebnisse folgen können (vgl. Gunkel 2010, 4–5). Von einer Risikosituation spricht man jedoch nur dann, wenn die Unsicherheit „messbar“ ist, d.h. wenn Wahrscheinlichkeiten über das Eintreten der Umweltzustände berechenbar sind. Kann die Wahrscheinlichkeit für das Eintreten des Umweltzustandes nicht berechnet werden, spricht man in der Literatur von *Ungewissheit* (vgl. Saliger 2003, 16–17).

(2) **Entscheidungssituation:** Risiken sind zudem an eine Entscheidungssituation gebunden (vgl. Keller 2002, 15). Die Bindung des Risikobegriffs an das Bestehen einer Entscheidung unterstreicht, dass Risiken im Unterschied zu Unsicherheiten nicht *per se* bestehen, sondern erst durch Entscheidungen *aktiv* eingegangen werden, um ein gewisses Ziel zu realisieren. Fehlt die Zurechenbarkeit der Unsicherheit auf eine Entscheidungssituation, so kann die Unsicherheit als *Gefahr,* der man ausgesetzt ist, bezeichnet werden (vgl. Luhmann 2003, 30–32).

(3) **Zielabhängigkeit:** Durch die Einbindung der Unsicherheit in den Entscheidungskontext sind Risiken zugleich in Abhängigkeit von Zielen zu verstehen (vgl. Haller 1986, 118; Brunsson 1979, 10). Hierbei gilt es zu unterscheiden, ob Risiken einem weiten oder einem eng ausgelegten Zielbereich zuzuordnen sind (vgl. Lück 2000, 315). *Reine Risiken* fokussieren sich lediglich auf die Möglichkeit des negativen Abweichens vom erzielbaren Referenzwert. Der Begriff der Chance als Pendant zum Risiko wird dabei ausgeschlossen. Der Zielbereich wird damit eng gefasst. Demgegenüber bezieht sich das *spekulative Risiko* nicht nur auf die Möglichkeit der Verlustgefahr, sondern inkludiert gleichzeitig auch die Möglichkeit einer positiven Abweichung vom erwarteten Zielerreichungsgrad (vgl. Keller 2002, 16). So bezeichnen MARCH/SHAPIRA (1987) Risiken als *„variation in the distribution of possible outcomes, their likelihoods, and their subjective values"* (March/Shapira 1987, 1404). Der Zielbereich des spekulativen Risikos ist im Vergleich zum reinen Risiko damit deutlich breiter ausgelegt.

Fasst man die drei charakteristischen Merkmale des Risikobegriffs zusammen, so können Risiken als das potenzielle Auftreten eines Ereignisses oder einer Entwicklung verstanden werden, die zu einer bestimmten Zielabweichung im Unternehmen führen kann. Voraussetzung dafür sind unvollkommene Informationen über künftige Umweltzustände (vgl. Böger 2010, 15). Da die vorliegende Arbeit explizit die Verlustgefahren im Zuge einer M&A-Transaktion betrachtet, beziehen sich die weiteren Ausführungen stets auf den reinen Risikobegriff.

4.1.2 Indizien für die Risikoträchtigkeit von M&A

4.1.2.1 Risikofaktoren einer M&A-Entscheidung

Ein Indiz dafür, dass M&A-Transaktionen durch Risiken tangiert werden, besteht bereits bei der Betrachtung der hohen Misserfolgsrate, die mithilfe einer Vielzahl empirischer Studien mehrfach bestätigt wurde (vgl. Abschnitt 1.1). Wie Metaanalysen zeigen, liegt diese weit über 50 Prozent. So errechnete JANSEN aus einer Übersicht an empirischen Studien, die zwischen den Jahren 1967 und 2000 durchgeführt wurden, eine Misserfolgsrate von 61,64 Prozent (vgl. Jansen 2004, 115–116). LUCKS/MECKL gehen von einer Misserfolgsquote von bis zu 76 Prozent aus (vgl. Lucks/Meckl 2002, 10–11). Andere Studien besagen, dass nur etwa ein Drittel der Transaktionen wirklich erfolgreich bezeichnet und damit als lohnende Investition betrachtet werden können (vgl. KPMG 2006, 2).

Auf der Suche nach Ursachen für das Scheitern einer M&A-Transaktion lassen sich unterschiedlichste Risikoquellen identifizieren. Ein erstes Indiz für die Risikoträchtigkeit von M&A liegt in den **spezifischen Charakteristika einer M&A-Entscheidung**. So differieren sich Akquisitionsentscheidungen deutlich von anderen Investitionsentscheidungen (vgl. Keller 2002, 18). Im Gegensatz zu traditionellen Investitionsentscheidungen sind M&A geprägt durch

- ein sporadisches Auftreten
- eine hohe Geschwindigkeit der Entscheidungsfindung
- einen geringen Strukturierungsgrad
- einen hohen Innovationsgrad
- einen begrenzten Zugang zu Informationen
- eine begrenzte Möglichkeit der Informationsverarbeitung
- eine hohe finanzielle Belastung sowie
- ein Abweichen von der routinemäßigen Managementtätigkeit (vgl. Haspeslagh/Jemison 1992, 70–73; Pausenberger 1989, 20).

Weitere Faktoren der Risikoträchtigkeit resultieren daraus, dass bei M&A-Transaktionen zahlreiche Entscheidungsparameter nicht kontrollierbar sind. Das Unternehmen hat in der Regel keinen Einfluss auf den Zeitpunkt einer Kaufgelegenheit. Das Aufkommen einer Kaufgelegenheit erhöht allerdings die Gefahr eines „opportunistischen" Vorgehens, bei dem nicht sämtliche strategische Implikationen durchdacht werden (vgl. Haspeslagh/Jemison 1992, 71). Ferner sind Aspekte wie die Zeitplanung, die Verfügbarkeit von Information oder aber die Größe und die strategische Positionierung des Investitionsobjektes extern vorgegeben. Daher können Akquisitionsobjekte von einem Unternehmen nicht frei bestimmt werden (vgl. Keller 2002, 19). Zugleich ist zu beobachten, dass neben der mangelnden Kontrollierbarkeit wesentlicher Entscheidungsparameter im Vorfeld der Transaktionsentscheidung ein außerordentlich hohes Maß an Irreversibilität der einmal getroffenen Akquisitionsentscheidung besteht. Der vorzeitige Wiederverkauf übernommener Unternehmen oder einzelner Unternehmensteile ist in der Regel nur durch die Inkaufnahme finanzieller Verluste sowie eines Reputationsschadens möglich (vgl. Humpert 1985, 31; Kolbe 1993, 191).

4.1.2.2 Risikofaktoren des M&A-Managements

Angesichts der spezifischen Charakteristika einer M&A-Entscheidung sind die Anforderungen, die an das Management von M&A-Aktivitäten gestellt werden, hoch (vgl. Keller 2002, 20). Daher liegen auch nach der getroffenen Akquisitionsentscheidung zahlreiche Risikopotenziale vor, die häufig auch als Ursache für das Scheitern von M&A genannt werden. Exemplarisch seien dabei Aspekte wie ein fehlendes oder fehlerhaftes Führungskonzept, eine mangelnde Durchleuchtung des zu übernehmenden Unternehmens während der Due Diligence, Widerstände bei den Mitarbeitern des gekauften Unternehmens, eine fehlende Informationspolitik oder eine zu langsame bzw. radikale Integrationsgeschwindigkeit genannt. Oft wird auch auf eine inkompatible Organisations- und Unternehmenskultur hingewiesen (vgl. Fischer 2008, 36). Wie man daraus erkennen kann, liegen in fast jedem Prozessabschnitt der M&A-Transaktion Risikoquellen vor. Trotz der Vielfältigkeit und Unterschiedlichkeit der Risikopotenziale im Rahmen des M&A-Managements können drei zentrale Ursachen genannt werden, auf die das Ausbleiben einer Wertsteigerung im Zuge einer M&A-Transaktion zurückzuführen sind.

Ein häufiger Aspekt, der zum Scheitern von M&A-Transaktionen beiträgt, liegt bereits in einer **mangelnden oder gar fehlenden wertorientierten Ausrichtung** des M&A-Prozesses (vgl. Weinmann 2004, 214; Riedel 2010, 5). So kann durch ein fehlendes oder unzulängliches Strategiekonzept, das aufgrund von überstürzten Entscheidungen für ein externes Wachstum in einer vermeintlich günstigen Gelegenheit entsteht, das Ziel der Wertorientierung in den Hintergrund geraten (vgl. Pack 2005, 267; Dicken 2000, 360; Bühner 1990, 45). Alternativ ist auch denkbar, dass Fehleinschätzungen des Managements des akquirierenden Unternehmens dazu führen, dass wertorientierte Anstrengungen nicht im notwendigen Ausmaß umgesetzt werden (vgl. Weinmann 2004, 218).

Allerdings führen nicht nur individuelle und persönliche Fehleinschätzungen zum Misserfolg von M&A-Transaktionen. Ein großes Problem liegt in der **Überschätzung von Synergie- und Restrukturierungspotenzialen**, die für eine Wertsteigerung bei M&A notwendig sind (vgl. Abschnitt 3.3.3.1.2). Mängel bei der Identifikation sowie Probleme bei der Quantifizierung der Höhe der Synergien bilden häufig die Ursache für den Misserfolg von M&A. Die umfassende Identifikation von Synergiepotenzialen wird in der Regel durch den hohen Zeitdruck bei M&A-Transaktionen erschwert. Eine exakte Quantifizierung von Synergien wird einerseits aufgrund von Informationsasymmetrien zwischen den Vertragsparteien und der damit einhergehenden komplexen, schlecht strukturierten Planungssituation für den Akquisiteur erschwert. Andererseits herrschen zwischen Käufer und Verkäufer diametrale Interessensgegensätze. Diese bestehen in der beschränkten Auskunftsbereitschaft des Verkäufers in der Hoffnung, einen hohen Kaufpreis zu erzielen, und einem hohen Informationsbedarf des Käufers mit dem Ziel, den Kaufpreis für das Unternehmen zu minimieren (vgl. Reissner 1992, 128). Zudem ist die Bewertung der Dauerhaftigkeit der Synergiepotenziale, die Monetarisierung sowie die Festlegung des zeitlichen Anfalls von Synergien nur schwer einzuschätzen. Verbundeffekte können häufig nur mit erheblichen Unsicherheiten ex ante prognostiziert werden (vgl. Reissner 1992, 134).

Neben der Überschätzung von Synergie- und Restrukturierungspotenzialen ist auch zu erkennen, dass eine **Unterschätzung von Dissynergien** eine weitere Ursache für den Misserfolg einer M&A-Transaktion darstellt. Diese entstehen vielfach während der Post Merger Integrationsphase und werden u.a. durch fehlende oder mangelhafte Integrationskonzepte (vgl. Paprottka 1996, 128), strukturelle Mängel, die dem Nicht-Zusammenpassen von Strategie und Struktur aufgrund einer versäumten Anpassung entspringen (vgl. Weinmann 2004, 219), oder aufgrund von Koordinationskosten bei der Verknüpfung der Wertschöpfungsaktivitäten ausgelöst (vgl. Rodermann 1999, 51). Häufig führen auch Abstimmungserfordernisse - insbesondere bei internationalen Transaktionen, die auf unterschiedliche Unternehmenskulturen zurückgreifen - zum Scheitern einer Transaktion. Gewachsene Normen- und Wertesysteme sind nur schwer gestaltbar und unterliegen einem sehr langwierigen Veränderungsprozess, der immer wieder auch kulturelle Konflikte mit sich bringt, die einen Misserfolg im M&A-Prozess zur Folge haben können (vgl. Coenenberg/Salfeld 2007, 197). Eng zusammenhängend mit kulturellen Konflikten können auch personelle Widerstände den M&A-Erfolg trüben, da in der Regel die erhofften Synergieeffekte durch Personalabbau und Umstrukturierungsmaßnahmen erreicht werden müssen, die wiederum Ängste und Unsicherheiten in der Belegschaft bezüglich der sich verändernden Arbeitsinhalte oder Arbeitsplatzverluste auslösen (vgl. Haspeslagh/Jemison 1992, 156). Diese Verunsicherung kann zu persönlichen Widerständen in Form von vermindertem Arbeitseinsatz oder zur Fluktuation hoch qualifizierter Mitarbeiter führen. Dies führt wiederum zu Einbußen in der Rentabilität, Produktivität und bei den betrieblichen Prozessen, die notwendig sind, um die identifizierten Erfolgspotenziale umsetzen zu können (vgl. Weinmann 2004, 212).

4.1.3 Formale Bestimmung des Akquisitionsrisikos

Fasst man die Erkenntnisse aus Abschnitt 4.1.2 zusammen, so zeigt sich, dass M&A durch eine Vielzahl an unterschiedlichen **Unsicherheitsquellen** geprägt ist, die aus der Unvollkommenheit der Information über die zukünftige Entwicklung sämtlicher relevanter Faktoren und ihrer Beherrschbarkeit resultieren. Da eine M&A-Transaktion immer auch von der Entscheidung, M&A als strategisches Instrument des externen Wachstums einzugehen, abhängig ist, liegt zugleich eine **Entscheidungssituation** vor. Aus Kapitel 3 lässt sich schließen, dass M&A-Transaktionen darauf abzielen, den Shareholder Value des Unternehmens zu steigern. Damit besteht zuglei ch die Gefahr, dass das **vorab definierte Ziel** im Zuge des Transaktionsprozesses nicht erreicht wird bzw. sich der Unternehmenswert des Käuferunternehmens durch die M&A-Transaktion im Zweifel verringert und die Transaktion damit die verfolgten Wertsteigerungsziele verfehlt. Damit lassen sich alle Begriffselemente des Risikobegriffs aus Abschnitt 4.1.1 auf M&A übertragen. Das eigentlich Riskante an M&A-Transaktionen lässt sich jedoch erst durch die formelle Darstellung des Akquisitionsrisikos veranschaulichen. Hierzu bietet es sich an, die Wertkomponenten einer M&A-Transaktion aus Sicht eines strategischen Investors näher zu betrachten.

Der Grundgedanke des Akquisitionsrisikos ist, dass aus jeder Wertkomponente im Zuge des M&A-Prozesses eine negative Abweichung gegenüber den implizit im Kaufpreis enthaltenen Werterwartungen resultieren kann. Damit besteht in jedem Wertpotenzial gleichzeitig auch ein Verlustpotenzial (vgl. Keller 2002, 28).

Ausgangsbasis der Wertkomponenten einer M&A-Transaktion bildet der *Stand-Alone-Wert des Zielunternehmens*, der durch eine intrinsische Bewertung der zu erwarteten Cash-Flows bei unveränderter Fortführung der Geschäftstätigkeit errechnet wird (vgl. Copeland/Koller/Murrin 2002, 442). Dieser gilt als absolute Wertuntergrenze, die überschritten werden muss, um den derzeitigen Eigentümer zum Verkauf zu bewegen (vgl. Rappaport/Klien 1999, 166). Weitere Wertkomponenten stellen die Wertsteigerungspotenziale in Form von Restrukturierungs-, Synergie-, und Veräußerungspotenzialen dar (vgl. Coenenberg/Sautter 1992, 193), die der Käufer durch die Transaktion erlangt. Diese werden als *strategischer Aufschlag* zum Stand-Alone-Wert addiert und repräsentieren alle Wertsteigerungen, die sich durch die Realisierung der Akquisitionsstrategie für den Käufer ergeben (vgl. Valcárcel 1992, 591). Die *Transaktionskosten* bilden die negative Wertkomponente, die vom Käuferunternehmen abgezogen werden muss. Hierbei handelt es sich um pagatorische Kosten, die z.B. durch die Beauftragung externer M&A-Dienstleister wie Wirtschaftsprüfer, Steuerberater oder Investment Banker für das Käuferunternehmen entstehen. Darüber hinaus beinhalten sie Opportunitätskosten, die durch die Bindung interner Kapazitäten für die Transaktionsabwicklung aufkommen (vgl. Lucks/Meckl 2002, 188).

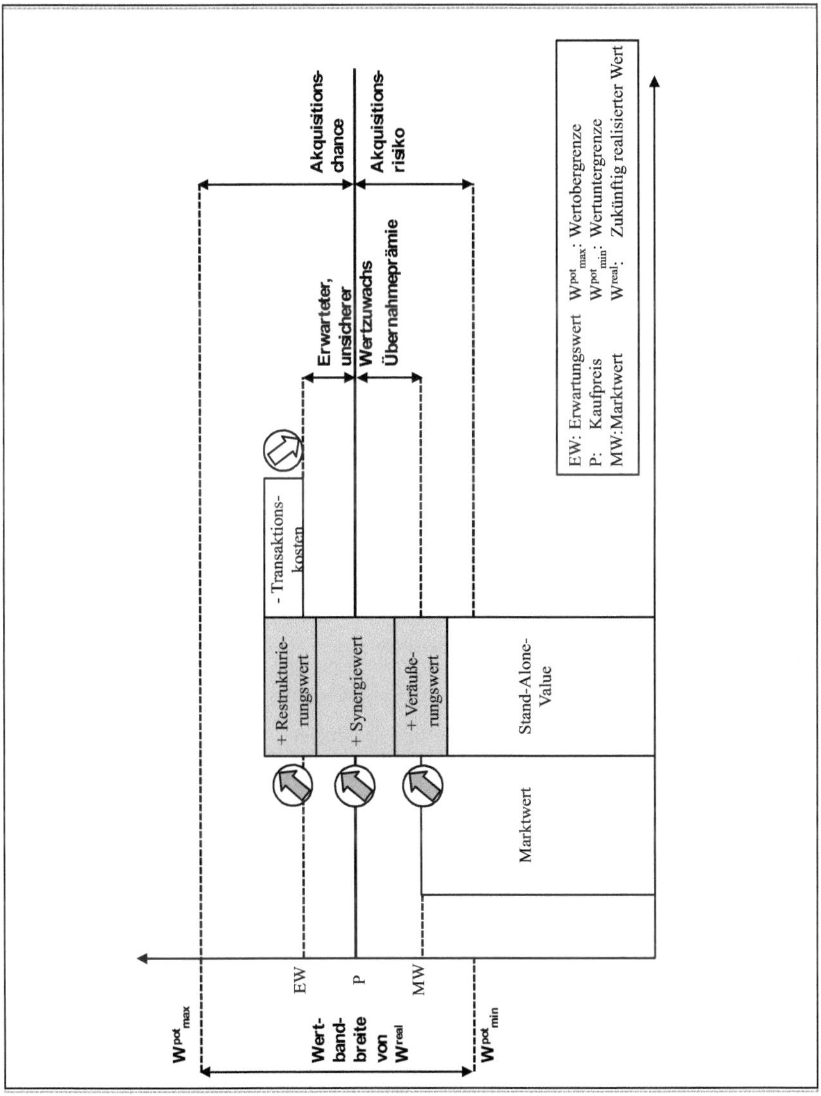

Abbildung 4.1: Wertkomponenten des Akquisitionsrisikos.

Quelle: Keller (2002, 26).

Das **Akquisitionsrisiko** ergibt sich nun aus der Wertbandbreite von W^{pot}_{max} über W_{real} bis W^{pot}_{min} und signalisiert, dass die Prognose sämtlicher Wertsteigerungskalküle - angefangen vom Stand-Alone-Wert über den strategischen Zuschlag bis hin zu den Transaktionskosten - einem Risiko unterliegt (vgl. Keller 2002, 25). Dadurch ergibt sich ein mehrwertiges Möglichkeitsfeld, innerhalb dessen der ex post realisierte Unternehmenswert (W_{real}) sowohl nach oben als auch nach unten vom ex ante ermittelten Erwartungswert abweichen kann (vgl. Helling 1994, 139; Keller 2002, 25). Der Kaufpreis P teilt die Wertbreite in zwei Bereiche ein: der untere Bereich enthält die Gefahr der Unterschreitung des Kaufpreises durch den realisierten Unternehmenswert ($W_{real}<P$) und stellt das Akquisitionsrisiko dar. Der obere Bereich ($W_{real} >P$) markiert die Akquisitionschance (vgl. Bretzke 1976, 158).

Das Problem einer M&A-Transaktion ist, dass der erwartete Wertzuwachs nicht garantiert ist. Die M&A-Transaktion kann also deshalb als **riskant** bezeichnet werden, weil dem zu zahlenden Kaufpreis als „sicherem" Mittelabfluss ein in der Regel höchst unsicherer Wertzuwachs gegenübersteht (vgl. Sirower 1997, 9). Damit zeigt sich, dass das Kaufobjekt bzw. der Gegenwert des Kaufpreises erst nach der Übernahme realisiert wird. Die Transaktion als solche ist nicht in der Lage, den erwarteten Nutzen zu schaffen (vgl. Haspeslagh/Jemison 1992, 25). Erst die Generierung der wertsteigernden Komponenten führt zu einer Shareholder Value Steigerung für das Käuferunternehmen.

4.1.4 Komponenten des Akquisitionsrisikos

Da das Akquisitionsrisiko durch eine Vielzahl unterschiedlicher Risikofaktoren gekennzeichnet ist, bietet es sich an, eine inhaltliche Systematisierung des Akquisitionsrisikos vorzunehmen. Hierzu ist es dienlich, das Akquisitionsrisiko in einzelne Komponenten aufzuspalten. Diese können in Abhängigkeit des Phasenverlaufes einer M&A-Transaktion (vgl. dazu Abschnitt 3.4.1) in Risikokomponenten der Transaktionsphase und der Integrationsphase unterteilt werden.

Während der Transaktionsphase besteht einerseits das Risiko, dass ein überhöhter Kaufpreis ausgehandelt wird, der sich nicht mehr in Einklang mit rational kalkulierbaren, finanziellen Vorteilserwartungen bringen lässt (vgl. Eccles/Lanes/Wilson 1999, 143; Frank 1993, 137). Ein zu hoher Kaufpreis kann trotz sämtlicher strategischer Implikationen der Transaktion die Wahrscheinlichkeit für die Wertsteigerung der Transaktion enorm reduzieren. Aufgrund der hohen Bedeutung des Risikos wird dieses Risikopotenzial zu einer eigenständigen Risikokategorie, dem sog. **Preisrisiko** zusammengefasst (vgl. Hungenberg/Wulf 2007, 367).

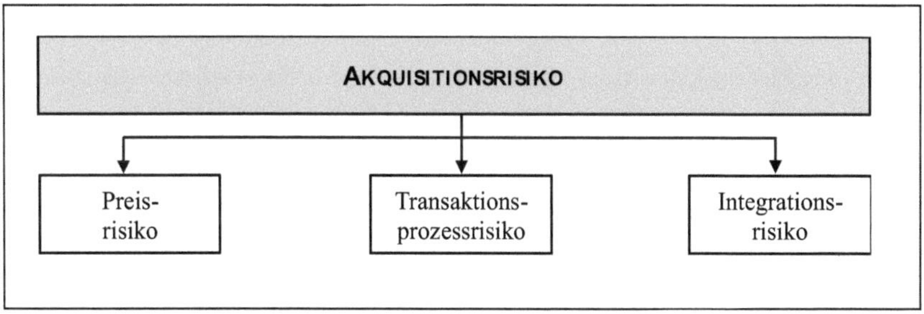

Abbildung 4.2: Komponenten des Akquisitionsrisikos.
Quelle: In Anlehnung an Keller (2002, 28).

Der Transaktionsprozess als solcher ist jedoch unabhängig vom Preisrisiko durch weitere Risiken geprägt. Neben Geheimhaltungsrisiken und Reputationsrisiken besteht ein Zeit- und Kostenaufwand, der insbesondere dann in Erscheinung tritt, wenn während der Transaktionsphase aufgrund fehlender Einigung oder aufgrund des Ausscheidens beim Bieterverfahren der Transaktionsprozess abgebrochen wird. Da der Weg bis zum Abbruch des Transaktionsverfahrens bereits eine Reihe von Transaktionskosten enthält, führt der Abbruch der Verhandlungen zu einer Reihe von Prozessrisiken. Die Kumulierung der soeben genannten Risiken lässt sich unter das **Transaktionsprozessrisiko** subsumieren (vgl. Keller 2002, 29).

Als weitere Risikokomponente des Akquisitionsrisikos kann das **Integrationsrisiko** angesehen werden. Dieses bezieht sich auf alle Risiken, die zu einer mangelhaften Umsetzung des zu akquirierenden Wertsteigerungspotenzials führen (vgl. Riedel 2010, 57). Das Integrationsrisiko umfasst sowohl Restrukturierungsrisiken, Synergierisiken als auch Veräußerungsrisiken (vgl. Keller 2002, 29). *Restrukturierungsrisiken* werden als wertvernichtende Ergebniseffekte bezeichnet, die durch Veränderungen von Sanierungs- und Restrukturierungsmaßnahmen hervorgerufen werden. Restrukturierungspotenziale grenzen sich von Synergiepotenzialen dadurch ab, dass die Veränderung durch das Unternehmen auch eigenständig ausgelöst werden kann, d.h. dass Restrukturierungspotenziale sich nicht aus den Verbundeffekten der Transaktion ergeben. In vielen Fällen ist die M&A-Entscheidung sowie das Know-how des Transaktionspartners jedoch dafür verantwortlich, dass es zu einer tatsächlichen Ausschöpfung von Restrukturierungspotenzialen kommt (vgl. Wöginger 2004, 112). *Synergierisiken* stellen ungewollte und unerwartete Effekte dar und treten bei M&A-Transaktionen insbesondere aufgrund kompromissinduzierter Kosten, Inflexibilität, Kulturunterschieden und Mitarbeiterunsicherheit sowie leistungswahrnehmungsinduzierter oder erwartungsinduzierter Umsatzminderungen auf (vgl. Fischer 2008, 25). *Veräußerungsrisiken* beziehen sich auf Risiken aus der Teilveräußerung des Akquisitionsobjektes, die nicht in das strategische Gesamtkonzept des Käufers passen (vgl. Gomez/Weber 1989, 18). Der Weiterverkauf der nicht zur Mobilfunksparte gehörenden Konzernteile bei der Übernahme von MANNESMANN durch VODAFONE stellt ein bekanntes Beispiel für eine Teilveräußerung dar (vgl. Keller 2002, 24). Da es nur dann zu einer Wertsteigerung kommt, wenn der Veräußerungserlös abzüglich der abgehenden Cash-Flows der Unternehmensanteile positiv ist, versteht man unter Veräußerungsrisiken alle Aspekte, die der erwarteten Wertsteigerung im Zuge der Veräußerung entgegenwirken.

4.2 CSR als Bestandteil eines umfassenden Risikomanagements

4.2.1 Der traditionelle Umgang mit Risiken

4.2.1.1 Definition und Ziele des Risikomanagements

Wenn auch erste Aufzeichnungen über Risikomanagement-Aktivitäten in Form einer Art Versicherung für Schiffsverluste aus dem Zeitraum um 2100 v. Chr. enthalten sind, so wurde der Begriff des Risikomanagements doch erstmals in den 1950er-Jahren in den USA genannt. Dort führten einzelne amerikanische Großunternehmen Abteilungen ein, die sich ausschließlich mit dem Thema Risiko beschäftigten (vgl. Sauerwein/Thurner 1998, 26). Zu Beginn lag der Fokus jedoch nur auf versicherbaren Risiken und umfasste vornehmlich die Optimierung von Versicherungsleistungen und den dafür zu zahlenden Prämien, weshalb das ursprüngliche Risikomanagement häufig auch als *Insurance-Management* oder *spezielles Risikomanagement* bezeichnet wird (vgl. Fiege 2006, 51). Erst später wurde das Risikomanagement auf andere, nicht-versicherbare Risiken ausgeweitet und kann daher als *generelles Risikomanagement* bezeichnet werden (vgl. Fiege 2006, 52).

Eine für das heutige Risikomanagementverständnis sehr häufig verwendete Definition liefert das DRSC (Deutsches Rechnungslegungs Standard Committee e.V.). Dieser beschreibt Risikomanagement als *„ein nachvollziehbares, alle Unternehmensaktivitäten umfassendes System, das auf Basis einer definierten Risikostrategie ein systematisches und permanentes Vorgehen mit folgenden Elementen umfasst: Identifikation, Analyse, Bewertung, Steuerung, Dokumentation und Kommunikation von Risiken sowie die Überwachung dieser Aktivitäten"* (DRSC 2001, Tz 9).

Das Risikomanagement eines Unternehmens zielt darauf ab, sämtliche betriebswirtschaftliche Aktivitäten auf ihr Risikopotenzial hin zu untersuchen und die daraus gewonnenen Erkenntnisse in die Unternehmensführung einzubinden (vgl. Fiege 2006, 52). Hierdurch soll gewährleistet werden, dass eine nachhaltige Erhöhung des Unternehmenswertes und der zukünftige Unternehmenserfolg sichergestellt sind (vgl. Romeike 2003, 150). Damit wird dem Risikomanagement eine *„begleitende Führungsfunktion"* zuteil (vgl. Haller 1986, 9). Die sich daraus ergebenden Nutzenpotenziale werden in Tabelle 4.1 wiedergegeben.

OPTIMIERUNG DES UNTERNEHMERISCHEN „RISIKOPROFILS"	Verbesserung der Planungs- und Entscheidungsgrundlagen dank: ▪ systematischer Risikoidentifikation und -analyse ▪ strukturierter, proaktiver Risikobewertung ▪ laufender Überwachung von Risiken und Maßnahmen ▪ klarer Verantwortung für bestimmte Risiken oder Risikokategorien ▪ etablierter „Kultur des Risikobewusstseins"
VERBESSERUNG DES UNTERNEHMENSERFOLGS	▪ Verringerung negativer Überraschungen mit unerwünschten Kostenfolgen ▪ Bewusster Umgang mit Unsicherheiten, die mit Handlungsalternativen verbunden sind ▪ Geringere Kostenfolgen bei der Aufdeckung, Handhabung und Verringerung von Risiken
SICHERUNG VON WETTBEWERBSVORTEILEN	▪ Bewusstes Eingehen jener Risiken, wo unternehmerische Risiken ausgeschöpft werden können ▪ Wettbewerbsvorteile gegenüber Konkurrenten, die kein oder ein nur schlecht ausgebautes Risikomanagement betreiben ▪ Die Erfahrungen beim Aufbau und Betrieb einer Risikomanagementorganisation und die unternehmensweite Nutzung von Risikomanagement-Werkzeugen erhöhen das risikospezifische Know-how

Tabelle 4.1: Nutzenvorteile eines systematischen Risikomanagements.
Quelle: Wiederkehr, B./Züger, R.-M. (2010, 15).

4.2.1.2 Der Risikomanagementprozess

4.2.1.2.1 Überblick

Wie Abbildung 4.3 verdeutlicht, stellt das Risikomanagementsystem einen offenen Regelkreis mit den Prozessphasen der Risikovorsteuerung, Risikoanalyse und Risikopolitik dar (vgl. Rudolph/Johanning 2000, 18). Um die Aktualität und Effektivität des Systems zu gewährleisten, müssen neue Erkenntnisse und neues Wissen zeitnah im Prozesskreislauf berücksichtigt werden (vgl. Rosenkranz/Missler-Behr 2005, 41).

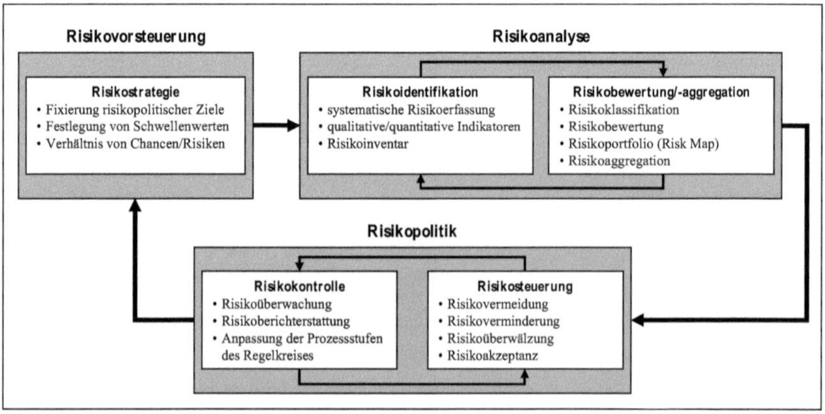

Abbildung 4.3: Risikomanagementprozess.
Quelle: Eigene Darstellung.

Den Ausgangspunkt des Risikomanagements bildet die sog. **Risikovorsteuerung,** die sich mit der Entwicklung einer Risikostrategie bzw. risikopolitischer Grundsätze beschäftigt (vgl. Keller 2002, 35). Nachgelagert zählen die Risikoanalyse sowie die Risikopolitik zu den übergeordneten Zentralfunktionen. Die **Risikoanalyse** umfasst dabei die Teilbereiche der Risikoidentifikation und –bewertung, wobei die Identifikation potenzieller unternehmensspezifischer Einzelrisiken und Störpotenziale die Grundlage für die nachfolgenden Prozessschritte bildet. In einem zweiten Schritt wird anhand einer Risikobewertung bzw. Risikoaggregation versucht, die erfassten Risiken zu analysieren und anschließend zu bewerten. Mit Abschluss der Bewertung endet die Phase der Risikoanalyse. Die darauf folgende Phase bezeichnet man als **Risikosteuerung**. Hier wird versucht, die identifizierten Verlustpotenziale so zu lenken, dass entweder die Eintrittswahrscheinlichkeit reduziert oder aber die Schadenshöhe begrenzt wird (vgl. Burger/Buchhart 2002, 49). Zu guter Letzt wird im Rahmen der **Risikokontrolle** über die identifizierten und bewerteten Risiken sowie über die in Verbindung damit getroffenen Steuerungsmaßnahmen regelmäßig Bericht erstattet. Ziel dieser Kontrolle ist eine transparente Übersicht über die derzeitige Risikolage. Sowohl die Risikosteuerung als auch die Risikokontrolle sind Bestandteil der Risikopolitik, die den Regelkreis des Risikomanagements abschließt (vgl. Wittmann 2000, 807).

4.2.1.2.2 Risikovorsteuerung

Bedingt durch die gestiegene Komplexität der Risiken ist die Definition und Fixierung risikopolitischer Ziele und Grundsätze für ein erfolgreiches Risikomanagement von elementarer Bedeutung. Die vorgegebenen Unternehmensziele bestimmen die grundlegende Ausrichtung des Unternehmens bezüglich bestimmter Geschäftsfelder und Tätigkeitsbereiche sowie das zu erreichende Performanceniveau. Ferner wird durch die Vorgabe einer Risikostrategie auch die prinzipielle Haltung der Geschäftsleitung im Umgang mit potenziellen Unternehmensrisiken vorgegeben. Die risikopolitischen Grundsätze verdeutlichen, inwieweit das Eingehen von Risiken unternehmenspolitisch erwünscht ist (vgl. Wittmann 2000, 796). Schließlich ist ein erfolgreiches Risikomanagement, also die im Rahmen des Gesetzes zur Kontrolle und Transparenz im Unternehmensbereich (KonTraG) geforderte dauerhafte Sicherung des Unternehmenserfolgs, nur dann möglich, wenn die risikopolitischen Grundsätze allgemein bekannt sind (vgl. Keller 2002, 32).

Eine vollständige Vermeidung von Risiken wird durch die risikopolitische Zielfixierung allerdings nicht angestrebt, da die anfallenden Kosten der Risikoeliminierung den zusätzlichen Nutzen für das Unternehmen in aller Regel überschreiten würden. Realistisch ist daher eher die Festlegung von Schwellenwerten für unternehmensspezifische Einzelrisiken oder aber die Etablierung eines optimalen Sicherheitsgrades (vgl. Kajüter 2004, 266). Durch die Festlegung risikopolitischer Ziele des Unternehmens werden letztlich wesentliche Vorgaben für die Steuerung der Risiken im Rahmen der Risikopolitik getroffen, weshalb man bei dieser ersten risikostrategischen Weichenstellung auch von einer Risikovorsteuerung sprechen kann (vgl. Keller 2002, 35). Sollte die formulierte Risikostrategie sich nicht mit der tatsächlichen Risikosituation des Unternehmens decken, muss die Strategie unter Umständen überarbeitet und den sich anschließenden Prozessphasen angepasst werden (vgl. Rosenkranz/Missler-Behr 2005, 41).

4.2.1.2.3 Risikoanalyse

Auf Basis der im Vorfeld fixierten Risikostrategie sind in einem ersten Schritt systematisch die etwaigen Störpotenziale und Risikoquellen zu identifizieren und vollständig zu erfassen. Neben externen Risiken, die sich beispielsweise aus Veränderungen des Marktumfelds ergeben, sind zusätzlich auch interne Risiken wie mangelnde Qualitätskontrollen zu berücksichtigen (vgl. Wittmann 2000, 805). Da diese Prozessphase die Informationsbasis für die nachfolgenden Phasen liefert, erfüllt die **Risikoidentifikation** durchaus eine Schlüsselfunktion im Risikomanagementprozess (vgl. Romeike 2005, 25–26). Das Aufdecken von Risiken kann anhand einer Vielzahl unterschiedlicher Methoden und Instrumente erfolgen (SWOT-Analysen, Checklisten, Fragenkatalog, Brainstorming, etc.). Mittlerweile haben sich sog. Frühwarnsysteme als wichtigste Instrumente etabliert. Dabei handelt es sich um Informationssysteme, die sich mit internen sowie externen Risiken und Chancen des Unternehmens auseinandersetzen und versuchen, diese systematisch zu erfassen und zu verarbeiten (vgl. Bihr/Deyhle 2000, 263). Dazu greifen sie nicht nur auf quantitative, sondern auch auf qualitative Indikatoren wie z.B. die Auftragseingänge oder das Geschäftsklima der jeweiligen Branche zurück, mit deren Hilfe sich frühzeitig wichtige Umweltveränderungen erkennen lassen (vgl. Rosenkranz/Missler-Behr 2005, 42). Frühzeitige Identifikation und Transparenz ermöglichen es dem Unternehmen, erfolgreiche Gegenmaßnahmen einzuleiten (vgl. Wittmann 2000, 806). Abschließendes Ergebnis der Risikoidentifikation sollte die Erstellung eines Risikoinventars sein, in dem alle Risiken für die einzelnen operativen Geschäftsbereiche in komprimierter Form aufgelistet sind (vgl. Romeike 2005, 27).

Der zweite Schritt des Risikoanalyseprozesses befasst sich mit der **Messung und Bewertung** der identifizierten Risiken. Hierzu muss zunächst eine Ursachen-Analyse der identifizierten Risiken durchgeführt werden (vgl. Burger/Buchhart 2002, 46). Dadurch sollen diejenigen Risiken festgestellt werden, die vom Unternehmen selbst verursacht werden und solche, auf die es keinen oder nur einen geringen Einfluss besitzt. Anhand dieses Vorgehens können erste Erkenntnisse über potenzielle aktive/passive Lenkungsmaßnahmen im Rahmen der späteren Risikosteuerung gewonnen werden (vgl. Rosenkranz/Missler-Behr 2005, 44). Anschließend wird eine Klassifikation und Bewertung der im Vorfeld identifizierten Risiken vorgenommen. Die jeweiligen Einzelrisiken werden dabei gemäß ihrer Bedeutung klassifiziert. In der Praxis hat sich in diesem Zusammenhang eine zweidimensionale Einteilung durchgesetzt, die sich nach der potenziellen Schadenshöhe und der Eintrittswahrscheinlichkeit richtet (vgl. Sauerwein/Thurner 1998, 33). Die Eintrittswahrscheinlichkeit kann sowohl qualitativ, beispielsweise in Form einer verbalen Einteilung in verschiedene Risikoklassen, als auch quantitativ durch Angabe von Prozentwerten dargestellt werden. Ferner ist die prognostizierte Schadenshöhe in Relation zu bestimmten Bezugsgrößen wie dem Eigenkapital oder dem geplanten Betriebsergebnis des Unternehmens zu setzen. Dies ist notwendig, da durch die absolute Schadenshöhe an sich, nur begrenzt Rückschlüsse auf das bestehende Gefahrenpotenzial für die Unternehmung zu ziehen sind (vgl. Kajüter 2004, 269). Um die jeweiligen Risikokategorien miteinander vergleichen zu können, sollte bei der Risikobewertung ein unternehmensweit einheitlicher Bewertungsmaßstab angelegt werden (vgl. Wittmann 2000, 813).

Die **Bewertung** erfolgt dabei in der Regel nach unterschiedlichen *Top-Down-Ansätzen* (VaR, Earnings-at-Risk, CAPM-Ansatz, usw.). Hierbei stehen die für das Unternehmen bekannten Folgen der Risiken im Fokus. Prinzipiell lassen sich die Top-Down-Verfahren in quantitative und qualitative Methoden unterscheiden. Die durch die Regulierungsbehörden für Kreditinstitute vorgegebene Risikobewertung mithilfe des sog. „Value-at-Risk“ (VaR) hat allerdings dazu geführt, dass die quantitative Methode des VaR mittlerweile auch bei Nicht-Banken einer der gängigsten Top-Down-Ansätze insbesondere für den Bereich der finanziellen Risiken geworden ist. Dieser definiert sich als der in Geldeinheiten berechnete maximale Verlust einer risikobehafteten Position, der mit einer bestimmten Wahrscheinlichkeit (auch als Konfidenzniveau bezeichnet) von beispielsweise 95 Prozent innerhalb eines festgelegten Zeitraums nicht überschritten wird (vgl. Pfingsten et al. 2000, 99). Neben analytischen Verfahren (z.B. Varianz-Kovarianz-Ansatz) zur Berechnung des VaR werden in der Praxis oftmals auch Simulations-Methoden wie die Historische oder die Monte-Carlo-Simulation herangezogen. Obwohl sich das VaR-Konzept mittlerweile branchenübergreifend bewährt hat, gilt es dennoch abschließend einige kritische Punkte anzumerken. Zum einen basiert der VaR immer auf normalverteilten Risikoparametern, die in der Praxis aber nur äußerst selten gegeben sind (vgl. Wolke 2008, 54). Ferner wird das analysierte Verlustpotenzial immer nur für einen bestimmten Zeitraum berechnet, sodass darüber hinausgehende Risiken zunächst unberücksichtigt bleiben (vgl. Franke 2000, 54). Einige Autoren kritisieren auch, dass bei risikoaverser Einstellung der VaR nur zu suboptimalen Ergebnissen führt, da dieser schließlich vom gewählten Konfidenzniveau abhängig ist. Daher versuchen moderne Risikomanagementsysteme mittlerweile anhand sog. Lower-Partial-Moments die zwangsläufig resultierenden Über- oder Unterbewertungen der Risiken zu reduzieren und so mögliche Fehleinschätzungen zu unterbinden (vgl. Oehler/Unser 2001, 27).

Neben der Wahl eines Top-Down-Ansatzes bieten sich sog. *Bottom-Up-Ansätze* als Alternative an. Ausgehend von den jeweiligen Ursachen der Risiken wird hier versucht, potenzielle Folgen für das Unternehmen herzuleiten und zu bewerten (vgl. Romeike 2003, 191). Im Vergleich zu den Top-Down-Methoden sind diese Ansätze zwar zeitintensiver, dafür allerdings auch wesentlich genauer bzw. erkenntnisreicher. Klassische Beispiele für Bottom-Up-Methoden sind die Szenario- und die Sensitivitätsanalyse, auf die hier allerdings nicht näher eingegangen werden soll (vgl. Romeike 2003, 185, 2003).

Die durch die Top-Down bzw. Bottom-Up-Ansätze vorgenommene Quantifizierung der Eintrittswahrscheinlichkeiten und Schadensausmaße sollte in Form eines unternehmensspezifischen Risikoportfolios visualisiert werden (vgl. Hüllmann 2003, 285). Dieses auch als Risk Map bezeichnete Risikoportfolio liefert einen ersten Gesamtüberblick über die quantifizierten Einzelrisiken und kann für verschiedene Unternehmensbereiche erstellt werden. Außerdem dient es dem Unternehmen als Grundlage zur anschließenden Prozessphase der Risikopolitik (vgl. Bayram 2007, 82–83). Mithilfe individueller Akzeptanzlinien können bestimmte Schwellenwerte definiert werden, ab denen das Unternehmen Handlungsbedarf sieht. Die Identifikation von Primärrisiken wird dadurch deutlich vereinfacht (vgl. Kajüter 2004, 270). So können beispielsweise Bagatellrisiken prinzipiell von den Unternehmen ohne weitere Bedenken akzeptiert werden, wohingegen Groß- oder gar Katastrophenrisiken eine unverzügliche Entscheidung über die einzuleitenden Steuerungsmaßnahmen erfordern (vgl. Romeike 2003, 192–193).

Da allerdings in Risk Maps nur verschiedene Einzelrisiken dargestellt werden, müssen in einem letzten Schritt die Risiken aggregiert werden. Die Aggregation erfolgt meist unter Anwendung einer Monte-Carlo-Simulation. Ziel ist es, die Gesamtrisikoposition des Unternehmens bzw. bestimmter Geschäftsbereiche zu bestimmen (vgl. Denk/Exner-Merkeit/Ruthner 2006, 23). Bedingt durch kumulative sowie kompensatorische Effekte ist das Gesamtrisiko unter Umständen nicht identisch mit der Summe der Einzelrisiken (vgl. Romeike 2003, 193). Werden solche Effekte nicht erkannt, kann es zu Überversicherungen oder gar zu neuen Risikopositionen kommen. Ungeachtet dessen steckt die Risikoaggregation in der Praxis bei vielen Unternehmen aufgrund methodischer Schwierigkeiten oder mangelnder Integration des Risikomanagements noch in den Kinderschuhen (vgl. Denk/Exner-Merkeit/Ruthner 2006, 23).

4.2.1.2.4 Risikopolitik

Ein Unternehmen, welches gänzlich frei von Risiken ist, ist in der Realität undenkbar. Allerdings reicht es nicht aus, potenzielle Risiken lediglich zu identifizieren und zu bewerten. Vielmehr müssen geeignete Maßnahmen getroffen werden, um die jeweiligen Risikopositionen des Unternehmens zu reduzieren bzw. ein ausgeglichenes Verhältnis zwischen Ertrag und Risiko zu erreichen (vgl. Gleißner/Meier 2000, 8). Entscheidend für die zu ergreifenden Steuerungsmaßnahmen sind, neben der wirtschaftlichen Situation des Unternehmens, ebenso dessen gewählte **Risikostrategie** sowie das mit der ergriffenen Maßnahme verbundene Kosten-Nutzen-Verhältnis.

Die im Vorfeld durchgeführten Schritte der Risikopolitik bilden die Grundlage für die Entwicklung von adäquaten Risikobewältigungsmaßnahmen (vgl. Denk/Exner-Merkeit/Ruthner 2006, 24). Unter Berücksichtigung der im Vorfeld formulierten Risikostrategie sollen anhand der Risikosteuerung die identifizierten und bewerteten Risiken auf ein akzeptables Maß gesenkt werden. Dabei zeichnet sich eine optimale Risikosteuerung dadurch aus, dass der Unternehmenswert durch die Optimierung der Risikopositionen gesteigert wird (vgl. Romeike 2003, 235). Abhängig von der spezifischen Risikobereitschaft des Unternehmens können die identifizierten Einzelrisiken mittels verschiedener strategischer Maßnahmen gesteuert werden (vgl. Hahn/Weber/Friedrich 2000, 2626). Je nach Maßnahme wird den Einzelrisiken entweder durch Verminderung der Eintrittswahrscheinlichkeit (ursachenbezogene Maßnahmen) und/oder der Schadenshöhe (wirkungsbezogene Maßnahmen) begegnet (vgl. Fasse 1995, 86). Grundsätzlich können die vier Handlungsalternativen der Risikovermeidung, -verminderung, -überwälzung und -akzeptanz unterschieden werden (vgl. Hermann/Dietrich 2001, 140).

Bei der *Risikovermeidung* verzichtet das Unternehmen gezielt auf bestimmte risikobehaftete Geschäfte. Das Streben nach maximaler Sicherheit hat hier oberste Priorität (vgl. Fasse 1995, 87). Allerdings bedeutet die Wahl einer vollständigen Risikovermeidung, dass zugleich bewusst auf potenzielle Chancen, die mit Risiken verbunden sind, verzichtet wird. Als Beispiel sei hier der vollständige Verzicht auf Auslandsaktivitäten angeführt. Somit stellt diese Alternative in den meisten Fällen keine effiziente Form der Risikobehandlung dar (vgl. Rosenkranz/Missler-Behr 2005, 283).

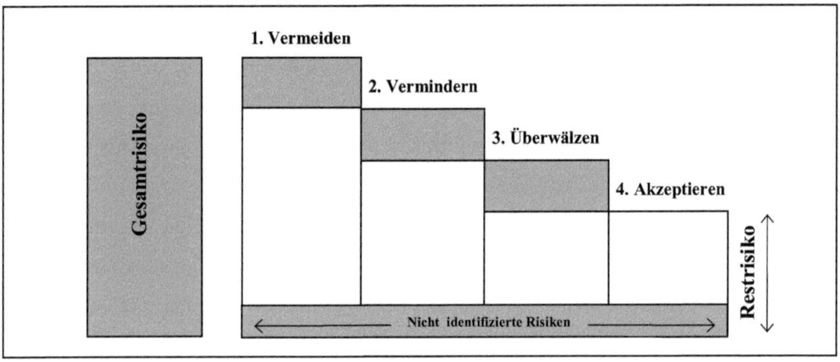

Abbildung 4.4: Strategien der Risikosteuerung.
Quelle: Eigene Darstellung.

Bei einer *Risikoverminderung* versucht das Unternehmen dagegen, die Risikoeintrittswahrscheinlichkeit und/oder die Schadenshöhe auf ein akzeptables Maß zu reduzieren (vgl. Schierenbeck/Lister 2002, 354). Eine beliebte Variante der Risikoverminderung stellt die Diversifikation dar. So kann beispielsweise die Wahrscheinlichkeit für Lieferausfälle durch ein Global Sourcing deutlich verringert werden (vgl. Kajüter 2004, 64). Ziel der *Risikoüberwälzung* ist es, möglichen Schäden und Verlusten mithilfe von Versicherungen und/oder vertraglichen Vereinbarungen entgegenzuwirken, indem sie auf Dritte abgewälzt werden. Bei finanziellen Risiken bieten sich dem Unternehmen zusätzlich zahlreiche Möglichkeiten durch Hedging-Maßnahmen oder auch durch Forfaitierung von Forderungen. Darüber hinaus kann man sich mit Finanzderivaten gegen verschiedenste Preis- und Kursrisiken absichern (vgl. Romeike 2005, 30). Nicht zuletzt besteht die Möglichkeit der *Risikoakzeptanz bzw. –übernahme*, bei der ein gewisses Verlustpotenzial bewusst in Kauf genommen wird (vgl. Wittmann 2000, 806–807). Hierfür eignen sich insbesondere solche Risiken, die nur mit äußerst geringer Wahrscheinlichkeit auftreten, deren Schadenshöhe sehr gering ausfällt und/oder deren Kosten für die Steuerung im Verhältnis zur Schadenshöhe übermäßig hoch sind (vgl. Rosenkranz/Missler-Behr 2005, 46). Bei Akzeptanz bestimmter Risiken versucht das Unternehmen, diese durch Bildung finanzieller, materieller oder personeller Reserven selbst auszugleichen. Die Risikoakzeptanz stellt oftmals eine sehr rentable Maßnahme der Risikosteuerung dar, die allerdings durch die dem Unternehmen zur Verfügung stehenden finanziellen Mittel begrenzt ist (vgl. Rosenkranz/Missler-Behr 2005, 297–298). Abschließend sei noch darauf hingewiesen, dass trotz eines umfassenden Risikomanagementsystems immer gewisse

Restrisiken verbleiben, die im Zuge der Risikoidentifikation nicht aufgedeckt werden konnten und die das Unternehmen daraufhin zwangsläufig selbst tragen muss (vgl. Schenk 1998, 114).

Schwerpunkt der **Risikokontrolle** bildet eine dauerhafte operative und strategische Effizienzüberprüfung der einzelnen Prozessphasen sowie ein regelmäßiges Risikoreporting an die verschiedenen Geschäftsbereiche bzw. die Entscheidungsträger. Die Risikokontrolle erfüllt somit die Funktionen der Risikoüberwachung und der Risikoberichterstattung (vgl. Schierenbeck/Lister 2002, 370).

Die Risikoüberwachung befasst sich dabei primär mit einem Abgleich des Ist-Zustands mit dem im Zuge der gewählten Risikostrategie fixierten Soll-Zustand (vgl. Rosenkranz/Missler-Behr 2005, 48). Dieser regelmäßige Abgleich ermöglicht es dem Unternehmen, die im Zuge der Risikosteuerung getroffenen Maßnahmen und deren Wirkungen zu beurteilen und gegebenenfalls Nachbesserungen vorzunehmen (vgl. Schierenbeck/Lister 2002, 370). Eine möglichst frühe Identifikation potenzieller Abweichungen von dem Soll-Zustand und eine anschließende Kommunikation im Rahmen des Risikoreporting sind hierbei von elementarer Bedeutung. Nur so haben die betroffenen Unternehmensbereiche bzw. die jeweiligen Entscheidungsträger die Chance, zeitnah entgegenzusteuern (vgl. Wittmann 2000, 815). Des Weiteren gilt es, bei der Überwachung nicht nur die identifizierten Einzelrisiken zu überprüfen, sondern aufgrund kompensatorischer bzw. kumulativer Effekte ebenfalls das aggregierte Gesamtrisiko des Unternehmens im Auge zu behalten. Die Intensität der Risikoüberwachung richtet sich im Allgemeinen nach der Bedeutung der Risiken bzw. der Gesamtrisikolage des Unternehmens (vgl. Kajüter 2004, 272). Zusätzlich findet eine kontinuierliche Überprüfung des gesamten Risikomanagementsystems statt. Potenzielle Schwachstellen im Regelkreis können so aufgedeckt und durch adäquate Gegenmaßnahmen beseitigt werden (vgl. Schierenbeck/Lister 2002, 370). Ferner ist es Aufgabe der Risikoüberwachung, die Aktualität und Effektivität des Systems zu gewährleisten, weshalb neue Erkenntnisse und neu gewonnenes Wissen zeitnah in den Prozesskreislauf zu integrieren sind (vgl. Rosenkranz/Missler-Behr 2005, 41).

Abschließender Bestandteil der Risikopolitik ist die Risikoberichterstattung, durch welche die Verantwortlichen über die aktuelle Risikosituation des Unternehmens informiert werden. Die Form und der Detaillierungsgrad des Risikoberichts werden von den unterschiedlichen Informationsbedürfnissen der Adressaten bestimmt. So benötigen die direkt verantwortlichen Entscheidungsträger möglichst umfangreiche Informationen über die bestehenden Risiken, wohingegen der Vorstand eher an einer verdichteten Darstellung interessiert ist. In Ausnahmefällen kann zudem eine sog. Ad-hoc-Berichterstattung notwendig sein, um auf plötzlich auftretende Änderungen der Risikosituation zeitnah reagieren zu können (vgl. Kajüter 2004, 273). Mit der Erstellung des Risikoberichts schließt sich der Regelkreis des Risikomanagements.

4.2.1.3 Regulatorische Rahmenbedingungen

Sowohl national als auch international existieren eine Reihe regulatorischer Anforderungen an das Risikomanagement eines Unternehmens (vgl. Böger 2010, 21). Tabelle 4.2 vermittelt einen Überblick zu deutschen wie auch einigen ausgewählten internationalen Vorschriften mit Relevanz für das Risikomanagement (für eine ausführliche Darstellung der einzelnen gesetzlichen Vorgaben sei auf LEOW ET AL. 2011 verwiesen).

Das **Gesetz zur Kontrolle und Transparenz im Unternehmensbereich (KonTraG)** gilt als Ausgangsbasis für die regulatorische Notwendigkeit des Risikomanagements in Deutschland. Es trat am 01. Mai 1998 in Kraft und war eine Reaktion des Gesetzgebers auf einige größere Unternehmenskrisen und -insolvenzen, die weder von den Vorständen noch von den kontrollierenden Aufsichtsräten und Wirtschaftsprüfern rechtzeitig erkannt wurden (vgl. Böger 2010, 22). Die enorme Kritik der Medien führte dazu, dass der Forderung nach einer höheren Transparenz und Kontrolle nachgekommen wurde (vgl. Henselmann 2001, 31). Aus diesem Grund wurden die bis dahin bestehenden Regulierungen aus dem Handelsgesetzbuch (HGB) und dem Aktiengesetz (AktG) überarbeitet und konkretisiert. Seither sind neben der Verpflichtung zu einer besseren Kontrolle und Zusammenarbeit zwischen Vorstand, Aufsichtsrat und Abschlussprüfern insbesondere zwei Regelungen für das Risikomanagement prägend: Zum einen wurde festgelegt, dass Risiken der künftigen Entwicklung im Lagebericht aufzuführen sind und damit einen Teil des Abschlussberichts umfassen (§289 Abs. 1 und §315 Abs. 1 HGB). Zum anderen verpflichtet §91 Abs. 2 AktG den Vorstand, ein Überwachungssystem einzurichten und geeignete Maßnahmen zu treffen, die den Fortbestand des Unternehmens gewährleisten und gefährdende Entwicklungen früh erkennen lassen (vgl. Kajüter 2004, 14).

Ein ähnliches Gesetz existiert in den USA, wo der **Sarbanes-Oxley Act (SOA)**, der im Jahr 2002 eingeführt wurde, sowie verschiedene Verordnungen der Börsenaufsicht SECURITIES AND EXCHANGE COMMISSION (SEC) die Offenlegungspflichten sowie die Einrichtung eines internen Überwachungssystems für börsennotierte Unternehmen regelt. Zwar besteht dort keine direkte Verpflichtung zur Einrichtung eines Risikomanagements, jedoch ein Publizitätskontrollsystem, das die systematische Erfassung und Kommunikation zentraler Risiken an den Vorstand und deren Offenlegung sowie ein internes Kontrollsystem für das Rechnungswesen vorsieht (vgl. Loew/Clausen/Rohde 2011, 24–25).

STANDARD	BESCHREIBUNG
Gesetz zur Kontrolle und Transparenz im Unternehmensbereich (D) 1998	Implementierung eines Überwachungssystems zur Risikofrüherkennung, Überprüfung durch den Abschlussprüfer und Darstellung von Risiken im Lagebericht.
Deutscher Corporate Governance Kodex (D) 2002/2009	Pflichten des Vorstandes bzgl. Risikomanagement und Risikocontrolling und Compliance sowie die Aufgaben des Aufsichtsrates.
Sarbanes Oxley Act (USA) 2002	Implementierung und Aufrechterhaltung eines internen Kontrollsystems zur Finanzberichterstattung. Der Lagebericht muss eine Beurteilung der Wirksamkeit des internen Kontrollsystems (IKS) der Geschäftsleitung sowie das Urteil eines Wirtschaftsprüfers über dessen Wirksamkeit enthalten.
Bilanzrechtsreformgesetz (D) 2005	Unabhängigkeit des Abschlussprüfers. Im Lagebericht ist nicht nur auf die Risiken, sondern auch auf die Chancen einzugehen.
EU-Abschlussprüfungsrichtlinie (EU) 2006	Der Aufsichtsrat (ggf. ein Prüfungsausschuss) muss die Wirksamkeit des internen Kontrollsystems (ggf. der internen Revision), das Risikomanagement und die Abschlussprüfung überwachen. Zudem muss die Unabhängigkeit des Abschlussprüfers festgelegt werden.
EU-Abänderungsrichtlinie (EU) 2006	Aktiengesellschaften müssen im Lagebericht eine Erklärung zur Unternehmensführung abgeben und die wichtigsten Merkmale des Risikomanagements beschreiben.
Basel II (EU) 2006	Vorschriften zur Eigenkapitalunterlegung von Kreditinstituten. Der Aufsichtsrat muss die Existenz und Wirksamkeit eines Risikomanagements sicherstellen.
Unternehmensrechtsänderungsgesetz (Österreich) 2008	Im Lagebericht muss eine Darstellung des Risikomanagements erfolgen.
Revisionsaufsichtsgesetz und Obligationenrecht (Schweiz) 2008	Angaben zur Risikobeurteilung im Anhang der Jahresrechnung und Existenz eines internen Kontrollsystems.
Bilanzrechtsmodernisierungsgesetz (D) 2009	Im Lagebericht muss das interne Kontroll– und Risikomanagementsystem beschrieben werden. Der Aufsichtsrat muss sich über das Risikomanagement informieren und dessen Wirksamkeit überwachen.

Tabelle 4.2: Gesetzliche Vorgaben mit Relevanz für das Risikomanagement.
Quelle: Loew et al. (2011, 16).

Neben den rechtsverbindlichen Gesetzen bestehen in vielen Ländern CORPORATE GOVERNANCE INDIZES, die vornehmlich einen empfehlenden Charakter haben. Zudem bestehen sog. Standards bzw. Empfehlungen (vgl. Böger 2010, 23). Beispielhaft sei der COSO

ENTERPRISE RISK MANAGEMENT FRAMEWORK (USA), der AS/NZS 4360 RISK MANAGEMENT (Australien/Neuseeland), der JIS Q 2001 (Japan) oder der FERMA STANDARD DER FEDERATION OF EUROPEAN RISK MANAGEMENT ASSOCIATIONS zu nennen (vgl. Tabelle 4.3). Trotz vergleichbarer Inhalte bestehen erhebliche Unterschiede zwischen einzelnen Ländern im Hinblick auf die Konkretisierung der Aussagen sowie bei den Zielgruppen. Aus diesem Grund wurde auf internationaler Ebene 2009 ein neuer ISO STANDARD (International Organization for Standardization, ISO 31000) veröffentlicht, der auf eine international einheitliche Vorstellung des Risikomanagements abzielt (vgl. Brühwiler 2008, 17).

STANDARD	BESCHREIBUNG
AS/NZS 4360 (Australien/Neuseeland) 1995/1999/2004	Ältester und bekanntester RM-Standard, universell anwendbar und branchenunabhängig, laufend weiterentwickelt, risiken- und chancenorientiert, begleitendes Handbuch vorhanden, Antrag auf Anerkennung als ISO-Standard, Eingang in den ISO/DIS 31000.
CAN/CSA Q 850 (Kanada) 1997	Zweitältester RM-Standard, entscheidungsbezogen, Betonung der Bedeutung der (öffentlichen) Risikowahrnehmung, -akzeptanz und -kommunikation, gute Hinweise zur Dokumentation.
PD 6668:2000 (Großbritannien) 2000	Topmanagement- und Corporate Governance-orientiert, Benchmark-Fragebogen zur Feststellung des RM Status quo, PDCA (Bezug zu ISO Management-Standards).
JIS Q 2001 (Japan) 2001	Terminologie angelehnt an ISO Guide 51 & 73, PDCA-Logik (Anlehnung an ISO Management-Standards), Betonung der gesamtgesellschaftlichen Verantwortung.
COSO ERM (USA) 2004	Berufsständische Leitlinien, angelehnt an COSO International Control Framework, stark Corporate Governance- bzw. revisions- und wirtschaftsprüfungsorientiert, begleitendes Handbuch mit Anwendungshinweisen.
ONR 4900x (Österreich) 2004/2008	Terminologie analog zu ISO Guide 73, Ziele/Framework/Prozess analog zu ISO/DIS 31000, PDCA, mehrteilige Normenfamilie, System- und Personenzertifizierung, Managementsystemintegration.
ISO/DIS 31000 (International) 2009	Generische und konzise Top-Level-Leitlinie (Grundsätze & generische Leitlinien), Grundlage für andere Standards, PDCA, Terminologie ISO Guide 73, Einbindung ONR 49001, RMP AS/NZS 4360, keine Zertifizierung.

Tabelle 4.3: Überblick über Risikomanagementsystem-Standards.
Quelle: Loew et al. (2011, 31).

4.2.2 Beitrag von CSR zum traditionellen Risikomanagement

4.2.2.1 Aktuelle Herausforderungen des Risikomanagements

Die Risikolandschaft hat sich für Unternehmen in den vergangenen Jahren fundamental verändert (vgl. www.bmu.de 2011, 6). Wie der Bericht „Global Risks 2011" des WORLD

ECONOMIC FORUMS zeigt, stellen Umwelt- und gesellschaftliche Risiken für die kommenden zehn Jahre die größten Risikoquellen dar (vgl. Abbildung 4.5).

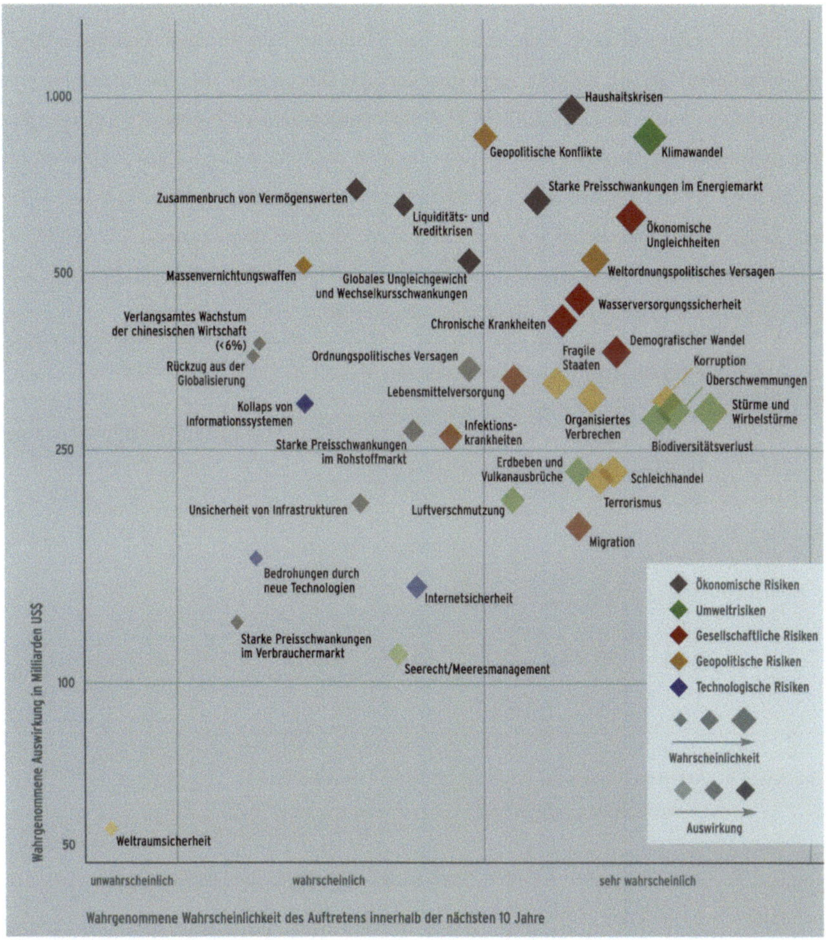

Abbildung 4.5: Weltweite Risiken 2011.
Quelle: World Economic Forum (2011, 3).

Die auch als *„Megatrends der Nachhaltigkeit"* zu bezeichnenden Herausforderungen kennzeichnen sich vorwiegend durch Risiken der Energieversorgung, Risiken aus Materialien und Rohstoffen, Risiken der Wasserversorgung, Risiken des demografischen Wandels sowie Risiken aus der globalen Lieferkette (für eine ausführliche Darstellung der Megatrends der Nachhaltigkeit sei auf LOEW ET AL. 2011 verwiesen). Problematisch ist, dass nahezu alle Risiken, die sich aus den Megatrends der Nachhaltigkeit ergeben, langfristiger Natur sind. Aktuell betrachtet das Risikomanagement einen Zeitraum von 12 bis 24 Monaten. Risiken, die langfristiger Natur sind, entziehen sich damit dem Blickfeld des Risikomanagements (vgl. www.bmu.de 2011, 8–9). Zugleich zeigt sich, dass das Bewusstsein über die Bedeutung von Nachhaltigkeitsrisiken für Unternehmen noch nicht ausgeprägt ist. Obwohl der Anteil an Risiken, bei denen ein Megatrend als Ursache für eine aufgekommene Risikokomponente im Durchschnitt bei 48,1 Prozent liegt – in umweltrelevanten Branchen wie der Chemie-, Automobil- oder Energiebranche (CAE) liegt dieser Wert sogar bei 65,5 Prozent (vgl. Abbildung 4.6) –, erwähnen die Geschäftsberichte in den seltensten Fällen die Megatrends der Nachhaltigkeit explizit als Ursache (vgl. Loew/Clausen/Rohde 2011, 96).

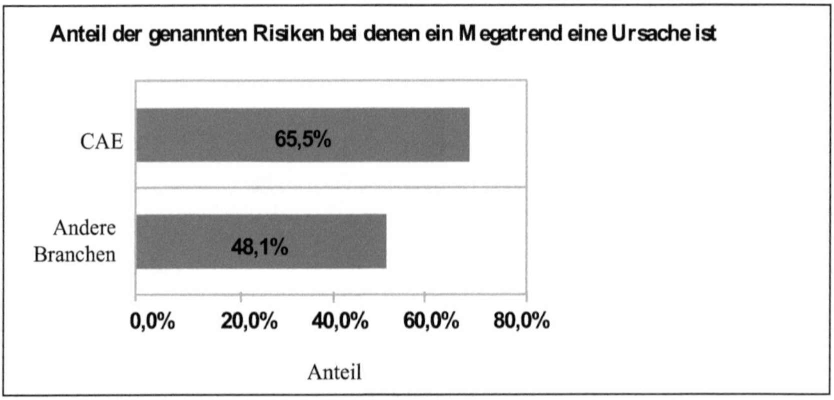

Abbildung 4.6: Anteil an Risiken, bei denen ein Megatrend die Ursache ist.
Quelle: Loew et al. (2011, 97).

Lediglich bei 9 der 109 identifizierten Nachhaltigkeitsrisiken, die aus den Megatrends der Nachhaltigkeit resultieren, wird der Megatrend explizit als Ursachenquelle genannt. Bei der Einstufung der Nachhaltigkeitsrisiken aus betriebswirtschaftlicher Sicht werden vorwiegend Marktrisiken und rechtliche Risiken in Verbindung mit den Auswirkungen der Megatrends gebracht. Strategische Risiken oder Leistungsrisiken werden nicht im Zusammenhang mit Nachhaltigkeitsrisiken gesehen (vgl. Loew/Clausen/Rohde 2011, 105).

Die Ergebnisse der von LEOW ET AL. (2011) durchgeführten Untersuchung zeigen, dass die Bedeutung von Nachhaltigkeitsrisiken für Unternehmen bislang noch unterschätzt wird. Zumindest zeigt sich, dass die Zeitskala, in der aktuell das Risikomanagement vieler Unternehmen denkt, noch nicht zur Zeitskala der Auswirkungen der Nachhaltigkeitsrisiken passt (vgl. Loew/Clausen/Rohde 2011, 105). Neben der Notwendigkeit zur Beschäftigung mit zusätzlichen Themen deutet dies auch die Erfordernis eines langfristigeren Risikomanagements an.

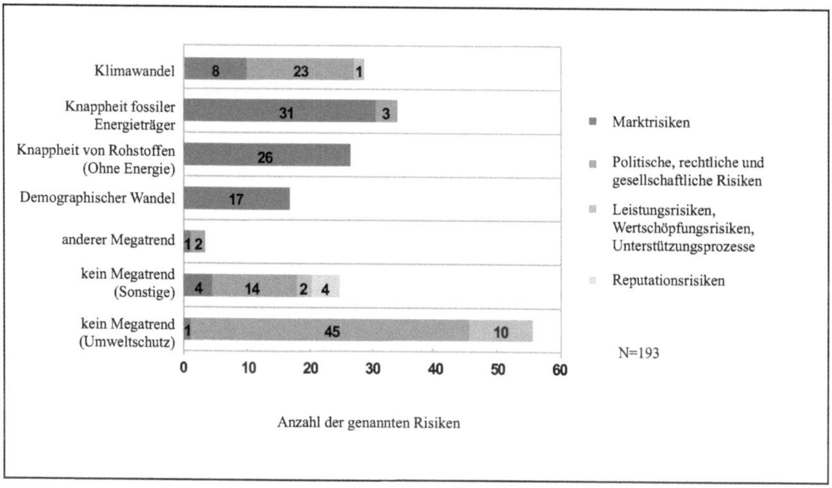

Abbildung 4.7: Betriebswirtschaftliche Einordnung von Nachhaltigkeitsrisiken.
Quelle: Loew et al. (2011, 105).

4.2.2.2 CSR als Management ökologischer und sozialer Risiken

Das CSR-Engagement eines Unternehmens kann als eine Art Identifikation, Analyse, Bewertung und Steuerung ökologischer und sozialer Risiken angesehen werden. Durch die Übernahme gesellschaftlicher Verantwortung werden ein bewusster Umgang und eine gezielte Steuerung ökologischer und sozialer Themen durch das Unternehmen gewährleistet. Als Anlaufstelle für ökologische und soziale Fragestellungen verfolgt das CSR-Management die Entwicklung in den Bereichen Umweltschutz, Gesellschaft und Soziales. Der Stakeholderdialog fungiert als Frühwarnsystem und ermöglicht dem Unternehmen, gesellschaftliche und ökologische Veränderungen und die damit einhergehenden Risiken frühzeitig zu erkennen und eine rechtzeitige und angemessene Reaktion darauf zu erarbeiten (vgl. Dentchev 2004, 404; Kirchhoff 2006, 15).

In diesem Sinne kann das CSR-Engagement eines Unternehmens als Risikomanagement für Nachhaltigkeitsrisiken verstanden werden. Durch den Fokus auf ökologische und soziale Risikoquellen trägt das CSR-Engagement dazu bei, folgende Risiken zu vermeiden (vgl. www.bmu.de 2011, 9):

- **Reduzierung strategischer Risiken:** Bei der Weiterentwicklung der Unternehmensstrategie sind eine Vielzahl an Faktoren zu berücksichtigen. Die Gefahr, dass einzelne Aspekte übersehen werden, ist groß. Durch den systematischen Einbezug von CSR-Fachleuten kann die Voraussetzung geschaffen werden, Nachhaltigkeitsthemen in die Entscheidung mit aufzunehmen. Strategische Risiken eines Unternehmens können dadurch entscheidend reduziert werden (vgl. Loew/Clausen/Rohde 2011, 80).
- **Reduzierung operativer Prozessrisiken:** Durch die Einführung von Umweltmanagementsystemen, die Anpassung von Vorgaben im Einkauf zur Vermeidung ökologischer und sozialer Risikopotenziale in der Lieferkette, durch die Entwicklung von Verfahren, die die Einhaltung von gesetzlichen Anforderungen und Standards sicherstellen, oder Vorkehrungen zur Sicherstellung von Compliance können operative Prozessrisiken begrenzt werden (vgl. www.bmu.de 2011, 9). Wie Studien belegen, führt dies zu Einsparungen bei der Umweltbesteuerung sowie zum Rückgang von Geldstrafen (vgl. Lankoski 2006, 35). Vor allem in der Supply Chain trägt ein gut ausgebautes CSR-Engagement zur Reduktion operativer Prozessrisiken bei. So konnte die Untersuchung von ROBERTS/DOWLING (2002) nachweisen, dass vertragliche Risiken mit Zulieferern durch die Implementierung von CSR gemindert werden konnten (vgl. 2002, 1079).
- **Reduzierung von Produktrisiken:** In Rahmen der Produktentwicklung gilt es, Risiken auszuschließen, die den zukünftigen Erfolg eines Produktes gefährden. Die Produkteigenschaften sind zugleich an die Konsumpräferenzen anzupassen. Das CSR-Engagement stellt sicher, dass nachhaltigkeitsrelevante Vorgaben in die Produktentwicklung implementiert werden. Durch die Vermeidung problematischer Stoffe, konkrete Zielvorgaben bei der Energieeffizienz oder dem Rohstoffeinsatz werden Risiken, die den Erfolg neuer Produkte gefährden, begrenzt (vgl. www.bmu.de 2011, 8–9).
- **Reduzierung von Reputationsrisiken:** Die oben genannten Maßnahmen tragen allesamt dazu bei, dass Sachverhalte vermieden werden, die der Reputation eines Unternehmens schaden könnten. Durch das CSR-Engagement eines Unternehmens lässt sich glaubhaft darlegen, dass das Unternehmen ein Problembewusstsein in diesen Bereichen entwickelt hat und entsprechende Vorkehrungen implementiert wurden. Das dadurch er-

langte Reputationskapital fungiert als sog. „safety net" (vgl. Orlitzky/Benjamin 2001, 368), welches den Unternehmen erlaubt, dieses Kapital in Krisenzeiten als Puffer gegen Imageschäden zu verwenden (vgl. Schnietz/Epstein 2005, 342; Fombrun/Gardberg/Barnett 2000, 88).

Trotz unterschiedlicher Wurzeln sind das Konzept der Übernahme gesellschaftlicher Verantwortung durch Unternehmen und das generelle Risikomanagement eines Unternehmens eng miteinander verbunden. CSR steht für ein verantwortliches Handeln im Kerngeschäft und fokussiert sich auf Themen wie den Umwelt- und Klimaschutz sowie die stärkere Berücksichtigung sozialer und gesellschaftlicher Themen. Dadurch stellt es eine Antwort auf jene Risiken dar, die mit den veränderten Rahmenbedingungen einer globalisierten Wirtschaft und den gestiegenen gesellschaftlichen Erwartungen einhergehen. Die Übernahme gesellschaftlicher Verantwortung ermöglicht daher, konkrete Ziele und Maßnahmen zur kontinuierlichen Verbesserung ökologischer und sozialer Herausforderungen in die Managementabläufe zu integrieren und eine Reduzierung von Geschäfts- und Betriebsrisiken für das Unternehmen zu gewährleisten (vgl. www.bmu.de 2011, 10).

4.2.2.3 Formale Schnittstelle zwischen Risikomanagement und CSR

Wie der formale Ablauf des Risikomanagements gemäß der ISO-Norm 31000 zeigt, wird neben den Kernelementen der Risikoabschätzung und der Risikobehandlung die Kommunikation und die Beratung mit internen und externen Anspruchsgruppen vorausgesetzt (vgl. Abbildung 4.8). Ziel der Konsultation externer und interner Anspruchsgruppen ist, Risiken umfassender zu beurteilen und dort zu identifizieren, wo sie entstehen (vgl. Loew/Clausen/Rohde 2011, 36–37).

Die formale Niederschrift der Konsultation interner und externer Anspruchsgruppen im ISO 31000 kann als zentraler Anknüpfungspunkt zum Konzept der Übernahme gesellschaftlicher Verantwortung durch Unternehmen verstanden werden. Mit dem Ziel, ökologische und soziale Risiken umfassender zu bewerten, ermöglicht die ISO 31000 die formale Integration der CSR-Abteilung in den Risikomanagementprozess. Risiken wie Strafverfahren, Strafzahlungen oder Kampagnen von Nichtregierungsorganisationen (NGOs) aufgrund der Verletzung umweltrechtlicher Vorschriften oder von Erkenntnissen zur Toxizität von Inhaltsstoffen und deren Auswirkungen auf kurzfristige und kostenintensive Produkt- und Produktionsanpassungen können damit umfassender identifiziert und bewertet werden. Ein regelmäßiges Reporting der CSR-Abteilung an einzelne Fachabteilungen ermöglicht zugleich, ökologische und soziale

Risiken von verschiedenen Seiten zu beleuchten. So wird das Risiko von Umsatzausfällen durch den Boykott eines kontroversen Produktes in der Regel von der Marketingabteilung realistischer eingeschätzt, als durch den CSR-Verantwortlichen. Dieser kann allerdings die Marketingabteilung frühzeitig auf das mögliche Boykottierungsrisiko aufmerksam machen, da er mögliche Hintergründe und Zusammenhänge besser versteht oder über das Frühwarnsystem und die Kommunikation mit externen Stakeholdergruppen Risiken deutlich früher wahrnimmt.

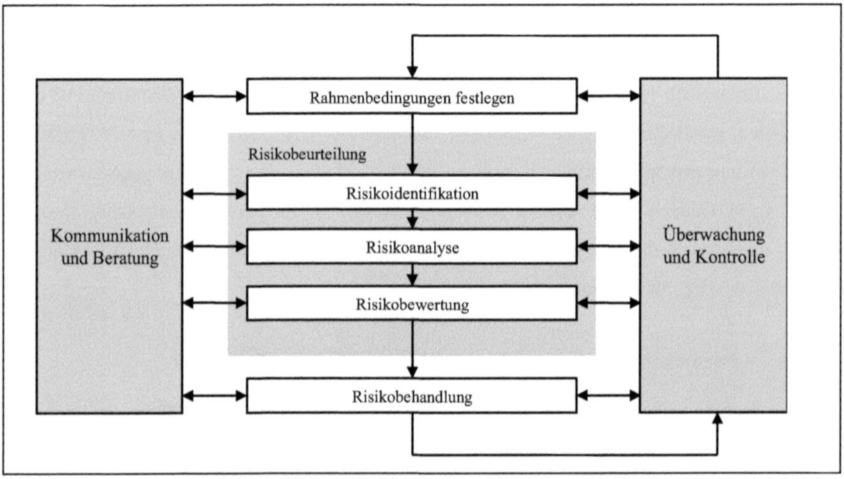

Abbildung 4.8: Ablauf des formalen Risikomanagements nach ISO 31000.
Quelle: ISO 31000.

Die Integration der CSR-Abteilung in den formalen Risikomanagementprozess stellt eine bedeutende Ergänzung zum traditionellen Risikomanagement dar und ermöglicht, Gegenmaßnahmen rechtzeitig zu implementieren. Damit leistet das CSR-Management einen bedeutenden Beitrag zur Reduzierung von Unternehmensrisiken. Bereits ORLITZKY und BENJAMIN konnten empirisch nachweisen, dass das CSR-Engagement eines Unternehmens signifikant negativ mit dem finanziellen Unternehmensrisiko korreliert (vgl. 2001, 384). Durch die Aufgabe, systematisch alle Kerngeschäftsprozesse auf Nachhaltigkeitsrisiken und –chancen hin zu analysieren, wird der Einschätzung ökologischer und sozialer Risiken mithilfe von CSR umfassend Rechnung getragen. Allein die Beobachtung ökologischer und sozialer Themen, der dazugehörige Dialog mit externen Stakeholdern sowie die Rolle der CSR-Abteilung als Anlaufstelle für ökologische und soziale Fragen und Informationen ermöglicht, ökologische und soziale Risiken frühzeitig den jeweiligen Funktionsbereichen zuzuordnen. Dies gewährleistet die Berücksichtigung ökologischer und sozialer Risiken und die daraus entstehenden Folgen in das Blickfeld des Risikomanagements zu integrieren.

Die Tatsache, dass die ISO 31000 die Kommunikation mit internen und externen Anspruchsgruppen an den Anfang des Risikomanagementprozesses stellt, betont die Bedeutung der Konsultation der Anspruchsgruppen im Zuge des Risikomanagements. Laut der ISO 31000 stellt die Kommunikation mit internen und externen Anspruchsgruppen sogar die Basis des Grundgedankens einer kontinuierlichen Verbesserung sowie des sog. *„Plan, Do, Check and Act-Ansatzes“* dar (vgl. Loew/Clausen/Rohde 2011, 33–34). Damit befürwortet die ISO 31000 Norm die Integration von CSR in den Risikomanagementprozess. Die genaue Ausgestaltung der Integration von CSR in den Ablauf des Risikomanagements ist jedoch unternehmensindividuell vorzunehmen und hängt von den strategischen Unternehmenszielen sowie von der Geschäftstätigkeit und damit der Bedeutung ökologischer und sozialer Risiken für das Unternehmen ab.

4.3 Möglichkeiten eines CSR-integrierten Risikomanagements bei M&A

4.3.1 Struktur eines akquisitionsbegleitenden Risikomanagements

Wie die wissenschaftliche Literatur zum Thema Risikomanagement bei M&A zeigt, mangelt es in der betriebswirtschaftlichen Praxis häufig an einer umfassenden Risikomanagementkonzeption im Zuge des M&A-Prozesses. Das Thema wird häufig unter Verweis auf die zentrale Rolle der Due Diligence als Instrument der Risikominimierung bzw. –begrenzung abgehandelt (vgl. Keller 2002, 44–45). Eine Gleichsetzung des Risikomanagements mit der M&A-Aktivität der Due Diligence greift allerdings zu kurz. Versteht man die Due Diligence als *„ganzheitliche Unternehmensanalyse“* (Wegmann/Koch 2000, 1027), die darauf abzielt, Risiken und Schwachstellen des betrachteten Zielunternehmens aufzudecken (vgl. Berens/Schmitting/Strauch 2011, 72), dann lässt sich feststellen, dass nicht alle Funktionen des Risikomanagements über die Due Diligence abgedeckt werden können. Die Due Diligence stellt zwar ein zentrales Instrument zur Risikoidentifikation und –analyse im Zuge des M&A-Prozesses dar, sie umfasst jedoch lediglich einen Teilbereich des gesamten Regelkreises des Risikomanagements (vgl. Keller 2002, 44). Aus diesem Grund ist es zweckmäßig, die Inhalte des Risikomanagements als unterstützenden Prozess in den eigentlichen M&A-Prozess zu integrieren. Hierbei ist eine schwerpunktmäßige Zuordnung der einzelnen Risikomanagementfunktionen in Anlehnung an den chronologischen Ablauf des M&A-Prozesses möglich (vgl. Abbildung 4.9).

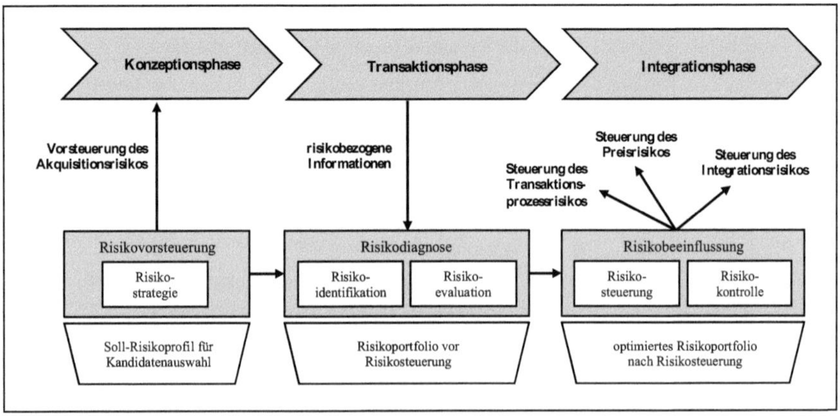

Abbildung 4.9: M&A-Prozess vs. Risikomanagementprozess.
Quelle: Keller (2002, 46).

Folgt man dieser Vorgehensweise, beginnt der Beitrag des Risikomanagements im M&A-Prozess bereits in der Vorfeldphase. Hierbei gilt es, eine **Risikostrategie** zu entwickeln, die als Bestandteil der Akquisitionsstrategie aufzufassen ist und die *Risikovorsteuerung* gewährleistet. Die Risikostrategie bildet die Gesamtheit aller strategischen Vorgaben zur Handhabung der Risiken (vgl. Lück 1998, 10). Eine Minimierung des Akquisitionsrisikos ist nicht möglich, da Akquisitionen per se riskant sind (vgl. Abschnitt 4.1.2.1). Ein Verzicht auf das strategische Mittel der externen Wachstumsstrategie scheidet im Regelfall aus, da hierdurch a priori strategische Entscheidungsmöglichkeiten ausgeschlossen werden, die häufig durch andere Maßnahmen so gar nicht zu erreichen wären. Die Aufgabe der Risikostrategie im Zuge einer M&A-Transaktion ist also nicht darin zu sehen, eine Minimierung der Risikopositionen zu erreichen, vielmehr geht es darum, das Chancen-Risiko-Profil der Transaktion zu optimieren (vgl. Füser/Gleißner/Meier 1999, 757). Die Erarbeitung einer so verstandenen Risikostrategie im Zuge des M&A-Managements lässt sich damit zwei Aufgabenbereichen zuordnen: zunächst gilt es, die Akquisitionsstrategie an die risikopolitischen Grundsätze bzw. Leitlinien, die auf Gesamtunternehmensebene festgelegt wurden, anzugleichen. Dadurch kann sowohl die Risikobereitschaft als auch die Risikotragfähigkeit der M&A-Transaktion definiert werden. Hierauf aufbauend kann mithilfe konkreter risikostrategischer Vorgaben das Risikoniveau und die Risikostruktur der M&A-Transaktion vorgesteuert werden (vgl. Keller 2002, 51).

Der Beginn der Transaktionsphase wird durch die Teilfunktion der **Risikodiagnose** bestimmt. Durch die Sammlung und Verdichtung von Informationen kann die Unsicherheit über die zukünftige Entwicklung verringert werden, bis zu dem Punkt, wo das Risiko einerseits hinreichend konkretisiert ist und damit endscheidbar wird und andererseits noch ausreichende Manövrierbarkeit bzw. Reaktionszeit vorliegt (vgl. Keller 2002, 36). Um eine systematische *Risikoidentifikation* und eine möglichst umfassende quantitative und qualitative *Risikoevaluation* im Transaktionsprozess zu gewährleisten, ist ein intensiver Informationsfluss nötig, der von der Such- und Auswahlphase im Zuge des Screenings bis hin zur Due Diligence reicht. Ziel der Risikodiagnose ist die Aufbereitung aller risikobezogener Informationen in ein sog. Risikoportfolio, welches als wesentliche Entscheidungsgrundlage für die daran anknüpfenden Schritte des M&A-Prozesses dient (vgl. Keller 2002, 46–47).

Gegen Ende der Transaktionsphase gilt es dann, Maßnahmen zur **Risikosteuerung** abzuleiten. Ziel ist es, auf die individuelle Risikosituation gemäß des Chancen-/Risiko-Profils des Unternehmens explizit einzuwirken. Dabei können grundsätzlich alle im Rahmen des M&A-Managements zutreffenden Entscheidungen herangezogen werden, die einen Einfluss auf den M&A-Erfolg haben. Dennoch lassen sich Entscheidungs- und Risikosteuerungsbereiche nennen, die als Hebel zur Risikosteuerung im Zuge einer M&A-Transaktion herangezogen werden können:

- Die Steuerung des *Transaktionsprozessrisikos* gelingt zum einen über die Einführung eines Gesamtsteuerungsprozesses, in dem bereits zu Beginn der Transaktionsphase immer wieder zu entscheiden ist, ob der Transaktionsprozess weitergeführt werden soll oder abgebrochen wird. Der M&A-Prozess sollte nur dann fortgesetzt werden, wenn sichergestellt ist, dass dadurch eine Wertsteigerung erreicht werden kann. Sobald dies nicht mehr gewährleistet werden kann, sollte der M&A-Prozess unverzüglich abgebrochen werden (vgl. Eccles/Lanes/Wilson 1999, 143; Jemison/Sitkin 1986, 113). Darüber hinaus helfen operative Steuerungsmaßnahmen wie Geheimhaltungserfordernisse und eine darauf abgestimmte Informationspolitik, ein detaillierter Projektzeitplan oder die stetige Überwachung der Transaktionskosten zur Reduzierung des Transaktionsprozessrisikos beizutragen (vgl. Keller 2002, 90).

- Das *Preisrisiko* lässt sich durch die Berücksichtigung von Risiken durch Abschläge in der Preisfindung reduzieren. Hierbei ist es dienlich, einen Grenzpreis festzulegen, der auf Basis der strategischen Unternehmensbewertung ermittelt wird. Alternativ ist auch denkbar, Risiken durch die Vertragsgestaltung z.B. über die Verwendung von Vertragsparametern wie einer verzögerten Kaufpreisbestimmung, Garantien oder Zusicherungen abzudecken.
- *Integrationsrisiken* lassen sich zudem durch entsprechende Maßnahmen im Rahmen des Integrationsmanagements vermeiden bzw. vermindern. Hierunter fallen Aspekte wie die Etablierung einer Führungsstruktur, mitarbeiterorientierte Maßnahmen zur Reduzierung des merger-syndroms, eine strategiekonforme (Re-)Konfiguration der Geschäftsprozesse und der externen Integration, die Harmonisierung der Reporting- und Informationssysteme oder Maßnahmen zur Zusammenführung der Unternehmenskulturen (vgl. Keller 2002, 171).

Die Umsetzung der risikosteuernden Maßnahmen schlägt sich schlussendlich in einem optimalen Risikoportfolio der M&A-Transaktion nieder. Die Aufgabe der **Risikokontrolle** besteht darin, die Effektivität und Effizienz der Risikosteuerung zu überwachen, um die angestrebten Ziele des Risikomanagements zu realisieren.

4.3.2 Beitrag von CSR zum akquisitionsbegleitenden Risikomanagement

4.3.2.1 Risikovorsteuerung durch CSR in der Vorfeldphase

4.3.2.1.1 CSR als Bestandteil der Basisstrategie

Bereits bei der Wahl der Basisstrategie ist es möglich, ökologische und soziale Gesichtspunkte in die Überlegungen zu integrieren (vgl. Abbildung 4.10). Dies ermöglicht, bereits zu Beginn des M&A-Prozesses der Forderung nach Nachhaltigkeit nachzukommen und zentrale Risiken, die sich aus der Missachtung ökologischer und/oder sozialer Themen ergeben, zu vermeiden (vgl. Deloitte 2010, 5).

So bietet sich beispielsweise im Zuge der **Geschäftsfeldorientierung** an, die Markt- und Wettbewerbsposition durch ein auf CSR basiertes Leistungsangebot oder ein auf Nachhaltigkeit basierendes Produktportfolio zu stärken. Dies ermöglicht den Zugang zu neuen Kundengruppen und gewährleistet zugleich die Präsenz des Unternehmens auf attraktiven, wachsenden CSR-Nischenmärkten (vgl. Austin/Leonard 2008, 79).

Im Rahmen der **Technologieorientierung** kann die Übernahme gesellschaftlicher Verantwortung des Käuferunternehmens dazu dienen, Engpässe bezüglich eines auf Nachhaltigkeit ausgerichteten Geschäftsmodells zu beseitigen. So kann eine CSR-basierte Unternehmenskultur, ein wertebasiertes Integritäts- und Stakeholdermanagement oder die Expertise in der Entwicklung von innovativen Nachhaltigkeitslösungen entlang der Wertschöpfungskette als Kernkompetenz angesehen werden (vgl. Branco/Rodrigues 2006, 128; Russo/Fouts 1997, 539). Insbesondere für die letzten zwei Jahre lässt sich beobachten, dass sog. *social icons*, also Unternehmen, die ihren Erfolg auf einer CSR-Prinzipien-basierten Unternehmensidentität und einem darauf ausgerichteten Leistungsangebot verdanken, immer häufiger attraktive Unternehmensziele multinationaler Konzerne darstellen, denen es selbst an CSR-Kompetenz mangelt (vgl. www.ethicalconsumer.org 2012). Die Transaktionen zielen vorrangig darauf ab, die *„socially responsible organizational identity"* zu internalisieren (vgl. Bayle Cordier 2010, 29; Marks/Mirvis 1997, 24) und von der Authentizität und den etablierten, loyalen Stakeholderbeziehungen zu profitieren (vgl. Austin/Leonard 2008, 78).

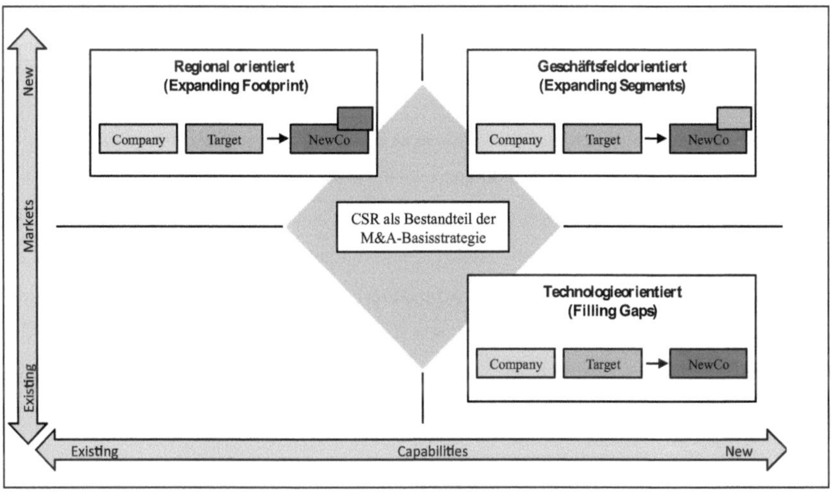

Abbildung 4.10: **CSR als Bestandteil der M&A-Basisstrategie.**
Quelle: In Anlehnung an Deloitte (2010, 5).

Im Zuge der **regionalen Orientierung** bietet sich an, bei der Wahl des Auslandsmarktes Aspekte wie den Zugang zu knappen Ressourcen und Materialien, Subventionsmöglichkeiten für erneuerbare Energien, vorherrschende Arbeitsbedingungen oder die Korruptionsbereitschaft des Landes mit in die Kalkulation der Entwicklungsperspektive des Landes einzubeziehen (vgl. Deloitte 2010, 5). Der Ausschluss von Ländern, die gewisse Mindestanforderungen an soziale und ökologische Normen nicht erfüllen oder die bewusste Entscheidung für Länder, in denen die Übernahme gesellschaftlicher Verantwortung regelrecht gefordert wird, kann bereits vorab die maximal tolerierten sozialen und ökologischen Risiken des weiteren Transaktionsprozesses entscheidend begrenzen. Eine erste Orientierungshilfe bei der Auswahl des Ziellandes bietet beispielsweise das *Country Rating* der OEKOM RESERACH AG (vgl. dazu im Detail Abschnitt 5.2.2.2). Die Rating-Agentur bewertet neben Unternehmen auch Länder anhand ökologischer und sozialer Kriterien. In Zusammenarbeit mit Experten aus der Wissenschaft und Forschung wird anhand von 105 Indikatoren die Performance eines Landes durch fünf soziale und ökologische Bereiche analysiert: Institutionen & Politik[8], Sozialbedingungen[9], Infrastruktur[10], Umweltbestand[11] und Umweltbelastung[12]. Ausführliche Ratings werden für alle OECD-Staaten, alle EU-Mitgliedsländer, alle BRIC-Staaten und wichtige asiatische Länder ausgegeben (vgl. www.oekom-reserach.com 2012).

4.3.2.1.2 CSR als Bestandteil des Screenings

Nachdem die Entscheidung für M&A als bevorzugte Form der Unternehmensentwicklung gefallen ist und zentrale Eckdaten der Akquisitionsstrategie vorliegen, gilt es, mit der gezielten Suche und Auswahl geeigneter Akquisitionsobjekte, dem sog. **Screening**, zu beginnen (vgl. Abschnitt 3.4.2.1). Das Kandidatenscreening stellt eines der zentralsten M&A-Aktivitäten zur Vorsteuerung des Risikoniveaus und der Risikostruktur der M&A-Transaktion dar, da sämtliche Akquisitionsrisiken entscheidend vom gewählten Zielunternehmen determiniert werden (vgl. Keller 2002, 66). Dem akquisitionsbegleitenden Risikomanagement kommt in diesem Zusammenhang die Aufgabe zu, alle für die Vorsteuerung des Akquisitionsrisikos relevanten Variablen zu identifizieren und daraus Vorgaben zu entwickeln, die im Zuge des Screeningprozesses berücksichtigt werden sollten (vgl. Keller 2002, 67).

Ein geeignetes Instrument zur Risikovorsteuerung bietet die Erstellung eines **Anforderungsprofils,** welches im Zuge des Kandidatenscreenings herangezogen wird, um das Soll-Profil des Akquisitionsobjektes festzulegen. Es beschreibt die Charakterisierung des gesuchten Ide-

---

8 Politisches System und Grundrechte, Internationale Abkommen, Öffentliche Ausgaben, Nicht-staatliche Organisationen, politische Stabilität, Korruption & Geldwäsche.

9 Gleichberechtigung, Gesundheit, Bildung, Arbeit & Einkommen, Sicherheit, Bevölkerungsveränderung.

10 Basisstruktur, Medizinische Einrichtung, Bildungsreinrichtung, Zugang zu Informationen.

11 Boden & Landnutzung, Wasser, Biodiversität.

12 Boden, Wasser, Biodiversität, Luftemissionen, Energie, Abfall.

alprofils (vgl. Keller 2002, 66–67). Zur Erstellung des Anforderungsprofils bietet sich an, dieses in zwei Kategorien aufzuspalten: den Katalog mit **Ausschlusskriterien**, deren Bedingungen unbedingt erfüllt sein müssen (sog. Muss-Kriterien), damit das Akquisitionsobjekt in die engere Auswahl kommt, und das sog. **Polaritätsprofil**, das die darüber hinaus erwünschten Eigenschaften (sog. Soll-Kriterien) erfasst (vgl. Gomez/Weber 1989, 44–45).

Die Ausschlusskriterien unterstützen den Such- und Ausleseprozess, indem offensichtlich ungeeignete Kandidaten frühzeitig identifiziert und von dem weiteren Bewertungsverfahren ausgeschlossen werden. Zugleich fungieren sie als zentrales Instrument der Vorsteuerung des Akquisitionsrisikos, da die gewählten Mindestanforderungen eine effektive Limitierung des Akquisitionsrisikos anhand der gewählten Risikoeinflussfaktoren darstellen. Das Polaritätsprofil dient dazu, die über die reinen Ausschlusskriterien hinausreichenden Anforderungen in Form von Soll-Kriterien festzulegen. Je stärker die Ausprägungen eines potenziellen Zielunternehmens mit den gewünschten Anforderungen des Soll-Profils übereinstimmen (sog. „Fit"), desto geeigneter ist der betrachtete Kandidat für den weiteren Transaktionsprozess (vgl. Gomez/Weber 1989, 45). Die im Anforderungsprofil einzubindenden Vorgaben sind den speziellen Bedürfnissen des akquirierenden Unternehmens sowie der gewählten Basisstrategie anzupassen. Die Anwendung von Standardchecklisten ist daher wenig sinnvoll (vgl. Salter/Weinhold 1981, 117). Bislang haben sich vorwiegend drei Kategorien mit Risikovorsteuerungsvariablen in der Literatur durchgesetzt, die sich als einzubindende Vorgaben für die Beschreibung des Soll-Profils des Akquisitionsobjektes eignen: Vorgaben für den *strategischen, finanziellen* und *kulturellen Fit* zwischen Käufer- und Verkäuferunternehmen (für eine ausführliche Darstellung der Methoden und Vorgehensweise zur Prüfung des strategischen, finanziellen und kulturellen Fits sei auf Lucks/Meckl 2002, 79–86 verwiesen).

Um der zunehmenden Brisanz ökologischer und sozialer Risiken im akquisitionsbegleitenden Risikomanagement Rechnung zu tragen, ist es sinnvoll, sowohl die Ausschlusskriterien als auch die Risikovorsteuerungsvorgaben für das Polaritätsprofil um CSR-Gesichtspunkte zu erweitern. Als mögliche CSR-Ausschlusskriterien können kontroverse Geschäftsfelder wie Abtreibung, Alkohol, Atomenergie, chlororganische Massenprodukte, Pornografie, Rüstung oder Tabak in die Bewertung aufgenommen werden. Denkbar ist auch, umstrittene Geschäftspraktiken wie Kinderarbeit, kontroverses Umweltverhalten und Wirtschaftspraktiken, Menschenrechtsverletzungen, Tierversuche oder Arbeitsrechtsverletzungen als Ausschlusskriterien heranzuziehen.

I. Ausschlusskriterien (Muss-Kriterien)

Firma	
Branche	
Land	

	Eigenschaften, die nicht vorliegen dürfen	erfüllt	nicht erfüllt
Strategische Dimension	Umsatz < 100 Mio. Euro Außerhalb EU Marktanteil < 10 Prozent		
Finanzielle Dimension	Sanierungsbedürftig Hohe Fremdfinanzierung Hochsteuerland Gewinntransfer nicht möglich Unrealistischer Goodwill		
Kulturelle Dimension	Hoher Betreuungsbedarf der Mitarbeiter Durchschnittsalter des Vorstandes > 55 Jahre Anteil an Inhouse-Karrieren < 20 Prozent Top-Down-Entscheidungen >70 Prozent		
CSR Dimension	Kinderarbeit Korruptionsvorfälle Schlechter Ruf Umweltschädigende Produktionsprozesse Gesetzesverstöße		

Abbildung 4.11: Beispiel für Ausschlusskriterien beim Kandidatenscreening.
Quelle: In Anlehnung an Gomez/Weber (1989, 44).

Bei der Erweiterung der Risikovorsteuerungsgrößen für das Polaritätsprofil sind zwei Herangehensweisen möglich: Zum einen ist es denkbar, die Analyse des kulturellen Fits (engl. „cultural fit“) um CSR-Risikovorsteuerungsvariablen zu ergänzen, da zwischen der Unternehmenskultur und dem CSR-Engagement eines Unternehmens eine hohe Interdependenz besteht. Zum anderen besteht die Möglichkeit, eine eigenständige „responsibility fit“-Analyse durchzuführen. Diese ist vor allem dann sinnvoll, wenn das akquirierende Unternehmen entscheidend durch Nachhaltigkeitsthemen und deren Risiken beeinträchtigt ist.

Die Integration von CSR im Zuge des cultural fits bietet sich dadurch an, dass CSR-Programme entscheidend von der Akzeptanz und der Partizipation der Mitarbeiter beeinflusst werden. Von ihrer Zustimmung und Unterstützung hängt letztendlich ab, ob und wie die entwickelten CSR-Programme umgesetzt werden. Damit formen die grundlegenden Überzeugungen respektive die Unternehmenskultur das CSR-Engagement eines Unternehmens und bilden den groben, langfristigen Rahmen (vgl. Kuhlen 2005, 38). In empirischen Studien konnte man erkennen, dass Unternehmen, deren vorherrschende Unternehmenskultur bereits sozial verantwortliche Verhaltensweisen enthält, deutlich weniger gegen Widerstände bei der Implementierung von CSR zu kämpfen haben als Unternehmen, bei denen die Unternehmenskultur nicht auf sozial verantwortliche Verhaltensweisen gestützt ist (vgl. Dausend 2008, 33). Zugleich hinterlässt jede Strategie und damit auch die Etablierung von CSR-Programmen Spuren in der Unternehmenskultur eines Unternehmens. Die Unternehmenskultur kann deshalb auch als „Niederschlag des Erfolges“ (Schein 2009, 44) bezeichnet werden. Die in der Strategieauswahl und im Umsetzungsprozess gemachten Erfahrungen formen die Unternehmenskultur, indem erfolgsrelevante Verhaltensweisen gespeichert und internalisiert werden (vgl. Dausend 2008, 37–38). CSR-Programmen kommt hierbei eine besondere Aufmerksamkeit zu, da sie auf gesellschaftliche und soziale Belange ausgerichtet sind und die bereits vorherrschenden Werte und Normen der Unternehmenskultur sichtbar machen. Vorhandene Werte und Normen werden dadurch entweder verstärkt oder entsprechend der gemachten Erfahrungen an die neue Situation angepasst (vgl. Sackmann 2002, 67). Damit prägt das Konzept der CSR die Unternehmenskultur durch die erforderlichen Umstrukturierungen der institutionellen Rahmenbedingungen sowie den jeweils zu erlassenden Implementierungsmaßnahmen. Folglich ist die Unternehmenskultur gleichzeitig Einflussfaktor und Ergebnis der CSR-Strategie.

Im Falle der Erweiterung des „cultural fit“ um CSR-Gesichtspunkte ist es zweckdienlich, das in der Praxis sehr häufig verwendete Instrument des *„cultural web“* zu modifizieren. Das Instrument des cultural web basiert auf der Annahme, dass beobachtbare Sekundärkriterien zur Unternehmenskultur einen Hinweis auf die im Unternehmen gelebten Werte geben. Daher wird versucht, das latente Konstrukt der Unternehmenskultur über die Verwendung von beobachtbaren Sekundärindikatoren wie dem Durchschnittsalter des Vorstandes oder der Anzahl an Hierarchieebenen in einem Unternehmen zu quantifizieren. Diese werden dann auf ihre Ausprägung hin untersucht. Durch die Verbindung der Ausprägungspunkte entsteht eine Fläche, die das Bild der Unternehmenskultur des jeweils bewerteten Unternehmens widerspiegelt. Im Idealfall, d.h. bei absoluter Kompatibilität des kulturellen Soll-Profils mit dem Ist-Profil des bewerteten Akquisitionsobjekts, stimmen die Flächen überein. Je stärker die Flächen voneinander abweichen, desto unterschiedlicher ist das Ist-Profil vom Soll-Profil des Zielunternehmens (vgl. Lucks/Meckl 2002, 85).

Die Modifikation des cultural web zum „responsibility web" ergibt sich durch die Verwendung von beobachtbaren Sekundärkriterien, die wiederum Anhaltspunkte zur Ausgestaltung und Intensität des CSR-Engagements des Akquisitionsobjektes liefern. Hierbei lassen sich exemplarisch Sekundärindikatoren wie die Umweltverträglichkeit der Versorgungskette, die Vereinbarkeit von Familie und Beruf, die Prüfung des Anteils umweltschonender Produktionsverfahren, oder Aspekte wie freiwillige Maßnahmen zum Arbeitsschutz, die Einführung ökologischer Standards sowie international vereinbarte Grundsätze bei Lieferanten, etc. nennen. Diese werden analog zum cultural web auf ihre Ausprägung hin quantifiziert und mit dem Soll-Profil des Akquisitionsobjektes verglichen (vgl. Abbildung 4.12).

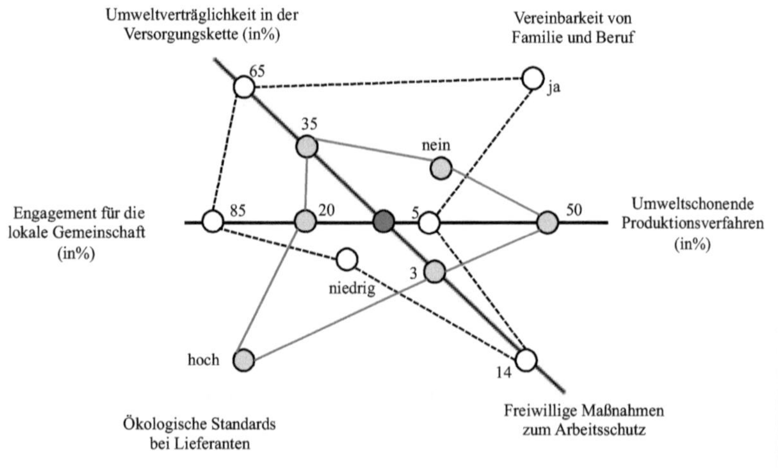

Abbildung 4.12: **Responsibility-Web.**
Quelle: Eigene Darstellung.

Neben der Integration von CSR im Rahmen der kulturellen Stimmigkeit besteht die Möglichkeit, eine eigenständige **„responsibility fit"-Analyse** durchzuführen. Die explizite Prüfung der Responsibility-Stimmigkeit soll gewährleisten, dass die Vorsteuerung ökologischer, sozialer und gesellschaftlicher Risiken im Zuge des M&A-Prozesses deutlich stärker eingebunden wird. Insbesondere für akquirierende Unternehmen, die entscheidend durch Nachhaltigkeitsthemen und deren Risiken beeinträchtigt werden, ist eine Erweiterung der Risikovorsteuerungsvariablen um explizite und eigenständige Nachhaltigkeitskategorien und damit eine separate Prüfung von CSR-Faktoren unabdingbar.

Bei der instrumentellen Umsetzung der „responsibility-fit"-Analyse bietet sich an, ein eigenständiges **CSR-Profil** vom Akquisitionskandidaten zu erstellen und dieses mit dem gewünschten Soll-Profil abzugleichen (vgl. Tabelle 4.4).

Schwerpunkt der CSR-Maßnahmen	**Erste Generation** Keine konkrete CSR-Politik bzw. Zuständigkeit, teilweise bestehende, in Richtung CSR gehende Instrumente	**Zweite Generation** Grundlegende CSR-Politik vorhanden, signifikante CSR-Aktivitäten, zentrale CSR-Instrumente und Partnerschaftsansätze	**Dritte Generation** CSR-Politik auf dem neusten Stand, ausgereifte CSR-Maßnahmen und etablierte Partnerschaften
CSR-Schwerpunkt Humankapital		☑	☒
CSR-Schwerpunkt Arbeitsschutz		☑	☒
CSR-Schwerpunkt Lokale Gemeinschaft	☒ ☑		
CSR-Schwerpunkt Geschäftspartner & Zulieferer		☒	☑
CSR-Schwerpunkt Umweltschutz	☒		☑

☑ Soll-Profil
☒ Ist-Profil Kandidat XY

Tabelle 4.4: CSR Soll-Profil.
Quelle: Eigene Darstellung.

Als Bewertungsgrundlage gilt einerseits, die *CSR-Schwerpunkte* des Unternehmens zu identifizieren. Indikatoren liefern dabei die Handlungsfelder des CSR-Engagements sowie die damit einhergehenden CSR-Instrumente des Akquisitionsobjektes. Zudem ist es zweckmäßig, den *Reifegrad des CSR-Engagements* zu bewerten. Darunter fallen sämtliche Aspekte, die sich mit der Gestaltung der CSR-Politik im Unternehmen auseinandersetzen. Zur Dimension des Reifegrads gehören unter anderem Kriterien wie eine klare und eindeutige Zuständigkeit und institutionelle Verankerung von CSR, die Existenz einer Koordinationsstelle für CSR-

Aktivitäten, der Grad der Beteiligung von externen und internen Stakeholdern bei der Ausarbeitung von CSR-Programmen sowie die Evaluation der CSR-Aktivitäten und die Einbindung von CSR in die Unternehmensstrategie (vgl. Bertelsmann Stiftung 2007, 4–5). Basierend auf diesen Kriterien lassen sich die potenziellen Akquisitionskandidaten gemäß ihres Entwicklungsstands der CSR-Strategie in drei Kategorien einteilen:

- *Erste Generation:* Unternehmen der ersten Kategorie befinden sich im Anfangsstadium der Entwicklung einer CSR-Politik. Sie verfügen über Instrumente und Aktivitäten, die Schnittstellen mit dem Konzept der CSR erlauben, allerdings besteht keine explizite und damit konkrete CSR-Strategie, sodass eine klare Zuständigkeit für Themen und Inhalte der Übernahme gesellschaftlicher Verantwortung im Unternehmen fehlt.
- *Zweite Generation:* Unternehmen der zweiten Kategorie verfügen über eine fest verankerte CSR-Strategie und führen signifikante CSR-Aktivitäten aus. Die CSR-Strategie weist allerdings eher einen taktischen Charakter auf. Diese zielt darauf ab, mithilfe einer mittelfristigen Betrachtung von CSR-Maßnahmen den Aufbau und den Erhalt der licence to operative zu gewährleisten. Die organisatorische Einbettung der CSR-Aktivitäten findet dabei nicht nur im Rahmen von PR-Aktionen, sondern auch in der Forschung & Entwicklung, im Einkauf oder bei Investor-Relations-Beziehungen Anwendung (vgl. Schwerk 2008, 124).
- *Dritte Generation:* Unternehmen der dritten Kategorie stehen dem CSR-Konzept proaktiv gegenüber. Diese Generation zeichnet sich durch die Übererfüllung rechtlicher und politischer Anforderungen aus. Das Unternehmen betrachtet CSR als integralen Bestandteil der Unternehmenspolitik. Durch die Schaffung optimaler Arbeitsbedingungen und die Entwicklung innovativer ethischer Produkte oder neuer Märkte für sozial schwache Bevölkerungsgruppen nimmt das Unternehmen aktiv teil an politischen Diskussionen zu wichtigen sozioökonomischen Themen und verhält sich dort als Problemlöser. Mithilfe langfristiger und bereits etablierter Kooperationen und in Zusammenarbeit mit Aktivistenorganisationen oder einzelnen Stakeholdergruppen werden in bestimmten Handlungsfeldern des CSR-Engagements die gesetzlichen Anforderungen z.B. im Umweltbereich übererfüllt (vgl. Schwerk 2008, 124; Peng 2009, 453–454; Porter/Kramer 2007, 28–29).

Die Einordung der potenziellen Akquisitionskandidaten im Hinblick auf den Reifegrad der CSR-Politik ermöglicht neben dem systematischen Überblick ein genaues Verständnis zum derzeitigen Stand der Entwicklung des CSR-Engagements des Akquisitionsobjektes. Übereinstimmungen bzw. Lücken zum Soll-Profil sind dadurch auf einen Blick ersichtlich. Unter Berücksichtigung des CSR-Profils ergibt sich ein Polaritätsprofil, das neben zentralen strategischen, finanziellen und kulturellen Aspekten zudem ökologische und soziale Gesichtspunkte aufgreift.

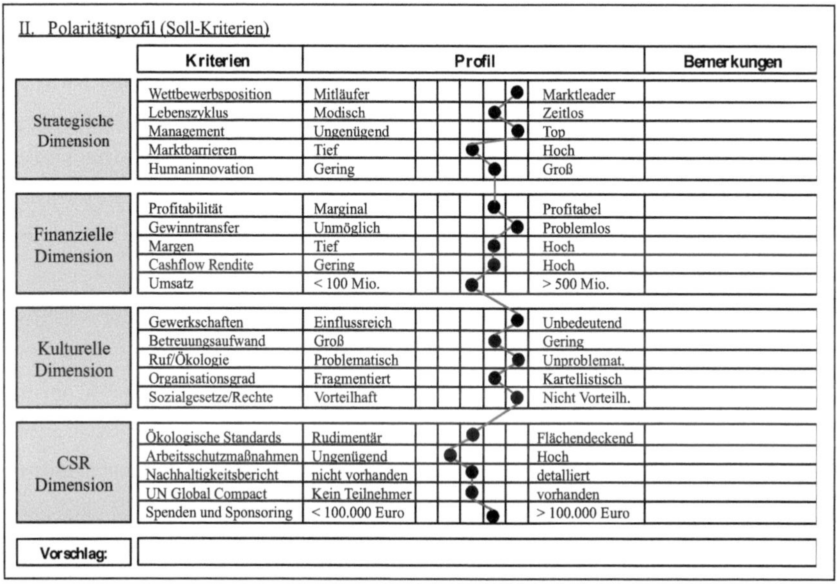

Abbildung 4.13: **CSR-integriertes Polaritätsprofil im Kandidatenscreening.**
Quelle: In Anlehnung an Gomez/Weber (1989, 45).

Die Erweiterung der inhaltlichen Vorgaben für das Anforderungsprofil des Akquisitionsobjekts ermöglicht die gezielte Vorsteuerung des Akquisitionsrisikos, da bereits während der Vorfeldphase ein bewusster Umgang mit ökologischen und sozialen Risiken gewährleistet wird.

4.3.2.2 Risikoanalyse durch CSR in der Transaktionsphase

4.3.2.2.1 CSR als Bestandteil der Due Diligence

Im Kontext von M&A bezeichnet der Begriff **Due Diligence** die sorgfältige Überprüfung des ausgewählten Zielunternehmens und umfasst Aktivitäten zur Informationsbeschaffung und –aufbereitung (vgl. Pack 2005, 290). Die Due Diligence stellt eines der zentralsten Instrumente zur Risikoidentifikation im Rahmen des akquisitionsbegleitenden Risikomanagements dar, da nur über die systematische Gewinnung und Auswertung risikobezogener Informationen die Basis für eine gezielte Risikobeeinflussung geschaffen werden kann (vgl. Keller 2002, 99).

Mit der Durchführung einer Due Diligence im Zuge des M&A-Prozesses werden sowohl juristische als auch ökonomische Ziele verfolgt: Das *juristische Ziel* einer Due Diligence besteht darin, der Sorgfaltspflicht des Käufers nachzukommen und sich damit für den Fall später zu stellender Gewährleistungsforderungen gegenüber dem Verkäufer zu exkulpieren (vgl. dazu im Detail Riedel 2010). Das *ökonomische Ziel* der Due Diligence liegt in der Überwindung der bestehenden Informationsasymmetrie zwischen Käufer und Verkäufer zugunsten des Käuferunternehmens. Im Gegensatz zum Käufer, dessen Kenntnis über die Beschaffenheit des Zielobjektes im Vorfeld naturgemäß eingeschränkt ist, ist der Verkäufer mit den Stärken und Schwächen bzw. den Chancen und Risiken des Transaktionsobjektes vertraut. Dies verschafft ihm einen wesentlichen Informationsvorsprung, den er während der Verhandlungen ausnutzen kann (vgl. Lucks/Meckl 2002, 156; Blöcher 2001, 32). Der elementare Zweck einer Due Diligence ist daher, eine möglichst umfängliche Analyse des Zielobjektes vorzunehmen, um die Informationsasymmetrie weitestgehend zu reduzieren und so eine hinreichende Grundlage für die Investitionsentscheidung zu gewährleisten und damit eine fundierte Verhandlungsbasis bereitzustellen. Die Due Diligence kann daher als Mittel der Beschaffung entscheidungsrelevanter Informationen im Transaktionsprozess verstanden werden (vgl. Beisel 2007, 2) und umfasst Aktivitäten der *„Beschaffung, Verifizierung, Aufbereitung, Analyse und Dokumentation von Informationen"* über das potenzielle Kaufobjekt (Berens/Schmitting/Strauch 2011, 83).

Inhaltlich erfüllt die Due Diligence als Teilaktivität des M&A-Prozesses drei Funktionen: In erster Linie gilt es, Risikofaktoren zu identifizieren, die den Erfolg der Transaktion bedeutsam beeinträchtigen können (**Risikoermittlungsfunktion**). Auf Basis identifizierter Risiken können künftige Nutzenpotenziale und Herausforderungen antizipiert und in die Entscheidungsfindung integriert werden (vgl. Beisel 2007, 6). Dabei sucht der Käufer primär nach sog. *„Deal Breakern"*, also Tatbeständen, die aus seiner Sicht zu einem Abbruch des M&A-Projektes führen würden (vgl. Lucks/Meckl 2002, 163). Beispiele für Deal Breaker stellen u.a. die Erfordernis unverhältnismäßig hoher Investitions- und Finanzierungsbeiträge, die Unbrauchbarkeit bzw. Wertlosigkeit von Vermögensgegenständen des Targets oder die mittel- bis langfristige Unkündbarkeit von Verträgen dar, die einen negativen Einfluss auf die Rentabilität nehmen könnten (vgl. Gintenreiter 2002, 25–26). Häufig werden auch schwer abschätzbare Risiken wie Umwelt-, Steuer- oder Haftpflichtrisiken, z.B. aus der Produkthaftung, dazugezählt (vgl. Lucks/Meckl 2002, 163). Der Due Diligence kommt damit die Rolle eines „Frühwarnsystems" zu (vgl. Rockholtz 2011, 179). Daran anknüpfend besitzt die Due Diligence eine **Wertermittlungsfunktion**. Die antizipierten Chancen und Risiken für das konsolidierende Unternehmen wie z.B. Synergiepotenziale, Erwartungen über Marktchancen oder die Ertragskraft des Targets können zur Bemessung des Kaufpreises des Transaktionsobjektes herangezogen werden (vgl. Lucks/Meckl 2002, 163). Werden Abweichungen des Ist-Zustandes vom Soll-Zustand ermittelt, kann der Käufer auf einen niedrigeren Kaufpreis beharren und diese Position auch faktisch-argumentativ begründen. Wie empirische Studien zeigen, verringert sich nach Durchführung einer Due Diligence in über 65 Prozent der Fälle der Kaufpreis. In diesem Zusammenhang erfüllt die Due Diligence zugleich einen **Garantie- und Gewährleistungszweck**. So ist es dem Käufer möglich, sich gegen nicht-quantifizierbare Mängel und Risiken, die im Zuge der Due Diligence identifiziert und bewertet wurden, mittels Garantien und Gewährleistungen vertraglich abzusichern. Damit wird das zuvor identifizierte Risiko auf den Verkäufer abgewälzt (vgl. Kneisel 2007, 92).

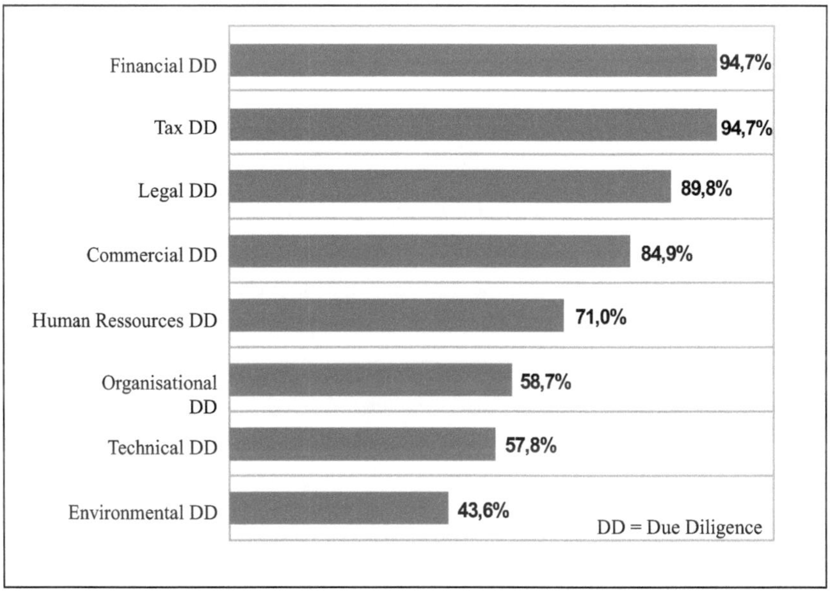

Abbildung 4.14: **Prüfungsfelder und Häufigkeit der Due Diligence.**
Quelle: In Anlehnung an Berens/Strauch (2006, 540).

Um eine möglichst strukturierte und umfassende Informationssammlung und –aufbereitung sicherzustellen, hat sich als grundlegende Vorgehensweise für die Durchführung einer Due Diligence die Zerlegung der Untersuchung des Zielunternehmens in mehrere Prüfungsfelder – sog. Teilreviews- etabliert (vgl. Berens/Strauch 2011, 13). Abbildung 4.14 stellt exemplarisch wesentliche Prüfungsfelder vor.

Wie sich aus Abbildung 4.14 entnehmen lässt, unterscheiden sich die einzelnen Teilreviews in der Häufigkeit ihrer Anwendung. Als klassische Prüfungsfelder gelten die Financial Due Diligence, die Tax Due Diligence, die Legal Due Diligence, die Market bzw. Commercial Due Diligence, die Human Ressources Due Diligence sowie die Organisational und die Technical Due Diligence (für eine ausführliche Darstellung der Inhalte und Analyseinstrumente der einzelnen Due Diligence-Formen sei auf Riedel 2010, 280–286 verwiesen). Neben diesen traditionellen Prüfungsfeldern haben sich neuartige Teilreviews herauskristallisiert, die insbesondere in den letzten Jahren zunehmend Anwendung finden. Diese umfassen Prüfungsfelder zur Compliance, Integrity, Reputational und Environmental Due Diligence.

Die **Compliance Due Diligence** zielt darauf ab, einstige und akute Compliance-Verstöße und die daraus resultierenden Konsequenzen wie etwa den Ausschluss von öffentlichen Ausschreibungen, Geldbußen oder Strafverfahren aufzuklären (vgl. Leisch/Lohner 2009, 134). Darüber hinaus wird die Qualität der Compliance-Organisation geprüft (vgl. Mellert 2009, 92). Als konkrete Prüfungshandlung ist die Recherche von Hintergrundinformationen zu strategisch relevanten Organmitgliedern und Geschäftspartnern zu nennen (vgl. Rieder/Falge 2010, 415). Hierbei gilt es im Rahmen einer Personenanalyse die Vertrauenswürdigkeit und Rechtschaffenheit der jeweiligen Personen zu erfassen (vgl. Fischer 2011, 108). Indizien für Compliance-Risiken stellen ungewöhnliche Zahlungsvorgänge, Kunden- und Lieferantenstrukturen, Verbindungen zu Amtsträgern und Regierungsorganisationen, Geschäftsbeziehungen zu Intermediären wie Beratern oder Vermittlern dar (vgl. Peemöller/Reinel-Neumann 2009, 206; Leisch/Lohner 2009, 135) sowie die Auslagenerstattung für Mitarbeiter (vgl. Rieder/Falge 2010, 420). Hierbei ist zu prüfen, ob Vergütungssysteme, Provisionen und Spesen auf Basis der Leistungserbringung gerechtfertigt erscheinen (vgl. Deloitte 2009, 3). Zugleich sind Aspekte wie die Formalisierung verpflichtender Verhaltensrichtlinien in Form eines Code of Conducts (vgl. Wecker/Galla 2009, 67), das Vorliegen eines Melde- und Kontrollsystems für anonyme Anzeigen, die Möglichkeit von sog. Whistleblowern sowie die Durchsetzung von Disziplinarmaßnahmen bei Verstößen zu prüfen (vgl. Leisch/Lohner 2009, 135).

Die **Integrity Due Diligence** ist thematisch eng an die Compliance Due Diligence angelehnt, weshalb sie oftmals nicht als eigenständiger Prüfbereich gesehen wird, sondern vielmehr eine Ergänzung zur Compliance Due Diligence darstellt (vgl. Peemöller/Reinel-Neumann 2009, 206). Während Compliance auf rein formale Kontroll- und Sanktionierungsmechanismen zur Prävention von Fehlverhalten ausgerichtet ist (vgl. Paine 1994, 111), zielt Integrität darauf ab, *„über kollektive Moralvorstellungen und Werteorientierung“* (Kleinfeld/Kettler 2011, 277) die Handlungs- und Entscheidungsbasis der Organisationsmitglieder intrinsisch zu leiten und einen Gleichklang der Individual- und Organisationsziele zu erwirken (vgl. Thielemann 2005, 33). Ziel der Integrity Due Diligence ist daher die Herstellung von Transparenz der Unternehmensverhältnisse, um ungewöhnliche Verknüpfungen im wirtschaftlichen Beziehungsgeflecht zu identifizieren. Im Vordergrund stehen die Integrität der Stakeholder der Zielgesellschaft (Gesellschafter, Organe, Mitarbeiter, Kunden, Lieferanten, Berater, etc.) sowie die tätigkeits- und organisationsbedingten Risiken für Wirtschaftskriminalität (vgl. Andras 2008, 205). Als Prüffelder werden neben der Compliance-Organisation zugleich die Integrität der Unternehmenskultur, die Integrität des Managements sowie Betrug gesehen. Der Begriff „Fraud“ hat sich als Sammelbegriff für dolose, mithin vorsätzlich begangene und strafrechtlich relevante Handlungen im Unternehmen etabliert. Umfasst werden Delikte wie Korruption, Vermögensschäden, Diebstahl, Unterschlagung, Manipulation der Rechnungslegung, etc. (vgl. Grüninger 2010, 43).

Da Reputationskapital großes Potenzial hat, einen strategischen Wettbewerbsvorteil zu generieren, der nur schwer imitier- und substituierbar ist (vgl. Roberts/Dowling 2002, 1085–1087; Fombrun/Gardberg/Barnett 2000, 87), nimmt die **Reputational Due Diligence** eine immer bedeutsamere Rolle ein. Sie kann als *„careful evaluation of reputational risks attached to a business partner or target company including issues of integrity and reliability of the individuals involved, as well as the trustworthiness and predictability of the political environment“* (Russo/Fouts 1997; Giersch/Hanley-Giersch 2010, 2) definiert werden und geht in der Regel mit der Integrity Due Diligence einher. Sie charakterisiert sich durch die Erweiterung der Integrity Due Diligence um eine Political Due Diligence und komplettiert sich so zu einer ganzheitlichen Reputational Due Diligence (vgl. Giersch/Hanley-Giersch 2010, 4).

Die **Environmental Due Diligence** intendiert die Identifikation und Abschätzung sämtlicher umweltbezogener Risiken, die finanzielle und haftungsrechtliche Konsequenzen nach sich ziehen können (vgl. Picot 2008, 189). Der Teilreview der Environmental Due Diligence fokussiert sich jedoch nicht allein auf die Prüfung von Altlasten in typischen umweltsensiblen

Branchen wie etwa der Chemie-, Pharma-, Öl- oder Gasindustrie (vgl. Pföhler/Hermann 1997, 629; Lajoux/Elson 2011, 325), sondern lässt sich immer mehr als integraler Bestandteil und damit als traditionelle Due Diligence Form erkennen (vgl. Picot 2008, 172). Nach BERENS und STRAUCH prüfen durchschnittlich 43,3 Prozent der Unternehmen Umweltaspekte (vgl. 2002, 62–63). MARTEN und KÖHLER messen eine Gesamtverbreitung der Environmental Due Diligence von 47,37 Prozent (vgl. 1999, 342). Inhaltlich werden Aspekte wie der Zustand der Betriebsstandorte und –grundstücke, die Umweltverträglichkeit von Baumaterial und Produkten, umweltgerechte Produktionsprozesse, der Ressourcenverbrauch der Produktionsanlangen, Emissions- und Kontaminationsmessungen, Abwassersysteme und –aufbereitung, Abfallentsorgung, Aufbau- und Ablauforganisation des Umweltmanagementsystems, das Vorliegen umweltrechtlicher Genehmigungen sowie die Konformität mit geltenden umweltrelevanten Gesetzen und der Arbeitssicherheit geprüft (vgl. Pföhler/Hermann 1997, 631–634; Betko/Reiml/Schubert 2011, 578). Als Informationsgrundlage dienen behördliche Auskünfte, baurechtliche Genehmigungen, umwelttechnische Gutachten, Betriebsbegehungen bis hin zu Probenentnahmen und Laboranalysen (vgl. Mikosch 2010, 98–100; König/Zorn 2001, 142).

Insbesondere die neuartigen Prüfungsfelder der Due Diligence inkludieren zentrale Aspekte der Übernahme gesellschaftlicher Verantwortung und weisen damit hohe Interdependenzen zum CSR-Konzept auf. Wie sich allerdings zeigt, werden die ökologischen und sozialen Risikopotenziale bislang nur unzusammenhängend und damit nicht in ihrer Vollständigkeit erfasst. Dies erhöht die Gefahr eines ineffizienten und unwirtschaftlichen Untersuchungsablaufes der Due Diligence, da die Komplexität aufgrund der Vielfalt der als unerlässlich propagierten Prüfungsdisziplinen steigt. Zugleich kann die Abdeckung sämtlicher ökologischer und sozialer Aspekte nicht garantiert werden.

Zur Lösung dieses Problems bietet sich an, CSR als eigenständiges Prüfgebiet der Due Diligence aufzunehmen. Durch die integrative, ganzheitliche Betrachtung ist es möglich, ein Kontinuum an Prüfungsgebieten abzudecken und zu evaluieren. Damit werden Redundanzen der neuartigen Due Diligence-Formen umgangen und die Komplexität des Due Diligence-Verfahrens reduziert. Zugleich wird sichergestellt, dass der CSR-Gedanke verstärkt in den M&A-Prozess aufgenommen und damit eine Institutionalisierung von CSR ins akquisitionsbegleitende Risikomanagement gewährleistet wird.

Das Ziel einer **CSR Due Diligence** besteht darin, die nötige Informationsgrundlage für die Quantifizierung ökologischer und sozialer Risikokomponenten zu liefern und diese dann als

Bewertungsgrundlage bei der Kalkulation des möglichen Kaufpreises mit in Betracht zu ziehen. Zur Quantifizierung der ökologischen und sozialen Risikokomponenten ist es zweckmäßig, die CSR Due Diligence in zwei Unterprüfungsfelder – die ökologische und die gesellschaftliche Dimension – aufzuspalten.

Unter die *ökologische Dimension* fallen exemplarisch Aspekte wie die Bewertung des Umweltmanagements des Zielunternehmens, die Analyse vorhandener, umweltgerechter Produkte bzw. Dienstleistungen oder Kriterien zur Öko-Effizienz des Targets. Der Bereich „Umweltmanagement" umfasst alle ökologisch relevanten Aspekte der Unternehmenstätigkeit. Themen wie Klimaschutz, der Einsatz von erneuerbaren Energien oder die Umweltauswirkung am Produktionsstandort werden hier gemessen. Gleichzeitig sollten Umweltmanagementsysteme wie beispielsweise umweltschonende Produktionsverfahren und -techniken, das Umweltbewusstsein der Mitarbeiter oder eine umweltfreundliche Logistik bewertet werden. Der Bereich „umweltgerechte Produkte und Dienstleistungen" beurteilt den verantwortlichen Umgang mit Produkten und Ressourcen, die Wiederverwendung von Abfallprodukten bzw. das Recycling. Im Zuge der Prüfung der „Öko-Effizienz" sind Kennzahlen zur Ressourceneffizienz zu erstellen und einzuschätzen. Im Zentrum der Analyse steht der Wasser- und Energieverbrauch, die Müllentsorgung oder das Recycling.

Die *gesellschaftliche Dimension* umfasst dagegen Prüfungsbereiche zu Mitarbeitern, Zulieferern und der Gesellschaft sowie der Produktverantwortung wie auch zur Prüfung der Corporate Governance und Wirtschaftsethik des Targets. Der Prüfungsbereich zu den Mitarbeitern beinhaltet Indikatoren wie die Vereinigungsfreiheit der Belegschaft, die Vereinbarkeit von Familie und Beruf, Arbeitsplatzsicherheit, Weiterentwicklungsmöglichkeiten und der Anspruch auf weiterführende Qualifizierungen, Chancengleichheit oder die Beseitigung von Diskriminierung am Arbeitsplatz. Im Zuge der Bewertung des Liefermanagements stehen die Einhaltung von sozialen und ökologischen Standards der Zulieferer wie auch Maßnahmen der Lieferantenentwicklung, Gesundheitsreglementierungen und die Ablehnung von Kinderarbeit im Vordergrund. Das Prüfungsfeld der Gesellschaft beurteilt ein Unternehmen im Hinblick auf die weltweite Wahrung der Menschenrechte, das Engagement des Unternehmens gegenüber seinem direkten, lokalen Umfeld in Form von Spenden, Sponsoring, ehrenamtlichen Tätigkeiten von Mitarbeitern oder langfristigen Partnerschaften mit sozialen und gemeinnützigen Organisationen, den Stakeholderdialog wie auch die Kunden- und Produktverantwortung. Die Prüfung der Corporate Governance begutachtet ein Unternehmen anhand der organisatorischen und inhaltlichen Ausgestaltung der Führung und Überwachung des Unternehmens sowie der Wahrung fairer und ethisch korrekter Geschäftspraktiken. Wesentliche Aspekte sind hierbei u.a. eine transparente Eigentümerstruktur, die Ausrichtung der Managementgehälter an langfristigen Indikatoren der Wertschöpfung, Transparenz in der Unternehmenskommunikation und bei Managemententscheidungen sowie die Unabhängigkeit von Unternehmensleitung sowie deren Überwachung. Im Rahmen der Wirtschaftsethik wird geprüft, inwieweit ein Unternehmen über Standards wie den Code of Conduct oder Richtlinien für faire Unternehmenspraktiken verfügt.

Die Prüfungsgegenstände können in eine **Checkliste** integriert werden (vgl. Abbildung 4.15). Bei befriedigender Informationslage werden die einzelnen Prüfungsgegenstände regelrecht „abgehakt“ (vgl. Lucks/Meckl 2002, 167). Allerdings sollte auf den Rückgriff standardisierter Checklisten verzichtet werden. Eine mangelnde Anpassung an die Spezifika des Zielunternehmens und des Einzelfalls birgt die Gefahr, dass eine trügerische Sicherheit vorgegaukelt wird, bei der wesentliche Punkte, die nicht in der Liste enthalten, jedoch für den Einzelfall von zentraler Bedeutung sind, übersehen werden (vgl. Lucks/Meckl 2002, 167). Dies kann in eine ineffiziente Risikoidentifikation münden (vgl. Keller 2002, 101). Um eine möglichst vollständige, aber dennoch effiziente Identifikation aller wesentlichen ökologischen und sozialen Risiken zu erreichen, sollte vielmehr eine individuelle Festlegung der CSR-Prüfungsfelder und damit einhergehender Indikatoren erarbeitet werden, die auf die Besonderheiten des Akquisitionsfalls abgestimmt werden. Daher garantieren die oben genannten Prüfungsfelder und Prüfungsindikatoren keine Vollständigkeit, sondern sind nur als Orientierungsrahmen zu verstehen.

Um die notwendigen Informationen zur Bewertung des CSR-Engagements des Akquisitionsobjektes zu erlangen, bieten sich neben unternehmensinternen Quellen wie der Analyse von Nachhaltigkeitsberichten oder der Durchführung von Interviews mit Mitarbeitern des Zielunternehmens zugleich die Integration unternehmensexterner Informationsquellen an. Mithilfe von Datenbankrecherchen bei internationalen NGOs, wissenschaftlichen Institutionen oder öffentlichen Behörden sowie einem Media-Screening bei internationalen Tages- und Fachzeitschriften, Newslettern, Datenbanken wie FACTIVA/REUTERS oder der Analyse des REP-RISK INDIZES oder des CPI (Corruption Perceptions Index) lassen sich die notwendigen Informationen komplettieren. Dies gewährleistet eine bessere Objektivität der CSR Due Diligence. Eine äußerst schnelle und einfache Methode zur Informationssammlung und -auswertung ist der Rückgriff auf Informationen von CSR-Ratingagenturen. Weltweit existieren mittlerweile mehr als 56 Rating-Agenturen, die darauf spezialisiert sind, Unternehmen nach ihren sozialen und ökologischen Kriterien zu bewerten (für einen Überblick über die weltweit zur Verfügung stehenden Rating-Agenturen siehe Schäfer et al. 2006). Diese zielen darauf ab, Unternehmen auf ihre soziale und ökologische Performance hin zu untersuchen (vgl. dazu im Detail Abschnitt 5.2.2).

	CSR Due Diligence Report
1 Social Rating	***1.1.1.6 Training and education***
1.1 Staff and Suppliers	*1.1.1.6.1 Training and education policy and management*
1.1.1 staff	- the company has implemented a clear policy on continued employability and strategic
1.1.1.1 freedom and association	skills management
1.1.1.2 work-life balance	- unfortunately, only rare information available about methods for valuation and
1.1.1.3 safeguarding of jobs	monitoring of requirements, effectiveness and progress
1.1.1.4 health & safety	
1.1.1.5 equal opportunities	- The companies personnel planning determines the future demand for specific
1.1.1.6 training & education	competencies; staff is scrutinised with regard to employees who could provide these
1.1.2 subcontractors/suppliers	competencies thanks to acquired skills or completed trainings
1.2 Society and Product Responsibility	- the company offers its employees demand-driven education programmes with a
1.2.1 society	lifelong learning perspective on both professional and social skills
1.2.1.1 human rights	- interviews with superiors are arranged regularly to discuss career objectives
1.2.1.2 community	
1.2.1.3 political donations	***1.1.1.7 Performance indicators on training and education***
1.2.1.4 taxes and subsidies	*1.1.1.7.1 Average hours of training per year per emplyee (2011-2012)*
1.2.1.5 stakeholder dialogue	- annual training days per employee have been decreasing over the last three years: 1.8
1.2.2 customer and product responsibility	(2009), 1.9 (2010), 1.6 (2011)
1.3 Corporate Governance and Business Ethics	- web-based training and efficiency of training increased during this period
1.3.1 corporate governance	
1.3.1.1 board independence/effectiveness	*1.1.1.7.2 Transparency on average training hours per year per employee by employee*
1.3.1.2 shareholder democracy	*category*
1.3.1.3 executive compensation	- no information disclosed regarding training hours per employee category
1.3.1.4 shareholder structure	
1.3.2 business ethics	
2 Environmental Rating	
2.1 Environmental Management	
2.1.1 environmental policy	
2.1.2 environmental management system	
2.1.3 external reporting	
2.1.4 environmental performance indicators	
2.1.5 climate change strategy	
2.1.6 travel transport	
2.2 Products ans Services	
2.2.1 resource consumption and emissions	
2.2.2 materials and substances used	
2.2.3 recycling	
2.2.4 environmental strategies	
2.2.5 environmental controversies	
2.3 Eco-efficiency	
2.3.1 energy use	
2.3.2 water use	
2.3.3 GHG emissions	
2.3.4 total waste	
2.3.5 waste water	

Abbildung 4.15: CSR Due Diligence.

Quelle: Eigene Darstellung in Anlehnung an Oekom Research.

Zu beachten ist, dass die CSR Due Diligence eine hohe Zeitintensität bei der Informationsgewinnung mit sich bringt. Zudem besteht häufig ein Mangel an geeigneten Instrumenten zur Analyse und Interpretation derartiger „weicher" Faktoren, die eine Evaluation für die Unternehmenspraxis abermals erschweren. Aufgrund der Tatsache, dass der gesamte Due Diligence

Prozess häufig unter den Bedingungen kürzerer Abwicklungszeiträume und knapper Budgets durchzuführen ist, ist analog zu allen Due Diligence Formen auch im Rahmen der CSR Due Diligence deren Angemessenheit und Zweckmäßigkeit zu prüfen. Diese Begutachtung setzt an der Bewertung der negativen Folgen an, die eine mangelnde oder gar fehlende CSR Due Diligence für das konsolidierende Gesamtunternehmen haben kann. Nur wenn konkrete Anhaltspunkte, begründete Verdachtsmomente oder Indizien vorliegen, die auf mögliche CSR-Risiken schließen lassen, ist die Notwendigkeit einer eigenständigen CSR Due Diligence aus Wirtschaftlichkeitsgründen zu befürworten. Zudem zeigt sich, dass die Qualität der CSR Due Diligence von der Strukturierungsleistung abhängt. Werden nicht sämtliche ökologische und soziale Risikofelder abgedeckt, besteht weiterhin die Gefahr, zentrale, diesen Bereichen zuzuordnende Risiken nicht im Risikoportfolio der M&A-Transaktion inventarisiert zu haben.

4.3.2.2.2 CSR als Bestandteil der Detailbewertung

Die während der Due Diligence inventarisierten ökologischen und sozialen Risiken gilt es nun im Zuge der **Detailbewertung** zu berücksichtigen. Das Ziel der Detailbewertung ist es, den ökonomischen Wert des zu akquirierenden Unternehmens zu berechnen (vgl. Lucks/Meckl 2002, 175). Da es *den* allgemein gültigen ökonomischen Wert eines Unternehmens jedoch nicht gibt, kann dieser nur zielbezogen und damit für eine bestimmte Interessensgruppe ermittelt werden (vgl. Coenenberg/Jakoby 2000, 185), weshalb häufig auch von einem *subjektiven* Unternehmenswert gesprochen wird (vgl. Lucks/Meckl 2002, 176). Für die vorliegende Fragestellung stellt der subjektive Unternehmenswert jenen Wert dar, den das akquirierende Unternehmen aus Sicht des Käuferunternehmens hat. Dieser ergibt sich aus der Summe der positiven Wertkomponenten der Transaktion, dem Stand-Alone-Value des Targets, sowie sämtlichen Restrukturierungs- und Synergiewerten, abzüglich der Risiken der Integration sowie der Transaktionskosten in Form von negativen Wertkomponenten (vgl. Abbildung 4.16).

Die Berücksichtigung ökologischer und sozialer Risiken im Zuge der Detailbewertung ermöglicht, das Preisrisiko zu reduzieren, da der subjektive Wert des Unternehmens für den Käufer während der späteren Vertragsverhandlungen einen Richtwert für seine absolute Preisobergrenze darstellt. Würde der Käufer einen Preis akzeptieren, der über dem berechneten subjektiven Wert des Unternehmens aus Sicht des Käufers liegt, so würde der Käufer durch die Transaktion Wert vernichten. Zahlt der Käufer einen Preis, der exakt mit dem subjektiven Unternehmenswert übereinstimmt, so würde der Wert aller Synergien, die vom Käufer erst noch erwirtschaftet werden müssen, an den Verkäufer abgegeben werden (vgl. Lucks/Meckl

2002, 190). Operativ erfolgt die Berücksichtigung der in der Due Diligence identifizierten Risiken über die Reduzierung der periodenbezogenen Cash-Flow-Reihe (vgl. Lucks/Meckl 2002, 186). Der daraus resultierende Barwert stellt den in Abbildung 4.16 gezeigten Risikoabschlag dar. Betrachtungsweisen wie beispielsweise die 10-prozentige Reduktion der ermittelten Cash-Flow-Reihen werden in der Literatur aufgrund ihrer Pauschalität jedoch kritisiert (vgl. Moxter 1983, 116–121). Aus diesem Grund bietet es sich an, auf mehrwertige Verfahren wie beispielsweise die Sensitivitätsanalyse zurückzugreifen (vgl. Hungenberg 2006, 200-201).

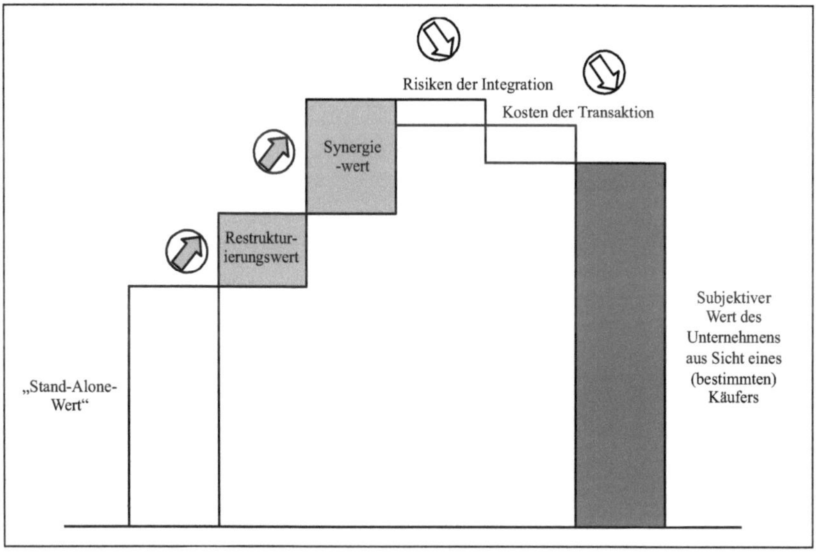

Abbildung 4.16: **Subjektiver Unternehmenswert aus Käufersicht.**
Quelle: Lucks/Meckl (2002, 176).

Die **Sensitivitätsanalyse** quantifiziert den Barwert des Risikoabschlags durch die Analyse des Einflusses einzelner Risikokomponenten auf die werttreibenden Faktoren des Shareholder Values. Über die Simulation der Auswirkungen des (teilweisen) Ausfalls der betroffenen Werttreiber auf den Unternehmenswert kann so der Risikoabschlag berechnet werden (vgl. Lucks/Meckl 2002, 187).

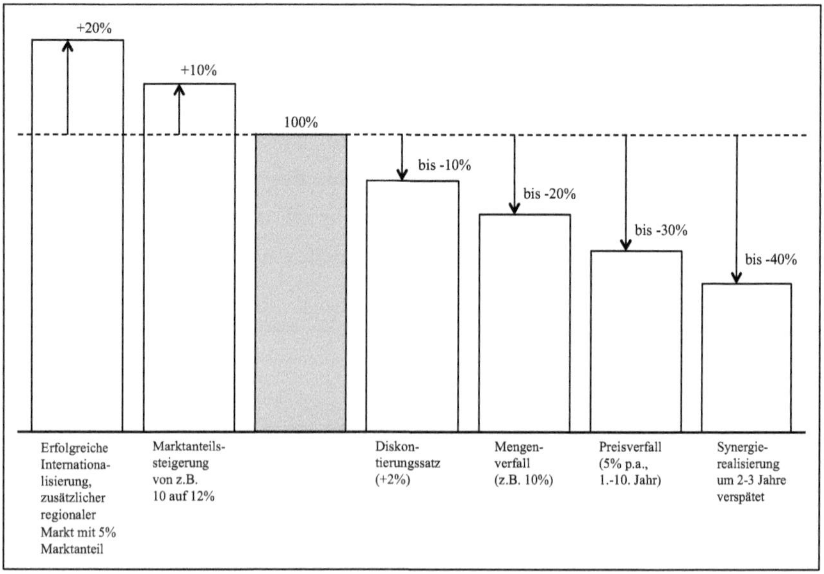

Abbildung 4.17: **Sensitivitätsanalyse für Werttreiber.**
Quelle: Lucks/Meckl (2002, 188).

Als werttreibende Faktoren werden sämtliche Variablen definiert, die den Unternehmenswert beeinflussen. Diese lassen sich gemäß RAPPAPORT (1997) in drei Werttreibergruppen subsumieren (vgl. Abbildung 4.18): Die erste Gruppe bilden die Werttreiber der Kapitalkosten, die aus der Kapitalstruktur des Unternehmens sowie den Eigen- und Fremdkapitalkosten resultiert. Als zweite Gruppe lassen sich die Werttreiber der Investitionen ins Umlauf- und Anlagevermögen, welche durch Geldabflüsse gekennzeichnet sind, aufzeigen. Die dritte Gruppe bilden die operativen Werttreiber des Umsatzwachstums, betriebliche Gewinnmarge, Gewinnsteuersatz sowie die Dauer der Wertsteigerung. Diese Größen sind entscheidend für die Höhe der Cash-Flows und damit für den Ertrag auf das investierte Kapital (vgl. Abbildung 4.18).

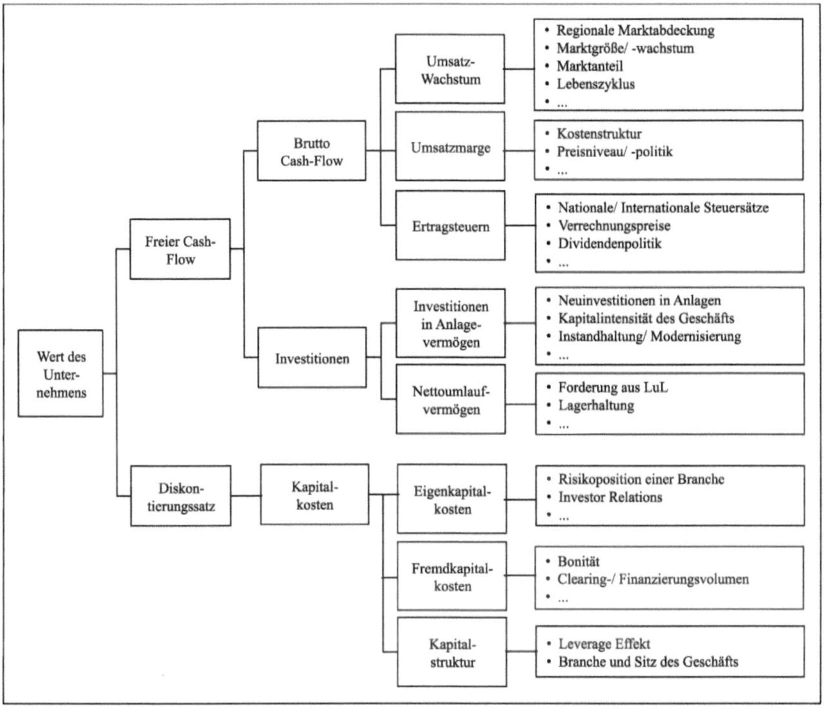

Abbildung 4.18: **Werttreiber im DCF-Verfahren.**
Quelle: Lucks/Meckl (2002, 187).

Die Identifizierung der Werttreiber des Shareholder Values und die Analyse der Wirkungsstärke und Wirkungsrichtung der jeweiligen Risikokomponente ermöglicht - in Abhängigkeit der sich ergebenden Sensitivität - den Barwert des Risikoabschlags einzuschätzen (vgl. Abbildung 4.17).

Die Quantifizierung der ökologischen und sozialen Risikokomponenten folgt dem Prinzip der Sensitivitätsanalyse, lässt sich aber durch die Anwendung des von FIGGE und HAHN (2002) entwickelten Konzepts der **Environmental-Shareholder-Value-Matrix (ESV-Matrix)** spezifizieren. Die ESV-Matrix zielt in ihrer qualitativen Ausrichtung darauf ab, den Einfluss ökologischer Risiken auf die Werttreiber des Shareholder Values zu bemessen. Hierbei findet der Struktur eines Scoring-Modells folgend, eine qualitative Bewertung des Einflusses auf die einzelnen Werttreiber statt (vgl. Figge/Hahn 2002, 1).

Werttreiber / Umweltaspekt	Dauer der Wertsteigerung	Umsatzwachstum	Betriebsgewinnmarge		Effektiver Steuersatz	Investitionen	Kapitalkosten	Total
			Preise	Kosten				
xyz	++	++	++	-	0	-	-	-

Notation: ++ stark wertsteigernder Einfluss, + wertsteigernder Einfluss; 0 neutral, - wertsenkender Einfluss, -- stark wertsenkender Einfluss

Tabelle 4.5: Environmental-Shareholder-Value-Matrix.
Quelle: Figge/Hahn (2002, 9).

Bevor die ESV-Matrix in der oben dargestellten Form angewendet werden kann, bedarf es zunächst jedoch einer Diskussion der ökologischen Wirkungszusammenhänge im Unternehmen. Hierbei sind Analyseprozesse wie die Untersuchung des CSR-Chancen-Risiko-Profils oder die Analyse der vorhandenen ökologisch und sozial geprägten Wertschöpfungskette hilfreich.

Eine CSR-orientierte **Chancen-Risiko-Analyse** hat zum Ziel, die Bestimmung der ökologischen und sozialen Betroffenheit eines Unternehmens zu analysieren. Hierbei können Push- und Pull-Faktoren unterschieden werden. Unter Push-Faktoren werden solche Faktoren verstanden, die auf das Unternehmen Druck ausüben (z.B. neue Umweltgesetze, veränderte technische Standards, etc.) und die sowohl zu höheren Aufwendungen als auch zu einem zukünftig eingeschränkten Handlungsspielraum bei Nichtantizipation führen können. Pull-Faktoren sind dagegen nachfragebedingt. Ausgehend von den Bedürfnissen der Konsumenten nach nachhaltigen Produkten entsteht ein Nachfragesog, der Wettbewerbsvorteile und die Erschließung neuer Märkte, bei Nichtbeachtung aber auch einen erheblichen Nachfragerückgang mit sich bringen kann (vgl. Meffert 1991, 11). Eine Abschätzung der zukünftigen ökologischen und sozialen Push- und Pull-Faktoren auf das Unternehmen ermöglicht, die ökologische und soziale Betroffenheit des Unternehmens und die sich daraus resultierenden Effekte hinsichtlich ihrer Ergebniswirkung zu bewerten.

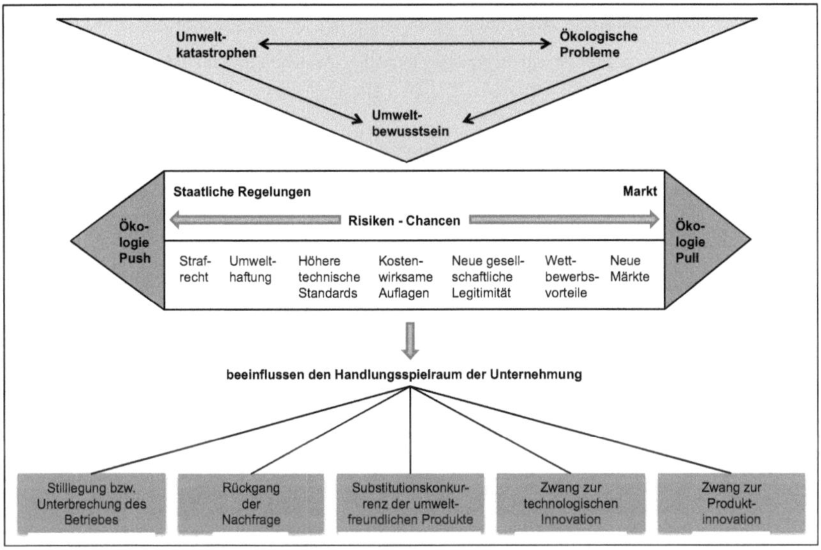

Abbildung 4.19: **Chancen-Risiken-Analyse der ökologischen CSR-Dimension.**
Quelle: Meffert (1991, 10).

Bei der Analyse des eigenen **CSR-Stärke-Schwäche-Profils** wird in Form einer Inside-Out-Perspektive die Unternehmensposition im Hinblick auf CSR-Risiken untersucht. Ausgehend von einer um ökologische und soziale Aspekte erweiterten Wertkette nach PORTER findet dabei eine Analyse der primären und sekundären Wertschöpfungsstufen des gesamten Unternehmens statt. Abbildung 4.19 stellt exemplarisch einige Kriterien vor, anhand derer eine Bewertung hinsichtlich der ökologischen Ausrichtung des Unternehmens erfolgen kann.

Die Aufstellung einer ESV-Matrix umgeht den aufwendigen Analyseprozess nicht, ermöglicht jedoch diesen zielführend zu unterstützen. Zudem wird eine strukturierte Darstellung der in der Diskussion ermittelten Einflussrichtungen und Einflussstärken möglich (vgl. Figge/Hahn 2002, 10). Problematisch ist, dass die Einschätzungen zur Wirkungsstärke und Wirkungsrichtung der ökologischen Faktoren auf die Werttreiber des Unternehmenswertes ebenso abhängig von Erwartungen und Einschätzungen sind, wie beispielsweise die prognostizierten, zukünftigen Cash-Flow-Reihen des DCF-Ansatzes. Auf Basis der in der qualitativen Analyse herausgearbeiteten Wirkungsrichtung und Wirkungsstärke ökologischer und sozialer Aspekte auf die einzelnen Werttreiber des Shareholder Value kann in einem zweiten Schritt eine Abschätzung des quantitativen Einflusses und damit eine Berechnung des ökologischen und sozialen Risikoabschlags stattfinden. Hierzu müssen die qualitativen Informationen, die im Zuge der Analysemethoden zur Erstellung der ESV-Matrix herangezogen wurden, quantifiziert werden.

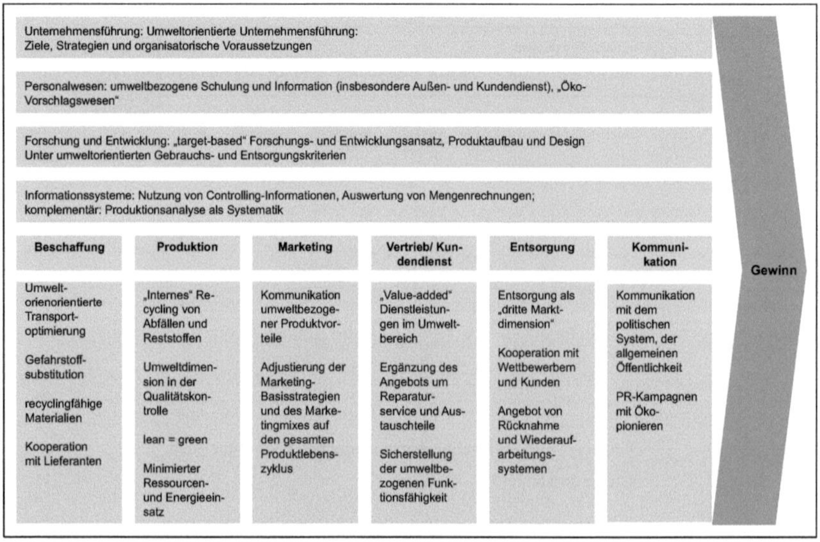

Abbildung 4.20: **Ökologisch geprägte Wertschöpfungskette.**

Quelle: Steger (1993, 69).

In ihrer qualitativen Form bietet die ESV-Matrix keine Möglichkeit zur finanziellen Bewertung ökologischer und sozialer Aspekte. Allerdings bildet sie mit ihrem Vorgehen, die jeweilige ökologische und soziale Risikokomponente auf die einzelnen Werttreiber des Shareholder Value zusammenfassend darzustellen, eine wichtige Grundlage zur Einschätzung der Höhe der ökologischen und sozialen Risikokomponente und ist damit für die Ermittlung eines umfassenden und risikobereinigten subjektiven Unternehmenswert von enormer Bedeutung.

4.3.2.3 Risikosteuerung durch CSR in der Integrationsphase

4.3.2.3.1 CSR im Zuge der Personalveränderung

Die Herausforderung der Integrationsphase liegt darin, eine reibungslose Übernahme der Geschäftstätigkeiten des Zielunternehmens zu gewährleisten, bei der zugleich die erfolgreiche Fortführung der laufenden Aktivitäten sowie die Umsetzung der anvisierten Restrukturierungs-, Synergie-, und Veräußerungspotenziale gesichert ist (vgl. Keller 2002, 166). Aus Sicht des Risikomanagements steht insbesondere die Steuerung der Integrationsrisiken im Fokus (vgl. Abschnitt 4.3.1). Hierbei gilt es, Maßnahmen zur Vermeidung bzw. Verminderung der Integrationsrisiken zu implementieren, welche die Erfolgsbedingungen der Integration optimieren.

Die **personalwirtschaftliche Umsetzung** spielt dabei eine zentrale Rolle, da die Realisierung der anvisierten Restrukturierungs- und Synergiepotenziale zu einem überwiegenden Teil durch den Personalveränderungsprozess generiert werden (vgl. Lucks/Meckl 2002, 132). Die Aufgabe der personalwirtschaftlichen Umsetzung besteht darin, die Planungsgrößen aus der Vorfeld- und Transaktionsplanung und insbesondere die detaillierten Vorgaben aus dem Post-Closing-Integrations-Plan durch konkrete Maßnahmen umzusetzen (vgl. Lucks/Meckl 2002, 146). Je nach Ergebnis des Vergleichs zwischen Soll- und kombiniertem Ist-Bestand sind daher *Personalbeschaffungs-, Personalentwicklungs-* oder *Personalfreisetzungsmaßnahmen* durchzuführen (für eine ausführliche Beschreibung der Personalveränderungsmaßnahmen sei auf LUCKS/MECKL 2002, 146-152 verwiesen).

Die Maßnahmen für die personalwirtschaftliche Integration stellen sowohl für die Mitarbeiter des akquirierenden als auch für die Mitarbeiter des erworbenen Unternehmens jedoch eine außerordentliche Unsicherheit und Belastung dar (vgl. Müller-Stewens/Spickers/Deiss 1999, 334–336). Gerüchte und Spekulationen über Entlassungen verändern das Verhalten der Mitarbeiter und können sich in einer mangelnden Motivation und Leistungsbereitschaft, einer negativen Einstellung der Mitarbeiter gegenüber den Veränderungsprozessen bis hin zur Arbeitsverweigerung äußern (vgl. Bohdal/Denison 2008, 290). Diese Verhaltensweisen sind kennzeichnend für das Merger-Syndrom und werden häufig als Quelle von Dissynergien genannt (vgl. Abschnitt 3.5.2). Um die Mitarbeiter für die Akquisition zu gewinnen und die Unsicherheiten über den eventuell erforderlichen Personalabbau sowie andere karrierebeeinflussende Faktoren zu minimieren, sind mitarbeiterbezogene Schritte zu implementieren, die die personalwirtschaftlichen Integrationsmaßnahmen unterstützen.

Ein mögliches Instrument zur Reduktion personeller Risiken ist die gezielte Information der Belegschaft, sobald Entscheidungen getroffen wurden, da häufig Unsicherheiten oder Angstgefühle erst durch Gerüchte, die aus dem Mangel an Information entstehen, resultieren (vgl. Keller 2002, 175). Mithilfe einer klaren, internen **Informations-** und **Kommunikationspolitik**, bei der die Belegschaft gezielt Informationen über geplante Maßnahmen bekommt, kann dagegen angekämpft werden. Hierfür sind Inhalte, Adressaten, Zeitpunkte und verwendete Medien des Informationstransfers zu bestimmen. Die Ziele einer integrationsbegleitenden Kommunikationspolitik bestehen darin, Vertrauen zu schaffen und den Mitarbeitern den Sinn der M&A-Transaktion zu vermitteln (vgl. Feldman/Spratt 1994, 414).

Zugleich ist es möglich, **Anreize** zu schaffen, die die Gefahr von Demotivation und Kündigung in der Postmerger-Phase weitgehend reduzieren. Dies ist beispielsweise über die Vereinbarung monetärer Anreize möglich. Diese dürfen aber nicht nur reine *„retention incentives"* sein, sondern sollen als *„value creation incentives"* verstanden werden (vgl. Feldman/Spratt 1994, 414). Damit wird gewährleistet, dass nicht ausschließlich der Verbleib der Mitarbeiter im Unternehmen belohnt wird (vgl. Keller 2002, 175). Durch die Anknüpfung der finanziellen Anreize an die im Integrationsprozess zu erzielenden Wertsteigerungen gelingt es, Anreize für die Realisierung von Synergien zu setzen (vgl. Kay/Shelton 2000, 35). Allerdings darf die Reichweite monetärer Anreize nicht überschätzt werden. Viele Mitarbeiter in Schlüsselpositionen können allein durch monetäre Anreize nicht gehalten werden (vgl. Feldman/Spratt 1994, 415). Daher gilt es auch, nicht monetäre Anreize wie konkrete Karriereperspektiven oder Verweise auf neuartige Entwicklungsmöglichkeiten zu nutzen, um Mitarbeiter für die Transaktion zu gewinnen (vgl. Keller 2002, 175).

Die Liste an Maßnahmen, die eine personalwirtschaftliche Umsetzung unterstützen, ist lang. Wie sich zeigt, finden sich jedoch keine Handlungsempfehlungen zur Integration von CSR. Dies ist erstaunlich, da CSR nachweislich eine vertrauensbildende Wirkung hat, die zugleich die Mitarbeitermotivation und -zufriedenheit erhöht und häufig auch die Leistungsbereitschaft der Mitarbeiter steigert (vgl. Abschnitt 2.5.2.2). Gerade diese Wirkungsmechanismen sind hilfreich, um das Merger-Syndrom weitgehend zu unterbinden. Eine Integration von CSR-Aspekten im Personalveränderungsprozess erscheint daher zweckmäßig.

Eine Möglichkeit der Integration von CSR wäre die Fixierung eines **M&A Code of Conducts**, der bereits während der Vorfeld- und Transaktionsphase schriftlich ausformuliert wurde und auf dessen Basis sämtliche personalwirtschaftliche Integrationsmaßnahmen fußen. Die Kommunikation der zugrunde liegenden Werte und Normen ermöglicht, das Vertrauen der Mitarbeiter in den Restrukturierungs- und Veränderungsprozess zu stärken. Über die explizite Einführung eines M&A Code of Conduct ist es dem Unternehmen möglich, ein „gutes" Geschäftsgebaren im Vorfeld glaubhaft zu machen und damit einen Vertrauenszyklus in Gang zu setzen, der durch den Rückgriff auf ein festgelegtes Werte- und Normgefüge entsteht. Die

Übernahme gesellschaftlicher Verantwortung fungiert dabei als Informationsplattform, durch welche die Nachprüfbarkeit von integrem Verhalten möglich wird (vgl. Maaß 2009, 56). Das CSR-Engagement kann als Signal bewertet werden, mit dessen Hilfe Rückschlüsse auf dahinterstehende, selbst jedoch kaum wahrnehmbare Sachverhalte möglich werden. Die Voraussetzung hierfür ist jedoch, dass das dargelegte CSR-Verhalten des Unternehmens mit dem angedeuteten Sachverhalt korreliert. Erst dann ist es dem Unternehmen möglich, sich als vertrauenswürdiger Partner glaubhaft zu positionieren und die bestehende Unsicherheit weitgehend zu reduzieren. Gelingt es dem Unternehmen, durch das CSR-Engagement Vertrauen unter den Mitarbeitern aufzubauen, führt diese Politik zur Stabilisierung der Beziehungen. In diesem Zusammenhang belegt eine Studie von LIN und WEI, dass ein signifikant positiver Zusammenhang zwischen den von den Mitarbeitern des akquirierten Unternehmens wahrgenommenen ethischen M&A-Praktiken und dem organisationalen Engagement besteht (2006, 103).

4.3.2.3.2 CSR im Zuge des kulturellen Wandels

Die personalwirtschaftliche Umsetzung beschäftigt sich im Wesentlichen mit den „hard facts“ der Integrationsgestaltung im Personalbereich (vgl. Abschnitt 3.4.2.3). Zahlreiche empirische Untersuchungen stellen allerdings fest, dass auch sog. „soft facts“ einen signifikanten Einfluss auf den M&A-Erfolg aufweisen. Insbesondere die Bedeutung der unternehmenskulturellen Integration wird von zahlreichen Autoren als erfolgskritisch angesehen (vgl. Haspeslagh/Jemison 1992, 379; Stahl/Voigt 2008, 169). Hierbei wird argumentiert, dass das Bestehen schwer zu überbrückender Kulturdifferenzen zwischen dem erwerbenden und dem erworbenen Unternehmen den Integrationsprozess enorm beeinträchtigt (vgl. Krystek 1999, 546). Grundsätzlich lassen sich drei Alternativen der Kulturintegration identifizieren. Sie alle bewegen sich in einem Bereich zwischen der totalen Kulturaufgabe und einer vollständigen Kulturbewahrung (vgl. Abbildung 4.21).

Beim *Kulturpluralismus* bleiben beide Unternehmenskulturen gleichberechtigt nebeneinander bestehen. Explizite kulturelle Integrationsmaßnahmen sind daher nicht erforderlich. Die *Kulturübernahme* kennzeichnet sich dadurch, dass sich eine Kultur, meist die des gekauften Unternehmens, an die Kultur des Käuferunternehmens angleicht. Die *Kulturmischung* zielt darauf ab, eine Kombination aus beiden bestehenden Kulturen herbeizuführen. Kulturbedingte Veränderungen sind daher sowohl aufseiten des übernehmenden als auch aufseiten des übernommenen Unternehmens notwendig (vgl. Lucks/Meckl 2002, 152–153).

		Pro	Contra
Kombination aus bestehenden Kulturen	**Kultur-mischung**	▪ Kulturschock gering ▪ Gemeinsame Kultur führt zu stärkerem Zusammenwachsen	▪ aufwendig umzusetzen ▪ Bereiche, die bislang als selbstverständlich galten, sind neu zu verhandeln
Übernahme der Kultur eines Partners	**Kultur-übernahme**	▪ Schnell abzuwickeln ▪ Nur ein Partner muss mit einer neuen Kultur vertraut gemacht werden	▪ Kulturschock tritt auf ▪ „passt" die Kultur wirklich?
Beide Kulturen bestehen gleich-berechtigt nebeneinander	**Kultur-pluralismus**	▪ Kulturschock bleibt aus ▪ Bisherige Tätigkeiten können (fast) nahtlos fortgesetzt werden	▪ Subkulturen sind schwierig zu kontrollieren

Abbildung 4.21: **Alternativen der Kulturintegration.**
Quelle: Lucks/Meckl (2002, 152).

In Anlehnung an die gewählte Kulturstrategie gilt es Maßnahmen zu identifizieren, welche die kulturelle Anpassung (sog. Akkulturationsprozess) unterstützen. Problematisch ist, dass sich die Werthaltungen und Normen der Mitarbeiter einer direkten Beeinflussung z.B. durch die Unternehmensleitung weitgehend entziehen. Daher besteht lediglich die Möglichkeit, *Impulse* zu geben, welche die Bedingungen für einen erfolgreichen Akkulturationsprozess fördern (vgl. Keller 2002, 180). Gemäß KRYSTEK kann eine positive Kulturrevolution durch die Erneuerung der Unternehmensphilosophie, die Einführung neuer Führungsgrundsätze und einer neuen Informationspolitik, die Besetzung von Schlüsselpositionen mit Personen, die die angestrebte Unternehmenskultur repräsentieren, eine Anpassung der Anreizsysteme sowie gezielte Personalentwicklungs- und Rekrutierungsmaßnahmen unterstützt werden (vgl. Krystek 1999, 556).

Neben den soeben genannten Methoden zur Unterstützung des Akkulturationsprozesses führen DE ROECK und SWEAN (2010) in ihrem Artikel „THE ROLE OF CSR ON EMPLOYEES´ POST-MERGER ORGANIZATIONAL IDENTIFICATION" an, dass auch die Übernahme gesellschaftlicher Verantwortung ein hilfreiches Instrument zur Unterstützung des kulturellen Wandels darstellt. Begründet wird dies über die **Organizational Identity Theory (OI)**.

Gemäß der Organizational Identity Theory empfindet ein Individuum eine soziale Zugehörigkeit zu seinem Unternehmen und definiert sich durch dessen Moral- und Wertehaltung (vgl. Ashforth/Mael 1989, 22). Diese spiegelt sich in der organisationalen Kultur als *„pattern of* *basic assumptions – invented, discovered, or developed by a given group as it learns to cope with its problems of external adaption and internal integration"* wider (Schein 1985, 9). Je mehr sich ein Individuum mit den Werten und Normen des Unternehmens identifiziert, desto stärker personifiziert es den (Miss)-Erfolg des Unternehmens. Dies führt dazu, dass ein Individuum Verhaltensweisen annimmt, welche die Interessen des Unternehmens fördern (vgl. Ashforth/Mael 1989; Dutton/Dukerich 1991). M&A stellen vor diesem Hintergrund *„a threat to the stability and continuation of employees' current identities. (...) especially when these imply a serious threat to existing group values, structures or other manifestations of intra-group culture"* dar (Bartels et al. 2006, 50). Da im Rahmen einer Akquisition mindestens eine Unternehmung seine Identität anpassen oder sogar gänzlich aufgeben muss, empfinden insbesondere die Mitarbeiter des Zielunternehmens die vermeintliche Dominanz des Akquisiteurs als Bedrohung, die *„bisher halt- und sinngebenden Strukturen aufzulösen"* (Klose/Weinert 2007, 367), und sehen ihre Identitätsbasis als gefährdet an (vgl. Sinkovics/Zagelmeyer/Kusstatscher 2011, 29). Das daraus resultierende Gefühl von Unsicherheit über die künftige Stellung in der neuen Organisation führt zu einer Abwehrhaltung der Mitarbeiter gegenüber dem Käuferunternehmen und erhöht die Gefahr eines negativen Akkulturationsprozesses (vgl. Bohdal/Denison 2008, 290). Gelingt es dem Käuferunternehmen, eine organisationale Vertrauenswürdigkeit und die Identifikation der Mitarbeiter mit der neuen Einheit zu erreichen, sinkt die Gefahr einer negativ verlaufenden Akkulturation (vgl. Keller 2002, 179–180).

Laut der OI-Theorie erhöhen Individuen ihr Selbstwertgefühl, wenn sie sich einer sozialen Gruppe bzw. einer Organisation mit unverwechselbaren Attributen und Werten anschließen können (vgl. Tajfel/Turner 1985, 7–24). Das CSR-Engagement eines Unternehmens kann als Signal für Attribute und Werte gelten, für die das Unternehmen steht. Diese werden von den Individuen in der Regel als attraktiv und positiv eingestuft. Die Reputation als gesellschaftlich verantwortliches Unternehmen erfüllt die Individuen zugleich mit Stolz, Teil in einer renommierten Organisation zu sein, und stärkt infolgedessen ihr Selbstwertgefühl, sodass sie sich noch intensiver mit dem Unternehmen identifizieren (vgl. Smidts/Pruyn/van Riel 2001, 1052). Mit Unterstützung von CSR kann der resignative Zustand im Rahmen des kulturellen Wandels folglich schneller überwunden werden und letztendlich zur Akzeptanz der neuen Unternehmenskultur führen (vgl. Bohdal/Denison 2008, 290). Die Mitarbeiter evaluieren die organisationale Vertrauenswürdigkeit während des Veränderungsprozesses durch CSR deutlich besser und identifizieren sich dadurch mit der neuen Einheit. Die Wahrnehmung dieser Evaluation determiniert ihre Einstellung und ihr Verhalten während des Integrationsprozesses.

Damit hat CSR das Potenzial, den Herausforderungen des kulturellen Wandels wirksam zu begegnen. Die kulturellen Anpassungsprozesse werden erleichtert bzw. beschleunigt. So werden die Mitarbeiter des Zielunternehmens mithilfe von CSR ermutigt, eine Post-Merger-organisationale Identifikation aufzubauen (vgl. Roeck/Swaen 2010, 12).

4.3.2.4 Risikokontrolle durch CSR im Akquisitionscontrolling

Spätestens nach Eintritt in die Integrationsphase sollte mit der Durchführung des **Akquisitionscontrollings** begonnen werden. Dessen Hauptaufgabe besteht darin, einen Vergleich von Plan- und Ist-Daten vorzunehmen, um den Erfolg des M&A-Projektes und seine Bestimmungsfaktoren herauszuarbeiten (vgl. Beatge 1997, 450; Weismüller 1997, 892–911; Lucks/Meckl 2002, 211). Dies erfordert, die Fortschritte bei der Realisierung der Chancen und die Wirksamkeit bei der Steuerung der Risiken in regelmäßigen Abständen zu prüfen, um Abweichungen zwischen dem angestrebten und dem tatsächlich festgestellten Chancen- und Risikoportfolio frühzeitig zu identifizieren (vgl. Weber/Weißenberger/Liekweg 2005, 35). Von Bedeutung ist dabei, dass nicht nur Realisationskontrollen (sog. Ex-Post-Kontrollen) zum Einsatz kommen, sondern dass überdies auch Vorwarnkontrollen (Ex-Ante-Kontrollen) implementiert werden. Nur so ist es möglich, frühzeitig entsprechende Maßnahmen zur Gegensteuerung zu ergreifen (vgl. Beatge 1997, 451).

Das Controlling eines M&A-Projektes steht vor der Herausforderung, den spezifischen Charakter eines M&A-Projektes und die damit einhergehenden besonderen Herausforderungen an das M&A-Management zu berücksichtigen. Da die einzelnen M&A-Aktivitäten keine trennbaren Teilaufgaben darstellen, die konsekutiv und in streng chronologischer Reihenfolge abzuarbeiten sind, sondern vielmehr komplexe, interdependente und teilweise parallel verlaufende Teilprozesse aus inhaltlich zusammenhängenden Handlungen umfassen (vgl. Meckl/Hawranek 2006, 91), gilt es, ein Controlling-Instrument zu finden, welches die Planung, Steuerung, Organisation und Kontrolle des gesamten M&A-Prozesses auf allen Ebenen unterstützt. Die Erfassung, Aufbereitung und Auswertung finanzieller Kennzahlen allein reicht jedoch nicht aus, die Komplexität des M&A-Projektes zu erfassen und Rückschlüsse auf die Wertschaffung des M&A-Projektes umfangreich abzuleiten (vgl. Lucks/Meckl 2002, 210). Neben phasenspezifischen Controlling-Instrumenten besteht deshalb die Notwendigkeit eines integrierten, ganzheitlichen Planungs- und Kontrollinstruments, das neben quantitativen Faktoren zugleich auch qualitative Bewertungskriterien umfasst. Aus diesem Grund greift die

M&A-Literatur mehrfach auf die von KAPLAN/NORTON entwickelte Balanced Scorecard zurück und passt diese an die Transaktionsspezifika an (vgl. Horzella 2010, 147).

Die **Balanced Scorecard (BSC)** stellt einen *„ausgewogenen bzw. multikriteriellen Berichtsbogen"* (Reichmann 2001, 601) dar, der dadurch charakterisiert ist, dass das verwendete Kennzahlensystem sich durch die Verknüpfung finanzieller und nicht-finanzieller, kurzfristiger und langfristiger, vergangenheits- und zukunftsorientierter, operativer und strategischer sowie interner und externer Kennzahlen auszeichnet (vgl. Kaplan/Norton 1997, 8–10). Dadurch ist es möglich, ein ausgewogenes System an monetären und nicht-monetären Zielen zu kontrollieren (vgl. Meckl/Hawranek 2006, 92). Mithilfe von vier Perspektiven, die KAPLAN/NORTON zur Strukturierung der BSC zugrunde legen, können Ursache-Wirkungs-Beziehungen der Unternehmensstrategie abgebildet werden. Zugleich ermöglicht dies, zentrale Stellschrauben für die Bewertung und Kontrolle der Unternehmensstrategie festzulegen.

- Die *Finanzperspektive* zeigt an, ob die Umsetzung der Unternehmensstrategie insgesamt zu einer ökonomischen Ereignisverbesserung führt. Die Kennzahlen der Finanzperspektive nehmen dabei eine Doppelrolle ein: Sie definieren einerseits die finanzielle Leistung, andererseits stellen sie durch entsprechende Ursache-Wirkungsbeziehungen die Bezugsgröße für alle anderen Perspektiven dar (vgl. Figge et al. 2001, 15).
- In der *Kundenperspektive* werden Kunden- und Marktsegmente zusammengefasst, in denen das Unternehmen absatzartig wirtschaftet. Durch entsprechende strategische Ziele, Kennzahlen und Maßnahmen soll gewährleistet werden, dass das Wertangebot an die Kunden abgebildet wird, durch welches das Unternehmen einen Wettbewerbsvorteil in den anvisierten Marktsegmenten erreichen möchte.
- Die *interne Prozessperspektive* identifiziert sämtliche interne Geschäftsprozesse, die das Unternehmen dazu befähigen, die Wertvorgaben der Kunden auf den Zielmärkten und die Erwartungen der Anteilseigner zu erfüllen.
- Die Kennzahlen der *Lern- und Entwicklungsperspektive* beschreiben hingegen die Infrastruktur, die zur Erreichung der Ziele aus den anderen drei Perspektiven notwendig ist. Dabei sind insbesondere Aspekte wie die Mitarbeiterqualifikation, Potenziale der Informationssysteme oder die Motivation der Mitarbeiter von Bedeutung (vgl. Meckl/Hawranek 2006, 93).

Für alle vier Perspektiven gilt es, Ziele, Kennzahlen, Vorgaben und Maßnahmen zu formulieren. Hierbei lassen sich Ergebniskennzahlen (sog. *lagging indicators*) von Leistungstreibern (sog. *leading indicators*) unterscheiden. Die Ergebniskennzahlen zeigen an, ob die strategischen Kernziele innerhalb der jeweiligen Perspektive erreicht wurden. Beispielhaft sind hier Kennzahlen wie Kundentreue, Produktivitätsverbesserungen, Mitarbeiterzufriedenheit, etc. zu nennen. Die Leistungstreiber bringen hingegen die spezifischen Wettbewerbsvorteile des Unternehmens zum Ausdruck und sind unternehmensspezifisch festzulegen. Sie verdeutlichen, auf welche Weise die Ergebnisse erreicht worden sind (vgl. Figge et al. 2001, 16).

Durch die Möglichkeit der Verknüpfung monetärer und nicht-monetärer Ziele wird die BSC häufig auch als Instrument zur Kontrolle des M&A-Erfolges herangezogen. So finden sich in der Fachliteratur zahlreiche Modifizierungsansätze, welche die traditionelle BSC auf die Spezifika eines M&A-Projektes anpassen (für eine Übersicht sei auf Horzella 2010, 149 sowie Rademacher 2011, 153 verwiesen). Dabei zeigt sich, dass sich nahezu alle aufgeführten Ansätze an der Grundstruktur der klassischen BSC orientieren und vier bis fünf Perspektiven unterscheiden (vgl. Horzella 2010, 148). Zudem fällt auf, dass die Zwecksetzung der sog. **M&A Balanced Scorecard** (M&A BSC) häufig die Integrationsphase in den Fokus rückt. Eine Begründung hierfür könnte darin liegen, dass der Integration eine entscheidende Bedeutung für das Gelingen und den Erfolg einer M&A-Transaktion zukommt und ein schlechtes M&A-Management häufig die Ursache für das Scheitern von M&A ist (vgl. Jansen 2004, 227).

Im Zusammenhang mit der vorliegenden Arbeit sei exemplarisch auf die M&A BSC von RADEMACHER (2011) verwiesen. Diese umfasst fünf Perspektiven: die Finanz-, Prozess-, Kunden-, Wissens- sowie die Mitarbeiter- und Kulturperspektive (vgl. Abbildung 4.22).

Für jede Perspektive werden analog zur Vorgehensweise bei der traditionellen BSC Kennzahlen bestimmt (vgl. Rademacher 2011, 15). Die konkrete Ausgestaltung der M&A BSC hinsichtlich der identifizierten Messgrößen, Vorgaben und Maßnahmen ist stets unternehmensindividuell und damit situationsbezogen vorzunehmen (vgl. Metz 2002, 203). Die Analyse der bisher entwickelten M&A BSC zeigt, dass unabhängig vom zugrunde liegenden Anwendungskonzept ökologische und soziale Vorgaben bislang nicht im Akquisitionscontrolling berücksichtigt werden. Um eine in sich konsistente Integration von CSR in den M&A-Prozess zu gewährleisten, gilt es jedoch auch im Zuge der Zielverfolgung, CSR-Risiken zu kontrollieren. Dazu ist eine Erweiterung der bisher bestehenden M&A BSC um ökologische und soziale

Aspekte notwendig. Grundsätzlich sind drei Möglichkeiten der Integration von Umwelt- und Sozialaspekten in die M&A BSC denkbar (vgl. Figge et al. 2001, 22).

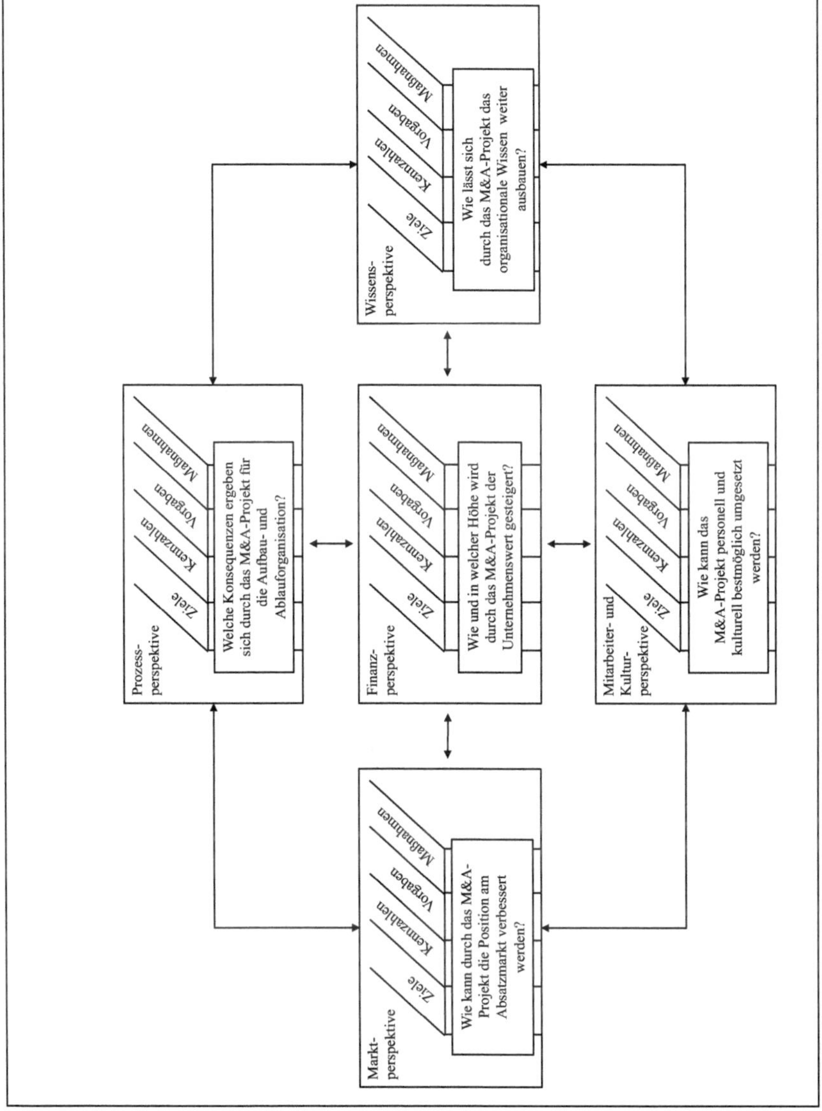

Abbildung 4.22: **M&A-Balanced-Scorecard.**

Quelle: Rademacher (2011, 154).

Zum einen ist es möglich, Umwelt- und Sozialaspekte in die bereits bestehenden M&A-modifizierten Perspektiven einzuordnen. Verschiedene Publikationen diskutieren dies bereits im Zuge der Erweiterung der klassischen BSC (vgl. u.a. Czymmek/Frank/Faßbender-Wynands 2001, 23–25; Deegen 2001, 50). Auf Basis entsprechender strategischer Kernelemente, Ziele, Ergebniszahlen, Leistungstreiber und Maßnahmen werden in jede M&A-spezifische Perspektive ökologische und soziale Themen integriert. Diese Variante ist besonders dann sinnvoll, wenn bereits über die M&A-Basisstrategie ökologische und soziale Themen internalisiert wurden. Für ein Käuferunternehmen, das ein ökologisches Kundensegment anvisiert, hat z.B. die Ergebniskennzahl „Marktanteil" bereits eine ökologieorientierte Ausrichtung. Folglich dürften dann auch Leistungstreiber wie „Produkteigenschaften" Umweltkennzahlen aufweisen. Die Eingliederung von Umwelt- und Sozialaspekten in die bereits bestehenden Perspektiven der M&A BSC bietet den *Vorteil* einer integrierten Herangehensweise. Der Ansatz gewährleistet die Identifikation und wertorientierte Koordination von Umwelt- und Sozialaspekten, die für die erfolgreiche Umsetzung der M&A-Basisstrategie relevant sind. Als zentraler *Nachteil* lässt sich die begrenzte Anzahl von meist 16-25 Indikatoren einer M&A BSC nennen (vgl. Kaplan/Norton 1997, 35). Dies erfordert, dass bereits auf den oberen Bereichsebenen ökologische und soziale Aspekte sehr stark aggregiert werden. Im Extremfall führt es sogar zu einem Verzicht auf ökologische und soziale Indikatoren auf den oberen Unternehmens- und Bereichsebenen. Detaillierte umwelt- und sozialbezogene Kennzahlen, Leistungsindikatoren und Maßnahmen finden sich dann nur auf mittlerer oder unterer Unternehmensebene (vgl. Figge 2000, 142). Ein weiterer Nachteil liegt darin, dass die Berücksichtigung ökologischer und sozialer Effektivität schwerfällt. Um nicht nur eine relative, sondern auch eine absolute Verbesserung der M&A-Performance in Richtung Nachhaltigkeit zu ermitteln, sind dann weitere Effektivitätsbetrachtungen nötig (vgl. Figge et al. 2001, 24).

Neben der Möglichkeit, Umwelt- und Sozialaspekte in die bereits bestehenden M&A-modifizierten Perspektiven einzuordnen, ist es denkbar, die bislang verwendete M&A BSC um eine weitere Perspektive zu ergänzen. Bereits Kaplan/Norton erwähnen, dass es sich bei den vorgeschlagenen Perspektiven nicht um eine sklavisch anzuwendende Vorgabe handelt (vgl. Kaplan/Norton 1997, 33). Jedoch sollte die Einführung einer neuen Perspektive gerechtfertigt sein. Als Argumentationsbasis gilt, dass der zusätzlich zu berücksichtigende Faktor eine grundlegende und konstitutive Voraussetzung für die Schaffung eines Wettbewerbsvorteils darstellen sollte. Nur dann wird eine Modifikation der Perspektivenstruktur der Logik einer M&A BSC gerecht (vgl. Figge et al. 2001, 24). Die Erweiterung der M&A BSC um eine ökologische und soziale Perspektive sollte deshalb nur dann erfolgen, wenn ökologische und soziale Themen eine strategisch bedeutsame Rolle für den Transaktionsprozess einnehmen. Dieser Fall könnte zutreffen, wenn sich z.B. eine Transaktion innerhalb einer sehr umweltsensiblen oder sozial exponierten Branche abspielt. Durch einen hohen medialen Druck, der starken öffentlichen Exponiertheit oder ein hohes Stakeholderengagement können Umwelt- und Sozialaspekte eine derart bedeutende Stellung einnehmen, dass sie unmittelbare Strategierelevanz erlangen und den Erfolg der M&A-Transaktion gefährden. In diesem Fall wirken die ökologischen und sozialen Risiken nicht allein über das marktliche Umfeld der Transaktion, sondern verstärkt über das nicht-marktliche Umfeld. Die Erweiterung der M&A BSC um eine ökologische und soziale Perspektive gewährleistet dann, dass auch diejenigen Umwelt- und Sozialaspekte in die M&A BSC integriert werden, die noch nicht in den Marktmechanismus des Unternehmens integriert wurden, aber dennoch erfolgskritisch für die M&A-Transaktion sind. Da strategisch relevante Umwelt- und Sozialaspekte aus dem nicht-marktlichen Unternehmensumfeld in allen M&A BSC-Perspektiven wirksam werden können, ist es zweckmäßig, die zusätzliche Perspektive in Form eines „Rahmens“ um die konventionellen M&A-Perspektiven abzubilden (vgl. Abbildung 4.23).

Alle Perspektiven der M&A BSC stehen demzufolge in einem Austauschverhältnis mit der sog. CSR-Perspektive. Analog zum Vorgehen bei der Formulierung der herkömmlichen M&A BSC gilt es, auch für die zusätzliche Perspektive Kernelemente und Leistungstreiber zu identifizieren und durch entsprechende Kennzahlen abzubilden. Diese Kennzahlen werden dann über die hierarchische Ursache-Wirkungskette mit der Finanzperspektive verbunden (vgl. Figge et al. 2001, 26). Der *Vorteil* der Formulierung einer zusätzlichen Perspektive zur Integration ökologischer und sozialer Faktoren in die M&A BSC liegt in der deutlich stärkeren Betonung von Umwelt- und Sozialaspekten. Dadurch können ökologische und soziale Risiken nicht ohne Weiteres übergangen werden. Der *Nachteil* ist allerdings, dass ökologische und soziale Themen als separate Aufgabe mit Sonderstatus aufgefasst werden können (vgl. Deegen 2001, 79–80). Zugleich besteht die Gefahr der Isolierung von Umwelt- und Sozialaspekten, da nicht gewährleistet werden kann, dass über die begrenzte Anzahl an Beziehungsketten, die in einer M&A BSC abgebildet werden können, dem Querschnittscharakter von Umwelt- und Sozialaspekten ausreichend Rechnung getragen wird. Zudem ist es auch denkbar, dass Umwelt- und Sozialaspekten durch die Integration einer eigenen Perspektive zu viel Gewichtung beigemessen wird. Daher muss sichergestellt sein, dass nur dann eine eigenständige Perspektive integriert wird, wenn auch wirklich eine fundamental strategische Relevanz ökologischer und sozialer Aspekte im Zuge der M&A-Transaktion vorliegt.

Die dritte Möglichkeit der Anwendung der M&A BSC für das Management von Umwelt- und Sozialaspekten besteht in der Formulierung einer eigenständigen Umwelt- und Sozial-Scorecard. Allerdings soll dies nicht bedeuten, parallel zur konventionellen M&A BSC eine weitere BSC, die sich nur um Umwelt- und Sozialaspekte kümmert, einzuführen. Dadurch bliebe das koordinative Potenzial des BSC-Konzepts völlig ungenutzt. Die Formulierung einer eigenen Umwelt- und Sozial-Scorecard ist nur dann sinnvoll, wenn sie im Zusammenhang mit einer der beiden in den vorherigen Abschnitten diskutierten Integrationsvarianten eingesetzt wird (vgl. Figge et al. 2001, 27–28). Damit handelt es sich nicht um eine eigenständige Alternative, sondern vielmehr um eine Erweiterung der beiden erstgenannten Ansätze. Die Notwendigkeit einer eigenen Umwelt- und Sozial-Scorecard stellt sich vornehmlich bei der organisationalen Umsetzung des M&A BSC-Konzepts für die verschiedenen Geschäftsbereiche. Hierbei kann es zweckmäßig sein, sämtliche ökologische und soziale Ziele, Kennzahlen und Maßnahmen in einer separaten Scorecard zusammenzufassen. Der Inhalt der Umwelt- und Sozial-Scorecard ergibt sich aus den Zielsetzungen, Kennzahlen und Maßnahmen des gesamten M&A BSC-Systems. Dies zeigt, dass keine neuen oder eigenständigen Inhalte formuliert werden. Vielmehr handelt es sich um eine inhaltlich abgeleitete Umwelt- und Sozial-Scorecard, deren Aufgabe eher eine koordinative und organisatorische Funktion zukommt. Diese Vorgehensweise empfiehlt sich vor allem dann, wenn ein Unternehmen eine eigenständige CSR-Abteilung oder zumindest eine eigenständige Umweltabteilung unterhält.

Die Formulierung einer solchen Umwelt- und Sozial-Scorecard regelt dann das Verhältnis der Abteilung zu den anderen strategischen Geschäftseinheiten. Die zusätzliche Umwelt- und Sozial-Scorecard bietet den *Vorteil* und die Möglichkeit der koordinativen Steuerung aller ökologisch und sozial relevanten Themen (vgl. Figge et al. 2001, 28–29).

Die Wahl der Integrationsvariante sollte von den Rahmenbedingungen und den Voraussetzungen abhängig gemacht werden, unter denen die M&A-Transaktion stattfindet.

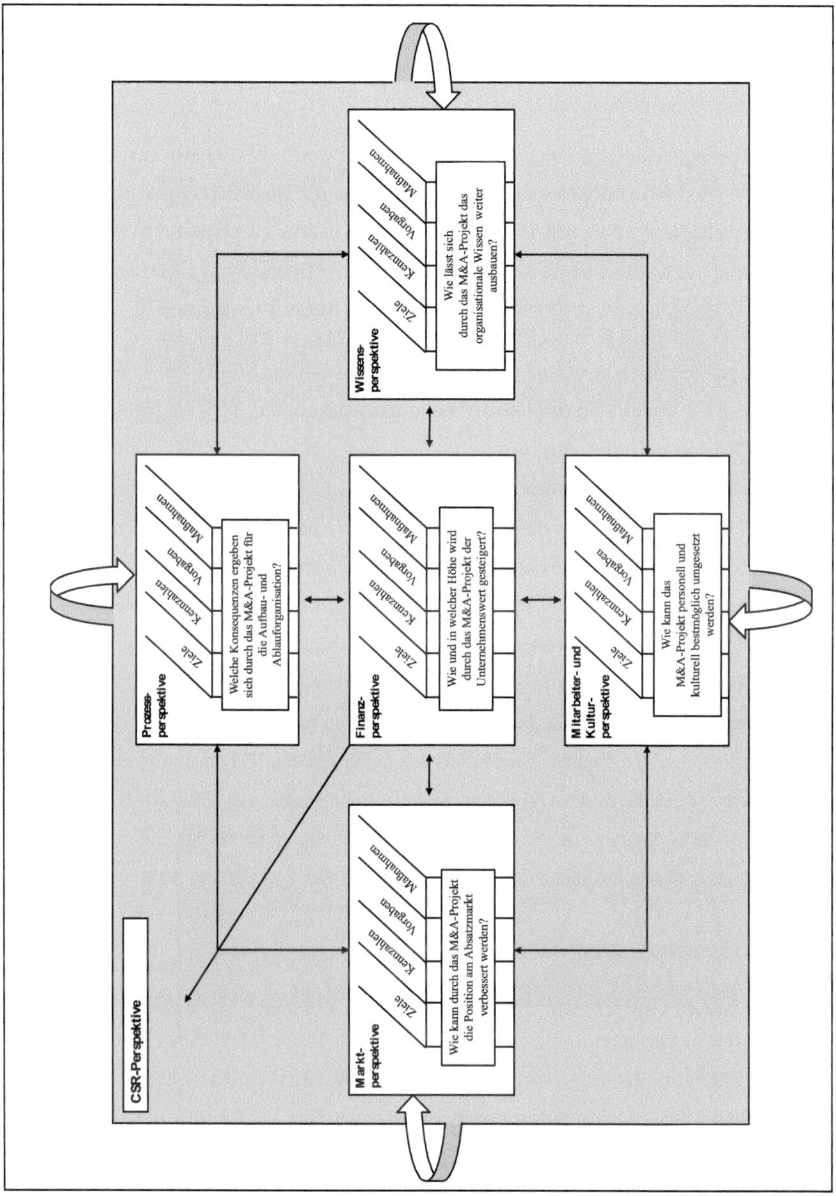

Abbildung 4.23: **Erweiterung der M&A-Balanced-Scorecard um CSR.**

Quelle: In Anlehnung an Figge et al. (2001, 25).

4.4 Zusammenfassung der Erkenntnisse

Fasst man die Erkenntnisse zur Rolle von CSR im Rahmen von M&A zusammen, so lässt sich folgende These formulieren:

„KÄUFERUNTERNEHMEN, DIE EIN AUSGEPRÄGTES CSR-ENGAGEMENT AUFWEISEN, SIND DURCH DIE INTEGRATION ÖKOLOGISCHER UND GESELLSCHAFTLICHER GESICHTSPUNKTE IN IHREM RISIKOMANAGEMENTANSATZ IN DER LAGE, IM ZUGE STRATEGISCHER UNTERNEHMENSENTSCHEIDUNGEN DAS AKQUISITIONSRISIKO UMFASSENDER ZU BEWERTEN UND ZU STEUERN. DIES ERHÖHT DIE WAHRSCHEINLICHKEIT EINER ERFOLGREICHEN M&A-TRANSAKTION."

Die Aussage wird durch eine Studie der Unternehmensberatung KPMG (2004) bekräftigt, zu deren Erstellung mithilfe des britischen Marktforschungsinstituts TNS 105 der größten 500 europäischen Unternehmen zur Brisanz ökologischer und sozialer Risiken im Zuge einer M&A-Transaktion befragt wurden. Die Primäranalyse ergab, dass ein Drittel der 105 untersuchten Unternehmen signifikante *health, safety, social* und *environmental risks* (HSSE) innerhalb des M&A-Prozesses entdeckten. Obwohl bereits 70 Prozent aller Befragten eine explizite Umweltprüfung während der Transaktionsphase durchführen, gaben dennoch zwei Drittel der Unternehmen an, weitere HSSE-Risiken nicht rechtzeitig erkannt zu haben. Dies führte in 42 Prozent der Fälle zu signifikant höheren operativen Kosten im Zuge des Transaktionsgeschehens. 21 Prozent der befragten Unternehmen teilten mit, dass die identifizierten HSSE-Risiken zu einer direkten Wertminderung geführt hatten. Unternehmen, die frühzeitig HSSE-Themen berücksichtigten, konnten hingegen in 64 Prozent der Fälle den Kaufpreis neu verhandeln; für 67 Prozent der jeweiligen Unternehmen resultierte aus der Identifikation von HSSE-Themen sogar die Abkehr vom Transaktionsvorhaben (vgl. KPMG 2004, 2).

4.5 Hypothesenformulierung

Um in einem zweiten Schritt den Einfluss von CSR auf den M&A-Erfolg explizit zu messen, ist die soeben formulierte These in Form von Hypothesen auszudrücken. Eine Hypothese stellt die Unterform der These dar, die dadurch charakterisiert ist, dass sie den Zusammenhang zwischen den zu erklärenden Faktoren beschreibt. Dies gelingt über die Formulierung von *Wenn-dann-* oder *Je-desto-*Aussagen. Für die in Abschnitt 4.4 postulierte These lässt sich folgender Ursache-Wirkungszusammenhang ableiten:

$\boldsymbol{H_1}$: *Je höher das CSR-Engagement des Käuferunternehmens, desto höher der M&A-Erfolg.*

Allerdings liegt die Vermutung nahe, dass nicht alle CSR-Maßnahmen automatisch einen gleich starken Einfluss auf die Reduzierung des Akquisitionsrisikos und damit auf den M&A-Erfolg haben. So zeigen bereits Studien zum CSR Business Case, dass das Corporate CSR-Niveau eines Unternehmens häufig zu hoch aggregiert ist, um einen nachweisbaren Wirkungszusammenhang abzuleiten (vgl. Abschnitt 2.5.2.3). Dies ist darauf zurückzuführen, dass das Corporate CSR-Niveau eines Unternehmens aus einer Vielzahl unterschiedlicher Instrumente und angesprochener Handlungsfelder besteht, deren Wirkungsrichtungen zum Teil konträr sind, sodass ein messbarer positiver oder negativer Einfluss auf eine zu untersuchende Variable in der Regel nicht gelingt.

Aus diesem Grund wird eine zweite Gruppe von Hypothesen formuliert, die das CSR-Niveau des Käuferunternehmens und deren Wirkungsrichtung auf den M&A-Erfolg dezidierter analysiert. Hierbei wird davon ausgegangen, dass soziale und ökologische Risiken den Transaktionserfolg nicht gleich stark beeinträchtigen, sondern aufgrund unterschiedlicher Rahmenbedingungen sowie der unterschiedlichen Bedeutung sozialer und ökologischer Risiken im Unternehmensumfeld variieren. Eine Unterscheidung der Wirkungsanalyse ökologischer und sozialer CSR-Maßnahmen auf den M&A-Erfolg erscheint daher zweckmäßig.

$\boldsymbol{H_{2a}}$: *Je höher die Social Responsibility des Käuferunternehmens, desto höher der M&A-Erfolg.*

$\boldsymbol{H_{2b}}$: *Je höher die Environmental Responsibility des Käuferunternehmens, desto höher der M&A-Erfolg.*

Um umfassende Aussagen zur Gestaltung des CSR-Engagements bei M&A ableiten zu können, ist es angemessen, die Social und Environmental Responsibility erneut aufzuspalten. Analog zur zweiten Gruppe an Hypothesen lässt sich auch für das ökologische und soziale Handlungsfeld des CSR-Engagements vermuten, dass nicht alle CSR-Aktivitäten innerhalb eines Verantwortungsbereiches den M&A-Erfolg in gleichem Maße tangieren. So ist beispielsweise anzunehmen, dass CSR-Aktivitäten, die sich auf die Akteure des Unternehmenssystems beziehen (vgl. Abschnitt 3.5), einen stärkeren Einfluss auf den M&A-Erfolg haben als CSR-Maßnahmen wie Spenden und Sponsoring, die vornehmlich dem Gesellschaftssystem zugutekommen. Eine Aufspaltung der Handlungsfelder des CSR-Engagements in Abhängigkeit der von der CSR-Maßnahme betroffenen Stakeholdergruppe ist daher empfehlenswert.

Auch hier wird für alle CSR-Dimensionen ein positiver Wirkungsmechanismus auf den M&A-Erfolg unterstellt:

H_{3a}: *Je höher die Staff & Supplier Responsibility des Käuferunternehmens, desto höher der M&A-Erfolg.*

H_{3b}: *Je höher die Corporate Governance & Business Ethics Responsibility des Käuferunternehmens, desto höher der M&A-Erfolg.*

H_{3c}: *Je höher die Produkt & Services Responsibility des Käuferunternehmens, desto höher der M&A-Erfolg.*

H_{3d}: *Je höher die Society & Product Responsibility des Käuferunternehmens, desto höher der M&A-Erfolg.*

H_{3e}: *Je höher das Environmental Management des Käuferunternehmens, desto höher der M&A-Erfolg.*

H_{3f}: *Je höher die Eco-Efficiency des Käuferunternehmens, desto höher der M&A-Erfolg.*

5 UNTERSUCHUNGSKONZEPTION

5.1 Operationalisierung des „M&A-Erfolges"

5.1.1 Kriterien zur Bestimmung des M&A-Erfolges

Die Bestimmung des „M&A-Erfolges" setzt voraus, dass Klarheit bezüglich der Definition des Begriffs „Erfolg" vorliegt. Erfolg drückt sich allgemein als Grad der Zielerreichung aus, der mit einer gewählten Handlungsalternative während eines bestimmten Zeitraums erreicht wurde (vgl. Kirchner 1991, 90). Übertragen auf M&A kann Erfolg mit dem Erreichen der von ihrer Umsetzung verfolgten Unternehmensziele gleichgesetzt werden (vgl. Bamberger 1994, 8–9; Lucks 2002, 197).

Problematisch ist jedoch, dass die mit einer Akquisition einhergehenden Ziele einerseits sehr vielfältig sind und sich andererseits aufgrund von Interdependenzen nicht immer klar voneinander unterscheiden lassen. Darüber hinaus liegen M&A-Ziele in der Regel nicht in quantitativer Form vor, weshalb eine einheitliche Festsetzung von Erfolgsindikatoren weder in der Praxis noch in der Theorie vorzufinden ist (vgl. Gerpott 1993, 18; Bubik 2005, 216). Erschwert wird die M&A-Erfolgsmessung durch die Tatsache, dass die Auswirkungen einer Transaktion von anderen, operativen Unternehmensentscheidungen kaum abzugrenzen sind, insbesondere nach der Integration des neuen Unternehmens bzw. der Unternehmensteile in die eigenen Aktivitäten der Unternehmung (vgl. Dibelius 2005, 42). Darüber hinaus ist festzustellen, dass die auf eine Transaktion zurückzuführenden Effekte häufig weit in der Zukunft liegen, sodass die Festlegung eines korrekten Zeitpunktes zur Erfolgsbeurteilung häufig nicht eindeutig ist (vgl. Kübler 1996, 39; Bark/Kötzle 2003, 111). Dies führt dazu, dass die Bestimmung und Festlegung des M&A-Erfolges aufgrund von Beurteilungsproblemen durch verschiedene Vorgehensweisen und systematische Schwächen gekennzeichnet ist (vgl. Hawranek 2004, 40). Aus diesem Grund werden nachfolgend zentrale Kriterien vorgestellt, die die Basis zur Messung des M&A-Erfolges bilden (vgl. Abbildung 5.1).

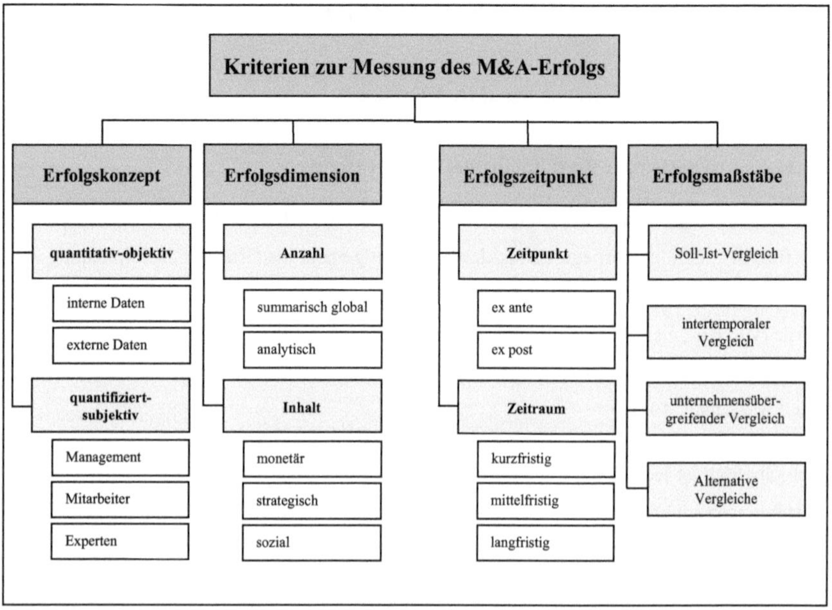

Abbildung 5.1: Kriterien zur Messung des M&A-Erfolges.
Quelle: In Anlehnung an Wirtz (1993, 190).

Die Erfolgsbestimmung bei M&A-Transaktionen beruht auf der Erfassung von „Wertveränderungen“, bei der in der Regel das Gesamtunternehmen als Objekt der Messung herangezogen wird (vgl. Vogel/Schumann 2002, 275). Je nach gewähltem **Erfolgskonzept** unterscheiden sich dabei die Erfolgsindikatoren. Werden *quantitativ-objektive Erfolgsindikatoren* herangezogen, so wird angenommen, dass sich die M&A-induzierte Wertveränderung in monetären Kennzahlen niederschlägt und damit die Messung anhand intern vorhandener oder öffentlich zugänglicher Datenquellen mithilfe finanztechnischer Analyseverfahren erfolgen kann. Die Erfassung *quantifizierter Erfolgsindikatoren* betrifft hingegen Maßnahmen, die sich nur mittelbar auf monetäre Erfolgsgrößen auswirken, da die M&A-induzierte Veränderung auf Ebene der Mitarbeiter und Unternehmensstrukturen einsetzt, die erst in der Folge eine Wertveränderung im Sinne quantitativ-objektiver Kenngrößen auslöst. Die Erfassung quantifizierter Erfolgseffekte kann nicht allein über quantitativ messbare Kriterien durchgeführt werden, sondern verlangt den Rückgriff auf qualitative Erfolgsgrößen wie z.B. die Befragung unterschiedlicher Personenkreise (vgl. Vogel/Schumann 2002, 275; Lucks/Meckl 2002, 15).

Die **Erfolgsdimension** betrifft die Anzahl und den Inhalt der in die Erfolgsbestimmung einzubeziehenden Aspekte. Hierbei können *summarisch globale* von *analytischen Erfolgsdimensionen* unterschieden werden. Erstere leiten den Erfolg einer M&A-Transaktion durch die Betrachtung nur eines Kriteriums ab, wohingegen analytische Erfolgsdimensionen mehrere Kriterien zur Erfolgsbestimmung heranziehen. Die Inhalte der Erfolgsbestimmung sind abhängig vom ausgewählten Erfolgskonzept. Grundsätzlich lassen sich finanzielle, strategische und soziale Erfolgsmaße unterscheiden (vgl. Hawranek 2004, 39). Finanzielle Erfolgsmaße stellen monetäre Größen wie beispielsweise den Marktwert des Eigenkapitals, Rentabilitätskennzahlen oder den Economic Value Added (EVA) dar. Strategische Erfolgsmaße werden durch Indikatoren der nachhaltigen Wettbewerbsfähigkeit ausgedrückt. Hierzu zählen z.B. der relative Marktanteil, Produktinnovationsquoten, Marktwachstumsindikatoren oder das Marktprofitabilitätsniveau. Soziale Erfolgsmaße werden durch Indikatoren der individuellen und arbeitsbezogenen Einstellung und Verhaltensweisen ausgedrückt. Hierzu gehören u.a. die Fluktuationsrate, die Identifikation mit dem Unternehmen oder die Kündigungsrate (vgl. Rappaport/Klien 1999, 15–38; Seidel 1995, 15; Stern et al. 2002).

Wesentlich für die Bestimmung des M&A-Erfolges sind auch der **Zeitpunkt der Messung** und der **abgedeckte Zeitraum**. Bezüglich des Zeitpunktes können *ex ante* und *ex post* Untersuchungen unterschieden werden. Ex ante Messungen antizipieren den erwarteten Erfolg ausgehend von einer kapitalmarktorientierten Perspektive, während ex post Messungen den bereits realisierten Erfolg zwischen öffentlicher Bekanntgabe und einem festgelegten Bestimmungszeitpunkt abbilden. Die M&A-Erfolgsmessung kann darüber hinaus einen *kurzfristigen, mittelfristigen* oder *langfristigen* Zeitraum abdecken (vgl. Gerpott 1993, 233).

Die Messergebnisse sind jedoch nur dann aussagekräftig, wenn sie mit **Bezugsgrößen** verglichen werden. Hierzu stehen vier unterschiedliche Maßstäbe zu Verfügung: Zum einen können über Zielvorgaben die ermittelten *Ist-Werte* mit den zuvor festgelegten *Soll-Werten* des Managements verglichen werden. Daneben besteht die Möglichkeit, *intertemporale Vergleiche* durchzuführen. Hierbei werden Vergleichswerte zu einem bestimmten Zeitpunkt oder deren Weiterentwicklung innerhalb einer bestimmten Zeitspanne herangezogen. Diese Vergleichswerte unterliegen der Annahme, dass ohne die Durchführung der M&A-Transaktion keine Veränderung der betrachteten Kriterien eingetreten wäre. Bei *unternehmensübergreifenden Vergleichen* werden die Kriterien einer Kontrollgruppe gegenübergestellt (sog. Peer Group), die sich vom untersuchten Unternehmen aufgrund der Nicht-Durchführung einer Transaktion unterscheidet. Alternativ können auch zum Vergleich andere M&A-Transaktionen herangezogen werden bzw. Indizes vergleichbarer und unterschiedlicher Risikostrukturen am Kapitalmarkt (vgl. Vogel/Schumann 2002, 276).

5.1.2 Verfahren zur Messung des Transaktionserfolges

Obwohl angesichts der vielfältigen Möglichkeiten zur Messung des M&A-Erfolges keine Standardverfahren existieren, haben sich in der wissenschaftlichen Forschung vier Verfahren etabliert, mit deren Hilfe der Erfolg einer Transaktion in aller Regel gemessen wird (vgl. u.a. Stegmann 2002, 36–43; Vogel/Schumann 2002, 276–290; Meckl/Sodeik/Fischer 2006, 165–166; Kerler 2000, 85–105; Gerpott 1993, 193; Andrade/Mitchell/Stafford 2001, 73). Diese werden nachfolgend näher erläutert.

Jahresabschlussanalysen basieren auf der Analyse von Kennzahlen des externen Rechnungswesens der an der M&A-Transaktion beteiligten Unternehmen. Ziel ist es, Aussagen über die Wirkung von M&A auf den operativen Erfolg der jeweiligen Unternehmen zu treffen (vgl. Glaum/Lindemann/Friedrich 2006, 299). Im Zentrum der Betrachtung stehen ausgewählte Kennzahlen handelsüblicher Jahresabschlüsse wie z.B. die Umsatz-, Eigenkapital- oder Gesamtkapitalrendite, der EBIT (Earnings before interest and tax) oder Cashflow-Größen. Diese Kennzahlen werden entweder durch Vorher-Nachher-Analysen oder durch komparative Objektanalysen miteinander verglichen (vgl. Meckl/Sodeik/Fischer 2006, 165). Bei der Vorher-Nachher-Analyse werden die ausgewählten Kennzahlen vor und nach der M&A-Transaktion einander gegenübergestellt, wobei der Zeitraum der Messung individuell festgelegt wird. In einigen Fällen beträgt der Zeitraum zwischen Vorher- und Nachhermessung mehr als 5 Jahre (vgl. Grün 2010, 78). Im Rahmen komparativer Objektanalysen wird überprüft, inwieweit sich die Kennzahlen der Transaktionspartner von Branchendurchschnittswerten oder von Kennzahlen anderer vergleichbarer Unternehmen ohne M&A-Aktivität (sog. „Peer Groups“) unterscheiden (vgl. Kerler 2000, 103).

Der wesentliche Vorteil der Jahresabschlussanalyse liegt darin, dass die Informationen in der Regel öffentlich zugänglich und damit leicht zu erheben sind. Aufgrund von Publizitätspflichten hinsichtlich der Ertrags-, Vermögens- und Finanzlage, die in den meisten Ländern ab einer bestimmten Unternehmensgröße gelten, können auch Transaktionen beurteilt werden, bei denen nicht-börsennotierte Unternehmen beteiligt waren (vgl. Sudarsanam 2010, 101). Allerdings bestehen auch gravierende Nachteile im Zusammenhang mit der Verwendung buchhalterischer Kennzahlen. Einerseits führt die Vergangenheitsorientierung zu eingeschränkten Schlüssen über die Zukunft (vgl. Glaum/Lindemann 2002, 288), andererseits ist eine periodische Vergleichbarkeit der Jahresabschlüsse aufgrund von Bewertungsspielräumen oder fehlender Bilanzkontinuität nur schwer möglich (vgl. Stegmann 2002, 38–39). So ist beispielhaft zu berücksichtigen, dass Gewinne, die nach einer M&A-Transaktion im Jahresabschluss ausgewiesen werden, in beträchtlichem Maße von der Art der Verbuchung des im Rahmen der Transaktion bezahlten Goodwills abhängen. Oft entstehen durch Akquisitionen zahlreiche Neuerungen innerhalb der Finanzbuchhaltung, die einen verlässlichen Vergleich der ausgewählten Kennzahlen zusätzlich erschweren. Die erwähnten Manipulationen sind kaum abschätzbar und verhindern, dass externe Beobachter die tatsächlichen Auswirkungen der M&A-Transaktion auf den Gewinn bzw. die Rentabilität der Unternehmungen schlüssig beurteilen können. Darüber hinaus ist eine Unterscheidung zwischen den Auswirkungen aufgrund der M&A-Aktivität und Auswirkungen, die durch andere Einflüsse im gleichen Zeitraum auftraten, ebenso wenig möglich wie die Betrachtung von Ursache und Wirkung der Übernahme nach kurzer Zeit (vgl. Lucks/Meckl 2002, 17).

Im Unterschied zu Jahresabschlussanalysen erfassen **Kapitalmarktanalysen** den Erfolg ex ante und nicht ex post. Die kapitalmarktorientierte Erfolgsmessung beruht auf den Erwartungen der Kapitalmarktteilnehmer bezüglich der zukünftigen Entwicklung des Unternehmens infolge der Übernahme (vgl. Vogel/Schumann 2002, 282). Dazu wird der Aktienkurs betrachtet, der den Gegenwartswert der zukünftigen erwarteten Zahlungsströme an die Aktionäre, respektive die Eigentümer, abbildet (vgl. Grün 2010, 79).

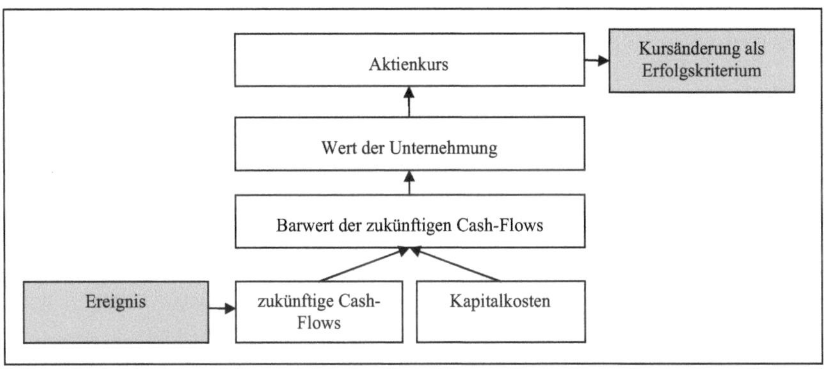

Abbildung 5.2: Prinzip der Kapitalmarktanalysen bei der M&A-Erfolgsmessung.

Quelle: In Anlehnung an Grünert (2007, 107).

In seiner Einfachheit ist der kapitalmarktorientierte Ansatz wegen zahlreicher störender Einflüsse auf den Aktienkurs problematisch. Aus diesem Grund greift die Mehrzahl der kapitalmarktorientierten Analysen auf den Erfolgsmaßstab der **„abnormalen Rendite" (AR)** zurück, die als Differenz zwischen der tatsächlich beobachteten Rendite des betrachteten Unternehmens und dem erwarteten Wert der Rendite ohne Transaktion verstanden wird (vgl. Kerler 2000, 86). Das Prinzip der als „Event Studie" zu bezeichnenden kapitalmarktorientierten Erfolgsmessung wird in Abschnitt 5.1.3 näher erläutert.

Die Vorteile der Kapitalmarktanalysen liegen in der Zukunftsbezogenheit, der Objektivität, der einfachen Interpretation der Ergebnisse sowie der Nichtmanipulierbarkeit der Aktienkurse (vgl. Gerpott 1993, 202; Hase 1996, 190–191). Das Problem der Kapitalmarktanalysen liegt allerdings darin, dass die resultierenden Erfolgsbeiträge durch die Transaktion getrennt von den Auswirkungen der „normalen" Unternehmenstätigkeit zu betrachten sind (vgl. Vogel/Schumann 2002, 283). Kritisiert wird auch die Modellannahme der Informationseffizienz, da die Kapitalmärkte in Realität nur eine mittlere Effizienz aufweisen (vgl. Kübler 1996, 50 sowie Abschnitt 5.1.3.3). Weitere methodische Probleme ergeben sich bei der Festlegung des Messzeitpunktes sowie der Prognose der hypothetischen Vergleichswerte. Außerdem sind es in erster Linie börsennotierte Unternehmen, für die mit dieser Methode repräsentative Aussagen getroffen werden können (vgl. Gerpott 1993, 206). Trotz der genannten Probleme haben sich kapitalmarkttheoretische Verfahren bei der Beurteilung des M&A-Erfolgs weitestgehend durchgesetzt (vgl. Vogel/Schumann 2002, 288). Bis heute ist es die am häufigsten durchgeführte Methode zur Ermittlung des M&A-Erfolgs (vgl. Grünert 2007, 107).

Neben den Jahresabschlussanalysen und den kapitalmarktorientierten Verfahren besteht die Möglichkeit, den Erfolg von M&A-Transaktionen anhand von **Expertenbefragungen** zu messen. In der Regel wird dabei das Management des akquirierenden und akquirierten Unternehmens durch standardisierte, schriftliche Befragung aufgefordert, eine Erfolgseinschätzung bezüglich der durchgeführten Transaktion abzugeben (vgl. Kerler 2000, 104). Alternativ dazu können auch Investmentbanker oder Unternehmensberater ihre Erfahrungswerte hinsichtlich der Erfolgswirksamkeit von individuell beobachteten Zusammenschlüssen abgeben (vgl. Kitching 1967).

Vorteilhaft ist, dass spezifische Zielsetzungen berücksichtigt werden können und so eine dem Erfolgsbegriff am ehesten gerecht werdende Analyse möglich wird (vgl. Meckl/Sodeik/ Fischer 2006, 166). Demgegenüber steht der Nachteil, dass Expertenbefragungen nicht immer dem Kriterium der Objektivität genügen (vgl. Vogel/Schumann 2002, 289). So wird regelmäßig festgestellt, dass die Einschätzungswerte der Expertenbefragungen aufgrund von mangelnder Objektivität im Vergleich zu alternativen Erfolgsmessungsmethoden deutlich höhere Erfolgsquoten benennen (vgl. Kerler 2000, 130; Spickers 1995, 122). Gleichzeitig kann die Beurteilung der Expertengruppe in erheblichem Maße von der Einschätzung der Eigentümer abweichen. Problematisch ist außerdem die äußerst komplexe Erhebung und Auswertung der Informationen. Die Qualität der Ergebnisse hängt entscheidend von der Sorgfalt der Untersuchungsplanung ab. Trotz der genannten kritischen Punkte beinhaltet die Insider-Befragung den nicht ganz unerheblichen Vorteil, dass parallel zur Erfolgsmessung die Möglichkeit zur Identifikation neuer Erfolgsfaktoren besteht. Aus praktischen Gründen wird daher das Verfahren regelmäßig herangezogen (vgl. Kirchner 1991, 98–99; Spickers 1995, 122).

Als letztes Verfahren zur Messung des Transaktionserfolges lässt sich die **Analyse von Wiederverkaufsraten** nennen. Diese basiert auf der Annahme, dass M&A grundsätzlich mit der Intention einer langfristigen, strategischen Bindung einhergehen. Aus diesem Grund implizieren Desinvestitions- und Liquidationsaktivitäten den Misserfolg einer Transaktion (vgl. Meckl/Sodeik/Fischer 2006, 166). M&A-Transaktionen gelten demzufolge als erfolgreich, wenn die erworbenen Unternehmen innerhalb eines bestimmten Zeitraums nicht wieder verkauft werden. Der Kauf von Rover durch die BMW AG im Jahre 1994 mit anschließender Veräußerung des Zielunternehmens nur 6 Jahre später kann als Beispiel für einen Misserfolg genannt werden (vgl. Vogel/Schumann 2002, 290).

Der Hauptkritikpunkt dieses Erfolgsmessungsverfahrens liegt darin, dass die zugrunde liegende Logik im Einzelfall zwar durchaus Sinn machen kann, eine spätere Desinvestition generell jedoch nicht automatisch als Misserfolg angesehen werden muss. Desinvestitionen können zahlreiche Ursachen haben, die keinesfalls die allgemeine Schlussfolgerung eines Misserfolgs zulassen (vgl. Bamberger 1994, 118). Bedient man sich jedoch pauschal des Erfolgskriteriums der Wiederverkaufsraten, so erfolgt die Beurteilung des Erfolgs nur dichotom, da die Gründe für die Desinvestition nicht berücksichtigt werden. Damit kann eine M&A-Transaktion fälschlicherweise auch dann als Misserfolg gewertet werden, wenn ein gekauftes Unternehmen mit Gewinn wieder veräußert wird. Die Annahme des Modells, dass eine Veräußerung mit einem Misserfolg gleichzusetzten ist, erscheint daher wenig sinnvoll (vgl. Hofmann 2004, 224). Gleichermaßen ist zu kritisieren, dass der Zeitraum der „Halteperiode“ quasi willkürlich festgelegt werden kann, dies jedoch das Ergebnis der Untersuchung in hohem Maße beeinflusst (vgl. Hinne 2008, 86). Diese Überlegungen führen dazu, dass alternative

Erfolgskonzepte wie die Analyse von Desinvestitionen in der Praxis vergleichsweise selten herangezogen werden.

5.1.3 Ereignisstudie

5.1.3.1 Konzept

Ereignisstudien („Event Studies") zählen aktuell zu den gebräuchlichsten kapitalorientierten Methoden, um den Einfluss eines bestimmten Ereignisses (Events) auf den Wert von börsennotierten Wertpapieren eines Unternehmen zu messen (vgl. Danbolt 2004, 90; Bruner 2004, 37–43). Erste Anwendungen der Event Studies sind bereits in den 1930er-Jahren zu finden (vgl. MacKinlay 1997, 13), der Grundbaustein dieser Erfolgsmessung ist jedoch auf die Studien von BALL/BROWN (1969) und FAMA ET AL. (1969) zurückzuführen. In den letzten Jahrzehnten wurde die Ereignisstudie kontinuierlich weiterentwickelt und erlangt in der wissenschaftlichen Forschung eine immer größer werdende Bedeutung. So schätzen KOTHARI/WARNER (2006) in ihrer Studie, dass allein in den Jahren von 1974 bis 2000 in den renommierten amerikanischen Fachzeitschriften (Journal of Finance, Journal of Financial Economics, Journal of Financial and Quantitative Analysis sowie dem Review of Financial Studies) mehr als 565 Ereignisstudien veröffentlicht wurden (vgl. Kothari/Warner 2004, 49).

Der Grundgedanke der Ereignisstudie ist, dass eine **abnormale Rendite** gemessen werden kann, die auf ein zu analysierendes Ereignis, wie beispielsweise eine Ergebnisankündigung oder eine M&A-Transaktion zurückzuführen ist (vgl. Armitage 1995, 36; MacKinlay 1997, 13; Kaup 2009, 44). Bei dem Erfolgsindikator der abnormalen Rendite geht man davon aus, dass die gesamte Kursrendite eines Wertpapiers in eine **erwartete** und eine **unerwartete (sog. abnormale) Rendite** aufgeteilt werden kann. Die unerwartete Rendite resultiert aus der Wirkung des Ereignisses auf den Unternehmenswert und wäre ohne das „neue Ereignis" bzw. ohne die Information über das neue Ereignis nicht erzielt worden. Das Vorzeichen und die Höhe der unerwarteten, abnormalen Rendite gibt (aus Sicht der Aktionäre) folglich Aufschluss über die Erfolgswirkung des bestimmten Ereignisses (vgl. Grünert 2007, 108). Die abnormale Rendite eines Wertpapiers i am Tag t **($AR_{i,t}$)** ergibt sich formal durch die Subtraktion der erwarteten Rendite **$E(R_{i,t})$** von der gesamten Kursrendite **($R_{i,t}$)** dieses Wertpapiers am Tag t (vgl. Fama et al. 1969, 4; Beaver 1968, 208).

$$AR_{i,t} = R_{i,t} - E(R_{i,t}) \tag{I}$$

mit

$AR_{i,t}$ = abnormale Rendite der Aktie i am Tag t

$R_{i,t}$ = tatsächliche Rendite der Aktie i am Tag t

$E(R_{i,t})$ = erwartete Rendite der Aktie i am Tag t

Um zu generalisierbaren Aussagen über die Kursentwicklung eines bestimmten Ereignisses zu gelangen, wird der **Durchschnittseffekt über die gesamte Stichprobe** ermittelt. Hierzu wird das arithmetische Mittel der abnormalen Renditen des Untersuchungssamples gebildet. Dies soll sicherstellen, dass unsystematisch auftretende Kursreaktionen auf ein bestimmtes Ereignis zu einer Nivellierung des Gesamtergebnisses führen. In einem solchen Fall würden die Durchschnittswerte gegen Null tendieren, was wiederum signalisieren würde, dass von dem Ereignis keine klaren Kursänderungen zu erwarten sind (vgl. Binder 1998, 303).

$$\overline{AR}_t = \frac{1}{N} \sum_{i=1}^{N} AR_{i,t} \qquad \text{(II)}$$

mit

$\overline{AR}_t$ = durchschnittliche abnormale Rendite aller Unternehmen am Tag t

N = Anzahl der untersuchten Unternehmen

$AR_{i,t}$ = abnormale Rendite des Unternehmens i am Tag t

Unter der theoretischen Annahme, dass neue Informationen am Kapitalmarkt *unmittelbar* und *vollständig* verarbeitet werden, könnte man sich bei der Berechnung und Analyse der durchschnittlichen abnormalen Rendite auf den Tag t_0 konzentrieren, an dem die neue, kurswirksame Information an den Markt dringt. Da jedoch sowohl in der Wissenschaft als auch in der Praxis die Gültigkeit dieser Annahme angezweifelt wird, wird im Rahmen der Ereignisstudien nicht nur am Ereignistag t_0 die abnormale Rendite ermittelt, sondern zusätzlich ein Ereignisfenster (das sog. event window) gebildet, das den Ereignistag t_0 mit einschließt (vgl. McWilliams/Siegel 1997, 630; Oerke 1999, 69–70).

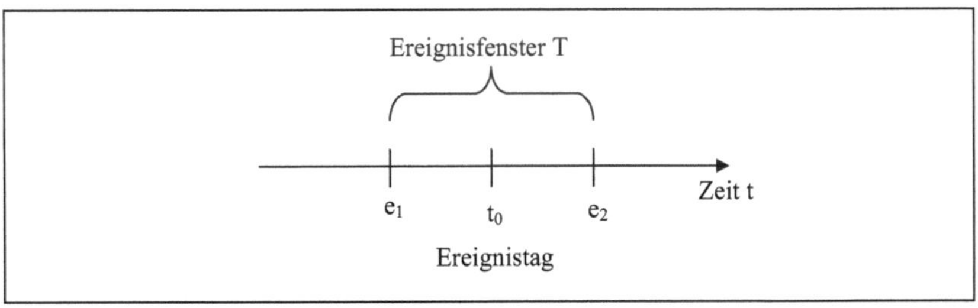

Abbildung 5.3: Event-Window.

Quelle: Eigene Darstellung.

Rechnerisch geschieht dies, indem die einzelnen durchschnittlichen täglichen abnormalen Renditen des Untersuchungssamples innerhalb des Ereignisfensters addiert werden. Daraus resultiert eine **„kumulierte durchschnittliche abnormale Rendite“** des Untersuchungssamples:

$$CAAR_{e_1-e_2} = \sum_{t=e_1}^{e_2} \overline{AR}_t \qquad \text{(III)}$$

mit

$CAAR_{e_1-e_2}$	=	kumulierte durchschnittliche abnormale Rendite im Ereignisfenster
e_1	=	erster Tag des Ereignisfensters
e_2	=	letzter Tag des Ereignisfensters
$\overline{AR}_t$	=	durchschnittliche abnormale Rendite aller Unternehmen des Samples am Tag t

Positive und deutlich von Null abweichende Werte für die $CAAR_{e_1-e_2}$ signalisieren, dass das Ergebnis einen Mehrwert für die Aktionäre der analysierten Unternehmen schafft. Negative Werte implizieren wiederum, dass das Ergebnis keinen oder sogar einen negativen Einfluss auf den Unternehmenswert nimmt (vgl. Kerler 2000, 91).

5.1.3.2 Methodik

5.1.3.2.1 Auswahl eines Schätzmodells

Ein wesentlicher Aspekt bei der Ermittlung der abnormalen Rendite ist die Tatsache, dass diese immer nur durch den Vergleich mit der „erwarteten Rendite“ berechnet und als „abnormal“ bezeichnet werden kann (vgl. Beaver 1968, 207). Problematisch ist allerdings, dass die erwartete Rendite im Gegensatz zur tatsächlich realisierten Rendite nicht beobachtbar ist. Aus diesem Grund muss die erwartete Rendite geschätzt werden. Dies kann auf unterschiedliche Weise modelliert werden.

Eines der einfachsten, statistischen Modelle ist das **Market Adjusted Returns Model** (Modell der marktbereinigten Renditen). Dieses basiert auf der Annahme, dass langfristig die Rendite jeder Aktie der eines Marktportfolios entspricht. Demzufolge wird zur Berechnung der abnormalen Rendite die Rendite des Marktportfolios des gleichen Beobachtungszeitraumes herangezogen. Die abnormale Rendite ergibt sich über die Differenzbildung von täglichen Aktien- und Gesamtmarktrenditen im Ereignisfenster:

$$AR_{i,t} = R_{i,t} - R_{m,t} \qquad \text{(IV)}$$

mit

$R_{i,t}$ = tatsächliche Rendite der Aktie i am Tag t

$R_{m,t}$ = Rendite des Marktportfolios am Tag t

Da die Messung der Rendite des gesamten Marktportfolios in der Praxis zu aufwendig ist, wird die Marktrendite durch die Rendite eines geeigneten Aktienindex approximiert (vgl. McWilliams/Siegel 1997, 628). Der Vorteil dieser Vorgehensweise ist, dass keine vor dem Ereignis liegende Schätzperiode benötigt wird, um die erwartete Rendite zu bestimmen (vgl. Kaup 2009, 46). Problematisch ist allerdings, dass nach wie vor die Berücksichtigung des systematischen Risikos der Unternehmung fehlt (vgl. Brown/Harlow/Tinic 1988, 128). Dies stellt die statistische Validität des Market Adjusted Returns Models infrage (vgl. Cable/Holland 1999, 84).

Das **Constant Mean Adjusted Returns Model** nimmt an, dass die zu erwartende Rendite der durchschnittlichen Rendite innerhalb einer vergangenen Schätzperiode S entspricht. Folglich gilt für die tägliche abnormale Rendite im Ereigniszeitraum:

$$AR_{i,t} = R_{i,t} - \bar{R}_t \qquad \text{(V)}$$

mit

$$\bar{R}_t = \frac{1}{S} \sum_{t=y}^{z} R_{i,t} \qquad \text{(VI)}$$

wobei

$\bar{R}_t$ = Durchschnittsrendite des Wertpapiers i in der Schätzperiode

y = erster Tag der Schätzperiode

z = letzter Tag der Schätzperiode

S = Anzahl der Tage in der Schätzperiode (z-y+1).

Bedenklich ist hier, dass das Modell weder die Marktentwicklung noch die Risikokomponenten des spezifischen Wertpapiers bei der Ermittlung der erwarteten Rendite respektive der abnormalen Rendite berücksichtigt (vgl. Böhmer/Löffler 1999, 4). So würden beispielsweise Events in der Hausse- oder Baisse-Phase bei einer „normalen" Schätzperiode zu eindeutig fehlspezifizierten Ergebnissen führen (vgl. Bowman 1983; Chandra/Moriarity/Willinger 1990; Beaver 1968, 26; Cable/Holland 1999, 83).

Aus den Kritikpunkten der zuvor genannten Modellen hat sich sowohl in Simulationsstudien als auch in der Praxis das **Marktmodell** zur Schätzung der erwarteten Rendite durchgesetzt (vgl. Beaver 1968, 213). Das Marktmodell basiert auf der Annahme einer linearen Beziehung zwischen der Rendite der Aktie und der Rendite des Gesamtmarktes (vgl. Glaum/ Hutzschenreuter 2010, 98). Ferner wird davon ausgegangen, dass die Rendite einer Aktie sich aus einer systematischen und einer unsystematischen Komponente zusammensetzt (vgl. Modigliani/Pogue 1974, 76). Die systematische Rendite ($\hat{a}_i * R_{m,t}$) berücksichtigt Risikoeinflüsse, die durch den gesamten Kapitalmarkt hervorgerufen werden und damit die Rendite aller Unternehmen beeinflusst. $\hat{a}_i$ stellt folglich das Maß für die Empfindlichkeit einer Aktie i in Bezug auf Einflüsse des Gesamtmarktes dar. Die unsystematische Rendite ($\acute{a}_i + \mathring{a}_{i,t}$) stellt die durch das Unternehmen hervorgerufene Komponente dar und wird unabhängig von der marktabhängigen systematischen Rendite erzielt (vgl. Bühner 1990, 11). $\acute{a}_i$ spiegelt folglich die gewöhnliche Geschäftstätigkeit des Unternehmens wider. Insgesamt ergibt sich für die erwartete Rendite die Formel:

$$E(R_{i,t}) = \acute{a}_i + \hat{a}_i R_{m,t} + \mathring{a}_{i,t} \qquad \text{(VII)}$$

Die Parameter $\acute{a}_i$ und $\hat{a}_i$ werden mithilfe einer Kleinsten-Quadrate-Regressionsrechnung („Ordinary Least Squares" (OLS)) geschätzt. Zur Schätzung der Parameter dienen Renditen aus einer zuvor festgelegten Schätzperiode S (vgl. MacKinlay 1997, 20). Die anschließende Einsetzung von $\acute{a}_i$und $\hat{a}_i$ in die Gleichung (I) ermöglicht, unter Berücksichtigung der Rendite des Marktportfolios, die wiederum durch einen geeigneten Index approximiert wird, die Berechnung der abnormalen Rendite einer Aktie i am Tag t (vgl. Goerke 2009, 473):

$$AR_{i,t} = R_{i,t} - (\acute{a}_i + \hat{a}_i R_{m,t}) \qquad \text{(VIII)}$$

Diese Vorgehensweise bietet insbesondere gegenüber den simpleren statistischen Modellen (Constant Mean Adjusted Returns Model und Market Adjusted Returns Model) klare Vorteile: das Verfahren reduziert den Anteil der Rendite, der auf außergewöhnliche Schwankungen des Marktes zurückzuführen ist. Dies führt gleichermaßen zu einer Reduzierung der abnormalen Rendite, was eine erhöhte Aussagekraft des Einflusses des Events zur Folge hat. Insbesondere bei einem hohen Bestimmtheitsmaß (R^2), also einem hohen Erklärungsgehalt der Faktoren $\acute{a}_i$ und $\hat{a}_i$ für die Rendite, wird eine hohe Reduktion der marktbasierten abnormalen Rendite erzielt (vgl. MacKinlay 1997, 18). Dies führt zu einer hohen Qualität der Ergebnisse, weshalb das Marktmodell auch das am häufigsten verwendete Schätzmodell im Rahmen von Ereignisstudien ist (vgl. Kaup 2009, 49; Grünert 2007, 113). Allerdings müssen zur korrekten Schätzung der Parameter $\acute{a}_i$ und $\hat{a}_i$ die erforderlichen statistischen Annahmen erfüllt sein (vgl. Hauser 2003, 138). Dazu zählen Annahmetests auf Linearität, Autokorrelation, Homoskedastizität sowie die Normalverteilung der Residuen (vgl. dazu im Detail Abschnitt 5.3.2.2).

Da das Marktmodell aufgrund seiner Robustheit am besten zur Bestimmung der abnormalen Rendite geeignet ist (vgl. Pauser 2007, 86), soll es im Rahmen der vorliegenden Untersuchung als Schätzmodell herangezogen werden. Alternativ zu den oben genannten Modellen wäre es auch denkbar, ökonomische Modelle wie das Capital Asset Pricing Model (CAPM) oder die Arbitrage Pricing Theory (APT) zur Ermittlung der abnormalen Rendite anzuwenden (für eine ausführliche Darstellung der jeweiligen Verfahren siehe u.a. Nowak 2003, 63–78). Wie empirische Studien jedoch zeigen, liefern diese als Gleichgewichtsmodell konzipierten Modelle keine besseren Ergebnisse als das Marktmodell (vgl. Cable/Holland 1999; Brown/Warner 1980).

5.1.3.2.2 Definition eines Marktindex

Da die Parameter $\acute{a}_i$ und $\hat{a}_i$ im Rahmen des Marktmodells nur unter Zuhilfenahme eines Marktindex ermittelt werden können, gilt es in einem zweiten Schritt, einen geeigneten Marktindex zu wählen. Bei der Auswahl sind folgende Möglichkeiten abzuwägen:

- *Kurs- vs. Performanceindex.* Performance-Indizes berücksichtigen Kapitaleinflüsse wie z.B. Dividendenzahlungen, Aktiensplits oder Kapitalerhöhungen (vgl. Strong 1992, 539). Kursindizes spiegeln dagegen die tatsächlichen Kurse wider. Grundsätzlich werden bei Ereignisstudien Performanceindizes verwendet, da die Entwicklung der Rendite, nicht aber der eigentliche Kurs von Interesse ist (vgl. Hauser 2003, 144).
- *Markt- vs. Branchenindex.* Bei einem Branchenindex handelt es sich um einen Aktienindex, in dem nur Wertpapiere von Unternehmen derselben Branche vereinigt sind. Diese beziehen sich häufig nicht auf Länder, sondern auf Kontinente (vgl. Kaup 2009, 51). Ein

Marktindex vereinigt hingegen die Wertpapiere von Unternehmen des gleichen Herkunftslandes, unabhängig von der Branchenzugehörigkeit.

- *Gleich- vs. Wertgerichteter Index.* Gleichgerichtete Indizes berücksichtigen die enthaltenen Wertpapiere in gleichem Maße, also unabhängig von der Marktkapitalisierung. Das ist bei einem wertgerichteten Index nicht der Fall. Hier werden die Aktienkurse entsprechend der jeweiligen Marktkapitalisierung zusammengefasst (vgl. Hauser 2003, 144).

Im Rahmen der vorliegenden Arbeit wird auf einen weltweiten Branchenindex, dem **MSCI World Branchenindex**[13] in Form eines **Total Return Index (TRI)** zurückgegriffen. Der von DATASTREAM berechnete Total Return Index berücksichtigt neben der Kursentwicklung der betrachteten Aktien auch die Dividendenzahlungen sowie Kapitalmaßnahmen und drücken damit den „total return“ eines Anlegers aus. Die TRI-Daten wurden sowohl für die Berechnung der Renditen als auch für den relevanten Marktindex herangezogen, wobei tägliche TRI-Daten Verwendung fanden.

5.1.3.2.3 Festlegung der Ereignisperiode

Zur Bestimmung der Modellparameter $\acute{a}_i$und $\hat{a}_i$ des Marktmodells ist es zugleich erforderlich, den Zeitraum um das Ereignis in eine Schätz- und eine Ereignisperiode zu unterteilen. Die **Schätzperiode** dient der Bestimmung der Parameter der „normalen“ (erwarteten) Rendite. Die Länge der Schätzperiode variiert von Studie zu Studie. In der Regel umfasst sie zwischen 100 und 300 Tagen (vgl. Bradley/Desai/Kim 1988, 7; Böhmer/Löffler 1999, 307; Cybo-Ottone/Murgia 2000, 840; Zollo/Leshchinkskii 2000, 14; Hauser 2003, 164). In der vorliegenden Arbeit wird eine Schätzperiode von 230 Tagen zugrunde gelegt. Das ermöglicht die Abdeckung eines Handelsjahres und gewährleistet die Berücksichtigung aller saisonalen Entwicklungen eines Unternehmens.

Die Schätzperiode endet am ersten Tag der **Separationsperiode**. Diese stellt einen Zeitraum zwischen der Schätzperiode und dem Ereignisfenster dar und soll gewährleisten, dass die Schätzung des Modells für die „normalen“ erwarteten Renditen nicht durch das Ereignis beeinflusst wird. Die Separationsperiode wird in Ereignisstudien unterschiedlich lang festgelegt.

---

[13] Als Branchenindex wird in Anlehung an die vorliegende Datenbasis der MSCI World Household, MSCI World Machinery, MSCI World Met & Mining, MSCI World Automobile, MSCI World Insurance sowie der MSCI World Oil, Gas & Fuel verwendet.

Im Rahmen der vorliegenden Arbeit sollen 15 Tage zwischen der Schätzperiode und dem Ereignisfenster liegen.

Das **Ereignisfenster** ist der Zeitraum, innerhalb dessen die Reaktion des Events auf den Kapitalmarkt gemessen wird (vgl. Abbildung 5.4). Das Ereignisfenster liegt symmetrisch um den **Ereignistag** (Zeitpunkt, zu dem der Kapitalmarkt erstmalig (!) von dem Ereignis erfährt). Ein längeres Ereignisfenster bietet den Vorteil, dass vor- und nachgelagerte Reaktionen auf das Ereignis mit in die Bewertung hineinfließen, und gewährleistet daher, dass auch Reaktionen, die durch Antizipation des Ereignisses ausgelöst wurden, einkalkuliert werden (vgl. Malatesta/Thompson 1985, 237). Allerdings haben lange Ereignisfenster den Nachteil, dass die Wahrscheinlichkeit der Beeinflussung überlappender Ereignisse (sog. Confounding Events) (im Detail siehe Abschnitt 5.1.3.3) auf das Ergebnis steigt (vgl. McWilliams/Siegel 1997, 639).

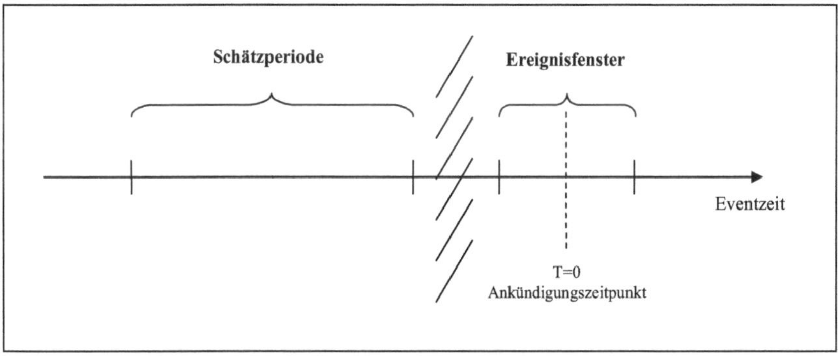

Abbildung 5.4: Schätz- und Ereignisperiode bei Ereignisstudien.
Quelle: Grünert (2007, 111).

In der vorliegenden Untersuchung umfasst das Ereignisfenster sowohl einen langfristigen Zeitraum von [-20;20] Tagen, ein mittelfristiges Ereignisfenster von [-5;5] Tagen sowie den Ankündigungstag selbst (T=0). Das langfristige Ereignisfenster von zwanzig Tagen vor und zwanzig Tagen nach der Ankündigung der Transaktion soll vor- und nachgelagerte Reaktionen auf das Event in die Betrachtung miteinschließen und zudem die Vergleichbarkeit zu anderen Eventstudien gewährleisten. Die kurzfristige Erfolgsmessung zielt darauf ab, den reinen Ankündigungseffekt zu messen. Die mittelfristige Betrachtung der abnormalen Rendite wird aufgrund der Modellannahme der mittelstrengen Markteffizienz mit in die Untersuchung integriert (vgl. dazu im Detail Abschnitt 5.1.3.3).

Neben der Bestimmung der Schätz-, Separations- sowie der Ereignisperiode ist die Bestimmung des **„richtigen" Ereigniszeitpunktes** eine bedeutende, wenn nicht sogar die wichtigste Aufgabe bei der Durchführung von Ereignisstudien (vgl. Armitage 1995, 34). Die Festlegung des Ereigniszeitpunktes ist deshalb so wichtig, weil dieser einen signifikanten Einfluss auf die gemessene abnormale Rendite hat. So stellen BROWN/WARNER (1985) in ihrer Studie fest, dass die Wahl des Ereignispunktes sogar wichtiger als die Wahl des Schätzmodells sei (vgl. 1985, 25). Die Bestimmung ist jedoch mit großen Schwierigkeiten verbunden, da es sich bei der Veröffentlichung von Informationen häufig nicht um ein einmaliges Ereignis handelt, sondern diese in der Regel nach und nach an den Markt gelangen (vgl. Houston/Ryngaert 1994, 1160). Um zu gewährleisten, dass auch tatsächlich die „erste öffentliche Bekanntmachung" der Transaktion als Ereigniszeitpunkt (T=0) herangezogen wird, wurde deshalb im Rahmen der vorliegenden Studie ausgehend von dem öffentlichen Ankündigungszeitpunkt gemäß den Angaben der Datenbank THOMSON ONE BANKERS DEALS ein Zeitraum von drei Monaten vor diesem Ankündigungszeitpunkt hinsichtlich weiterer Meldungen zum Announcement Date untersucht. Hierbei wurde auf die Datenbank FACTIVA zurückgegriffen. Diese sammelt sämtliche Pressemitteilungen von Nachrichtendiensten wie der New York Times, der Financial Times oder dem Wall Street Journal. Stimmte die erste Meldung aus der Datenbank FACTIVA nicht mit dem offiziellen Ankündigungszeitpunkt überein, so wurde der Tag der ersten entsprechenden Meldung als Ereignistag herangezogen (vgl. Schmautzer 2008, 14 sowie Anhang 1).

5.1.3.3 Voraussetzung für die valide Messung

Unabhängig vom verwendeten Schätzmodell der erwarteten Rendite müssen Ereignisstudien drei zentrale Kriterien erfüllen, um eine valide Messung der abnormalen Rendite sicherzustellen. Zunächst muss **Kapitalmarkteffizienz** vorliegen, denn schließlich basiert die Ereignisstudie gerade auf der Grundannahme, dass der Kapitalmarkt in der Lage ist, die Auswirkungen von Informationen auf den Cashflow der Unternehmen vollständig in den Aktienkursen abzubilden (vgl. McWilliams/Siegel 1997, 630). Kapitalmarkteffizienz bedeutet, dass der Kapitalmarkt eintreffende Informationen umgehend verarbeitet und die Auswirkungen dieser Informationen auf die Ertragslage der Unternehmung dabei korrekt prognostiziert werden (vgl. Clark/Ofek 1994, 555). Beim Kapitalmarkt kann man von unterschiedlich stark ausgeprägter Informationseffizienz sprechen: Ist ein Kapitalmarkt *schwach* informationseffizient, dann spiegeln die Aktienkurse lediglich Informationen von historischen Kursen wider. Als *streng* informationseffizient bezeichnet man den Kapitalmarkt, wenn die aktuellen Kurse neben den öffentlich zugänglichen Informationen auch sämtliche private Informationen (sog. Insiderwissen) beinhalten. Wenn der Kapitalmarkt im *mittelstrengen* Sinn informationseffizient ist, bedeutet dies, dass zu jedem Zeitpunkt sämtliche öffentlich verfügbaren Informationen im aktuellen Kurs „enthalten“ sind (vgl. Grünert 2007, 119). Laut FAMA (1991) reicht ein Kapitalmarkt, der im mittelstrengen Sinn informationseffizient ist, aus, um bei Ereignisstudien valide Ergebnisse zu ermitteln (vgl. 1991, 1576). Dadurch wird gewährleistet, dass Kursveränderungen, die als Reaktion auf neue Informationen entstehen, in ihrer Richtung und Höhe der später zu beobachtenden, realen Wertveränderung der Unternehmen entsprechen. Ob die Voraussetzung der mittelstrengen Kapitalmarkteffizienz in der Realität tatsächlich gegeben ist, ist allerdings umstritten. In der Literatur existiert eine Vielzahl an Studien, die das Vorhandensein einer mittelstrengen Informationseffizienz bezweifelt (vgl. u.a. Andrade/Mitchell/Stafford 2001, 112). Ebenso viele Studien kommen jedoch auch zu dem Ergebnis, dass eine halbstrenge Informationseffizienz für den deutschen Aktienmarkt als bestätigt angesehen werden kann (vgl. u.a. Fama 1991, 1607 oder McWilliams/Siegel 1997, 636).

Im Rahmen der vorliegenden Arbeit wird davon ausgegangen, dass die Voraussetzung einer (mittelstrengen) Informationseffizienz erwiesen ist. Allein die Vielzahl der durchgeführten Ereignisstudien stellt zumindest ein Indiz dafür dar, dass die Gegebenheit der mittelstrengen Effizienz der Kapitalmärkte in der Literatur als verifiziert gilt (für eine Übersicht zu den Studien siehe u.a. Picken 2003, 82).

Eine weitere Bedingung für die valide Messung der abnormalen Rendite ist, dass die zu untersuchenden **Ereignisse zuvor nicht am Markt antizipiert** werden. Kann der Markt das Eintreffen einer neuen Information bereits vor der offiziellen Verlautbarung antizipieren, so ist davon auszugehen, dass ein (Groß-)Teil der Kursreaktion auf diese Information bereits vor dem eigentlichen Ereignistag stattgefunden hat. Abnormale Renditen, die am Ereignistag selbst oder innerhalb eines kurzen Zeitraumes vor und nach dem Ereignistag ermittelt werden, tendieren folglich dazu, den Informationsgehalt des Events zu unterschätzen (vgl. McWilliams/Siegel 1997, 633). Die Validität der Ergebnisse hängt somit wesentlich davon ab, ob die Ereignisperiode den tatsächlichen ersten Moment der Bekanntmachung der Information am Markt mit einschließt (vgl. Grünert 2007, 121). Um zu gewährleisten, dass auch wirklich der tatsächliche Moment des Eintreffens der Information am Markt analysiert wird, bietet sich an, ein relativ langes Ereignisfenster zu wählen. Dadurch kann einerseits garantiert werden, dass die gesamte Kursreaktion auf eine bestimmte Information in die Berechnung einfließt, andererseits erhöht dies die Wahrscheinlichkeit, dass der tatsächliche Moment des Eintreffens der Information am Markt berücksichtigt wird (vgl. Goerke 2009, 471).

Gegen ein langes Ereignisfenster spricht allerdings die dritte Voraussetzung für eine valide Messung der abnormalen Rendite. Diese liegt darin, sicherzustellen, dass der untersuchte Datensatz frei von **überlappenden Ereignissen (sog. confounding events)** ist. Treffen während des Event Windows verschiedene kursrelevante Informationen gleichzeitig auf den Markt, so sieht sich die Methode der Ereignisstudie mit einem elementaren Zuordnungsproblem konfrontiert. Das Problem besteht einerseits, wenn an unterschiedlichen Tagen innerhalb der Ereignisperiode Informationen über verschiedene, kursrelevante Ereignisse (z.B. die Bekanntmachung von Dividendenzahlungen, die Vorstellung eines neuen Produktes, Informationen über einen Kooperationsvertrag oder Informationen über einen Managementwechsel, etc.) an den Markt dringen, da sich die ermittelte kumulierte abnormale Rendite dann nicht mehr allein auf das zu untersuchende Event bezieht, sondern sämtliche Preisbildungseffekte in sich vereint, was eine korrekte Zuordnung von Ursache und Wirkung nicht mehr ermöglicht (vgl. McWilliams/Siegel 1997, 634). Gleiches gilt aber auch, wenn durch die Übermittlung einer (Presse)-Mitteilung verschiedene Informationen gleichzeitig an den Markt getragen werden. Dies ist beispielsweise dann der Fall, wenn bei einer Bilanzpressekonferenz neben den aktuellen Geschäftszahlen gleichzeitig auch die Übernahme eines Konkurrenten angekündigt wird (vgl. Grünert 2007, 121). Zur Reduzierung dieses Problems bietet sich die Wahl eines sehr kurzen Ereignisfensters an. Die Festlegung des Ereignisfensters muss daher sowohl die Antizipationsfähigkeit des Marktes wie auch dem Problem der confounding events entgegentreten. Die optimale Länge ist ausschlaggebend für die valide Messung der abnormalen Rendite. Daher empfiehlt es sich, ein Event Window festzulegen, das lang genug ist, um signifikante Effekte der Ereignisse zu messen, und so kurz wie möglich ist, um überlappende Ereignisse weitgehend auszuschließen (vgl. McWilliams/Siegel 1997, 636).

Um beiden Voraussetzungen gerecht zu werden, wurden drei Ereignisfenster zur Berechnung der abnormalen Rendite herangezogen (vgl. Abschnitt 5.1.3.2.3). Das kurze Ereignisfenster am Ereignistag T=0 ermöglicht, die Problematik überlappender Ereignisse zu umgehen, wohingegen das mittel- bis längerfristige Ereignisfenster von [-5;5] und [-20;20] eine mögliche Antizipation des Ereignisses vor dem Ankündigungstag in die Untersuchung einschließt.

5.1.3.4 Signifikanzprüfung

Um zu analysieren, inwieweit die im Rahmen der Ereignisstudie für ein Untersuchungssample ermittelten abnormalen Renditen zufällig oder tatsächlich auf das untersuchte Ereignis zurückzuführen sind, werden induktive, statistische Testverfahren eingesetzt (vgl. Cowan 1992, 343). Sie zielen darauf ab, die ermittelten Renditen auf ihre Allgemeingültigkeit hin zu überprüfen (vgl. Kaup 2009, 58).

Die übliche Vorgehensweise besteht darin, dass zunächst Hypothesen formuliert werden, in denen Erfahrungen, Vermutungen oder theoretische Überlegungen zum Ausdruck kommen (vgl. Pauser 2007, 94). Die aufgestellten Hypothesen werden nachfolgend darauf getestet, ob das Stichprobenergebnis in deutlichem (= signifikantem) Gegensatz dazu steht (vgl. Hauser 2003, 147). Für die Untersuchung abnormaler Renditen ist es zweckmäßig, die Nullhypothese so zu formulieren, dass sie der Entwicklung des Aktienkurses **keinen** systematischen Einfluss der jeweiligen M&A-Transaktion zugrunde legt (vgl. Serra 2002, 2). Die Nullhypothese geht folglich davon aus, dass sich die durchschnittliche, kumulierte abnormale Rendite in der Ereignisperiode nicht signifikant von null unterscheidet (vgl. Mentz 2006, 60).

$$H_0\colon CAAR_{e_1-e_2} = 0 \qquad \text{(IX)}$$

$$H_1\colon CAAR_{e_1-e_2} \neq 0 \qquad \text{(X)}$$

mit:

$CAAR_{e_1-e_2}$	=	kumulierte durchschnittliche abnormale Rendite im Ereignisfenster
$e_1 - e_2$	=	Ereignisfenster

In Abhängigkeit des Stichprobenumfangs, der Anzahl der Stichproben oder der Kenntnis über die Verteilung der Grundgesamtheit können unterschiedliche Testverfahren durchgeführt werden. Dabei ist zu unterscheiden, ob es sich um ein parametrisches oder um ein nichtparametrisches Testverfahren handelt. Bei **Parametertests** werden konkrete Werte wie die Varianz oder der Mittelwert analysiert. Da sie Aussagen über die Grundgesamtheitsparameter sowie die Verteilungsfunktion der Untersuchungsvariablen treffen, müssen zentrale Voraussetzungen gegeben sein, damit parametrische Tests zu unverzerrten Ergebnissen führen: einerseits müssen die beobachteten Stichprobendaten einer Grundgesamtheit entstammen, die einer Normalverteilung folgt, andererseits müssen die Variablen ein bestimmtes Skalenniveau (häufig Intervallskala) vorweisen. Können diese Voraussetzungen nicht erfüllt werden, sinkt die Aussagekraft der Ergebnisse. Bei **parameterfreien** (sog. nicht-parametrischen) Tests wird der Typ der Zufallsverteilung analysiert. Dabei wird untersucht, ob eine auf *n* Beobachtungen bestehende Nullhypothese, die man aus einer Zufallsstichprobe gezogen hat, mit einer Null-Hypothese übereinstimmt, die man über die Verteilung in der Grundgesamtheit aufgestellt hat. Es bestehen daher keine Vorannahmen über die Verteilung der Parameter der Grundgesamtheit (vgl. Cowan 1992, 343).

Einen der bekanntesten parametrischen Signifikanztests stellt der **Einstichproben-t-Test** dar (vgl. Hauser 2003, 148; Pauser 2007, 96). Wie zu Beginn des Abschnittes erläutert wurde, wird die Nullhypothese H_0, wonach die CAAR im Ereigniszeitraum Null beträgt, gegen die ungerichtete Alternativhypothese H_1, wonach die CAAR ungleich Null ist, getestet (vgl. Kerler 2000, 147).

Die Prüfgröße t für den Signifikanztest berechnet sich wie folgt:

$$t = \frac{\bar{X}-\grave{\imath}_0}{s}\sqrt{N} \qquad \text{(XI)}$$

mit:

$\bar{X}$ = Mittelwert der Stichprobe
$\grave{\imath}_0$ = hypothetischer Mittelwert der Grundgesamtheit
s = Standardabweichung
N = Stichprobenumfang

Übertragen auf die Analyse abnormaler Renditen ergibt sich:

$$t = \frac{CAAR_{e_1-e_2}}{\hat{\delta}(CAR_{e_1-e_2})}\sqrt{N} \qquad \text{(XII)}$$

mit:

$CAAR_{e_1-e_2}$ = kumulierte durchschnittliche abnormale Rendite im Ereignisfenster
$\hat{\delta}(CAR_{e_1-e_2})$ = geschätzte Standardabweichung der kumulierten abnormalen Rendite im Ereignisfenster
N = Stichprobenumfang

Unter der Voraussetzung, dass die abnormalen Renditen normalverteilt sind, ist die Prüfgröße t-verteilt mit N-1 Freiheitsgraden (vgl. Pauser 2007, 96).

Problematisch ist allerdings, dass die erforderlichen statistischen Eigenschaften parametrischer Tests im Zuge von Ereignisstudien oftmals nicht zutreffen (vgl. Brown/Warner 1980,

217). So zeigt sich, dass abnormale Renditen wiederholt durch folgende Charakteristika gekennzeichnet sind (vgl. Mentz 2006, 60):

- **Kollinearität der Renditen**

Ereignisse, die eine industrieweite, unternehmensübergreifende Bedeutung haben, können dazu führen, dass die Ankündigung eines Ereignisses wie z.B. der Kauf eines Unternehmens durch einen Wettbewerber auch bei anderen Unternehmen innerhalb der gleichen Branche zu entsprechenden Reaktionen führt. Dadurch sind die Renditen und damit auch die ermittelten abnormalen Renditen nicht unabhängig voneinander und korrelieren (vgl. Kaup 2009, 59).

- **Veränderung der Varianz**

In zahlreichen Studien konnte gezeigt werden, dass die Ankündigung eines Ereignisses einen Einfluss auf die Varianz der Rendite eines Unternehmens haben kann (vgl. u.a. Beaver 1968; Brown/Harlow/Tinic 1988). Dieses Phänomen lässt sich ökonomisch wie folgt erklären: die Durchführung einer Transaktion kann eine Reaktion auf externe Umwelt- oder Marktfaktoren sein, die die Unsicherheit eines Unternehmens erhöht. Darüber hinaus kann die M&A-Transaktion selbst dazu führen, dass sich die Unsicherheit des Unternehmens in seinem jeweiligen wirtschaftlichen Umfeld erhöht (vgl. Khotari/Warner 2006, 14). Als Folge lässt sich die Veränderung des Rendite-Risiko-Profils des jeweiligen Unternehmens nennen (vgl. Brown/Harlow/Tinic 1988, 356–358). Dies kann bewirken, dass die statistische Signifikanz abnormaler Renditen während der Ereignisperiode überbewertet wird, sofern das verwendete Testverfahren die Veränderung der Varianz nicht berücksichtigt (vgl. Kothari/Warner 2004, 14).

- **Abweichung von der Normalverteilung**

FAMA konnte 1976 in einer empirischen Studie nachweisen, dass die Verteilung abnormaler Renditen eine starke Leptokurtosis[14] aufweist und demnach nicht zwingend eine Normalverteilung vorliegt (vgl. 1976, 144). Zwar führt das sog. „zentrale Grenzwerttheorem“ dazu, dass sich die Verteilung der CAAR unter der Voraussetzung, dass diese unkorreliert und gleichverteilt sind, einer Normalverteilung annähert (vgl. Corrado/Zivney 1992, 469; Brown/Warner 1980, 206; Blattberg/Gonedes 1974, 248), allerdings unterschreiten Ereignisstudien häufig die dafür als notwendig erachtete Stichprobengröße von 50 Beobachtungen (vgl. Mentz 2006, 61;

[14] Leptokurtosis bedeutet, dass die Verteilung der Renditen an den Rändern über der einer Normalverteilung liegt. Eine derartige Renditeverteilung impliziert, dass extreme Kursschwankungen wahrscheinlicher sind, als von einer Normalverteilung zu erwarten wäre.

Brown/Warner 1980, 205). BINDER weist ferner in seiner 1998 veröffentlichen Studie darauf hin, dass abnormale Renditen in der Regel autokorreliert sind (vgl. 1998, 115).

Da die charakteristischen Eigenschaften abnormaler Renditen zu verzerrten Ergebnissen der Parametertests führen würden, wurden verschiedene Verfahren entwickelt, die sich den statistischen Besonderheiten abnormaler Renditen annahmen (vgl. Bowman 1983, 572). Das Problem der Varianzerhöhung während der Ereignisperiode wird z.B. durch das **Testverfahren von BOEHMER ET AL. (1991)** überwunden.

BOEHMER ET AL. (1991) bauen auf der Arbeit von PATELL (1976) auf und standardisieren die abnormalen Renditen auf der Grundlage der geschätzten Varianz der Residuen aus der Schätzperiode $\widehat{s_i}$. Die Anwendung des Testverfahrens setzt dabei das Marktmodell voraus (vgl. Abschnitt 5.1.3.2.1). Mithilfe der Prüfgröße z wird getestet, ob sich die *durchschnittlichen abnormalen Renditen* $(\overline{AR})$ in der Ereignisperiode signifikant von Null unterscheiden (vgl. Boehmer/Musumeci/Poulsen 1991, 269–270):

$$z = \frac{\frac{1}{N}\sum_{i=1}^{N} SR_{i,t}}{\sqrt{\frac{1}{N(N-1)}\sum_{i=1}^{N}\left(SR_{i,t} - \sum_{i=1}^{N}\frac{SR_{i,t}}{N}\right)^2}} \qquad \text{(XIII)}$$

mit:

$$SR_{i,t} = \frac{AR_{i,t}}{\hat{s}_i\sqrt{1+\frac{1}{T}+\frac{(R_{M,t}-\bar{R}_M)^2}{\sum_{t=1}^{T}(R_{M,t}-\bar{R}_M)^2}}} \qquad \text{(XIV)}$$

$R_{M,t}$ = Marktrendite am Tag t innerhalb der Ereignisperiode

$\bar{R}_M$ = durchschnittliche Marktrendite in der Schätzperiode

$AR_{i,t}$ = abnormale Rendite des Wertpapiers i am Tag t

$\hat{s}_i$ = geschätzte Standardabweichung der abnormalen Rendite des Wertpapiers i

$SR_{i,t}$ = standardisierte abnormale Rendite des Wertpapiers i zum Zeitpunkt t

N = Stichprobenumfang

T = Anzahl der Tage in der Schätzperiode

Liegt eine Normalverteilung der abnormalen Renditen vor, ist die Prüfgröße z Student-t-verteilt mit T-2 Freiheitsgraden (vgl. Pauser 2007, 99). Das Testverfahren von BOEHMER ET AL. (1991) impliziert, dass die ereignisinduzierte Erhöhung der Varianz für alle Unternehmen der Untersuchungsstichprobe proportional ist (vgl. Binder 1998, 120–122). Dehnt man die

Schätzperiode hinreichend aus, nähert sich die Verteilung der Prüfgröße z der Standardnormalverteilung an (vgl. Boehmer/Musumeci/Poulsen 1991, 259).

Die Methode von BOEHMER ET AL. (1991) sieht eine Bestimmung der statistischen Signifikanz für die durchschnittliche abnormale Rendite eines Ereignistages vor. Um die statistische Signifikanz der *durchschnittlichen kumulierten abnormalen Renditen* zu untersuchen, ist die Standardisierung gemäß MIKKELSON und PARTCH (1988) vorzunehmen:

$$SR_{i,t} = \frac{CAR_{i,e_1-e_2}}{\hat{s}_i \sqrt{T_s + \frac{T_s^2}{T} + \frac{\sum_{t=e_1}^{e_2} \left(R_{M,t} - T_s(\bar{R}_M)\right)^2}{\sum_{t=1}^{T} \left(R_{M,t} - \bar{R}_M\right)^2}}} \qquad \text{(XV)}$$

mit:

CAR_{i,e_1-e_2} = kumulierte abnormale Rendite des Wertpapiers i im Ereignisfenster

T_s = Anzahl der Tage in der Ereignisperiode

Die Berechnung der Prüfgröße z erfolgt gemäß Gleichung XIII.

Ist eine Normalverteilung der Grundgesamtheit nicht gegeben, bietet sich als Alternative der nicht-parametrische **Wilcoxon-Vorzeichen-Rangtest** an. Der Wilcoxon-Vorzeichen-Rangtest zieht im Vergleich zu den zuvor erläuterten Verfahren nicht mehr den Mittelwert, sondern den Median der Stichprobe zu Testzwecken heran (vgl. Mentz 2006, 64). Er basiert auf dem *generalisierten Vorzeichentest*, bei dem getestet wird, ob die beobachteten Werte x_1, ... x_n symmetrisch um den Median schwanken (vgl. Bamberg/Baur 2002, 205). Werten, die über dem Median liegen, wird durch Transformation die Zahl 1 zugeordnet ($y_i = 1$), Werte, die unter dem Median liegen, werden durch die Zahl 0 gekennzeichnet ($y_i = 0$). Die Prüfgröße des generalisierten Vorzeichentests setzt sich wie folgt zusammen:

$$z = \frac{\sum_{i=1}^{n} y_i - \frac{n}{2}}{\frac{1}{2}\sqrt{n}} \qquad \text{(XVI)}$$

Der Vorzeichentest nach WILCOXON berücksichtigt jedoch nicht nur die Vorzeichen der beobachteten Werte, sondern auch deren Höhe (vgl. Hartung/Elpelt/Klösener 2009, 242). In einem ersten Schritt wird von allen beobachteten abnormalen Renditen der Median der Nullhypothese ($Med_0 = 0$) subtrahiert:

$$\ddot{AR}_{i,t} = AR_{i,t} - Med_0 \qquad \text{(XVII)}$$

In einem zweiten Schritt werden die Werte $\ddot{AR}_{i,t}$ der Größe nach absteigend geordnet und mit Rängen versehen. Dem größten $\ddot{AR}_{i,t}$- Wert wird die höchste Rangzahl zugewiesen. Diesen Rangzahlen werden die Vorzeichen der zugehörigen $\ddot{AR}_{i,t}$-Werte zugeordnet. Dadurch ergibt sich eine Rangstatistik $\tilde{R}_i$. Die zugehörige Teststatistik berechnet sich formal wie folgt:

$$T^+ = \sum_{i=1}^{n} c_i \tilde{R}_i \qquad \text{(XVIII)}$$

mit

$$c_i = \begin{cases} 0, falls\ \tilde{R}_i < 0 \\ 1, falls\ \tilde{R}_i > 0 \end{cases}$$

Liegt eine große Untersuchungsstichprobe vor, nähert sich die Verteilung von T^+ einer Normalverteilung mit dem Erwartungswert E(T^+) und der Varianz der Verteilung ó$^2(T^+)$:

$$\mathrm{E}(T^+) = N(N+1)/4 \qquad \text{(XIX)}$$

$$ó^2(T^+) = \mathrm{N(N+1)(2N+1)/24} \qquad \text{(XX)}$$

5.2 Operationalisierung der „CSR“

5.2.1 Verfahren zur Messung der CSR

Seit den frühen 1970er-Jahren finden sich zahlreiche Bemühungen, CSR möglichst zuverlässig zu messen (vgl. Schreck 2009, 18). Bereits Abschnitt 2.5.2 hat jedoch gezeigt, dass ein standardisiertes Messverfahren oder eine einheitliche Messgröße, die das CSR-Niveau eines Unternehmens umfassend darstellt, bislang fehlt (vgl. Carroll 2000, 474; McWilliams/Siegel/Wright 2006, 12). Sämtliche Studien, die den Einfluss von CSR messen, werden durch unterschiedliche Operationalisierungsansätze charakterisiert. Zurückzuführen ist dies einerseits auf die Unterschiede in dem zugrunde liegenden Verständnis der gesellschaftlichen Verantwortung (vgl. Abschnitt 2.2.1), andererseits jedoch auch auf die Vielfalt der in der Literatur verwendeten Messkonstrukte. Ordnet man die unterschiedlichen Operationalisierungsansätze in übergeordnete Kategorien, so können drei zentrale Messverfahren identifiziert werden: (1) die individuelle Einschätzung, (2) die Messung der CSR mithilfe von Inhaltsanalysen und (3) der leistungsbasierte Ansatz in Form von Ratings und Indizes.

Bei der Bestimmung des CSR-Engagements vor dem Hintergrund **individueller Einschätzung** dienen wahrnehmungsbasierte Kriterien als Grundlage zur Operationalisierung des CSR-Niveaus. MOSKOWITZ, der als einer der ersten Autoren dieses Verfahren anwendet, begründet die Vorgehensweise wie folgt: *„it is extremely difficult to construct standards by which a company's social performance can be accurately measured (...). After four years of closely monitoring businesses' social involvement, however, I have observed a number of company names cropping up time after time with regard to positive and constructive responses to social problems“* (Moskowitz 1972, 71–72). Der wahrnehmungsbasierte Untersuchungsansatz kann sowohl eindimensional als auch multidimensional vorgenommen werden. Eindimensional bedeutet, dass das CSR-Niveau lediglich durch eine Komponente (z.B. die Umweltperformance) gemessen wird, wohingegen mehrdimensionale Ansätze das CSR-Engagement durch unterschiedliche Komponenten wie die Umweltperformance, das Spendenniveau, das Verhältnis der Unternehmen zu ihren Mitarbeitern, etc. beurteilt. Ein Beispiel für einen mehrdimensionalen, wahrnehmungsbasierten Untersuchungsansatz stellt der FORTUNE REPUTATION INDEX dar. Hierbei werden externe Experten (z.B. Aktienkursanalysten oder Manager) gebeten, Unternehmen im Vergleich zu einem Benchmark zu bewerten. Dabei werden sowohl gesellschaftliche als auch Umweltaspekte abgefragt. Studien, die diesen Untersuchungsansatz angewendet haben, sind u.a. Preston/O'Bannon 1997; Luo/Bhattacharya 2006. Die individuelle Einschätzung als Operationalisierungsansatz, der CSR ohne quantitatives Evaluationsverfahren misst, ist für empirische Studien allerdings ungeeignet. Die Vorgehensweise ist sehr stark von dem subjektiven Empfinden der bewertenden Person(en) abhängig und erschwert damit die Vergleichbarkeit der Studien (vgl. Beliveau/Cottrill/O'Neill 1994, 735). Gleichzeitig besteht die Gefahr von Halo-Effekten (vgl. Brown/Perry 1994, 1347) und Multikollinearität (vgl. Wood 1995, 198).

Basiert die Operationalisierung von CSR auf der **Inhaltsanalyse**, so wird die Anzahl der genannten CSR-Aktivitäten eines Unternehmens analysiert (vgl. Bowman/Haire 1975, 53). Als Informationsbasis dienen Geschäftsberichte, Nachhaltigkeitsberichte oder Umweltberichte, Pressemitteilungen sowie Medienreportagen. Problematisch erweist sich bei dieser Vorgehensweise jedoch die Diskrepanz zwischen Behauptung und tatsächlich realisiertem Vorhaben (vgl. Hemingway/Maclagan 2004, 35). Nur wenige Studien basieren daher die Operationalisierung der CSR auf die Inhaltsanalyse. Dies liegt einerseits darin, dass die

Mehrzahl der Studien, die auf diesen Untersuchungsansatz zurückgreifen, nur insignifikante Ergebnisse erzielen (vgl. u.a. Freedman/Jaggi 1986; Ingram/Frazier 1983; Blacconiere/Patten 1994), aber auch an der zunehmenden Anzahl an alternativen Messverfahren, die eine bessere Vergleichbarkeit gewährleisten (vgl. Schreck 2009, 22).

Das mittlerweile am häufigsten angewendete Verfahren zur Messung der CSR stellt der **leistungsorientierte Untersuchungsansatz** dar. Bei diesem Verfahren greift man auf öffentliche Ratings von Unternehmen zurück, die als Grundlage für die Bildung von CSR-Indizes herangezogen werden. Zu Beginn der leistungsorientierten Ansätze wurden vorwiegend eindimensionale Ratings (häufig Umweltindikatoren) von Verbänden wie dem COUNCIL ON ECONOMIC PRIORITIES (CEP) verwendet (vgl. Christmann 2000; Hart/Ahuja 1996; Klassen/McLaughlin 1996; Konar/Cohen 2001). Aktuell kann durch das Zurückgreifen auf multidimensionale Ratings und Indizes ein wesentlich umfassenderes CSR-Niveau erfasst werden. Weltweit existieren mittlerweile mehr als 56 Rating-Agenturen, die darauf spezialisiert sind, Unternehmen nach ihren sozialen und ökologischen Kriterien zu bewerten (für einen Überblick über die weltweit zur Verfügung stehenden Rating-Agenturen siehe Schäfer et al. 2006). Allerdings handelt es sich nach wie vor um einen sehr heterogenen Markt, der dementsprechend auch aus unterschiedlichen Bewertungsmethoden besteht (vgl. Lis 2010, 180). Vor allem in angloamerikanischen Studien wird der KLD-Index der Agentur KINDER, LYDENBERG, DOMINI & CO (KLD) herangezogen (vgl. u.a. Waddock 2003, 369; Waddock/Graves 1997, 305; Johnson/Greening 1999, 571; Greening/Turban 2000, 271). Für Details zum Verfahren des KLD-Index siehe Abschnitt 5.2.2.1. Aktuelle Studien aus dem deutschsprachigen Raum greifen vermehrt auf das Rating-Verfahren der OEKOM RESEARCH zurück (vgl. Glaser/Hornung/Labes 2007; Schreck 2009). Für Details zur Vorgehensweise des OEKOM RESEARCH Ratings sei auf Abschnitt 5.2.2.2.2 verwiesen. Die Anwendung von CSR-Ratings ermöglicht ein hohes Maß an Objektivität und gilt bislang als umfassendste Methode zur Messung der CSR.

Die methodischen Schwächen der zwei erstgenannten Messverfahren führen im Rahmen der vorliegenden Arbeit dazu, dass zur Operationalisierung des Konstruktes „CSR“ auf leistungsbasierte Untersuchungsansätze in Form von Ratings und Indizes zurückgegriffen wird. Analog zu den Studien von SCHRECK (2009) und GLASER ET AL. (2007) wird dabei das CSR-Rating der deutschen Rating-Agentur OEKOM RESEARCH verwendet. Dieses Verfahren umgeht zentrale Kritikpunkte des KLD-Verfahrens und ist daher besser geeignet, das CSR-Niveau eines Unternehmens für das zugrunde liegende Forschungsvorhaben zu operationalisieren. Um die Gründe für die Auswahl des OEKOM RESEARCH Verfahrens nachzuvollziehen, erläutert Abschnitt 5.2.2 zunächst das KLD-Rating und stellt das Verfahren dem OEKOM RESEARCH INDEX gegenüber.

5.2.2 CSR-Ratings

5.2.2.1 KLD

Bei KLD handelt es sich um eine unabhängige Ratingagentur, die 1989 gegründet wurde und seit 1990 den „Domini 400 Social Index“ für alle im Standard & Poor's 500 gelisteten Unternehmen veröffentlicht. Dieser dient als Entscheidungsgrundlage bei der Investition für nachhaltige Investments. Mittlerweile existieren auf dem amerikanischen Kapitalmarkt fünf Nachhaltigkeitsindizes der KLD: neben dem Domini 400 Social Index sind noch der KLD Select Social Index, der KLD Global Climate 100 Index, der KLD Broad Market Social Index sowie der KLD Large Cap Social Index zu nennen (vgl. Schäfer et al. 2006, 90).

Die jährlichen Rating-Ergebnisse können über die kostenpflichtige Online-Datenbank „SOCRATES“ abgerufen werden. Diese erlaubt die Einsicht in ein Portfolio Screening, bei dem die sozialen und ökologischen Aktivitäten internationaler Unternehmen aufgezeigt werden. Dabei wird eine Rating-Liste erstellt, bei der sich aus den bewerteten Unternehmen anhand ihrer sozialen und ökologischen Aktivität eine Rangliste ergibt (vgl. www.kld.com). Die benötigten Informationen generiert KLD durch eigene Untersuchungen, bei denen eine Reihe unterschiedlicher Quellen herangezogen werden. Zu diesen Quellen zählen u.a. Veröffentlichungen der Unternehmen selbst, Stellungnahmen aus der Fachliteratur oder Berichte von Nichtregierungsorganisationen (vgl. Lis 2010, 181).

Auf der Basis der gesammelten Informationen bewertet KLD die Unternehmen anhand von zwei Hauptkategorien: dem „social-ecological assessment“ und den „controversial business issues“. Im Rahmen des **social-ecological assessment** werden die Unternehmen anhand von sieben Themenfeldern klassifiziert. Diese sind (1) die Umweltperformance, (2) die Verantwortung des Unternehmens gegenüber der lokalen Gemeinschaft, (3) das Ausmaß an Diversität im Unternehmen, (4) die Beziehung des Unternehmens zu seinen Arbeitnehmern, (5) die Wahrung der Menschenrechte innerhalb der Supply Chain, (6) die Produktverantwortung wie auch (7) das Corporate Governance System (vgl. auch hierzu www.kld.com). Ein zu bewertendes Unternehmen wird in jedem dieser sieben Bereiche auf seine Stärken und Schwächen hin analysiert. Dichotome Variablen (1 = ja; 0 = nein) geben Anhaltspunkte über die soziale und ökologische Aktivität des Unternehmens in diesem Bereich. Im Bereich des

controversial business issues werden kontroverse Geschäftsfelder wie Atomkraft, Glücksspiele, Schusswaffen, Tabakerzeugnisse, Alkohol, etc. auf die Aktivität des Unternehmens in diesen Bereichen hin überprüft (vgl. Schreck 2009, 37).

In wissenschaftlichen Untersuchungen werden hauptsächlich die vier Dimensionen Produkt-, Diversity-, Umwelt- und Mitarbeiterorientierung herangezogen (vgl. u.a. Backhaus/Stone/Heiner 2002; Greening/Turban 2000; Johnson/Greening 1999). Die Produkt-Orientierung wird durch die Implementierung eines Qualitätsmanagementsystems gemessen, während die Diversity-Orientierung durch das Ausmaß, in dem Frauen und Minderheiten eingestellt und gefördert werden, operationalisiert wird. Die Umwelt-Orientierung spiegelt sich hingegen in der Herstellung umweltfreundlicher Produkte wider. Wesentliche Kriterien dafür sind beispielsweise die Vermeidung umweltschädlicher Materialien oder das Recycling bzw. die Wiederverwend- und -verwertbarkeit der Materialien. Die Mitarbeiter-Orientierung wird anhand der Quantität an betrieblicher Altersvorsorge gemessen (vgl. 2010, 182).

Obwohl der KLD-Index in der CSR-Forschung über eine breite Akzeptanz und Anwendung verfügt, wird dieser im Rahmen der vorliegenden Arbeit nicht zur Operationalisierung des CSR-Konstruktes herangezogen. Diese Entscheidung beruht auf zwei zentralen Kritikpunkten bei der Vorgehensweise des KLD-Index für wissenschaftliche Zwecke (vgl. Schreck 2009, 37–39; Waddock 2003; Entine 2003):

- Durch das Addieren bzw. Subtrahieren der Stärken und Schwächen werden alle Dimensionen innerhalb eines latenten Konstrukts gleich bewertet. Das bedeutet, dass z.B. im Konstrukt „Social Rating“ der Grad, in dem Frauen und Minderheiten eingestellt bzw. gefördert werden, in gleichem Maße in die Bewertung hineinfließt, wie die Berücksichtigung der Wahrung von Menschenrechten innerhalb des gesamten Supply-Chain-Prozesses. Diese Vorgehensweise wird dadurch verstärkt, dass die sozialen und ökologischen Auswirkungen verschiedener Branchen ebenso wenig Berücksichtigung finden. Damit wird angenommen, dass die soziale und ökologische Aktivität eines Unternehmens aus der Automobilbranche mit der sozialen und ökologischen Aktivität von Versicherungsunternehmen gleichgesetzt werden kann.
- Durch die Anwendung von Dummy-Variablen bei der Bewertung bestimmter Einzelkriterien ist kein detaillierter Vergleich von geringer eingestuften Unternehmen mit höher eingestuften Unternehmen für Teilbereiche des Ratings möglich.

Environmental Rating	Strengths	Concerns
Climate Change	No/yes (0/1)	No/yes (0/1)
Products and Services	No/yes (0/1)	No/yes (0/1)
Operations and Management	No/yes (0/1)	No/yes (0/1)
Other	No/yes (0/1)	No/yes (0/1)
Social Ratings		
Community	No/yes (0/1)	No/yes (0/1)
Diversity	No/yes (0/1)	No/yes (0/1)
Employee Relations	No/yes (0/1)	No/yes (0/1)
Human Rights	No/yes (0/1)	No/yes (0/1)
Product	No/yes (0/1)	No/yes (0/1)
Governance Ratings		
Reporting	No/yes (0/1)	No/yes (0/1)
Structure	No/yes (0/1)	No/yes (0/1)
Other	No/yes (0/1)	No/yes (0/1)
Controversial Business Involvment		
Involvement in controversial areas	No/yes (0/1)	No/yes (0/1)

Tabelle 5.1: **KLD`s Corporate Social Responsibility Rating Schemata.**
Quelle: Schreck (2009, 38).

5.2.2.2 Oekom Research

5.2.2.2.1 Universum

OEKOM RESEARCH zählt in Europa zu den größten unabhängigen Rating-Agenturen im Bereich des nachhaltigen Investments. Sie bietet Informationen über die soziale und ökologische Performance von Unternehmen, Branchen und Ländern an (vgl. www.oekom-research.de). Die von OEKOM RESEARCH erstellten Corporate Responsibility Unternehmens-, Industrie-, und Länder-Ratings dienen - gleichsam wie der KLD-Index - institutionellen Investoren als

Grundlage bei der Auswahl und Gestaltung ihrer nachhaltigen Kapitalanlagen. Sie sind daher nicht primär für wissenschaftliche Zwecke gedacht (vgl. Schreck 2009, 22).

Das Unternehmen ist seit 1993 auf dem Markt für nachhaltige Investments tätig. 1994 analysierte die Rating-Agentur vordergründig Unternehmen anhand ihrer ökologischen Performance, erweiterte diese jedoch sukzessive um soziale Aspekte. Seit 1999 publiziert OEKOM RESEARCH in regelmäßigen Abständen branchenspezifisch angepasste Corporate Responsibility Ratings. Aktuell bewertet OEKOM RESEARCH rund 3.000 Unternehmen weltweit und deckt damit internationale Indizes wie den Stoxx 600, den MSCI World oder den MSCI Emerging Markets, aber auch zahlreiche nationale Indizes wie die DAX-Familie, den ATX, den SMI oder den CAC40 vollständig ab (vgl. auch hierzu www.oekom-research.de).

Die von OEKOM RESEARCH AG bewerteten Unternehmen werden auf der Basis eines **Zwei-Stufen-Modells** in unterschiedliche Gruppen aufgeteilt. In einem ersten Schritt- dem sog. **Oekom Corporate Scouting**- werden die 3.000 Unternehmen des Oekom Universe einem Screening auf der Basis öffentlich verfügbarer Informationen unterworfen. Dieses Screening zielt darauf ab, die Unternehmen in zwei Gruppen aufzuspalten- dem sog. Oekom Rating Universe und dem Oekom Scouting Universe.

Unternehmen, die dem **Oekom Rating Universe** zugeordnet werden, verfügen über eine umfassende Informationsgrundlage zu ihrer sozialen und ökologischen Performance und können daher in einem zweiten Schritt (dem sog. Oekom Corporate Rating) anhand von durchschnittlich 100 sozialen und ökologischen Kriterien bewertet werden. Die Ergebnisse der Untersuchung werden im Rahmen von umfassenden Rating-Reports dokumentiert. 1.100 Unternehmen zählen akutell zum Oekom Rating Universe, wobei rund 500 dieser Unternehmen als Prime gelistet sind.

Für Unternehmen, die Defizite im Hinblick auf ihre sozialen und ökologischen Leistungen gezeigt haben (im sog. **Oekom Scouting Universe**), wird nach Maßgabe öffentlich verfügbarer Informationen eine fundierte Einschätzung der sozialen und umweltbezogenen Leistungen im Sinne eines indikativen Ratings durchgeführt. Das Ergebnis wird in einem Scouting Report dokumentiert. Aktuell zählen ca. 1.900 Unternehmen zu dem Oekom Scouting Universe. Abbildung 5.5 stellt das Zwei-Stufen-Modell grafisch dar.

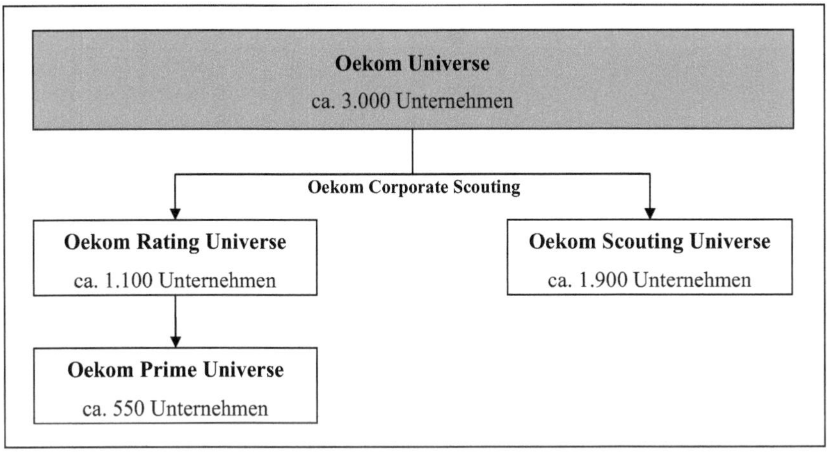

Abbildung 5.5: Oekom Universe.

Quelle: http://www.oekom-research.com/index.php?content=oekom-universe.

5.2.2.2.2 Methodik

Der Rating-Prozess von OEKOM RESEARCH erfolgt anhand eines **Indikator-basierten Ansatzes**, dem sog. *Frankfurt-Hohenheimer Leitfaden*[15], der die Grundlage eines Kriterienkataloges von derzeit etwa 500 Indikatoren darstellt. Zur zielgerichteten Bewertung der sozialen und ökologischen Performance eines Unternehmens werden aus diesem Pool durchschnittlich 100 Indikatoren ausgewählt. Da jede Branche aufgrund verschiedener Produkte und Dienstleistungen vor unterschiedliche soziale und ökologische Herausforderungen gestellt wird, definiert OEKOM RESEARCH etwa ein Drittel dieser Kriterien branchenspezifisch.

Alle Kriterien werden einzeln gewichtet und bewertet und schließlich zu einer Gesamtnote aggregiert. Die Aggregation der Indikatoren zu übergeordneten Faktoren erfolgt durch ein Stufen-Modell, bei dem auf erster Ebene das Corporate Ranking steht, das auf zweiter Ebene durch ein Social Rating und ein Environmental Rating beschrieben wird (vgl. im Detail Abschnitt 5.2.2.2.3). Die Bewertung des Corporate Rankings erfolgt auf der Basis einer 12-stufigen Skala von A+ (excellent) bis D- (poor).

---

[15] Der Frankfurt-Hohenheimer Leitfaden (FHL) stellt mit über 800 Bewertungskriterien die bislang umfassendste Kriteriologie für ethische Investments dar. Der FHL wurde 1997 von Ökonomen, Philosophen, Ethikern und Theologen entwickelt und unterliegt der Federführung von Prof. Dr. Hoffmann, Prof. Dr. Ott sowie Prof. Dr. Scherhorn. Die aktuellste Fassung wurde 2009 herausgebracht.

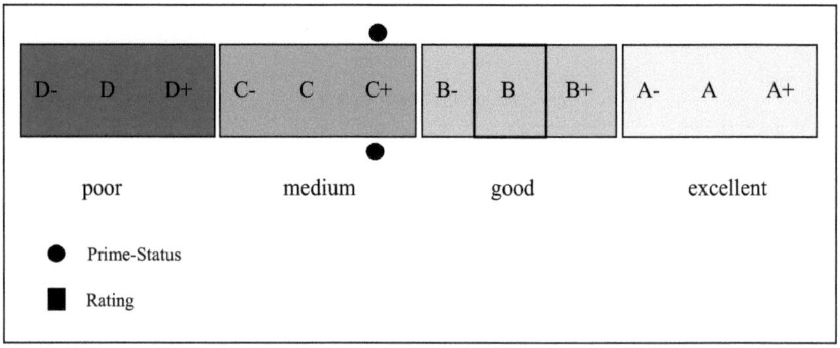

Abbildung 5.6: Beispielranking der Oekom Research.
Quelle: http://www.oekom-research.de/index.php?content=corporate-rating.

Aus den Ergebnissen des Corporate Rankings ergibt sich eine Rangliste der untersuchten Unternehmen innerhalb einer Branche, aus der sich die Vorreiter einer Branche (sog. **Primes**) entnehmen lassen. Da allerdings die sozialen und ökologischen Auswirkungen von Branche zu Branche unterschiedlich hoch sind, ist der Prime-Status selbst wieder branchenspezifisch festgelegt und damit branchenübergreifend nicht identisch. Dies wird durch die Einordnung der jeweiligen Branche in die **Nachhaltigkeitsmatrix** deutlich. Während beispielsweise ein Unternehmen aus der Automobilbranche eine Gesamtperformance von C+ aufweisen muss, um als „Prime" gelistet zu sein, muss ein Unternehmen aus der Versicherungsbranche lediglich eine Gesamtperformance von C- nachweisen, um den Prime-Status zu erlangen.

Die relevanten Informationen für das Rating werden sowohl bei den zu analysierenden Unternehmen als auch bei unabhängigen Experten erhoben. Die Unternehmensinformationen stammen aus Geschäftsberichten, Nachhaltigkeitsberichten, Umweltberichten oder aus Interviews mit Unternehmensvertretern. Weitere Informationen werden durch ein Media-Screening bei zahlreichen internationalen Tages- und Fachzeitschriften, Newslettern, Datenbanken wie REUTERS oder FACTIVA, wie auch durch Experteninterviews oder im Austausch mit unabhängigen Spezialisten in NGOs, Behörden, öffentlichen Einrichtungen, Wirtschaftsverbänden, Forschungsinstituten oder Verbraucherschutzorganisationen gewonnen.

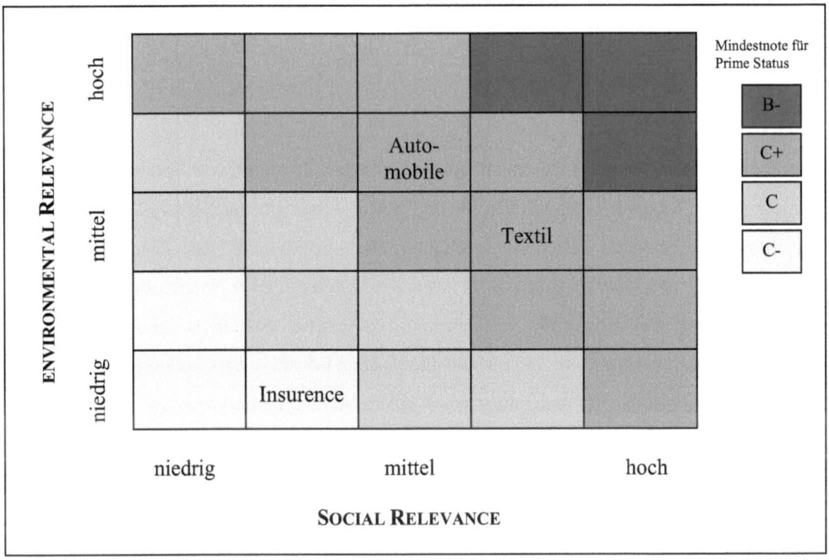

Abbildung 5.7: Nachhaltigkeitsmatrix der Oekom Research.

Quelle: http://www.oekom-research.de/index.php?content=methodik.

5.2.2.2.3 Komponenten

Bei der Beschreibung der Methodik (vgl. Abschnitt 5.2.2.2.2) hat sich gezeigt, dass das OEKOM RESEARCH Rating auf der Aggregation von ca. 100 branchenspezifischen Einzelkriterien basiert, die im Rahmen eines Stufen-Modells zur übergeordneten Gesamtperformance des Corporate Rankings führen. Da eine Auflistung aller 100 branchenspezifischen Kriterien den Umfang der vorliegenden Arbeit übersteigen würde, sei hier auf das Beispielranking der BMW Group[16] verwiesen. Dennoch werden nachfolgend die zentralen Inhalte und Kriterien des CSR-Ratings kurz beschrieben.

Das Corporate Rating (1. Ebene) lässt sich auf zweiter Ebene durch das **Social** und das **Environmental Ranking** darstellen. Beide Rankings fließen dabei in Abhängigkeit der Einordnung des Unternehmens in die Nachhaltigkeitsmatrix mit unterschiedlicher Gewichtung in die Gesamtperformance ein. So bestimmt beispielsweise das Social Ranking bei einem Unter-

[16] vgl. http://www.oekom-research.de/index.php?content=corporate-rating.

nehmen der Automobilbranche das Gesamtranking zu 40 Prozent, während es bei einem Unternehmen aus der Textilbranche die Gesamtperformance zu 60 Prozent bestimmt.

Das Social Ranking lässt sich durch die Dimensionen „Staff & Supplier", „Society & Product Responsibility" und „Corporate Governance & Business Ethics" beschreiben. Der Bereich **Staff & Supplier** eines Unternehmens wird durch Indikatoren wie Vereinigungsfreiheit der Belegschaft, Vereinbarkeit von Familie und Beruf, Arbeitsplatzsicherheit, Weiterentwicklungsmöglichkeiten und weiterführende Qualifizierungsmöglichkeiten, Chancengleichheit und Beseitigung von Diskriminierung am Arbeitsplatz bewertet. Im Bereich des Liefermanagements steht die Einhaltung von sozialen und ökologischen Standards der Zulieferer über dem Branchendurchschnitt wie auch Maßnahmen der Lieferantenentwicklung, Gesundheitsreglementierungen sowie die Ablehnung von Kinderarbeit im Vordergrund.

Die Dimension **Society & Product Responsibility** bewertet ein Unternehmen im Hinblick auf die weltweite Wahrung der Menschenrechte, das Engagement des Unternehmens gegenüber seinem direkten, lokalen Umfeld über Spenden, Sponsoring, ehrenamtliche Tätigkeiten von Mitarbeitern oder langfristigen Partnerschaften mit sozialen und gemeinnützigen Organisationen, dem Stakeholderdialog wie auch der Kunden- und Produktverantwortung.

Die Dimension **Corporate Governance & Business Ethics** beurteilt ein Unternehmen anhand der organisatorischen und inhaltlichen Ausgestaltung der Führung und Überwachung des Unternehmens sowie der Wahrung fairer und ethisch korrekter Geschäftspraktiken. Wesentliche Aspekte sind hierbei u.a. eine transparente Eigentümerstruktur, die Ausrichtung der Managementgehälter an langfristigen Indikatoren der Wertschöpfung, Transparenz in der Unternehmenskommunikation und bei Managemententscheidungen sowie die Unabhängigkeit von Unternehmensleitung und -überwachung. Im Rahmen der Business Ethics wird bewertet, inwieweit ein Unternehmen beispielsweise die Implementierung von Standards wie den Code of Conduct, Richtlinien für faire Unternehmenspraktiken, etc. gewährleistet.

Das Environmental Ranking lässt sich durch die Dimensionen „Product & Services", „Environmental Management" und „Eco-Efficiency" beschreiben.

Der Indikator **Product & Services** bewertet den verantwortlichen Umfang mit Produkten und Ressourcen, eine umfassende Produktinformation, Verbraucherschutz, faire Preisgestaltung und die Wiederverwendung von Abfallprodukten bzw. das Recycling.

Der Bereich **Environmental Management** umfasst alle ökologisch relevanten Aspekte der Unternehmenstätigkeit. Hier werden Aspekte wie Klimaschutz, der Einsatz von erneuerbaren Energien oder die Umweltauswirkungen am Produktionsstandort gemessen. Gleichzeitig werden Umweltmanagementsysteme wie z.B. umweltschonende Produktionsverfahren und Produktionstechniken, das Umweltbewusstsein der Mitarbeiter oder eine umweltfreundliche Logistik analysiert.

Der Indikator **Eco-Efficiency** ist thematisch eng mit dem Kriterienkatalog „Environmental Management“ verbunden. Hierbei stehen jedoch weniger Umweltmanagementsysteme als konkrete Kennzahlen zur Ressourceneffizienz im Vordergrund. Im Zentrum stehen Aspekte wie Wasser- und Energieverbrauch, Müllentsorgung oder das Recycling. Auch diese Kriterien fließen je nach Branchenzugehörigkeit mit unterschiedlicher Gewichtung in die Gesamtperformance mit ein.

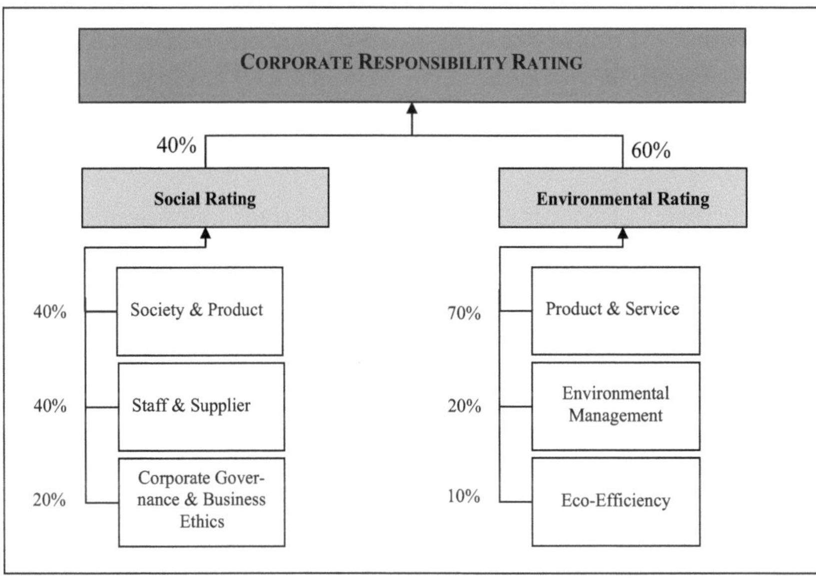

Abbildung 5.8: Struktur und Kriterien des Oekom Research Ratings.

Quelle: Eigene Darstellung.

5.3 Analyseverfahren

5.3.1 Univariate Analyse

Ein erster Schritt zur Analyse des Einflusses bzw. der Wirkung von CSR auf M&A ermöglicht das Heranziehen **univariater Analyseverfahren.** Univariate Analysen beziehen sich im Rahmen ihrer statistischen Auswertungen lediglich auf eine Variable und können unter Rückgriff auf *Häufigkeitsverteilungen, Lage- und Streuungsparameter* sowie *Hypothesentests* zur Überprüfung von Annahmen über die Grundgesamtheit anhand von Stichprobenresultaten durchgeführt werden (vgl. Schlittgen 2008, 11). Sie bieten eine wichtige Vorstufe zur multivariaten Analyse, da sich bereits hier ein erster Eindruck über die zu untersuchende Variable verschaffen lässt (vgl. Böhler 2004, 167).

Im Rahmen der vorliegenden Untersuchung soll mithilfe des univariaten Analyseverfahrens getestet werden, ob sich die ermittelte abnormale Rendite in Abhängigkeit des CSR-Ratings des Käuferunternehmens signifikant voneinander unterscheidet. Dabei wird das gesamte Datensample von N=113 Transaktionen in zwei Teilsamples aufgeteilt. Als Trennkriterium dient das CSR-Rating des Käuferunternehmens (vgl. Mentz 2006, 53). Mit parametrischen und nicht-parametrischen Signifikanztests wird daraufhin untersucht, ob sich die gebildeten Subsamples signifikant voneinander unterscheiden.

Als parametrischer Signifikanztest dient der **Mittelwertdifferenztest**, der dem Vorgehen von HAWAWINI/SWARY (1990), TOURANI RAD/VAN BEEK (1999) und BEITEL/SCHIERECK/WAHRENBURG (2004) folgt. Dabei wird zunächst die Differenz der durchschnittlichen CAAR der aufgeteilten Gruppen durch einfache Subtraktion gebildet (vgl. Kaup 2009, 62).

$$CAAR_{Diff} = \overline{CAAR_1} - \overline{CAAR_2} \qquad \text{(XXI)}$$

Danach findet folgende Teststatistik t Anwendung (vgl. Hawawini/Swary 1990, 50; Tourani Rad/van Beek 1999, 535):

$$t = \frac{CAAR_{Diff}}{\sqrt{\left(\frac{(n_1-1)ó_1^2+(n_2-1)ó_2^2}{n_1+n_2-2}\right)*\left(\frac{n_1+n_2}{n_1*n_2}\right)}} \qquad \text{(XXII)}$$

mit:

n_i = Anzahl der Beobachtungen in Stichprobe i

$ó_i^2$ = Varianz der CAAR der Stichprobe i

wobei

$$ó_i^2 = \frac{\sum_{J=1}^{n_i}\left(CAAR_{i,j}-\overline{CAAR_i}\right)^2}{(n_i-1)} \qquad \text{(XXIII)}$$

Die Teststatistik folgt einer Student-t-Verteilung. Ab einem Stichprobenumfang von $(n_1 - n_2 - 2)$ größer 30 lässt sich die Teststatistik durch eine Normalverteilung approximieren (vgl. Bamberg/Baur 2002, 193).

Sofern die Normalverteilung der Untersuchungsstichprobe nicht gegeben ist, kann ein alternatives, nicht-parametrisches Verfahren angewendet werden, der sog. **Wilcoxon-Rangsummentest**. Bei diesem Test wird überprüft, inwieweit die zwei Stichproben der gleichen Verteilung angehören (vgl. Grünert 2007, 64). Die Nullhypothese besagt, dass die beiden Stichproben der gleichen Grundgesamtheit angehören und damit auch die gleiche Wahrscheinlichkeitsverteilung besitzen. Im Gegensatz zum Wilcoxon-Vorzeichen-Rangtest (vgl. Abschnitt 5.1.3.4) gilt als Trennkriterium nicht der Nullpunkt, sondern die Ränge der Beobachtungen, die dem zu untersuchenden Einflussfaktor entsprechen (vgl. Mentz 2006, 66). Diese werden wie folgt summiert (vgl. Schlittgen 2008, 361):

$$T_{n1,n2} = \sum_{i=1}^{n} R(X_v) \qquad \text{(XXIV)}$$

mit:

$R(X_v)$ = Ränge der kombinierten Stichprobe $X_{1,\ldots,}X_{n1}, X_{2,\ldots,}X_{n2}$ vom Umfang $N = n_1 + n_2$

Für ausreichend große Stichproben kann die Annahme getroffen werden, dass die Teststatistik w approximativ normalverteilt ist mit (vgl. Schlittgen 2008, 362–363):

$$w = \frac{T_{n1,n2} - \frac{1}{2} * n_1 * (n_1 + n_2 + 1)}{\sqrt{\frac{1}{12} n_1 n_2 (n_1 + n_2 + 1)}} \qquad \text{(XXV)}$$

Der Wilcoxon-Rangsummentest wird in dieser Arbeit zusätzlich zum Mittelwertdifferenztest angewendet.

Univariate Analyseverfahren ermöglichen, einen ersten Eindruck darüber zu gewinnen, ob die CSR-Performance des Käuferunternehmens Einfluss auf die Realisierung abnormaler Renditen hat. Allerdings lassen die Ergebnisse lediglich Rückschlüsse darauf zu, ob CSR als **Trennkriterium** eine signifikante Unterscheidung des Transaktionserfolges herbeiführt. Die Frage, welche Determinanten von CSR einen Einfluss auf den M&A-Erfolg haben oder ob Interdependenzen zwischen den CSR-Dimensionen existieren, lässt sich hierbei nicht klären.

5.3.2 Multivariate Analyse

5.3.2.1 Modellformulierung

Um den Einfluss von CSR auf den Erfolg einer M&A-Transaktion dezidierter zu messen, bedarf es in einem zweiten Schritt der Abkehr von bislang vorgestellten, univariaten Testverfahren hin zu einem **multivariaten Testverfahren**. Zur Durchführung multivariater Analyseverfahren kommen sog. strukturprüfende Verfahren zum Einsatz (vgl. Pauser 2007, 105). Als Voraussetzung gilt eine a-priori vermutete Vorstellung über den Kausalzusammenhang der zu untersuchenden Variablen (vgl. Urban/Mayerl 2011, 65). Traditionelle multivariate Testverfahren sind Kontingenzanalysen, Varianzanalysen, Diskriminanzanalysen und Regressionsanalysen (für eine Einteilung der grundlegenden strukturprüfenden Verfahren sei auf Backhaus 2008 verwiesen). Ihre Anwendbarkeit ist abhängig vom Skalenniveau der untersuchten Variablen.

Die in der vorliegenden Arbeit verwendete, multivariate **Regressionsanalyse** stellt ein außerordentlich vielseitiges und flexibles Analyseverfahren zur Aufdeckung von Zusammenhängen zwischen zwei oder mehreren Variablen dar und kann als eines der wichtigsten und am häufigsten durchgeführten Analyseverfahren bezeichnet werden (vgl. Backhaus 2008, 12). Der primäre Anwendungsbereich liegt in der Untersuchung von Kausalbeziehungen (sog. Ursache-Wirkungs-Beziehungen), die häufig bei Hypothesen über „Je-desto“-Formulierungen ausgedrückt werden. Zentrale Voraussetzung für die Anwendung der Regressionsanalyse ist, dass sowohl die abhängige(n) als auch die unabhängige(n) Variable(n) in metrisch skalierter Form vorliegen.

In der Regressionsgleichung wird eine *lineare Beziehung* zwischen der *abhängigen* und der *unabhängigen Variable(n)* unterstellt. Während bei Einfachregressionen die Kriteriumsvariable nur durch eine Prädiktorvariable erklärt bzw. prognostiziert wird, werden bei Mehrfachregressionen (sog. multiplen Regressionen) mehrere Prädiktoren zur Erklärung der Kriteriumsvariable herangezogen (vgl. Huang/Bolch 1974; Draper/Smith 1967; Johnston/DiNardo 2008). Das lineare Regressionsmodell folgt folgendem Aufbau (vgl. Eckbo 2010, 346; Hair 2010, 163):

$$Y_i = á_i + \sum_{i=1}^{J} â_j X_{i,j} + å_i \qquad \text{(XXVI)}$$

mit:

á	=	unabhängige Konstante
$â_i$	=	Koeffizienten der unabhängigen Variablen j, $j \in \{1, \ldots, J\}$
$X_{i,j}$	=	erklärende, unabhängige Variable j des Unternehmens i
J	=	Zahl der unabhängigen Variablen
$å_i$	=	Fehlerterm

Alpha ($á_i$) markiert den Schnittpunkt der Regressionsgeraden mit der Y-Achse des Koordinatensystems. Beta ($â_j$) bildet die Steigung oder Neigung der Regressionsgeraden ab. Beide stellen die Regressionskoeffizienten dar, durch welche der Schätzwert für Y_i ermittelt werden soll (vgl. Bleymüller/Gehlert/Gülicher 2004, 140). Die Regressionskoeffizienten werden dabei durch ein Optimierungsverfahren so bestimmt, dass die errechnete Schätzformel möglichst genau den empirischen Sachverhalt reproduziert. Von Interesse ist dabei vor allem der Beta-Wert, da dieser Koeffizient angibt, um wie viele Einheiten sich die abhängige Variable ändert, wenn sich die unabhängige Variable um eine Einheit ändert. Da jedoch die abhängige Variable nie vollständig durch die aufgenommenen, unabhängigen Variablen erklärt werden kann, liegt der Regressionsanalyse immer ein stochastisches Modell zugrunde (vgl. Bortz 2005, 182–184). Bei dem Fehlerterm $å_i$ handelt es sich gemäß der Modellannahme um eine stochastische, zufällige Komponente, welche u.a. aufgrund weiterer unberücksichtigter und in der Regressionsgleichung nicht enthaltener Einflussfaktoren auftritt. Es wird davon ausgegangen, dass er keinen systematischen Einfluss auf die abhängige Variable hat (vgl. Bohley 1996, 654). Dieser Fehlerterm, der auch als Residuum bezeichnet wird, ergibt sich als nicht beobachtbare und durch Schätzung nicht erklärte Restgröße. Seine Minimierung ist Gegenstand der verschiedenen, der Regression zugrunde liegenden Optimierungsverfahren (vgl. Bauer/Fertig/Schmidt 2009, 180).

Zur Schätzung der Parameter $\acute{a}_i$ und $\hat{a}_j$ wird in dieser Arbeit die *Kleinste-Quadrate-Methode (OLS)* angewendet (vgl. Urban/Mayerl 2011, 125). Diese gehört zu den wichtigsten statistischen Schätzverfahren. Hierbei werden die unbekannten Parameter so bestimmt, dass die Summe der quadrierten Residuen minimal ist. Durch die Quadrierung der Abweichungen der Beobachtungswerte von den Schätzwerten werden größere Abweichungen stärker gewichtet und negative Werte vermieden. Letzteres führt dazu, dass sich die positiven und negativen Abweichungen kompensieren (vgl. Backhaus 2008, 63). Der Vorteil dieser Methode ist, dass eine bestmögliche Schätzung (die sog. „BLUE-Eigenschaft" **B**est **L**inear **U**nbiased **E**stimators) für die Werte der unabhängigen Variablen ermittelt werden kann (vgl. Urban/Mayerl 2011, 120).

Da die Regressionsgleichung anhand einer erhobenen Stichprobe ermittelt wird, gilt es, die Regressionsfunktion sowie die Regressionskoeffizienten dahingehend zu prüfen, inwieweit die Aussagen auf die Grundgesamtheit übertragbar sind (vgl. Backhaus 2008, 61). Hierfür sind folgende Aspekte zu beachten:

Das **Bestimmtheitsmaß (R^2)** misst die Güte der Anpassung der Regressionsfunktion an die empirischen Daten (das sog. „goodness of fit"). Es ist eine normierte Größe, dessen Wertebereich zwischen Null und Eins liegt. Je größer der Wert von R^2, desto höher liegt der Anteil der erklärten Streuung an der Gesamtstreuung. Als Extremwert ergibt sich ein Bestimmtheitsmaß von Eins oder Null. Im Falle von R^2 gleich Eins kann die gesamte Streuung durch die Regressionsgerade erklärt werden. Im Falle von R^2 gleich Null wird durch die Regressionsgerade keine Streuung erklärt (vgl. Bamberg/Baur 2002, 45; Hair 2010, 166). Ein hohes Bestimmtheitsmaß allein reicht jedoch nicht aus, um die Qualität der Regressionsgeraden umfassend beurteilen zu können. Vielmehr muss die Frage geklärt werden, ob das geschätzte Modell auch für die Grundgesamtheit Gültigkeit besitzt.

Dies kann über die Betrachtung der **F-Werte** erfolgen, deren Ziel es ist, die Signifikanz des Bestimmtheitsmaßes zu messen. Der F-Wert prüft die Nullhypothese, die besagt, dass die Regressionskoeffizienten gleich Null sind und damit kein gemeinsamer Zusammenhang zwischen allen unabhängigen Variablen und der abhängigen Variable besteht, sodass der Modellansatz als Ganzes keinen erklärenden Wert hat. Zunächst wird dabei ein empirischer F-Wert berechnet, der sich aus dem Vergleich der durch die Regression erklärten Streuung mit der nicht erklärten (Residual-)Streuung ergibt (Quotient). Dieser wird anschließend mit einem kritischen Wert (aus der F-Verteilungstabelle) verglichen. Die Nullhypothese wird verworfen, wenn der empirische Wert größer ist als der kritische Wert aus der F-Verteilung. Bei Gültigkeit der Nullhypothese ist deshalb zu erwarten, dass der F-Wert der Regression den Tabellen-F-Wert nicht übersteigt. Dies lässt folgern, dass in der Grundgesamtheit ein Zusammenhang existiert und damit nicht alle Beta-Werte Null sind (vgl. Backhaus 2008, 71–75).

Ist die Signifikanzprüfung der Regressionsfunktion positiv verlaufen, wird in einem nächsten Schritt eine Analyse der Regressionskoeffizienten vorgenommen. Diese sollten signifikant von Null verschieden sein, was mithilfe eines **t-Tests** geprüft werden kann (vgl. Urban/Mayerl 2011, 175; Mentz 2006, 67):

$$t = \frac{\hat{\hat{a}}_j}{\hat{o}(\hat{a}_j)} \qquad \text{(XXVII)}$$

mit:

$\hat{\hat{a}}_j$ = geschätzter Koeffizient der Untersuchungsvariable j, j = 1, ...J

$\hat{o}(\hat{\hat{a}}_j)$ = geschätzte Standardabweichung von $\hat{\hat{a}}_j$

Die Prüfgröße t ist student-t-verteilt mit N-2 Freiheitsgraden und ermöglicht, die Nullhypothese ($t = 0$) zu bestätigen oder zu verwerfen (vgl. Gujarati/Porter 2010, 129). Der dazugehörige p-Wert gibt für ein vorgesehenes Signifikanzniveau Auskunft über die Signifikanz der Regressionskoeffizienten.

5.3.2.2 Modellprämissen

Um die interne Validität der Regressionsergebnisse zu gewährleisten, sind Tests notwendig, die die Einhaltung der Regressionsmodellprämissen bestätigen. Damit sind Tests auf Linearität des Regressionsansatzes, abwesende Multikollinearität der unabhängigen Variablen, abwesende Autokorrelation, Homoskedastizität und Normalverteilung der Residuen gemeint. Nur wenn keine Modellverletzungen vorliegen, können die gesuchten Parameter α_i und β_i sowie die verschiedenen Signifikanzangaben korrekt und effizient mithilfe der OLS-Schätzer bestimmt werden (vgl. Backhaus 2008, 79; Hair 2010, 181–186).

Um zu überprüfen, ob das Regressionsmodell richtig spezifiziert ist, d.h. dass es **linear in den Parametern** ist, kann entweder ein *LAGRANGE MULTIPLIER-TEST (LM-TEST)* für *quadrierte Terme* oder ein *LM-Test* für *log-Terme* durchgeführt werden. Für beide Tests gilt die Nullhypothese H_0, die besagt, dass ein linearer Zusammenhang besteht (vgl. Schlittgen/Streitberg 2001, 470; Bera/Bilias 2001, 33–38).

Heteroskedastizität bezeichnet eine Varianzerhöhung der Residuen der Regressionsschätzungen. Sie kann dazu führen, dass die t-Werte der auf Basis der OLS-Schätzer ermittelten Werte verzerrt sind (vgl. Backhaus 2008, 85). Die Überprüfung der Homoskedastizität (= keine Hetersokedastizität) kann durch den *BREUSCH-PAGAN* sowie den *WHITE-TEST* erfolgen (vgl. Breusch/Pagan 1979; White 1980). Beide Tests gehen in der Nullhypothese H_0 davon aus, dass Homoskedastizität vorliegt. H_1 besagt folglich, dass Heteroskedastizitiät vorhanden ist. Der *BREUSCH-PAGAN-TEST* ist vorzuziehen, wenn ein klares Bild von der Art der Heteroskedastizität vorliegt, d.h. wenn eine begründete Vermutung besteht, von welchen Variablen die Varianz der Störterme abhängen könnte. Der *WHITE-TEST* ist hingegen empfehlenswert, wenn man eher wenig über die Form der Heteroskedastizität weiß. Zugleich hängt er nicht von der Normalverteilungsannahme ab wie der *BREUSCH-PAGAN-TEST*. Aus diesem Grund dient er im vorliegenden Fall dazu, die Ergebnisse des *BREUSCH-PAGAN-TESTS* auf ihre Robustheit hin zu überprüfen. Für beide Tests gilt, dass die Nullhypothese dann verworfen wird, wenn die Teststatistik den kritischen Wert der Chi-Quadrat-Verteilung bei einem zuvor gewählten Signifikanzniveau übersteigt (vgl. Breusch/Pagan 1979; White 1980).

Neben der Modellannahme linearer Parameter und dem Vorliegen von Homoskedastizität darf es zwischen den unabhängigen Variablen bei einer multiplen linearen Regression keine linearen Abhängigkeiten geben, was als **Multikollinearität** bezeichnet wird (vgl. Backhaus 2008, 79; Bauer/Fertig/Schmidt 2009, 191–192). Dies wird häufig über den sog. *VARIANCE INFLACTION FACTOR (VIF)* geprüft. Liegt dieser für die einzelnen unabhängigen Variablen unter 10, geht man davon aus, dass keine Kollinearität zwischen den unabhängigen Variablen vorliegt (vgl. Hair 2010, 201).

Autokorrelation bedeutet, dass eine Korrelation zwischen zeitlich aufeinander folgenden Werten innerhalb einer Messreihe vorliegt. Dies führt zu verzerrten Ergebnissen der meisten statistischen Testverfahren. Eine rechnerische Methode zur Aufdeckung von Autokorrelationen erster Ordnung bietet der *DURBIN-WATSON-TEST.* Hierbei wird die Reihenfolge der Residuen der Beobachtungswerte zum Gegenstand der Analyse gemacht (vgl. Durbin/Watson 1950). Der Test überprüft die Nullhypothese H_0, die besagt, dass keine Autokorrelation erster Ordnung vorliegt. Es wird ein empirischer d-Wert ermittelt, der die Differenzen zwischen den Residuen von aufeinander folgenden Beobachtungen aggregiert (vgl. Backhaus 2008, 87). Je nach Irrtumswahrscheinlichkeit, Stichprobengröße und Anzahl unabhängiger Variablen ergibt sich ein vorgefertigter Ablehnungs-, Unschärfe- und Annahmebereich für Autokorrelationen (vgl. Backhaus 2008, 99). Zur Überprüfung der Robustheit der Ergebnisse des *DURBIN-WATSON-TESTS* kann der *BREUSCH-GODFREY-AUTOKORRELATIONSTEST* durchgeführt werden (vgl. Breusch 1978; Godfrey 1978). Er unterscheidet sich vom *DURBIN-WATSON-TEST* dadurch, dass er nicht auf der Annahme normalverteilter Störterme beruht und zugleich in der Lage ist, auch Autokorrelationen höherer Ordnung zu testen. Auch dieser Test folgt der Nullhypothese „keine Autokorrelation" gegenüber der Alternativhypothese „Autokorrelation". Die Nullhypothese wird abgelehnt, wenn der Wert der Teststatistik größer ist als der kritische Wert aus der Chi-Quadrat-Verteilung.

Die Prämisse **„Normalverteilung der Störterme"** ist lediglich für die Durchführung statistischer Tests (t-Test, F-Test) von Bedeutung. Für die KQ-Schätzung wird diese Annahme nicht benötigt, da die KQ-Schätzer an sich die BLUE-Eigenschaft besitzen (vgl. Urban/Mayerl 2011, 120–121). Bei einer großen Stichprobe (etwa K>40) sind auch die Signifikanztests unabhängig von der Verteilung der Störgrößen gültig (vgl. Greene 2003, 67; Schlittgen 2008, 437).

Können die zuvor erläuterten Annahmetests nicht gewährleistet werden, führt dies dazu, dass der OLS-Schätzer für die Koeffizienten nicht mehr erwartungstreu und effizient geschätzt werden kann (vgl. Backhaus 2008, 91). In der Praxis zeigt sich, dass insbesondere bei Zeitreihen häufig Probleme mit Autokorrelation und Heteroskedastizität bestehen. Ein Ausweg bietet das von NEWEY-WEST entwickelte Verfahren an (vgl.Newey/West 1987). Dieses ermöglicht, einen heteroskedastie- und autokorrelationskonsistenten Standardfehler zu verwenden. Dieser sog. **„robuste" Standardfehler** gestattet eine effiziente Schätzung der Parameter mittels OLS-Schätzer trotz vorliegender Prämissenverletzung (vgl. Long/Ervin 2000, 217). Durch Verwendung des robusten Standardfehlers fallen die Standardfehler im Vergleich zur

„normalen“ OLS-Schätzung geringfügig größer aus, was Auswirkungen auf den F-Wert, die Signifikanz der F-Werte sowie die p-Werte der Koeffizienten hat.

5.3.2.3 Modellspezifikation

Im Rahmen der vorliegenden Untersuchung wird das Regressionsmodell wie folgt spezifiziert: Als *abhängige Variable* dient die **kumulierte abnormale Rendite.** Um einen kurz-, mittel- und langfristigen Untersuchungszeitraum in die Betrachtung mit einzubeziehen, gilt als Erfolgsindikator die abnormale Rendite am Ankündigungstag T=0 sowie die CAR des Ereignisfensters [-5;5] und [-20;20]. Das Skalenniveau der abhängigen Variable(n) ist metrisch.

Als *unabhängige Variable* dient das **Oekom Research Rating** des Käuferunternehmens. Um den Einfluss des CSR-Ratings dezidiert zu messen, findet analog zu Abschnitt 5.2.2.2.2 eine Unterscheidung zwischen dem Corporate Rating *(crr)*, sowie dem etwas detaillierteren CSR-Rating auf zweiter Ebene, dem Social Rating *(scr)* und Environmental Rating *(er)* als Regressor statt. Im dritten Regressionsmodell wird das Social Rating durch die Regressoren staff & supplier *(staff),* society & product *(soc),* corporate governance & business ethics *(corp)* ersetzt, wohingegen das Environmental Rating über die Regressoren product & services *(prod),* environmental management *(enamn)* und eco-efficiency *(eco)* abgebildet wird. Auch die unabhängigen Variablen zum CSR-Niveau des Käuferunternehmens sind durch ein metrisches Skalenniveau charakterisiert.

Um auszuschließen, dass die Realisierung abnormaler Renditen durch andere systematische Unterschiede hervorgerufen wird, sollten neben den erklärenden Variablen zugleich **Kontrollvariablen** in das Regressionsmodell eingeführt werden. Diese zielen darauf ab, die Fehlervarianz der abhängigen Variablen zu reduzieren. Damit wird der Einfluss der Kontrollvariablen aus der durch die Faktoren bei der abhängigen Variablen verursachten Varianz herauspartialisiert (vgl. Holtmann 2010, 198). Als Kontrollvariable können sämtliche Faktoren dienen, die einen (vermuteten) Einfluss auf die abhängige Variable haben.

Da die Übernahme gesellschaftlicher Verantwortung eine charakteristische Eigenschaft des Unternehmens darstellt, sind Kontrollvariablen, die Eigenschaften des Käuferunternehmens beschreiben, zweckmäßig. Damit lassen sich für die vorliegende Untersuchung Kontrollvariablen des M&A-Managements (vgl. Abschnitt 3.6.3) ausschließen und die Auswahl kann auf strukturelle Erfolgsfaktoren eingegrenzt werden. Strukturelle Erfolgsfaktoren beziehen sich einerseits auf die Art und Struktur des Deals sowie die charakteristischen Eigenschaften der Transaktionspartner. Tabelle 5.2 stellt eine Sammlung häufig verwendeter, struktureller Kontrollvariablen im Zuge kapitalmarktorientierter M&A-Erfolgsfaktorenstudien und Möglichkeiten der Operationalisierung vor.

Aufgrund der Tatsache, dass der vorliegenden Untersuchung nur ein beschränktes Datenmaterial zur Operationalisierung der Kontrollvariablen zur Verfügung stand, mussten einige in Tabelle 5.2 dargestellten Kontrollvariablen bereits zu Beginn des Auswahlverfahrens ausgeschlossen werden.

Bezeichnung	**Operationalisierung**
Art der Transaktion	Dummy-Variablen entsprechend der juristischen Ausgestaltung der Transkation (Asset Deal vs. Share Deal).
Geografischer Fokus	Dummy-Variablen entsprechend des Herkunftslandes der Transaktionspartner.
Operativer Fokus	Binäre Dummy-Variablen entsprechend des 2-stelligen SIC-Codes der Transaktionspartner.
Relative Größe der Transaktion	Berechnung des Quotienten des Transaktionsvolumens zum Enterprise Value des Käuferunternehmens.
Art der Bezahlung	Dummy-Variablen entsprechender Kriterien wie Barbezahlung, Aktien, Mischform, etc.
Profitabilität der Transaktionspartner	Berechnung der Differenz des 2-Jahres-Durchschnitts vom RoE des Käuferunternehmens zum RoE des Zielunternehmens.
Ähnlichkeit der Unternehmenskultur der Transaktionspartner	▪ logarithmierte kulturelle Distanz zwischen den Transaktionspartnern in Anlehnung an Hofstedes Kulturdimensionen ▪ Kogut & Singh Index (1988) ▪ SIC Code der Transaktionspartner
Größe des Käuferunternehmens	Logarithmiertes Gesamtvermögen zu Beginn des Betrachtungszeitraumes.
Profitabilität des Käuferunternehmens	▪ Gesamtkapitalrentabilität in Form des „Return on Asset“ ▪ Eigenkapitalrentabilität in Form des „Return on Equity“
Akquisitionserfahrung des Käuferunternehmens	Anzahl der durchgeführten Transaktionen.
Börsennotierung des Zielunternehmens	Binäre Dummy-Variablen entsprechend der Börsennotierung des Zielunternehmens.

Tabelle 5.2: Strukturelle Kontrollvariablen in M&A-Ereignisstudien.

Quelle: Eigene Darstellung.

So gelang es nicht, Informationen über die *Art der Transaktion*, die *relative Größe der Transaktion* oder die *Art der Bezahlung* zu erlangen. Zudem war es nicht möglich, für alle Zielunternehmen auf eine einheitliche Datenbasis zurückzugreifen, weshalb Aspekte wie die *Profitabilität der Transaktionspartner, Börsennotierung des Zielunternehmens* oder die *Haltung des Managements des Zielunternehmens* ebenfalls exkludiert werden mussten. In Bezug auf die Kontrollvariable *Unternehmenskultur* stellt sich das Problem, dass einige Studien einen Einfluss des CSR-Engagements des Käuferunternehmens auf dessen Unternehmenskultur nachweisen. Damit besteht die Gefahr, dass die Kontrollvariable mit den CSR-Dimensionen korreliert, was wiederum das statistische Problem der Multikollinearität hervorrufen würde. Aus diesem Grund wird auch auf die Wahl der Unternehmenskultur der Transaktionspartner verzichtet. Ebenfalls kritisch ist die Messung der *Transaktionserfahrung* des Käuferunternehmens. Zwar ist sie über die Anzahl bisher durchgeführter M&A-Transaktionen möglich, allerdings ist die Abgrenzung oder eine Festlegung der Schwelle, ab wann von einer hohen bzw. niedrigen Erfahrung auszugehen ist, individuell festzulegen und damit stark beeinflussbar. Zur Auswahl bleiben daher lediglich die Variablen *geografischer Fokus* der Transaktion, *operativer Fokus* der Transaktion sowie *Profitabilität* des Käuferunternehmens.

Bei einem ersten Pretest, der zu den drei möglichen Kontrollvariablen durchgeführt wurde, zeigte sich, dass weder der geografische noch der operative Fokus der Transaktion zu einer signifikanten Einflussnahme auf die Realisierung der abnormalen Renditen im Zuge der vorliegenden Untersuchung führte. Da insignifikante Kontrollvariablen die Güte der Regressionsmodelle reduzieren, wurden diese ebenfalls aus der vorliegenden Untersuchung exkludiert. Damit bleibt lediglich die Profitabilität des Käuferunternehmens als Kontrollvariable der vorliegenden Untersuchung bestehen. Diese wird in Form der Gesamtkapitalrendite mithilfe der Kennzahl *RETURN ON ASSETS (ROA)* gemessen. Der ROA setzt das Betriebsergebnis vor Steuern, Abschreibung und Zinszahlungen (EBITDA) ins Verhältnis zur Bilanzsumme des Unternehmens und stellt eine in der Literatur äußerst gängige Kontrollvariable im Rahmen von Ereignisstudien dar (vgl. Fields 2011, 146). Damit ist der ROA neben den CSR-Variablen ein weiterer Regressor der Regressionsgleichung.

Nachfolgende Gleichungen stellen die spezifizierten Regressionsmodelle der vorliegenden Untersuchung formalmathematisch dar:

1. Regressionsmodell:

$$CAR_{i,e_1-e_2} = \text{á} + \text{â}_1 \boldsymbol{CRR}_{i,J} + \text{â}_2 \boldsymbol{ROA}_{i,J} + \text{å}_{i,e_1-e_2}$$

2. Regressionsmodell:

$$CAR_{i,e_1-e_2} = \text{á} + \text{â}_1 \boldsymbol{SCR}_{i,J} + \text{â}_2 \boldsymbol{ER}_{i,J} + \text{â}_3 \boldsymbol{ROA}_{i,J} + \text{å}_{i,e_1-e_2}$$

3. Regressionsmodell:

$$CAR_{i,e_1-e_2} = \text{á} + \text{â}_1 \boldsymbol{STAFF}_{i,J} + \text{â}_2 \boldsymbol{CORP}_{i,J} + \text{â}_3 \boldsymbol{PROD}_{i,J} + \text{â}_4 \boldsymbol{SOC}_{i,J} + \text{â}_5 \boldsymbol{ENMAN}_{i,J} + \text{â}_6 \boldsymbol{ECO}_{i,J} + \text{â}_7 \boldsymbol{ROA}_{i,J} + \text{å}_{i,e_1-e_2}$$

5.4 Datenbasis

5.4.1 Auswahlkriterien

Nachdem die empirische Vorgehensweise der Untersuchung dargestellt wurde, gilt es nun die Datenbasis der vorliegenden Arbeit näher zu spezifizieren. Hierbei ist in einem ersten Schritt zu klären, ob alle Elemente eines Gegenstandsbereiches oder lediglich einige ausgewählte Untersuchungsobjekte in die Betrachtung mit einfließen sollen. Da nur in Ausnahmefällen alle Gegenstandsbereiche in die Untersuchung integriert werden können, gilt es Kriterien zu definieren, die es erlauben, eine ausgewählte, repräsentative Stichprobe zu bestimmen (vgl. Schnell/Hill/Esser 2008, 12).

Um sicherzustellen, dass das ausgewählte Datensample sowohl die Messung des CSR-Niveaus des Käuferunternehmens als auch die Ableitung des kapitalmarktbasieren M&A-Erfolgskonzeptes ermöglicht, wurde in einem ersten Schritt bei der Rating-Agentur OEKOM RESEARCH eine Liste der von ihnen bewerteten Insight-Unternehmen angefordert. Als Insight-Unternehmen werden Unternehmen aus dem OEKOM RATING UNIVERSE bezeichnet, zu denen durchgängig, d.h. jährlich alle notwendigen Informationen bis zur niedrigsten Bewertungsebene vorhanden sind.

In einem zweiten Schritt wurde auf der Basis der Insight-Unternehmensliste mithilfe der Datenbank THOMSON ONE BANKER DEALS nach Transaktionen gesucht, die folgende Kriterien erfüllen:

- Die Transaktion wurde zwischen dem **01.01.2006** und dem **31.12.2010** angekündigt und abgeschlossen. Der Ankündigungszeitpunkt (Announcement Date) musste auf den 1. Januar 2006 begrenzt werden, da OEKOM RESEARCH seine Bewertungskriterien zu diesem Zeitpunkt neu strukturiert hatte und damit eine Vergleichbarkeit der Rating-Ergebnisse nach dem 01.01.2006 mit denen vor dem 01.01.2006 nicht mehr gegeben war. Die Transaktionen sollten abgeschlossen (completed) sein, um die Unsicherheit über die tatsächlich erfolgte Durchführung zu minimieren und das Transaktionssample diesbezüglich weitestgehend zu homogenisieren.

- Die betrachteten Unternehmen nehmen die **Rolle des Käuferunternehmens** (Acquirer) ein. Dabei wurde insbesondere darauf geachtet, dass nur solche Transaktionen ausgewählt wurden, bei denen die Muttergesellschaft bzw. der Konzern namentlich die Transaktion durchgeführt hat. Transaktionen, bei denen Tochtergesellschaften des Konzerns als Käufer beteiligt waren, wurden nicht berücksichtigt. Diese Einschränkung soll gewährleisten, dass nur jene Transaktionen im Sample enthalten sind, bei denen auch tatsächlich ein direkter Zusammenhang zum CSR-Niveau vorliegt. Da OEKOM RESEARCH lediglich den Konzern als Ganzes und nicht die einzelnen Tochtergesellschaften auf ihr CSR-Engagement hin bewertet, könnte andernfalls die Reliabilität und Validität der Ergebnisse nicht mehr gewährleistet werden.
- Das Käuferunternehmen muss **börsennotiert** sein. Eine Börsennotierung muss 300 Tage vor und 20 Tage nach dem Announcement Date sichergestellt werden. Zudem müssen tägliche Kursdaten verfügbar sein.
- Die **Beteiligungsquote** des Käufers am Zielunternehmen beträgt vor der Transaktion null Prozent und nach der Transaktion mehr als 50 Prozent. Dadurch werden nur solche Transaktionen berücksichtigt, bei denen eine Mehrheitsbeteiligung erworben wird und gleichzeitig ein Wechsel in der Unternehmenskontrolle vorzufinden ist. Dies soll gewährleisten, dass die Transaktion für die Anleger als „bedeutend“ erachtet wird, sodass eine Auswirkung auf den Aktienkurs als wahrscheinlich gilt.

Um valide Ergebnisse bei der Messung der abnormalen Rendite sicherzustellen, spielen „überlappende Ereignisse“ (sog. Confounding Events) eine große Rolle (vgl. Abschnitt 5.1.3.3). Mithilfe der Datenbank FACTIVA wurde ausgehend von dem Announcement Date ein Zeitfenster von zwanzig Tagen vor und zwanzig Tagen nach der Ankündigung des Deals auf Confounding Events überprüft. Besonderes Augenmerk lag dabei auf parallel durchgeführten Transaktionen des Käuferunternehmens. Hierbei wurden solche Transaktionen aus dem Datensatz eliminiert, bei denen eine weitere Transaktion innerhalb dieses Zeitfensters lag. Ziel dabei ist es zu gewährleisten, dass die ermittelte abnormale Rendite nicht durch weitere, parallel laufende Transaktionen „verfälscht“ wird.

5.4.2 Deskriptive Analyse

Das Auswahlverfahren ergab ein Datensample von **54 Unternehmen**, die innerhalb des Beobachtungszeitraumes (01.01.2006 bis 31.12.2010) **113 Transaktionen** mit den oben genannten Kriterien ausgeführt haben. Eine detaillierte Übersicht der einzelnen Transaktionen ist Anhang A-1 zu entnehmen.

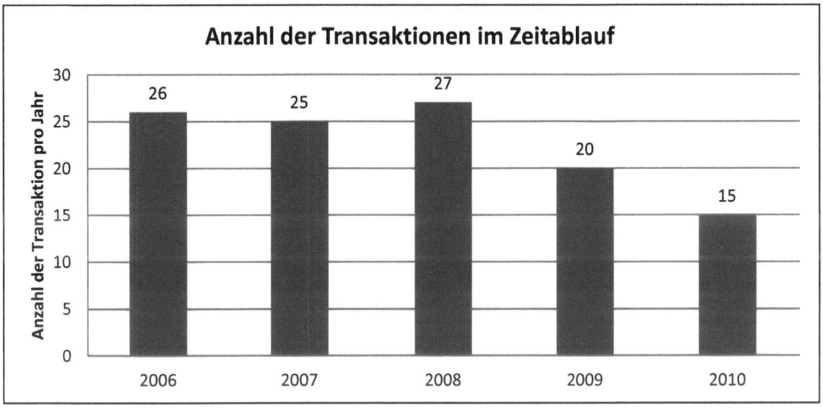

Abbildung 5.9: Anzahl der Transaktionen im Zeitablauf.
Quelle: Eigene Darstellung.

Die **Anzahl** der angekündigten M&A-Transaktionen des Samples ist innerhalb des Betrachtungszeitraums von 2006 bis 2010 konstant. Während im Jahr 2006 26 der 113 Transaktionen angekündigt wurden, sinkt die Anzahl der angekündigten Transaktionen des Samples im Jahr 2007 lediglich um eine Transaktion auf 25. Im Jahr 2008 sind 27 Transaktionen zu verzeichnen. Das Jahr 2009 zeigt einen deutlich stärkeren Rückgang der angekündigten Transaktionen innerhalb der zu untersuchenden Stichprobe. Hier wurden lediglich 20 Transaktionen avisiert. Im Jahr 2010 sinkt die Anzahl abermals auf 18 Transaktionen. Die Anzahl der angekündigten Transaktionen innerhalb des Zeitablaufs zeigt, dass diese über die Beobachtungsperiode relativ stabil ist. Die Tatsache, dass die Anzahl der angekündigten Transaktionen in den Jahren 2009 und 2010 geringer sind, kann einerseits auf die Auswirkung der Finanzkrise und der damit zusammenhängenden sinkenden Anzahl der weltweit getätigten Transaktionen zurückgeführt werden, allerdings ist auch denkbar, dass diese Entwicklung rein zufällig entstanden ist.

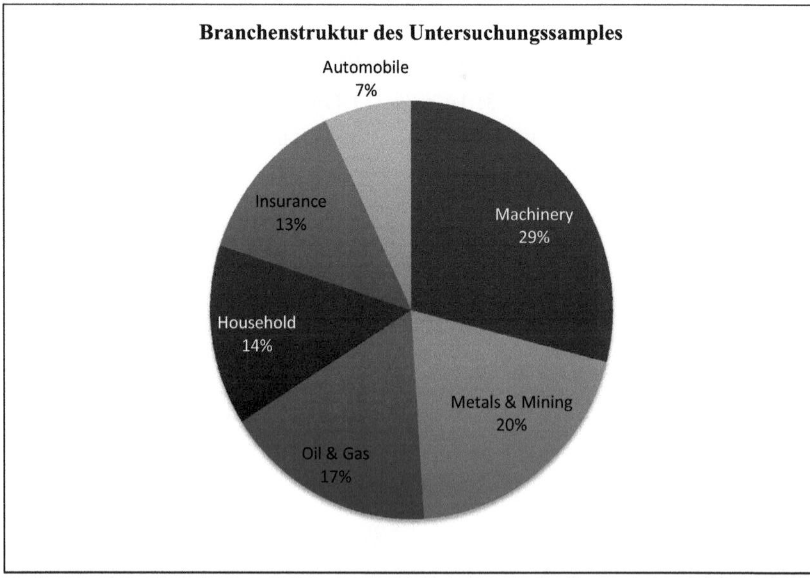

Abbildung 5.10: Branchenstruktur des Untersuchungssamples.
Quelle: Eigene Darstellung.

Betrachtet man die **Branchenstruktur** der ausgewählten Untersuchungsobjekte, so zeigt sich, dass die Unternehmen sechs unterschiedlichen Branchen zuzuordnen sind. Rund 29 Prozent der untersuchten Käuferunternehmen stammen aus der *Machinery* Branche (32 Deals). Bei weiteren 20 Prozent der Transaktionen kommt das Käuferunternehmen aus der *Metals & Mining Industry* (23 Deals). In 17 Prozent der Transaktionsfälle stammt das Käuferunternehmen aus der *Oil & Gas Industry* (19 Deals). Zugleich ist die *Household* (16 Deals) sowie die *Insurance Industry* (15 Deals) zu 14 respektive 13 Prozent vertreten. Die kleinste vertretene Branche ist die *Automobile & Components Industry.* Sie macht lediglich 7 Prozent (8 Transaktionen) der Deals aus.

Die Analyse der **Herkunftsländer** zeigt, dass das Untersuchungssample aus sehr heterogenen Ländern stammt. Insgesamt sind 15 Länder in der Stichprobe vertreten. Die überwiegende Mehrheit der Transaktionen stammt aus den USA (25 Prozent), Deutschland (12 Prozent), China (12 Prozent) und Großbritannien (9 Prozent). Rund 8 Prozent der untersuchten Transaktionen stammen aus Japan gefolgt von Schweden (5 Prozent). Österreich, Finnland, die Niederlande und Norwegen sind mit jeweils rund 4,4 Prozent der Transaktionen im Gesamtsample vertreten. Aus Korea und Kanada stammen jeweils 3,5 Prozent der Deals. Frankreich ist mit zwei Transaktionen vertreten, Australien und Italien mit jeweils einem Deal. Tabelle 5.3 gibt einen Überblick über die Herkunftsländer der beteiligten Käuferunternehmen und deren Branchenzugehörigkeit.

	Automobile	Household	Insurance	Metals & Mining	Machinery	Oil & Gas	Total
AT	-	-	-	1	-	-	**1**
AU	-	-	3	1	-	1	**5**
CA	-	-	-	2	-	2	**4**
CH	-	-	5	1	8	-	**14**
DE	4	2	1	5	2	-	**14**
FI	-	-	-	1	4	-	**5**
FR	2	-	-	-	-	-	**2**
IT	-	-	1	-	-	-	**1**
JP	1	3	2	1	2	-	**9**
KR	-	-	-	4	-	-	**4**
NL	-	-	3	-	-	2	**5**
NO	-	-	-	2	-	3	**5**
SE	-	-	-	-	6	-	**6**
UK	-	2	-	1	-	7	**10**
US	1	9	-	4	10	4	**28**
Total	**8**	**16**	**15**	**23**	**32**	**19**	**113**

Ländercodes: AT=Australien, AU=Österreich, CA=Kanada, CH= China, DE=Deutschland, FI=Finnland, FR=Frankreich, IT=Italien, JP=Japan, KR=Korea, NL=Niederlande, NO=Norwegen, SE=Schweden, UK=Großbritannien, US=Vereinigte Staaten von Amerika.

Tabelle 5.3: Herkunftsländer und Branchenzugehörigkeit des Samples.
Quelle: Eigene Darstellung.

Die Analyse des **geografischen Fokus** der Transaktion zeigt, dass die Stichprobe überwiegend aus cross-border Transaktionen besteht (78 Transaktionen). Lediglich 34 Transaktionen der im Datensample zur Verfügung stehenden Transaktionen wurden national getätigt. Abbildung 5.11 bildet die Verteilung des geografischen Fokus der einzelnen Beobachtungsjahre ab.

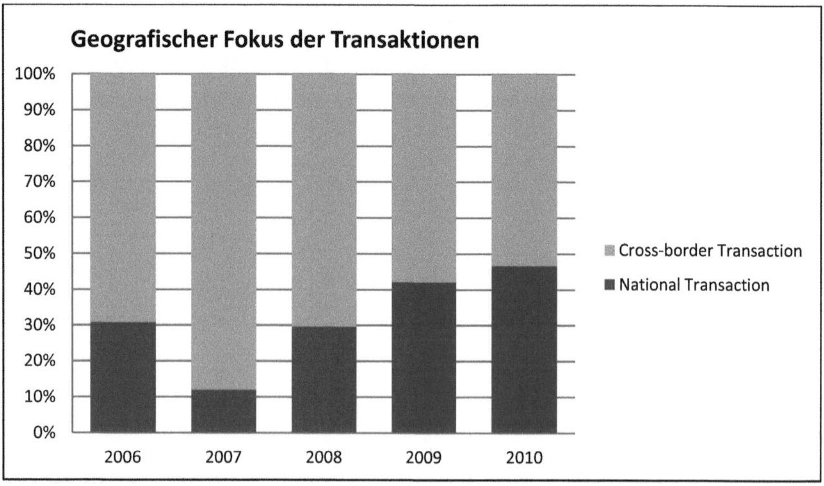

Abbildung 5.11: Nationale vs. internationale Transaktionen des Samples.
Quelle: Eigene Darstellung.

In Bezug auf die **Beteiligungsquote** dominiert mit 84 Prozent die 100-prozentige Beteiligung (95 Transaktionen). Lediglich 2,7 Prozent der Transaktionen weisen eine Beteiligungsquote zwischen 51 und 59 Prozent auf (3 Deals). Bei weiteren 2,7 Prozent (3 Transaktionen) liegt die Beteiligungsquote zwischen 60 und 69 Prozent. 9 Transaktionen (8 Prozent) führen eine Beteiligungsquote von 70-89 Prozent; weitere 3 Transaktionen (2,7 Prozent) weisen eine Beteiligungsquote zwischen 90 und 97 Prozent auf.

6 EMPIRISCHE ERGEBNISSE

6.1 Ergebnisse zur Voruntersuchung

6.1.1 Abhängige Variable

6.1.1.1 Tägliche durchschnittliche abnormale Rendite

Nachfolgende Tabelle zeigt die täglichen durchschnittlichen abnormalen Renditen (AAR) des gesamten Untersuchungssamples von N=113 Transaktionen zwanzig Tage vor bis zwanzig Tage nach dem Announcement der jeweiligen Transaktion. Es zeigt sich, dass die AAR um den Wert Null liegen, woraus sich schließen lässt, dass die abnormale Rendite sehr nahe an der erwarteten Rendite liegt. Zugleich wird deutlich, dass sowohl positive als auch negative AAR im Ereignisfenster [-20;20] vorliegen. Insgesamt überwiegt jedoch der Anteil positiver durchschnittlicher abnormaler Renditen.

Ereignistag	AAR	Boehmer et al. (1991)			Wilcoxon-Vorzeichen-Rangtest		
		z-Wert	p-Wert		w-Wert	p-Wert	
-20	0.2062%	0.8467	0.3972		-0.8050	0.4208	
-19	0.0856%	-0.2725	0.7852		-0.3552	0.7224	
-18	0.1574%	1.0258	0.3050		-0.2235	0.8232	
-17	0.0977%	0.3118	0.7552		0.1346	0.8929	
-16	-0.0647%	-0.3631	0.7165		1.1288	0.1295	
-15	-0.0463%	-0.8271	0.4082		0.7936	0.4275	
-14	0.0985%	0.5756	0.5649		0.0974	0.9224	
-13	0.0251%	-0.0798	0.9364		0.5415	0.5882	
-12	-0.0018%	-0.4827	0.6294		0.4784	0.6323	
-11	0.2510%	1.1378	0.2552		-1.2491	0.2116	
-10	0.1408%	0.7683	0.4423		-1.3809	0.1673	
-9	-0.1547%	-1.5997	0.1097		1.4038	0.1604	
-8	-0.1685%	-0.5387	0.5901		-0.0745	0.9406	
-7	-0.0891%	-0.8940	0.3713		0.7214	0.4706	
-6	0.2728%	1.6052	0.1084		-1.9223	0.0546	*
-5	-0.1590%	-0.6324	0.5271		0.9225	0.3563	
-4	0.0780%	1.0878	0.2767		-0.4555	0.6487	
-3	0.0504%	0.3058	0.7598		-0.3667	0.7138	
-2	0.5274%	1.7637	0.0778	*	-1.8421	0.0655	*
-1	-0.2302%	-0.8440	0.3987		0.8136	0.4159	
0	**-0.1127%**	**-1.0074**	**0.3137**		**0.4526**	**0.6508**	

1	0.0022%	0.1207	0.9040		-0.0945	0.9247	
2	0.3092%	2.0588	0.0395	**	-1.5126	0.1304	
3	0.1959%	2.1155	0.0344	**	-1.6502	0.0989	*
4	0.4335%	2.4153	0.0157	**	-2.5239	0.0116	**
5	-0.2543%	-1.5627	0.1181		1.3092	0.1905	
6	0.0619%	-0.3712	0.7105		0.3352	0.7375	
7	-0.0236%	-0.2426	0.8083		0.1690	0.8658	
8	-0.2850%	-1.4072	0.1594		1.4353	0.1512	
9	0.0039%	0.3685	0.7125		0.4727	0.6364	
10	-0.1431%	-0.9611	0.3365		1.2978	0.1944	
11	0.0964%	0.2452	0.8063		-0.5816	0.5609	
12	0.2160%	1.1703	0.2419		-1.0313	0.3024	
13	0.0830%	0.5241	0.6002		0.1948	0.8455	
14	0.0000%	-0.4931	0.6220		0.2607	0.7943	
15	0.0820%	0.8315	0.4057		-0.5558	0.5784	
16	0.1387%	0.7150	0.4746		-0.8509	0.3948	
17	0.1886%	1.6039	0.1087		-1.2949	0.1954	
18	0.1330%	1.6558	0.0978	*	-0.6389	0.5229	
19	0.1176%	1.1449	0.2522		0.0201	0.9840	
20	-0.3997%	-2.2696	0.0232	**	2.4323	0.0150	**

In dieser Tabelle werden die durchschnittlichen täglichen abnormalen Renditen (AAR) für die Gesamtstichprobe in den Ereignistagen [-20;20] dargestellt. Die Gesamtstichprobe besteht aus 113 Transaktionen. Die z-Werte und die dazugehörigen p-Werte beziehen sich auf den Mittelwerttest nach Boehmer et al. (1991). Die w-Werte und die dazugehörigen p-Werte beziehen sich auf den Wilcoxon-Vorzeichen-Rangtest. Durch *,**,*** wird die statistische Signifikanz der Testergebnisse auf 10%-, 5%- bzw. 1%-Niveau ausgedrückt.

Tabelle 6.1: **Ergebnisse der täglichen durchschnittlichen abnormalen Rendite.**
Quelle: Eigene Darstellung.

Die Betrachtung der Ergebnisse der Signifikanztests zeigt, dass der Tag der Ankündigung einer M&A-Transaktion im vorliegenden Untersuchungssample zu keinen signifikanten Kursausschlägen führt. Das Announcement ist weder bei dem parametrischen Boehmer-Test noch bei dem nicht-parametrischen Wilcoxon-Vorzeichen-Rangtest signifikant. Allerdings weisen die AAR in einem engen Zeitraum vor und nach der Ankündigung signifikante Ergebnisse auf. So zeigt der nicht-parametrische Wilcoxon-Vorzeichen-Rangtest sechs Tage vor dem Announcement Date eine signifikant positive durchschnittliche abnormale Rendite zum 10-Prozent-Niveau. Zwei Tage vor der Transaktionsankündigung ergeben beide Tests signifikant positive AAR. Diese statistisch signifikanten positiven Ergebnisse lassen mehrere Schlussfolgerungen zu. Zum einen ist es möglich, dass schon vor der Ankündigung der Transaktion am Markt Aktien der Unternehmen gekauft wurden und damit die Kurse nachfragegetrieben erhöht wurden. Zum anderen kann aber auch durch Insiderwissen die Ankündigung der M&A-Transaktion bereits antizipiert worden sein, sodass in Erwartung einer positiven Entwicklung des Unternehmens durch die bevorstehende Transaktion die Aktien des Käuferunternehmens vorab gekauft wurden.

Die Tatsache, dass die AAR unmittelbar nach dem Ankündigungszeitpunkt (T=2, T=3, T=4) signifikant sind, deutet darauf hin, dass der Kapitalmarkt die Informationen der M&A-Transaktion nicht unmittelbar verarbeitet, sondern dass sie erst einige Tage später zu Kursausschlägen führen. Diese Kursausschläge zeigen sich sowohl beim parametrischen BOEHMER-TEST als auch beim nicht-parametrischen WILCOXON-VORZEICHEN-RANGTEST durch signifikant positive AAR. Der BOEHMER-TEST zeigt für den Tag zwei, drei und vier nach dem Announcement Date signifikante P-Werte zum 5-Prozent-Niveau, die an den Tagen drei und vier nach der Ankündigung von dem WILCOXON-VORZEICHEN-RANGTEST bestätigt werden. Aus Sicht der Aktionäre wird damit die Ankündigung einer Transaktion als wertschaffend und erfolgreich bewertet.

Interessant ist zudem, dass erst wieder die AAR am Ereignistag 18 und 20, also deutlich nach dem eigentlichen Ankündigungszeitpunkt, signifikant sind. Dies weist darauf hin, dass eine gewisse Unruhe am Markt vorhanden ist, die nicht unmittelbar mit der Ankündigung der Transaktion zu tun haben muss.

6.1.1.2 Kumulierte durchschnittliche abnormale Rendite

Betrachtet man die kumulierten durchschnittlichen abnormalen Renditen (CAAR) des Gesamtsamples (vgl. Abbildung 6.1) so zeigt sich, dass diese relativ volatil sind. Am Ankündigungstag T=0 verändert sich die CAAR kaum. Kurz vor und kurz nach dem Ankündigungstag sind jedoch große Schwankungen ersichtlich. Die große Schwankung der CAAR drei Tage vor dem Announcement lässt die Vermutung aufkommen, dass die Information über die Bekanntmachung der Transaktion bereits einige Tage vor dem eigentlichen Announcement Date auf den Markt gelangt ist. Die starke Steigung unmittelbar nach dem Announcement (T=2 bis T=5) spricht dafür, dass sich die Informationsverarbeitung nicht unmittelbar, sondern erst Tage später am Markt durchsetzt. Zudem wird aus mittelfristiger Sicht die Ankündigung der Transaktion im vorliegenden Untersuchungssample im Durchschnitt positiv bewertet.

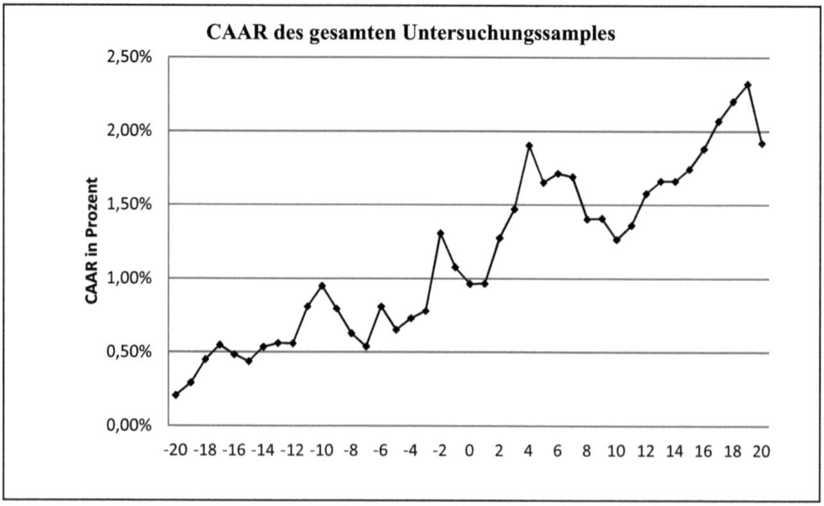

Abbildung 6.1: Entwicklung der CAAR im Ereignisfenster [-20;20].
Quelle: Eigene Darstellung.

Die Signifikanztests führen lediglich bei dem Ereignisfenster [-5;5] und [-20;20] zu signifikanten p-Werten. So zeigt sowohl der parametrische BOEHMER-TEST als auch der nichtparametrische WILCOXON-VORZEICHEN-RANGTEST p-Werte zwischen 0.001 und 0.1. Am Ankündigungstag selbst können keine signifikanten AAR nachgewiesen werden. Der z-Wert ist mit 0.2311 bzw. 0.0974 insignifikant (vgl. Tabelle 6.2). Die Nullhypothese, die davon ausgeht, dass sich die durchschnittliche abnormale Rendite am Ereignistag T=0 nicht signifikant von null unterscheidet (vgl. Abschnitt 5.1.3.4), kann folglich nicht abgelehnt werden.

Ereignisperiode	CAAR	Boehmer et al. (1991)			Wilcoxon-Vorzeichen-Rangtest		
		z-Wert	p-Wert		z-Wert	p-Wert	
CAAR [-20;20]	1.92%	2.2382	0.0252	**	-1.7346	0.0828	*
CAAR [-5;5]	1.04%	2.6087	0.0091	***	-2.1286	0.0333	**
AAR [0]	0.02%	0.2311	0.8172		0.0974	0.9224	

In dieser Tabelle werden die durchschnittlichen kumulierten abnormalen Renditen (CAAR) von 113 Transaktionen dargestellt, die weltweit im Zeitraum von 2006-2010 getätigt wurden. Durch *,**,*** wird die statistische Signifikanz der Testergebnisse des Boehmer-Tests und des Wilcoxon-Vorzeichen-Rangtests auf 10%-, 5%- bzw. 1%-Niveau ausgedrückt.

Tabelle 6.2: Ergebnisse der kumulierten durchschnittlichen abnormalen Rendite.
Quelle: Eigene Darstellung.

Die Ergebnisse der Signifikanztests der CAAR bekräftigen die Vermutung, dass die Kursausschläge durch die Transaktionsankündigung nicht unmittelbar, sondern etwas zeitverzögert erfolgen.

6.1.1.3 Prüfung der internen Validität

6.1.1.3.1 Qualität der Regressionsgeraden des Marktmodells

Um zu gewährleisten, dass die zuvor identifizierten (kumulierten) abnormalen Renditen unverzerrt und effizient geschätzt wurden, gilt es, die Qualität der Regressionsgeraden des verwendeten Marktmodells zu prüfen (vgl. Abschnitt 5.1.3.2.1). Eine Aussage über die interne Validität der Ergebnisse ist demnach erst nach der Prüfung der Annahmetests möglich.

Im Rahmen der vorliegenden Arbeit entfällt der Test auf **Multikollinearität**, da die Regressionsgleichung des Marktmodells lediglich einen Regressor aufweist und damit eine lineare Abhängigkeit zwischen den erklärenden Variablen ausgeschlossen werden kann. Eine rechnerische Methode zur Aufdeckung von **Autokorrelation** bietet der *DURBIN-WATSON-TEST* (vgl. Abschnitt 5.3.2.2). Legt man eine Irrtumswahrscheinlichkeit von 5% zugrunde, ergibt sich bei der vorliegenden Untersuchung folgendes Raster:

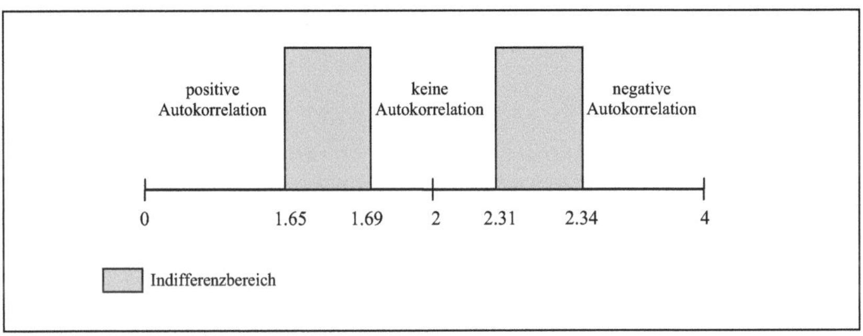

Abbildung 6.2: Ablehnungs- und Unschärfebereich beim Durbin-Watson-Test.
Quelle: Backhaus (2008, 99).

Für die der Arbeit zugrundeliegenden Datenbasis ist in 73 der 113[17] untersuchten Fälle die Annahme autokorrelierter Residuen abzulehnen. Daneben liegen 7 Fälle im

[17] Die Zahlen beziehen sich auf die Ereignisperiode [0] und sind Anhang A-2 zu entnehmen. Für die Ereignisperiode [-20;20] und [-5;5] sind den Annahmetests keine deutlichen Unterschiede zu entnehmen.

Indifferenzbereich, der keine Aussage über die Autokorrelation ermöglicht. In 40 Regressionen ist von negativ autokorrelierten Residuen auszugehen. Positive Autokorrelation liegt nicht vor. Zur Überprüfung der Robustheit der Ergebnisse des *DURBIN-WATSON-TESTS* wurde der *BREUSCH-GODFREY-AUTOKORRELATIONSTEST* durchgeführt. Im Rahmen der vorliegenden Datenbasis kann die Nullhypothese „keine Autokorrelation“ in rund 33,62 Prozent der Fälle verworfen werden. Bei 42 Transaktionen (37,16 Prozent) liegt Autokorrelation vor. 32 Transaktionen (28,31 Prozent) liegen im Indifferenzbereich. Die Ergebnisse des *BREUSCH-GODFREY-AUTOKORRELATIONSTESTS* bestätigen damit die Vermutung, dass die hier vorliegende Datenbasis autokorreliert ist.

Zur Prüfung der Modellannahme **„Homoskedastizität“** wurden wie in Abschnitt 5.3.2.2 beschrieben der *BREUSCH-PAGAN-* sowie der *WHITE-TEST* durchgeführt. Beide Tests gehen in der Nullhypothese H_0 davon aus, dass Homoskedastizität vorliegt. H_1 besagt folglich, dass Heteroskedastizität vorhanden ist. Die Nullhypothese wird dann verworfen, wenn die Teststatistik den kritischen Wert der Chi-Quadrat-Verteilung bei einem zuvor gewählten Signifikanzniveau übersteigt. Im Rahmen der vorliegenden Untersuchung zeigt sich, dass der *BREUSCH-PAGAN-TEST* nur in 73 der 113 durchgeführten Regressionen die Nullhypothese bestätigen kann. Bei 40 Regressionen liegt die Teststatistik über dem kritischen Wert der Chi-Quadrat-Verteilung. Die Vermutung der Verletzung der Homoskedastizitätsannahme wird bei Betrachtung der Ergebnisse zum *WHITE-TEST* bestätigt. Auch hier weisen 42 Regressionen kritische Werte auf.

Der *LAGRANGE MULTIPLIER-TEST (LM-TEST)* für *quadrierte Terme* wie auch der *MULTIPLIER-TEST* für *log-Terme* zeigen, dass bei (fast) allen durchgeführten 113 Regressionen von **einem linearen Zusammenhang** ausgegangen werden kann. Die p-Werte sind bis auf 5 (squares) bzw. 6 (log-Terme) Fälle kleiner als 0,01 und damit hoch signifikant. Dies zieht eine Ablehnung der Nullhypothese nach sich. Die Prämisse **„Normalverteilung der Störterme“** wurde nicht gesondert überprüft. Sie ist für die effiziente und unverzerrte Schätzung der Parameter α_i und β_i bei der Kleinstequadrate-Schätzung (OLS) nicht notwendig, da die KQ-Schätzer auch ohne diese Annahme die sog. „BLUE-Eigenschaft“ (**B**est **L**inear **U**nbiased **E**stimators) besitzt (vgl. Urban/Mayerl 2011, 120–121).

Zusammenfassend lässt sich festhalten, dass die vorliegende Datenbasis insbesondere die Prämissen „Unabhängigkeit der Störgrößen“ (=Autokorrelation) sowie „Homoskedastizität der Störgrößen“ verletzt. Daraus leitet sich ab, dass der OLS-Schätzer für die Koeffizienten erwartungstreu und konsistent, jedoch **nicht mehr effizient** geschätzt wird (vgl. Backhaus 2008, 91). Aus diesem Grund wurde im weiteren Verlauf der Ermittlung der abnormalen Renditen auf den **robusten Standardfehler** von NEWEY-WEST zurückgegriffen. Dies ermöglicht, die Qualität der Regressionsschätzung des Marktmodells trotz der genannten Prämissenverletzungen zu gewährleisten. Die robuste Schätzung ergab folgende Ergebnisse:

Bei den im Rahmen der vorliegenden Arbeit durchgeführten 113 Regressionsgleichungen liegt der Mittelwert des **Bestimmtheitsmaßes R^2** bei 0,369 (vgl. Tabelle 6.3 für die EP [0]). Das bedeutet, dass bei den durchgeführten Regressionen im Durchschnitt 36,9 Prozent der Gesamtstreuung der Aktienrendite durch die Indexrendite erklärt werden konnte. Der höchste Wert für R^2 in der Ereignisperiode Null lag bei 0.87, der niedrigste Wert bei 0.03. Die Tatsache, dass der Median nahe am Mittelwert liegt, deutet darauf hin, dass nur wenige Ausreißer vorzufinden sind. Zugleich zeigt sich, dass die **F-Werte** geeignet sind, den durch die Regressionsbeziehung hypothetisch postulierten Zusammenhang zu bestätigen. Die p-Werte (F) sind sowohl für die Ereignisperiode [-20;20], [-5;5] als auch am Ereignistag T=0 auf dem 1-Prozent-Niveau hoch signifikant. Dies lässt darauf schließen, dass die Wahl des MSCI Branchenindex als Referenzindex als sinnvoll zu beurteilen ist. Die **Beta-Werte β_i** liegen zwischen 1.70 und 0.28. Der Mittelwert liegt bei 0.90. Die Tatsache, dass die Mediane bei allen Ereignisperioden nahe bei den Mittelwerten liegen, weist darauf hin, dass nur wenige Transaktionen einen besonders hohen oder niedrigen Ausreißer aufweisen. Die p-Werte der Betas zeigen, dass diese hoch signifikant auf dem 1-Prozent-Niveau sind. Die **Alpha-Werte α_i** liegen zwischen 0.0025 und -0.003. Der Mittelwert von 0.0001 liegt auch hier nahe an dem Median (vgl. Tabelle 6.3). Insgesamt lassen die ermittelten Ergebnisse daher auf eine hohe statistische Qualität der Ereignisstudie schließen.

	R^2	F-Wert	Alpha $_i$	Beta $_i$
EP [0]				
Max	0.8753	918.19	0.0025	1.7014
Min	0.0314	4.0536	-0.0030	0.2876
Mittelwert	0.3690	144.41	0.0001	0.9037
Median	0.3654	99.20	0.0002	0.8815
EP [-5;5]				
Max	0.8684	889.96	0.0025	1.6991
Min	0.0298	3.9923	-0.0034	0.2978
Mittelwert	0.3652	145.11	0.0001	0.8982
Median	0.3600	100.96	0.0002	0.8784
EP [-20;20]				
Max	0.8740	959.53	0.0025	1.6887
Min	0.0000	0.0002	-0.0030	-0.2473
Mittelwert	0.3449	133.26	0.0002	0.8515
Median	0.3438	99.05	0.0002	0.8338

Tabelle 6.3: Güte der Regressionsmodelle.
Quelle: Eigene Darstellung.

6.1.1.3.2 Normalverteilung der abnormalen Renditen

Nachdem die Qualität der Regressionsschätzungen zur Ermittlung der abnormalen Renditen über das Marktmodell betrachtet wurde, soll nun überprüft werden, ob die dabei ermittelten abnormalen Renditen (AR) normalverteilt sind. Dies ist eine wichtige Voraussetzung, um die Anwendbarkeit parametrischer Testverfahren zu gewährleisten (vgl. Abschnitt 5.1.3.4). Grundsätzlich bestehen zwei Möglichkeiten, die Normalverteilungseigenschaft einer Stichprobe zu überprüfen: über die Anwendung von Normalverteilungsplots oder die Verwendung von Normalverteilungstests (vgl. Hair 2010, 72–73).

Bei **Normalverteilungsplots (sog. Q-Q-Plots)** werden die vorliegenden, beobachteten Werte gegen die bei einer Normalverteilung zu erwartenden Werte in ein Achsenkreuz eingetragen. Eine Normalverteilung ist dann gegeben, wenn die Punkte dieser Verteilung auf der eingezeichneten Geraden (oder zumindest im engeren Bereich) liegen, die diagonal vom Nullpunkt ausgehend nach oben verläuft (vgl. Bortz 2005, 73). **Normalverteilungstests** überprüfen, ob die empirische Verteilung der beobachteten Werte einer Normalverteilung entspricht. Ist der Test signifikant, weicht die empirische Verteilung von einer Normalverteilung ab. Damit wäre die Voraussetzung der Normalverteilung nicht erfüllt (vgl. Mentz 2006, 89). In der Literatur werden vorwiegen zwei Normalverteilungstests unterschieden: der *SHAPIRO-WILK-TEST* und der *KOLMOGOROV-SMIRNOV-TEST*. Erstgenannter sollte bei Stichprobengrößen unter 50 Anwendung finden. Mithilfe des *KOLMOGOROV-SMIRNOV-EINSTICHPROBENTESTS* lassen sich größere Stichproben überprüfen (vgl.Hair 2010, 73–74).

Im Rahmen der vorliegenden Arbeit wurden sowohl *Normalverteilungsplots* sowie ein Normalverteilungstest in Form des *KOLMOGOROV-SMIRNOV-EINSTICHPROBENTESTS* durchgeführt. Untersuchungsgegenstand waren die kumulierten abnormalen Renditen ($CAR_{i,t}$). Die Q-Q-Plots der abnormalen Renditen für die Ereignisperiode Null sowie die kumulierten abnormalen Renditen für die Ereignisperioden [-20;20] und [-5;5] zeigen, dass die Ergebnisse nicht eindeutig ausfallen. Während die AR des Ereignistages T=0 deutlich von den erwarteten Werten auf der Ordinate abweichen, weist die Ereignisperiode [-5;5] eine deutlich höhere Konsistenz der AR mit der Ordinate auf. Lediglich vier deutliche Ausreißer sind zu erkennen. Die Lage der AR im Ereignisfenster [-20;20] ist ebenfalls unklar. Insbesondere die extremen Ausreißer zu Beginn und am Ende der Ordinate deuten darauf hin, dass nicht von einer Normalverteilung ausgegangen werden kann (vgl. Abbildung 6.3)

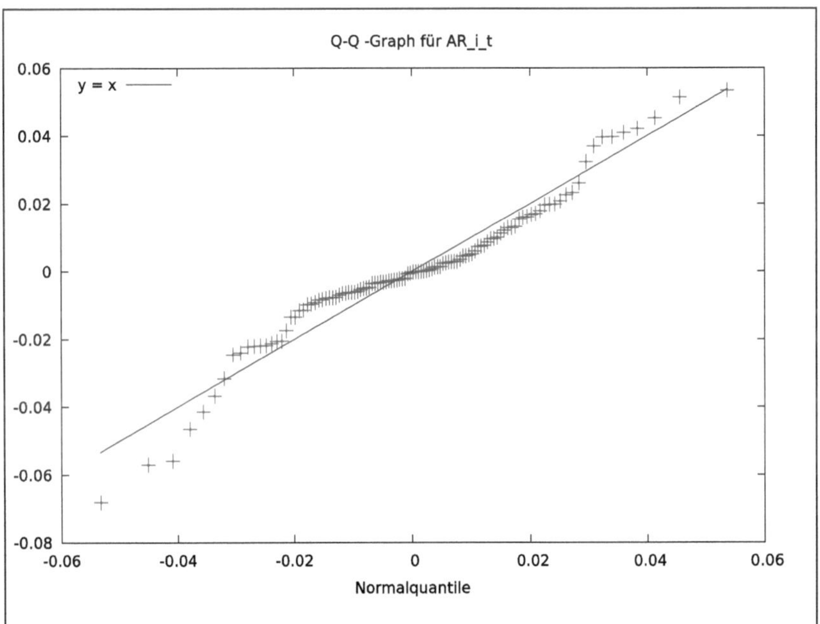

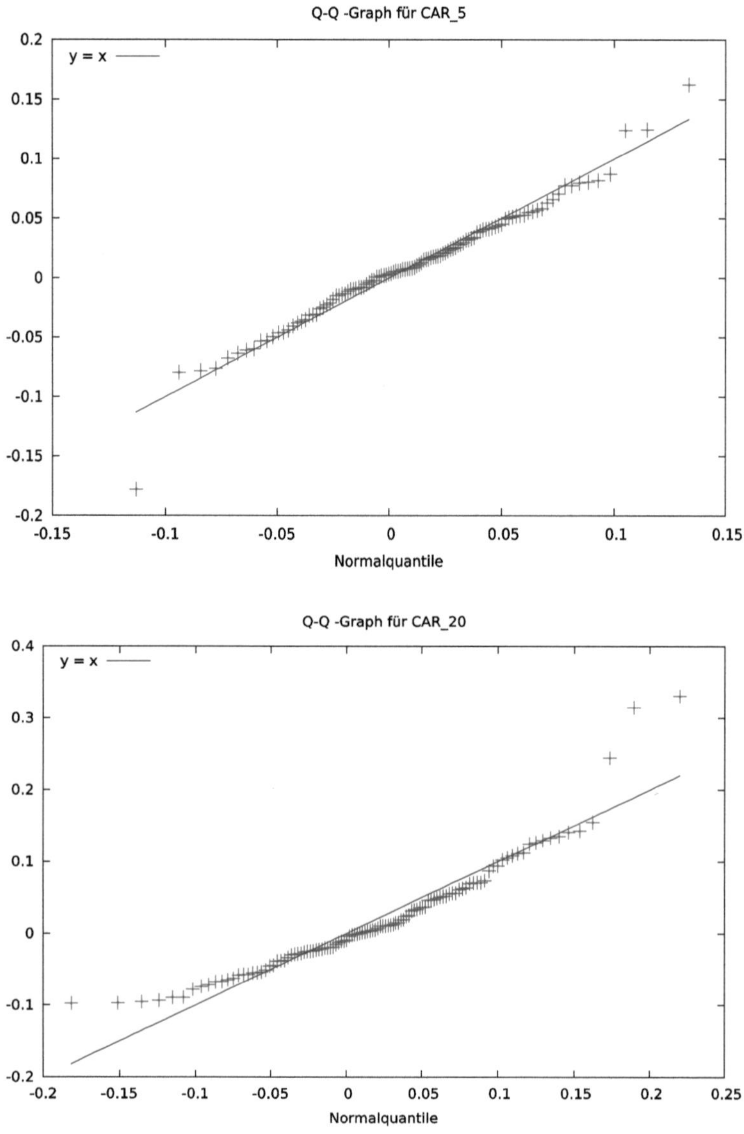

Abbildung 6.3: Q-Q-Plots der Ereignisperiode [0], [-5;5] und [-20;20].

Quelle: Eigene Darstellung.

Die Ergebnisse des *Kolmogorov-Smirnov-Tests* bestätigen, dass keine Normalverteilung vorliegt. Bei einem vorgegebenen Signifikanzniveau von 1% muss die Nullhypothese, die besagt, dass die geschätzten kumulierten abnormalen Renditen normalverteilt sind, in allen Fällen verworfen werden: die Signifikanzwerte liegen deutlich unter 0.01 (vgl. Anhang A-3). Für die tagesgenauen abnormalen Renditen ergeben sich ähnliche Werte. Auch hier liegen alle p-Werte bis auf T=2 unter 0.01. Dies veranschaulicht die grafische Darstellung der Ergebnisse (vgl. Abbildung 6.4).

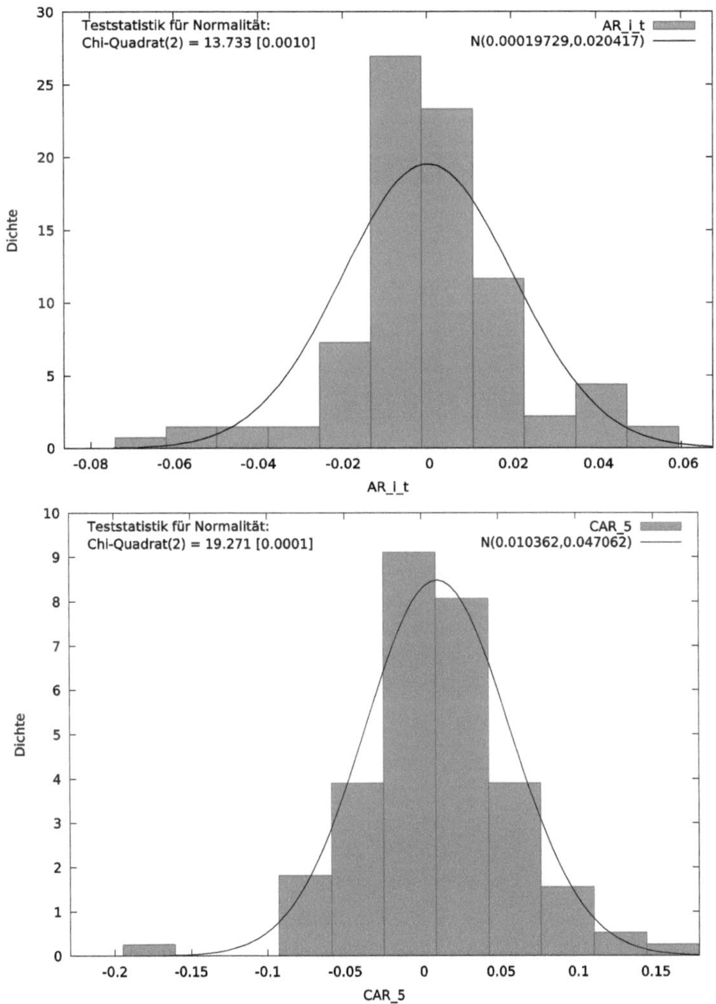

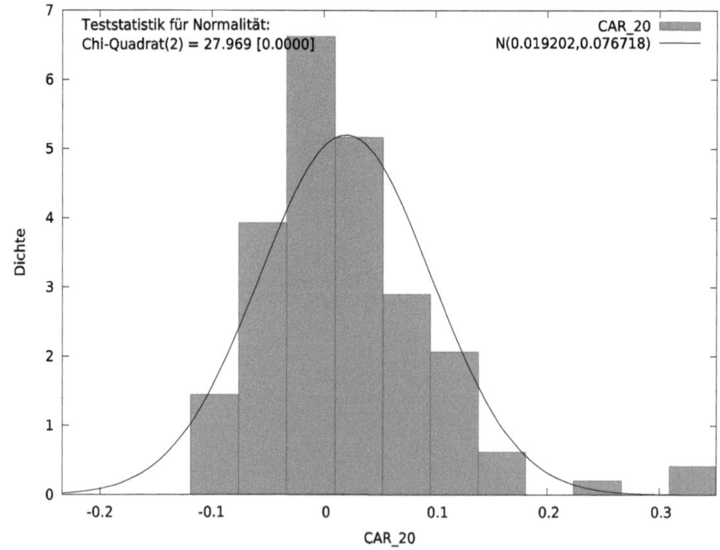

Abbildung 6.4: Normalverteilung der abnormalen Renditen.
Quelle: Eigene Darstellung.

Die Verteilung der abnormalen Renditen der analysierten Transaktionen dieser Untersuchungsstichprobe entspricht folglich der bereits in Abschnitt 5.1.3.4 postulierten Vermutung von FAMA 1976), bei der die Mehrheit der abnormalen Renditen nicht normalverteilt ist. Allerdings ist auch anzumerken, dass es keine eindeutigen Kriterien gibt, ab wann die Anwendungsvoraussetzungen eines statistischen Testverfahrens nicht mehr gegeben sind, die eine Normalverteilung voraussetzen. Häufig liegt die Entscheidung beim Betrachter und dessen eigenen Erfahrungswerten. Die Erkenntnisse zur Normalverteilungseigenschaft der abnormalen Renditen dieser Untersuchung führen zu folgenden Implikationen: Im Rahmen der vorliegenden Arbeit wurden die in Abschnitt 5.1.3.4 vorgestellten parametrischen und nichtparametrischen Testverfahren simultan verwendet. Dies stellt ein probates Mittel dar, um die Robustheit von Schlussfolgerungen, die aus parametrischen Tests gewonnen wurden, zu überprüfen (vgl. MacKinlay 1997, 32). Würde man nur auf Basis des BOEHMER-TESTS die Signifikanz ermitteln, besteht die Gefahr, dass die Nullhypothese (H_0: AR=0) zu häufig abgelehnt wird. Das bedeutet, dass der BOEHMER-TEST tendenziell eine überhöhte statistische Signifikanz aufweist (vgl. Serra 2002, 7). Aufgrund der Berücksichtigung zahlreicher Spezifika der abnormalen Renditen, wie z.B. die Veränderung der Varianz (vgl. Abschnitt 5.1.3.4), soll jedoch nicht ganz auf den BOEHMER-TEST verzichtet werden.

6.1.2 Unabhängige Variablen

6.1.2.1 CSR

6.1.2.1.1 Deskriptive Statistik

Nachdem ein erster Eindruck über die abhängige Variable (kumulierte) abnormale Rendite entstanden ist, gilt es nun, die Charakteristika der unabhängigen Variablen herauszuarbeiten. Da die CSR-Daten in der vorliegenden Arbeit von der Rating-Agentur OEKOM RESEARCH bezogen wurden (vgl. Abschnitt 5.2), sind die Daten nicht ausschließlich für die Untersuchung erfasst worden. Dies bedeutet, dass auf ein bereits bestehendes standardisiertes Datenformat zurückgegriffen wird. Das Datenmaterial besteht aus einer 12-stufigen Skala mit den Werten A+ (excellent) bis D- (poor), die auch in Form von metrisch skalierten Zahlen ausgehend von der Zahl Eins (poor) bis zur Zahl Vier (excellent) jeweils in 0.25-Schritten ausgegeben werden können. Grundsätzlich sind daher alle deskriptiven Statistiken anwendbar. Problematisch ist jedoch, dass aufgrund der branchenspezifischen Gewichtung einzelner Bewertungsfaktoren sowie der branchenspezifischen Festlegung des Prime-Status (vgl. Abschnitt 5.2.2.2.2) die Ratings der Käuferunternehmen nicht direkt miteinander vergleichbar sind. Dies hat zur Folge, dass branchenübergreifende Häufigkeitsanalysen nicht ohne Weiteres durchzuführen sind. Vielmehr ist zunächst eine Transformation des Datenmaterials unter Hinzuziehung von Dummy-Variablen notwendig (vgl. Schreck 2009, 34). Dies führt allerdings dazu, dass das ursprünglich metrisch skalierte Datenmaterial in eine nominale Skalierung überführt wird, was sich wiederum zulasten der Methodenvielfalt deskriptiver Statistiken auswirkt (vgl. Backhaus 2008, 8–9). Aus diesem Grund können die Vorteile der metrischen Skalierung des Datenmaterials nur bei der branchenspezifischen Betrachtung der CSR-Dimensionen genutzt werden. Die branchenübergreifende Betrachtung ist deutlich eingeschränkter.

Die erste deskriptive Analyse des CSR-Datenmaterials befasst sich mit der Frage, wie viele der Käuferunternehmen dem „Prime“- bzw. dem „Under Prime“-Status zuzuordnen sind. Dazu wird das Gesamtsample von N=113 Transaktionen in zwei Subsamples aufgeteilt. Als Trennkriterium gilt das jeweilige CSR-Rating. Transaktionen, bei denen das Käuferunternehmen in seiner Branche über dem branchenspezifischen Prime-Standard liegt, wird eine Eins zugeordnet, wohingegen Transaktionen, deren Käuferunternehmen ein CSR-Rating aufweist, das unter dem branchenspezifischen Prime-Status liegt, eine Null zugeteilt wird. Die Zuteilung basiert auf folgenden Prime-Werten der untersuchten Branchen (vgl. Abbildung 6.5).[18]

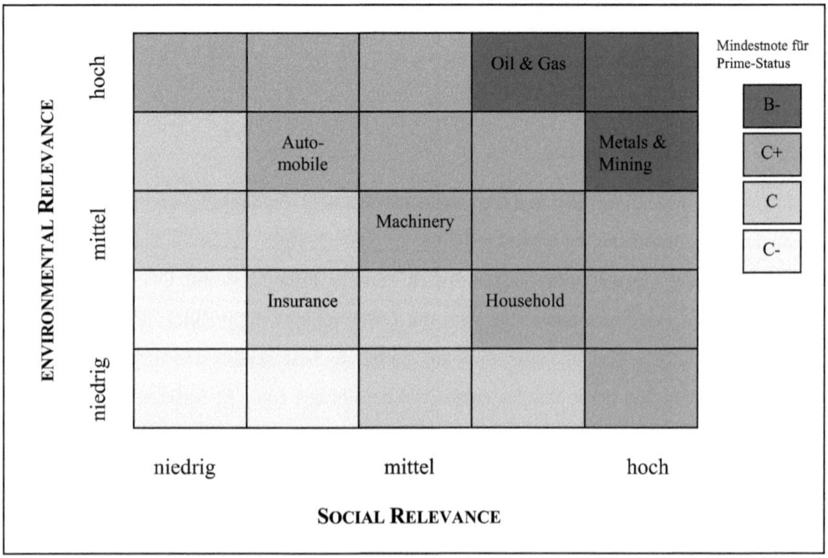

Abbildung 6.5: Prime-Werte der untersuchten Branchen des Datensamples.
Quelle: OEKOM RESEARCH.

Wie die Ergebnisse zeigen, ist das vorliegende Datenmaterial sehr ausgewogen. Die Aufteilung des Gesamtsamples anhand des **Corporate Ratings** ergibt ein „Prime“-Sample von N=49 und ein „Under Prime“-Sample von N=64 Transaktionen. Trennt man das Gesamtsample in Abhängigkeit des **Social Ratings** (2. Ebene des OEKOM RESEARCH Ratings) ergibt sich ein „Prime“-Sample von N=62 Transaktionen bzw. ein „Under Prime“-Sample von N=51 Transaktionen. Zieht man das **Environmental Rating** des Käuferunternehmens als Trennkriterium heran, führt dies zu einem „Prime“-Sample von N=45 Transaktionen und einem „Under Prime“-Sample von N=68 Transaktionen (vgl. Abbildung 6.6). Die nahezu gleichverteilte Anzahl von Prime und Unter Prime gelisteten Transaktionen bietet eine gute Grundlage für aussagekräftige Erkenntnisse.

[18] Die Prime-Werte sind über den Untersuchungszeitraum von 2006 bis 2010 konstant geblieben.

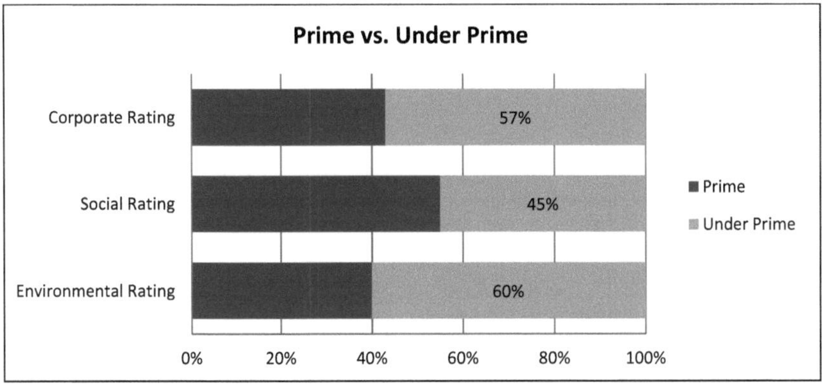

Abbildung 6.6: Häufigkeitsverteilung „Prime vs. Under Prime" im Datensample.
Quelle: Eigene Darstellung.

Die **branchenbezogene Analyse** zeigt, dass die Mittelwerte der einzelnen Ratings sehr nahe beieinander liegen. Betrachtet man das Corporate Rating, so ist zu sehen, dass die Durchschnittswerte nahe um 2,00 liegen. Die Transaktionen der *Automobilindustrie* schneiden mit einem Durchschnittswert von 2,58 am besten ab. Die schlechtesten Werte für das Corporate Rating weist die *Insurance* Branche auf. Diese liegen im Durschnitt bei 1,98. Zugleich wird ersichtlich, dass die Standardabweichung nur marginal ist. Je nach Rating liegt die Standardabweichung im Bereich von 0,21 bis 0,42. Das bedeutet, dass kaum Ausreißer im Gesamtsample vorliegen. Es ist also nicht davon auszugehen, dass einzelne Ratings von Einzelwerten verzerrt werden (vgl. Tabelle 6.4).

Corporate Rating				
	min.	max.	s.d.	**mean**
Automobile	2,256	2,894	0,217	**2,580**
Household	1,903	2,844	0,241	**2,335**
Machinery	1,802	2,899	0,301	**2,299**
Metals & Mining	1,761	2,979	0,322	**2,231**
Insurance	1,590	2,310	0,237	**1,976**
Oil & Gas	1,892	3,088	0,310	**2,379**
Social Rating				
	min.	max.	s.d.	**mean**
Automobile	2,023	3,118	0,396	**2,644**
Household	1,838	2,742	0,232	**2,412**
Machinery	1,482	2,829	0,281	**2,226**
Metals & Mining	1,444	3,000	0,387	**2,220**
Insurance	1,678	2,421	0,250	**2,135**
Oil & Gas	2,062	3,175	0,376	**2,503**
Environmental Rating				
	min.	max.	s.d.	**mean**
Automobile	2,101	2,872	0,230	**2,539**
Household	2,093	3,278	0,322	**2,640**
Machinery	1,800	3,273	0,435	**2,471**
Metals & Mining	2,111	3,639	0,419	**2,547**
Insurance	1,444	3,083	0,417	**2,214**
Oil & Gas	2,205	3,222	0,287	**2,888**

Tabelle 6.4: Branchenspezifische deskriptive Häufigkeitsstatistik der Datenbasis.

Quelle: Eigene Darstellung.

6.1.2.1.2 Bivariate Analyse

Neben der rein deskriptiven Analyse stellt sich die Frage, ob die Käuferunternehmen grundsätzlich in allen Verantwortungsbereichen ein hohes CSR-Engagement aufweisen, oder ob im Gesamtranking eher darauf zurückzuschließen ist, dass sich die Käuferunternehmen auf zentrale Verantwortungsbereiche fokussieren. Dies lässt sich über eine Korrelationsanalyse der einzelnen CSR-Aktivitäten prüfen.

Tabelle 6.5 stellt die **Ergebnisse der Korrelationsanalyse** zwischen den jeweiligen Verantwortungsbereichen vor. Wie sich zeigt, liegt eine signifikante Abhängigkeit zwischen dem sozialen Ranking und dem Umweltranking vor. Auch auf dritter CSR-Ebene weisen alle Komponenten bis auf die Dimension *Corporate Governance and Business Ethics* hoch signifikante Korrelationen auf. Dies deutet darauf hin, dass Käuferunternehmen, die grundsätzlich ein hohes Corporate Rating aufweisen, tendenziell auch alle Verantwortungsbereiche ansprechen und sich nicht nur auf einen spezifischen Verantwortungsbereich fokussieren. Die vorliegende Datenbasis verfolgt damit eine umfassende CSR-Strategie, die wahrscheinlich darauf zurückzuführen ist, dass Synergien zwischen den einzelnen Verantwortungsbereichen erzielt werden können, sobald mehrere Handlungsfelder bearbeitet werden.

Eine Begründung für die Tatsache, dass die *CORP*-Dimension nicht mit den anderen Verantwortungsbereichen korreliert, könnte darin liegen, dass die Implementierung eines Corporate Governance Systems in der Praxis nicht explizit als CSR-Maßnahme verstanden wird, sondern häufig als Bestandteil einer reinen Shareholder-Value-Ausrichtung angesehen wird. Dadurch lässt das Engagement im *Corporate Governance* und *Business Ethics* Bereich keine Rückschlüsse auf die CSR-Aktivitäten des Unternehmens in anderen Verantwortungsbereichen zu.

	scr	*staff*	*soc*	*corp*	*prod*	*enman*	*eco*
er	**0.506******						
	(0.000)						
staff		1.000					
soc		**0.491******	1.000				
		(0.000)					
corp		0.117	**0.362******	1.000			
		(0.219)	(0.000)				
prod		0.125	**0.490******	0.177	1.000		
		(0.186)	(0.000)	(0.216)			
enman		**0.593******	**0.618******	0.042	**0.480******	1.000	
		(0.000)	(0.000)	(0.658)	(0.000)		
eco		**0.383******	**0.549******	0.152	**0.399******	**0.510******	1.000
		(0.000)	(0.000)	(0.109)	(0.000)	(0.000)	

Die Werte zeigen Cramers V-Koeffizienten. Die P-Werte von Pearsons Chi-Quadrat-Tests werden in Klammern angegeben. Die hervorgehobenen Werte sind signifikant auf dem 1%-Niveau (2-seitiger Test).

Tabelle 6.5: Korrelationsanalyse der CSR-Dimensionen.
Quelle: Eigene Darstellung.

6.1.2.2 Return on Assets

Im Rahmen der vorliegenden Untersuchung wurde die **finanzielle Performance** des Käuferunternehmens zum Zeitpunkt der Transaktion als Kontrollvariable definiert. Diese wird über die Finanzkennzahl *„Return on Assets" (ROA)* gemessen.

	Min	**Max**	**Mean**	**Std.dev.**
ROA	-12,38	29,35	7,3656	5,73716

Tabelle 6.6: Häufigkeitsstatistik zur Kontrollvariablen „Return on Assets".
Quelle: Eigene Darstellung.

Der ROA gibt an, wie effizient der Kapitaleinsatz eines Investitionsvorhabens innerhalb einer Abrechnungsperiode ist (vgl. Fields 2011, 146). Die Daten wurden über die Datenbank DATASTREAM erfasst und stellen jeweils den Wert des ROA dar, der zum Zeitpunkt der Transaktion gültig war. Für die ausgewählte Stichprobe ergibt sich ein Durchschnittswert des ROA von 7,37. Der niedrigste ROA liegt bei -12,38; der höchste ROA eines Käuferunternehmens bei 29,35. Die Standardabweichung beträgt 5,74. Das bedeutet, dass sich die finanzielle Situation der jeweiligen Käuferunternehmen voneinander unterscheidet.

6.2 Ergebnisse zur Univariaten Analyse

6.2.1 Corporate Rating

Die bisherigen Resultate stellen eine wichtige Grundlage für die eigentliche Untersuchung dar. Allerdings sagen die Ergebnisse bislang nichts über den (potenziellen) Erfolgsfaktor CSR aus. Der folgende Abschnitt widmet sich den Erkenntnissen der univariaten Analyse. Hierbei wird das Gesamtsample von N=113 Transaktionen zunächst anhand des **Corporate CSR-Ratings** der Käuferunternehmen unterteilt. Lag dieses zum Zeitpunkt der Transaktion über dem Branchendurchschnitt (sog. „Prime"), wurde die Transaktion in das Subsample **„Prime"** eingeordnet. Stellte sich heraus, dass das Käuferunternehmen zum Zeitpunkt der Transaktion mit seinem Corporate Rating unter dem Branchendurchschnitt lag, wurde es dem Subsample **„Under Prime"** zugeteilt. Die Prime-Werte der untersuchten Branchen sind Abschnitt 6.1.2.1.1 zu entnehmen. Diese sind über den Untersuchungszeitraum von 2006-2010 konstant geblieben.

Die Aufteilung des Gesamtsamples ergab ein „Prime"-Sample von N=49 sowie ein „Under Prime"-Sample von N= 64 Transaktionen. Die Ergebnisse der Untersuchung zeigen, dass sich die Realisierungen abnormaler Renditen innerhalb der Teilstichproben bedeutsam unterscheiden. Demnach ist die abnormale Rendite von Käuferunternehmen, deren CSR-Niveau als Prime gelistet ist, deutlich niedriger als bei Unternehmen, deren *Corporate Rating* unter dem Prime liegt (vgl. Tabelle 6.7). Diese Differenz zeigt sich insbesondere im Ereignisfenster [-5;5] und am Ankündigungstag selbst. Hier können die Aktionäre der „Under Prime" gelisteten Unternehmen positive CAAR realisieren, wohingegen die Aktionäre der „Prime" gelisteten Unternehmen ihre M&A-Transaktion innerhalb des gleichen Ereignisfensters sogar als Misserfolg deklarieren (negative CAAR).

Die Differenz zwischen den erzielten CAAR lässt sich durch die statistisch signifikanten Testwerte des parametrischen und nicht-parametrischen Testverfahrens für die Ereignisperiode [-5;5] belegen. Bei beiden Signifikanztests zeigt sich, dass sich die CAAR bei einer Irrtumswahrscheinlichkeit von 5 Prozent unterscheiden (p-Wert <0.05). Die errechneten Unterschiede der anderen Ereignisperioden konnten durch die Signifikanztests nicht belegt werden.

Ereignisperiode	Prime	Under Prime	Mittelwertdifferenztest			Wilcoxon-Rangsummentest		
			z-Wert	p-Wert		z-Wert	p-Wert	
CAAR [-20;20]	0.6949%	2.8582%	-1.4944	0.1379		-1.4716	0.1411	
CAAR [-5;5]	-0.2168%	1.9956%	-2.4859	0.0144	**	-1.9640	0.0495	**
AAR [0]	-0.0083%	0.0412%	-0.1261	0.8999		-0.0406	0.9677	

In dieser Tabelle werden die durchschnittlichen kumulierten abnormalen Renditen (CAAR) von N=49 (Prime) und N=64 (Under Prime) dargestellt. Durch *,**,*** wird die statistische Signifikanz der Testergebnisse des parametrischen Mittelwertdifferenztests und des nicht-parametrischen Wilcoxon-Rangsummentests zum 10%-, 5%- bzw. 1%-Niveau ausgedrückt.

Tabelle 6.7: Ergebnisse der univariaten Analyse zum Corporate Rating.

Quelle: Eigene Darstellung.

Die Betrachtung des Corporate Ratings lässt vermuten, dass das CSR-Niveau des Käuferunternehmens die Bewertung der Transaktionsankündigung beeinflusst. Die bisherige Analyse deutet allerdings darauf hin, dass Käuferunternehmen, die **nicht** im Prime gelistet sind, erfolgreichere M&A-Transaktionen realisieren als Käuferunternehmen, die dem Prime zugehören. Dadurch, dass die statistische Signifikanz der Differenz jedoch nur in einem Ereignisfenster gegeben ist, empfiehlt es sich, die Ergebnisse der multivariaten Regressionsanalyse in Abschnitt 6.4.1 abzuwarten, bevor man zu generalisierte Aussagen über die Wirkung von CSR auf den M&A-Erfolg macht.

6.2.2 Social Rating

Als zweites Trennkriterium wird das **Social Rating** des Käuferunternehmens herangezogen. Hierbei ergibt sich ein „Prime"-Sample von N=62 Transaktionen und ein „Under Prime"-Sample von N=51 Transaktionen. Die sich daraus berechneten CAAR zeigen, dass die Ergebnisse nicht mehr ganz so eindeutig sind, wie die vom *Corporate Rating* aus Abschnitt 6.2.1.

Durch die Trennung des Gesamtsamples anhand des *Social Ratings* der Käuferunternehmen fällt auf, dass „Under Prime" gelistete Käuferunternehmen erst beim Ereignisfenster [-5;5] und [-20;20] eine höhere CAAR aufweisen (0.9% vs. 3.1% bzw. 0.4% vs. 1.7%). Am Ankündigungstag selbst weisen „Prime" gelistete Käuferunternehmen höhere CAAR auf. Hier zeigt sich sogar, dass die Transaktionen der „Under Prime" gelisteten Unternehmen durch negative CAAR gekennzeichnet sind. Die Signifikanztests bestätigen allerdings nur die Unterschiede der abnormalen Renditen für die langfristige Erfolgsbetrachtung (Ereignisfenster [-20;20]). So zeigt der WILCOXON-RANGSUMMENTEST signifikante p-Werte (vgl. Tabelle 6.8). Der Mittelwertdifferenztest führt hingegen zu keinem signifikanten Ausschlag.

Ereignisperiode	Prime	Under Prime	Mittelwertdifferenztest z-Wert	Mittelwertdifferenztest p-Wert	Wilcoxon-Rangsummentest z-Wert	Wilcoxon-Rangsummentest p-Wert
CAAR [-20;20]	0.9323%	3.1211%	-1.5144	0.1328	1.6905	0.0909 *
CAAR [-5;5]	0.4459%	1.7538%	-1.5013	0.1361	1.2924	0.1962
AAR [0]	0.0752%	-0.4780%	0.3211	0.7488	-0.4500	0.6527

In dieser Tabelle werden die durchschnittlichen kumulierten abnormalen Renditen (CAAR) von N=62 (Prime) und N=51 (Under Prime) dargestellt. Durch *,**,*** wird die statistische Signifikanz der Testergebnisse des parametrischen Mittelwertdifferenztests und des nicht-parametrischen Wilcoxon-Rangsummentests zum 10%-, 5%- bzw. 1%-Niveau ausgedrückt.

Tabelle 6.8: **Ergebnisse der univariaten Analyse zum Social Rating.**
Quelle: Eigene Darstellung

Die Ergebnisse in der vorliegenden Untersuchung deuten darauf hin, dass der Kapitalmarkt die Ankündigung einer Transaktion von Unternehmen, die im Prime gelistetet sind, zunächst positiv bewertet, diese Einschätzung jedoch umschlägt, je länger der Betrachtungszeitraum wird. Eine Erklärung für diese Entwicklung könnte sein, dass der gute Ruf des Unternehmens aufgrund des hohen sozialen Engagements zunächst dazu führt, dass die Ankündigung einer M&A-Transaktion dieses Unternehmens honoriert wird. Allerdings scheint dieser Effekt nicht von Dauer. So könnte es sein, dass mit der Zeit die Aktionäre der „Prime" gelisteten Unternehmen befürchten, dass sich das soziale Engagement eher hinderlich auf die Synergierealisierung auswirken könnte. Es ist also möglich, dass die Aktionäre den „Prime" gelisteten Unternehmen die Umsetzung von Kostensynergien nicht in dem Maße zutrauen, wie den „Under Prime" gelisteten Unternehmen. Diese Unsicherheit wirkt sich auf die Kursentwicklung aus und führt dazu, dass bei den „Prime" gelisteten Unternehmen die CAAR der längeren Ereignisfenster im Vergleich zu den CAAR der „Under Prime" gelisteten deutlich schlechter ausfallen.

6.2.3 Environmental Rating

Als zweite Dimension des dezidierteren CSR-Ratings ist die Wirkung des **Environmental Ratings** als Trennkriterium heranzuziehen. In der vorliegenden Untersuchung führt dies zu einem „Prime"-Sample von N=45 Transaktionen, wohingegen das „Under Prime"-Sample mit N=68 stärker ausgeprägt ist.

Die Ergebnisse des vorliegenden Untersuchungssamples bestärken die Ergebnisse aus Abschnitt 6.2.1, dass M&A-Transaktionen des „Prime"-Samples eine niedrigere abnormale Rendite erzielen als M&A-Transaktionen des „Under Prime"-Samples. Durch die Trennung des Gesamtsamples gemäß der *Environmental Ratings* zeigt sich, dass die CAAR der „Prime" gelisteten Käuferunternehmen in allen Ereignisfenstern negative Werte aufweist und diese damit als wertvernichtend deklariert werden. Im Vergleich dazu führen „Under-Prime" gelistete Unternehmen positive CAAR, deren absoluter Differenzwert zwischen „Prime" und „Under-Prime" im Zeitablauf steigt (vgl. Tabelle 6.9).

Der parametrische Mittelwertdifferenztest sowie der nicht-parametrische WILCOXON-RANGSUMMENTEST bestätigen die deutlichen Unterschiede der CAAR durch hoch signifikante z-Werte für die Ereignisfenster [-5;5] und [-20;20].

Ereignisperiode	Prime	Under Prime	Mittelwertdifferenztest			Wilcoxon-Rangsummentest		
			z-Wert	p-Wert		z-Wert	p-Wert	
CAAR (-20; 20)	-0.1926%	3.3183%	-2.3855	0.0188	**	-2.9502	0.0032	***
CAAR (-5; 5)	-1.1390%	2.4757%	-4.3097	0.0000	***	-3.9355	0.0000	***
AAR (0)	-0.3200%	0.2445%	-1.4239	0.1573		-0.9677	0.3332	

In dieser Tabelle werden die durchschnittlichen kumulierten abnormalen Renditen (CAAR) von N=45 (Prime) und N=68 (Under Prime) dargestellt. Durch *,**,*** wird die statistische Signifikanz der Testergebnisse des parametrischen Mittelwertdifferenztests und des nicht-parametrischen Wilcoxon-Rangsummentests zum 10%-, 5%- bzw. 1%-Niveau ausgedrückt.

Tabelle 6.9: Ergebnisse der univariaten Analyse zum Environmental Rating.
Quelle: Eigene Darstellung.

Die Tatsache, dass Under-Prime gelistete Käuferunternehmen signifikant höhere abnormale Renditen im Vergleich zu Prime gelisteten Unternehmen erzielen, lässt vermuten, dass der Kapitalmarkt in der Übernahme ökologischer Verantwortung ein negatives Signal sieht. So ist anzunehmen, dass Investoren davon ausgehen, dass Prime Unternehmen während der Transaktion höhere Kosten für die Aufrechterhaltung dieses Status anfallen. Damit gehen Investoren tendenziell davon aus, dass keine Nettogewinne, sondern eher Nettoverluste durch die ökologische Übernahme gesellschaftlicher Verantwortung im Zuge einer M&A-Transaktion entstehen, die das (Aktien-) Vermögen schmälern könnten.

6.3 Ergebnisse zur Multivariaten Analyse

6.3.1 Regressionsmodell zur 1. CSR-Ebene

Die dichotome Überprüfung der CSR Determinanten auf den M&A-Erfolg ermöglicht, erste Hinweise zum Einfluss von CSR auf die Realisierung abnormaler Renditen im Zuge des Announcements eines Deals abzuleiten. Diese sollen anhand einer Querschnittsregression vertieft bzw. überprüft werden.

Die Ergebnisse der kurz-, mittel-, und langfristigen Erfolgsbetrachtung zur ersten CSR-Ebene zeigen, dass das *Corporate Rating* unabhängig von der Dauer der Ereignisperiode **keinen signifikanten Einfluss** auf die kumulierte abnormale Rendite hat. Die Standardfehler sind bei allen Modellen zu groß, um von einem signifikanten Einfluss der Variable CRR auf die abhängige Variable ausgehen zu können.

Regressionsmodell	**(1)**	**(2)**	**(3)**
Variablen			
CRR	-0,00183824	-0,0181683	0,0115143
	(0,7859)	(0,2347)	(0,6728)
ROA	0,000207903	-0,000203607	-0,00342907
	(0,6025)	(0,8035)	**(0,0176**)**
const	0,00286405	0,0533539	0,0181628
	(0,8457)	**(0,0971*)**	(0,7478)
Güte des Modells			
R^2	0,003477	0,016911	0,062542
adjustiertes R^2	-0,014641	-0,000963	0,045497
F-Wert	0,147553	1,019886	3,442241
p-Wert (F)	0,862987	0,364020	**0,035479****
N	113	113	113

Modell (1) bezieht sich auf die AR des Ankündigungszeitpunktes T=0, Modell (2) auf die CAR des Ereignisfensters [-5;5]. Das dritte Modell (3) stellt auf die unabhängige Variable CAR des Ereignisfensters [-20;20] ab. Die P-Werte der Regressionskoeffizienten werden in Klammern angegeben (hierbei wurden **robuste Standardfehler** verwendet). Das Signifikanzniveau der Regressionskoeffizienten wird zum *10-Prozent, **5-Prozent und ***1%-Niveau angegeben (zweiseitiger T-Test).

Tabelle 6.10: Ergebnisse des Regressionsmodells zur 1. CSR-Ebene.
Quelle: Eigene Darstellung.

Auch die **Güte** der **Regressionsmodelle** lässt darauf schließen, dass das Corporate Rating keinen besonders hohen Erklärungsgehalt für die abnormale Rendite aufweist. So wird in der kurzfristigen Erfolgsbetrachtung durch das Corporate Rating weniger als ein Prozent der abnormalen Rendite erklärt. Auch die mittelfristige Erfolgsbetrachtung weist lediglich ein Bestimmtheitsmaß von 1,7 Prozent auf. Zudem liegen die empirischen F-Werte beider Geraden deutlich unter dem theoretischen (kritischen) F-Wert. Der p-Wert (F) des ersten Regressionsmodells ist bei 0,872; im zweiten Regressionsmodell liegt er bei 0,364. Damit kann die Signifikanz der kurz- und mittelfristigen Regressionsmodelle nicht gewährleistet werden, was wiederum dazu führt, dass die abgeleiteten Ergebnisse nicht ohne Weiteres auf Transaktionen außerhalb der Stichprobe übertragbar sind bzw. kein linearer Zusammenhang besteht. Die langfristige Erfolgsbetrachtung weist im Vergleich zur kurz- und mittelfristigen Analyse eine etwas bessere Modellgüte auf. Hier liegt das Bestimmtheitsmaß bei 6,3 Prozent und auch das adjustierte R^2 nimmt einen positiven Wert an. Zudem ist der F-Wert der Regressionsgeraden zum 5-Prozent-Niveau signifikant (p-Wert $(F)_{Modell3}$= 0,035). Allerdings ist dies vornehmlich darauf zurückzuführen, dass die Kontrollvariable ROA einen signifikanten Einfluss auf die abnormale Rendite hat. Aussagen über den Einfluss des Corporate Ratings des Käuferunternehmens auf die Realisierung abnormaler Renditen lassen sich auch im dritten Regressionsmodell nicht ableiten.

Zusammenfassend ist festzustellen, dass das *Corporate Rating* **nicht geeignet** ist, die (kumulierte) abnormale Rendite zu beschreiben. Die Ergebnisse widersprechen der in Hypothese H_1 postulierten Vermutung, dass das Corporate Rating einen signifikant positiven Einfluss auf die Realisierung abnormaler Renditen hat. Damit kann **Hypothese H_1 verworfen** werden.

6.3.2 Regressionsmodell zur 2. CSR-Ebene

Im Zuge der dezidierten Aufspaltung des CSR-Engagements in die Komponenten „Social Rating“ (SCR) und „Environmental Rating“ (ER) zeigen die Ergebnisse der Querschnittsregression, dass auch das *Social Rating* **keinen signifikanten Einfluss** auf die (kumulierte) abnormale Rendite hat. Weder in der kurz-, mittel- noch in der langfristigen Erfolgsbetrachtung liegen die p-Werte unter dem 10-Prozent-Signifikanzniveau.

Das *Environmental Rating* führt hingegen im Ereignisfenster [-5;5] zu einem **signifikanten Ausschlag**. Der p-Wert ist sogar hoch signifikant zum 1-Prozent-Niveau. Der resultierende Regressionskoeffizient ist allerdings negativ. Daraus lässt sich ableiten, dass Käuferunternehmen, die sich stark im Umweltbereich engagieren, signifikant niedrigere abnormale Renditen erzielen. Dies wiederspricht der in Hypothese H_{2b} postulierten Vermutung, dass das Environmental Rating einen signifikant positiven Einfluss auf den M&A-Erfolg am Kapitalmarkt hat. Problematisch ist allerdings, dass abermals keines der Regressionsmodelle einen hohen **Erklärungswert** aufweist. Zwar ist das korrigierte Bestimmtheitsmaß nur noch in der kurzfristigen Erfolgsbetrachtung negativ, allerdings liegen alle R^2 nach wie vor unter zehn Prozent. Das bedeutet, dass die ausgewählten, unabhängigen Variablen weniger als zehn Prozent der abnormalen Rendite erklären können. Zudem ändert die Aufspaltung des übergeordneten Corporate Ratings in die Komponenten Social Rating und Environmental Rating kaum etwas an der fehlenden Signifikanz der Regressionsmodelle. Bis auf das dritte Regressionsmodell (Ereignisperiode [-20;20]) liegen die p-Werte (F) wiederholt über dem 10-Prozent-Signifikanzniveau. Daraus lässt sich folgern, dass der signifikant negative Einfluss des Environmental Ratings auf die abnormale Rendite nur bei dem zugrunde liegenden Datenmaterial zutreffend ist. Eine Übertragung der Wirkungsweise auf die Grundgesamtheit ist nicht möglich.

Regressionsmodell	**(1)**	**(2)**	**(3)**
Variablen			
SCR	0,00420114	0,0115428	0,0212129
	(0,6079)	(0,4844)	(0,4825)
ER	-0,00445836	-0,026869	-0,00443629
	(0,4754)	**(0,0163**)**	(0,8112)
ROA	0,000210598	-0,000131046	-0,00343703
	(0,6021)	(0,8747)	**(0,0168**)**
const	-0,00103246	0,0454994	0,00531151
	(0,9478)	(0,1889)	(0,9319)
Güte des Modells			
R^2	0,008730	0,038091	0,067852
adjustierte R^2	-0,018553	0,011617	0,042196
F-Wert	0,282840	2,047713	2,308858
p-Wert (F)	0,873328	0,111442	**0,080452***
N	113	113	113

Modell (1) bezieht sich auf die AR des Ankündigungszeitpunktes T=0, Modell (2) auf die CAR des Ereignisfensters [-5;5]. Das dritte Modell (3) stellt auf die unabhängige Variable CAR des Ereignisfensters [-20;20] ab. Die P-Werte der Regressionskoeffizienten werden in Klammern angegeben (hierbei wurden **robuste Standardfehler** verwendet). Das Signifikanzniveau der Regressionskoeffizienten wird zum *10-Prozent, **5-Prozent und ***1%-Niveau angegeben (zweiseitiger T-Test).

Tabelle 6.11: Ergebnisse des Regressionsmodells zur 2. CSR-Ebene.

Quelle: Eigene Darstellung.

Aufgrund der fehlenden Signifikanz der Regressionskoeffizienten des Social Ratings muss die **Hypothese H_{2a} verworfen** werden. Die *SOC*-Variable fungiert weder in der kurz- noch in der mittel- und langfristigen Erfolgsbetrachtung als Werttreiber des M&A-Erfolges. Für die *ER*-Variable findet sich zwar in der mittelfristigen Erfolgsbetrachtung ein signifikanter Zusammenhang zur abhängigen Variable, allerdings ist dieser aufgrund der fehlenden Signifikanz des Regressionsmodells nicht auf die Grundgesamtheit übertragbar. **Hypothese H_{2b}** ist damit

weder eindeutig anzunehmen noch abzulehnen. Es gilt, den Wirkungsmechanismus der *ER*-Variable auf den M&A-Erfolg in weiteren Untersuchungen zu prüfen.

6.3.3 Regressionsmodell zur 3. CSR-Ebene

Das Regressionsmodell zur dritten CSR-Ebene spaltet das Social Rating in die Komponenten staff & supplier (*STAFF*), corporate governance (*CORPGOV*) und society & product (*SOC*) auf. Das Environmental Rating wird in die Dimensionen product & service *(prod)*, environmental management *(ENMAN)* und eco-efficieny *(ECO)* aufgeteilt. Ziel der Messung des CSR-Ratings auf dritter Ebene ist zu prüfen, ob die Ergebnisse der zweiten CSR-Ebene darauf zurückzuführen sind, dass sich einzelne CSR-Aktivitäten in ihrer Wirkung gegenseitig aufheben und nur deshalb keine eindeutigen Aussagen zum Social bzw. Environmental Rating abgeleitet werden können, oder ob grundsätzlich kein Einfluss der zweiten CSR-Dimensionen auf den M&A-Erfolg besteht.

Wie die Ergebnisse in Tabelle 6.12 zeigen, hat die Übernahme gesellschaftlicher Verantwortung im Bereich *staff & supplier responsibility* **keinen signifikanten Einfluss** auf die (kumulierte) abnormale Rendite. Interessant ist, dass die ermittelten Koeffizienten im Rahmen der kurz- und mittelfristigen Erfolgsbetrachtung negativ sind. Erst die langfristige Erfolgsbetrachtung weist positive Koeffizienten auf. Das würde bedeuten, dass CSR-Aktivitäten in diesem Handlungsfeld bei signifikanten p-Werten in der kurz- und mittelfristigen Betrachtung einer Realisierung abnormaler Renditen entgegenwirken. Erst auf langfristiger Sicht wird das Engagement im Bereich staff & supplier positiv bewertet.

Ein ausgeprägtes *corporate governance & business ethics* Engagement beim Käuferunternehmen führt indessen für das Ereignisfenster [-20;20] zu einer **signifikanten Steigerung** der (kumulierten) abnormalen Rendite ($\text{p-Wert}_{\text{Modell 3}}$= 0.0097). Damit sind aus Sicht des Kapitalmarktes Transaktionen, bei denen das Käuferunternehmen ein hohes Corporate Governance Niveau aufweist, langfristig erfolgreicher. Kurz- und mittelfristig wird das Corporate Governance Niveau des Käuferunternehmens am Kapitalmarkt hingegen nicht für erfolgskritisch erachtet.

Auch die Übernahme gesellschaftlicher Verantwortung im Bereich *society & product* wird vom Kapitalmarkt positiv honoriert. So weist die *SOC*-Variable in der mittelfristigen Erfolgsbetrachtung einen **signifikant positiven Einfluss** auf die Realisierung (kumulierter) abnormaler Renditen auf. Dieser Effekt kann sich in der langfristigen Erfolgsbetrachtung allerdings nicht halten. Im Ereignisfenster [-20;20] liegt der p-Wert mit 0,2523 wieder über dem 10-Prozent-Signfikanzniveau. Zugleich zeigt sich, dass sich die Vorzeichen der Regressionskoeffizienten ändern. Während das zweite Regressionsmodell noch eine positive Wirkung der *soc*-Variable nachweist, führt die langfristige Erfolgsbetrachtung bereits zu einer Umkehrung der Wirkungsrichtung der *SOC*-Variable auf die Realisierung abnormaler Renditen. Trotz der insignifikanten p-Werte der langfristigen Erfolgsbetrachtung stellt dies ein erstes Indiz dar, dass die ermittelte positive Wirkung im zweiten Regressionsmodell nicht robust ist.

Die Variablen *product & services*, *environmental management* und *eco-efficiency* führen **weder** in der kurzen **noch** innerhalb der mittel- bzw. langfristigen Ereignisperiode **zu signifikanten Ausschlägen**. Bei allen drei Variablen variieren analog zur *SOC*-Komponente die Vorzeichen der einzelnen Koeffizienten. Bis auf die *ECO*-Variable, die stets durch einen negativen Regressionskoeffizienten gekennzeichnet ist, verändern sich die Vorzeichen der übrigen Variablen in Abhängigkeit des Ereignisfensters. Während z.B. die *ENMAN*-Variable in der kurzfristigen Betrachtung durch einen positiven Koeffizienten charakterisiert ist, führt die mittelfristige Erfolgsbetrachtung zur Umkehrung der Wirkungsrichtung. Hier würde ein hohes Environmental Management die abnormale Rendite negativ beeinträchtigen. Die langfristige Erfolgsbetrachtung weist wiederum einen positiven Regressionskoeffizienten auf. Dies gilt analog für die *PROD*-Variable. Hier weist das erste und zweite Regressionsmodell einen negativen Einfluss auf, wobei die langfristige Sicht einen positiven Regressionskoeffizienten ermittelt.

Die Prüfung der **Modellgüte** schränkt die zuvor genannten Ergebnisse an manchen Punkten ein. Die unabhängigen Variablen erklären im ersten und zweiten Regressionsmodell weniger als zehn Prozent der (kumulierten) abnormalen Rendite (R^2=0,02 bzw. R^2=0,09). Zugleich sind die Erkenntnisse nicht auf die Grundgesamtheit übertragbar (p-Wert $(F)_{\text{Modell 1}}$=0,790 ; p-Wert $(F)_{\text{Modell 2}}$=0,130). Lediglich das Regressionsmodell zur langfristigen Erfolgsbetrachtung weist eine Signifikanz des Regressionsmodells auf. Hier liegt der p-Wert (F) mit 0,083 unter dem 10-Prozent-Signifikanzniveau. Auch das Bestimmtheitsmaß ist mit 13,21 Prozent höher als zuvor.

Regressionsmodell	(1)	(2)	(3)
Variablen			
STAFF	-0,000199688	-0,0195356	0,0134624
	(0,9768)	(0,2465)	(0,6584)
CORP	-0,00225334	0,00531415	0,0315850
	(0,5513)	(0,5615)	**(0,0097***)**
SOC	0,0103205	0,0339884	-0,0340107
	(0,2117)	**(0,0704*)**	(0,2523)
PROD	-0,00554813	-0,0194043	0,0221116
	(0,4206)	(0,1517)	(0,3208)
ENMAN	0,000439083	-0,00506613	0,00595232
	(0,9400)	(0,7476)	(0,8224)
ECO	-0,00288160	-0,00984248	-0,00785050
	(0,3409)	(0,1632)	(0,4278)
ROA	0,000222990	-0,000397875	-0,00342795
	(0,5933)	(0,6360)	**(0,0133**)**
const	-0,000872721	0,0427590	-0,0384275
	(0,9645)	(0,3098)	(0,5717)
Güte des Modells			
R^2	0,029939	0,098944	0,132107
adjustierte R^2	-0,034731	0,038873	0,074247
F-Wert	0,555439	1,647375	1,861679
p-Wert (F)	0,790333	0,130226	**0,083252***
N	113	113	113

Modell (1) bezieht sich auf die AR des Ankündigungszeitpunktes T=0, Modell (2) auf die CAR des Ereignisfensters [-5;5]. Das dritte Modell (3) stellt auf die unabhängige Variable CAR des Ereignisfensters [-20;20] ab. Die P-Werte der Regressionskoeffizienten werden in Klammern angegeben (hierbei wurden **robuste Standardfehler** verwendet). Das Signifikanzniveau der Regressionskoeffizienten wird zum *10-Prozent, **5-Prozent und ***1%-Niveau angegeben (zweiseitiger T-Test).

Tabelle 6.12: Ergebnisse des Regressionsmodells zur 3. CSR-Ebene.

Quelle: Eigene Darstellung.

Aufgrund der fehlenden Signifikanz der Regressionskoeffizienten der *STAFF-*, *PROD-*, *ENMAN-* und *ECO*-Variable müssen die **Hypothesen H_{3a}, H_{3d}, H_{3e}** und **H_{3f} verworfen** werden. Die Standardfehler sind bei allen Variablen zu groß, um von einem signifikanten Einfluss auf die abhängige Variable ausgehen zu können. Die Tatsache, dass der signifikant positive Einfluss der *SOC*-Variablen auf die Realisierung (kumulierter) abnormaler Renditen nicht auf die Grundgesamtheit übertragbar ist, führt dazu, dass die **Hypothese H_{3c} weder angenommen noch abgelehnt** werden kann. Auch hier sind analog zu Hypothese H_{2b} weitere Untersuchungen notwendig. Lediglich **Hypothese H_{3b},** die einen positiven Einfluss des Corporate Governance Niveaus des Käuferunternehmens auf die Realisierung abnormaler Renditen postuliert, kann **bestätigt** werden.

6.4 Exkurs: CSR lagged

6.4.1 Regressionsmodell zur 1. CSR-Ebene

Die multivariate Regression aus Abschnitt 6.3 basiert auf der Annahme, dass der Kapitalmarkt über das aktuelle CSR-Rating des Käuferunternehmens informiert ist. Möglich ist jedoch, dass eine verzögerte Aktienmarktreaktion auftritt. Diese spiegelt sich darin wider, dass der Kapitalmarkt nicht auf das aktuelle, sondern auf ein um eine oder mehrere Perioden vorausgegangenes CSR-Rating (sog. lagged-Wirkung) zurückgreift. Die Gewährung zeitverzögerter Effekte widerspricht grundsätzlich zwar der Hypothese effizienter Märkte (vgl. Abschnitt 5.1.3.3), nach der sich finanzmarktrelevante Informationen sofort nach Bekanntwerden in dem Aktienkurs der betroffenen Unternehmen widerspiegeln - in der Praxis sind derart verzögerte Effekte jedoch keine Seltenheit (vgl. Oberndorfer/Wagner 2010, 16). Als Begründung werden in der Literatur häufig institutionelle Bindungen und Transaktionskosten auf den Aktienmärkten oder eine graduelle Informationsdiffusion angeführt (vgl. Hong/Stein 1999, 2147).

Um die Möglichkeit der zeitverzögerten Wirkung von CSR auf den Kapitalmarkt in die Untersuchung der vorliegenden Arbeit zu integrieren, soll im folgenden Exkurs analog zu Abschnitt 6.3 eine multivariate Analyse vorgenommen werden, diesmal jedoch mit dem **CSR-Vorjahresrating** des Käuferunternehmens. Dieses wird in Form des OEKOM RESEARCH Ratings des Käuferunternehmens im Jahr vor dem Announcement der Transaktion operationalisiert.

Wie die Ergebnisse aus Tabelle 6.13 erkennen lassen, führt auch das übergeordnete Corporate Rating *des Vorjahres* nicht zu einer signifikanten Einflussnahme auf die Realisierung (kumulierter) abnormaler Renditen im Zuge des Announcements einer Transaktion. Weder die kurznoch die mittel- bzw. langfristige Erfolgsbetrachtung führt am Kapitalmarkt zu nachweisbaren Ausschlägen. Die Möglichkeit, dass die Wirkungseffekte des Corporate Ratings zeitverzögert stattfinden, kann damit eindeutig ausgeschlossen werden. Die Ergebnisse bekräftigen die in Abschnitt 6.3.1 gemachte Aussage, dass das übergeordnete CSR-Rating am Kapitalmarkt nicht als Werttreiber im Rahmen einer M&A-Transaktion gesehen wird.

Regressionsmodell	**(1)**	**(2)**	**(3)**
Variablen			
CRR_lagged	-0,00222749	-0,0138869	0,00118720
	(0,7216)	(0,3441)	(0,9632)
ROA	0,000205875	-0,000299393	-0,00329742
	(0,6053)	(0,7038)	**(0,0196**)**
const	0,00370207	0,0438711	0,0408129
	(0,7837)	(0,1527)	(0,4381)
Güte des Modells			
R^2	0,003991	0,012135	0,060424
adjustiertes R^2	-0,014118	-0,005826	0,043341
F-Wert	0,161653	0,704205	3,729884
p-Wert (F)	0,850938	0,496717	**0,027083****
N	113	113	113

Modell (1) bezieht sich auf die AR des Ankündigungszeitpunktes T=0, Modell (2) auf die CAR des Ereignisfensters [-5;5]. Das dritte Modell (3) stellt auf die unabhängige Variable CAR des Ereignisfensters [-20;20] ab. Die P-Werte der Regressionskoeffizienten werden in Klammern angegeben (hierbei wurden **robuste Standardfehler** verwendet). Das Signifikanzniveau der Regressionskoeffizienten wird zum *10-Prozent, **5-Prozent und ***1%-Niveau angegeben (zweiseitiger T-Test).

Tabelle 6.13: Ergebnisse der Panelanalyse zur 1. CSR-Ebene.
Quelle: Eigene Darstellung.

6.4.2 Regressionsmodell zur 2. CSR-Ebene

Die Erkenntnisse zur dezidierteren Aufspaltung des Corporate Ratings in die Komponenten Social Rating und Environmental Rating zeigen, dass analog zu Abschnitt 6.3.2 das Social Rating *des Vorjahres* **keinen signifikanten Einfluss** auf die (kumulierte) abnormale Rendite hat. Weder in der kurz-, mittel- noch in der langfristigen Erfolgsbetrachtung liegen die p-Werte unter dem 10-Prozent-Signifikanzniveau. Die Standardfehler sind auch bei der *SCR_lagged*-Untersuchung zu groß, um von einem signifikanten Einfluss der Variablen *SCR* auf die abhängige Variable auszugehen.

Das Environmental Rating *des Vorjahres* (*ER_lagged*) führt hingegen wiederholt für das Ereignisfenster [-5;5] zu einer **signifikant negativen Einflussnahme** auf die Realisierung abnormaler Renditen. Das Signifikanzniveau sinkt zwar auf die Fünf-Prozent-Grenze, allerdings zeigt sich, dass in diesem Fall das Regressionsmodell an sich signifikant ist. Der p-Wert (F) liegt bei 0,0923. Damit können im Gegensatz zu Abschnitt 6.3.2 die Erkenntnisse auf die Grundgesamtheit übertragen werden.

Wie sich zeigt, greifen die Investoren vornehmlich auf das Vorjahresrating zurück. **Hypothese H_{2b}** kann mithilfe der zeitverzögerten Betrachtung folglich **abgelehnt** werden, da die **negative Einflussnahme** des Environmental Ratings auf die Realisierung abnormaler Renditen nachweisbar ist.

Regressionsmodell	**(1)**	**(2)**	**(3)**
Variablen			
SCR_lagged	0,00161644	0,0135834	0,00665483
	(0,8106)	(0,3731)	(0,7850)
ER_lagged	-0,00309689	-0,0257577	-0,00282254
	(0,5949)	**(0,0120**)**	(0,8828)
ROA	0,000206918	-0,000248718	-0,00331228
	(0,6079)	(0,7545)	**(0,0205**)**
const	0,00181597	0,0380126	0,0345123
	(0,8964)	(0,2404)	(0,5292)
Güte des Modells			
R^2	0,005421	0,038087	0,061209
adjustierte R^2	-0,021953	0,011612	0,035371
F-Wert	0,148860	2,198853	2,441317
p-Wert (F)	0,930221	**0,092311***	**0,068151***
N	113	113	113

Modell (1) bezieht sich auf die AR des Ankündigungszeitpunktes T=0, Modell (2) auf die CAR des Ereignisfensters [-5;5]. Das dritte Modell (3) stellt auf die unabhängige Variable CAR des Ereignisfensters [-20;20] ab. Die P-Werte der Regressionskoeffizienten werden in Klammern angegeben (hierbei wurden **robuste Standardfehler** verwendet). Das Signifikanzniveau der Regressionskoeffizienten wird zum *10-Prozent, **5-Prozent und ***1%-Niveau angegeben (zweiseitiger T-Test).

Tabelle 6.14: Ergebnisse zur Panelanalyse der 2. CSR-Ebene.

Quelle: Eigene Darstellung.

6.4.3 Regressionsmodell zur 3. CSR-Ebene

Bei der Analyse der dritten CSR-Ebene zeigt sich, dass auch die *lagged*-Variablen der Komponenten *staff & supplier, product & services, environmental management* und *eco-efficiency* die abhängige Variable **nicht signifikant beeinflussen**. Unabhängig von der Ereignisdauer werden keine p-Werte verzeichnet, die unter der 10-Prozent-Signifikanzgrenze liegen.

Regressionsmodell	**(1)**	**(2)**	**(3)**
Variablen			
STAFF_lagged	-0,00602661	-0,0152051	0,0152362
	(0,3366)	(0,3181)	(0,5724)
CORP_lagged	-0,000763592	-0,00382968	0,0227242
	(0,8440)	(0,7003)	**(0,0990*)**
SOC_lagged	0,00924875	0,0481562	-0,0212219
	(0,2710)	**(0,0256**)**	(0,4887)
PROD_lagged	-0,00586377	-0,0192588	0,0386954
	(0,4364)	(0,7003)	(0,1089)
ENMAN_lagged	0,00518420	-0,0171844	0,00958962
	(0,4018)	(0,2568)	(0,7284)
ECO_lagged	-0,00366767	-0,00703498	-0,0149789
	(0,1555)	(0,2673)	(0,1919)
ROA	0,000248095	-0,000517390	-0,00375677
	(0,5476)	(0,4890)	**(0,0093***)**
const	-0,000138543	0,0495958	-0,0236161
	(0,9937)	(0,2392)	(0,7269)
Güte des Modells			
R^2	0,037235	0,120242	0,126540
adjustierte R^2	-0,026949	0,061592	0,068309
F-Wert	0,618630	1,708991	1,900962
p-Wert (F)	0,739473	0,114704	**0,076569***
N	113	113	113

Modell (1) bezieht sich auf die AR des Ankündigungszeitpunktes T=0, Modell (2) auf die CAR des Ereignisfensters [-5;5]. Das dritte Modell (3) stellt auf die unabhängige Variable CAR des Ereignisfensters [-20;20] ab. Die P-Werte der Regressionskoeffizienten werden in Klammern angegeben (hierbei wurden **robuste Standardfehler** verwendet). Das Signifikanzniveau der Regressionskoeffizienten wird zum *10-Prozent, **5-Prozent und ***1%-Niveau angegeben (zweiseitiger T-Test).

Tabelle 6.15: Ergebnisse der Panelanalyse zur 3. CSR-Ebene.

Quelle: Eigene Darstellung.

Die *SOC_lagged*-Variable weist hingegen für die mittelfristige Erfolgsbetrachtung wiederholt einen p-Wert auf, der mit 0,0256 zum 5-Prozent-Niveau **signifikant** ist. Problematisch ist, dass auch in diesem Fall die Signifikanz des Regressionsmodells nicht gegeben ist. Zwar liegt der p-Wert (F) mit 0,1147 nur sehr knapp über der Signifikanzgrenze, dennoch kann die Wirkung der *SOC_lagged*-Variablen nicht unabhängig von der zugrundeliegenden Datenbasis als gültig erachtet werden.

Die *CORP_lagged*-Variable führt hingegen auch bei der zeitverzögerten Betrachtung zu **signifikant höheren abnormalen Renditen**. Die Wirkung stellt sich allerdings analog zu Abschnitt 6.3.3 wieder nur für das Ereignisfenster [-20;20] ein und kann aufgrund des signifikanten p-Wert (F) abermals auf die Grundgesamtheit übertragen werden. Damit zeigt sich, dass nicht nur das aktuelle Corporate Governance Rating des Käuferunternehmens auf dem Kapitalmarkt honoriert wird, sondern gleichzeitig auch eine zeitverzögerte Einflussnahme zu erkennen ist. Unabhängig davon, ob das aktuelle Rating oder das Vorjahresrating herangezogen wird, bewertet der Kapitalmarkt ein hohes Corporate Governance Niveau beim Käuferunternehmen als Werttreiber im Zuge einer M&A-Transaktion.

6.5 Zusammenfassung der Ergebnisse

Die Ergebnisse der *univariaten Analyse* lassen vermuten, dass die Übernahme gesellschaftlicher Verantwortung des Käuferunternehmens einen **negativen Einfluss** auf den M&A-Erfolg hat. So zeigt sich, dass unabhängig von der gewählten CSR-Dimension Prime gelistete Transaktionen signifikant niedrigere abnormale Renditen erzielen als Under-Prime gelistete Transaktionen.

Die Resultate der *multivariaten Analyse* deuten jedoch darauf hin, dass es **keinen verallgemeinerbaren Zusammenhang** zwischen der CSR-Performance des Käuferunternehmens und dem M&A-Erfolg gibt. Wie die tabellarische Auflistung der untersuchten Hypothesen mit dem jeweils entsprechenden Ergebnis zeigt, sind sechs der neun Hypothesen (H_1, H_{2a}, H_{3a}, H_{3d}, H_{3e} und H_{3f}) aufgrund fehlender Signifikanz zu verwerfen. So leistet weder das *Corporate Rating* noch das dezidiertere *Social Rating* einen erkennbaren Einfluss auf die Realisierung abnormaler Renditen. Auch die Komponenten *staff & supplier, product & services, environmental management* und *eco-efficiency* führen zu keiner signifikanten Wertsteigerung im Zuge des Announcements einer M&A-Transaktion. Hypothese H_{2b} und H_{3c} können weder eindeutigen verifiziert noch falsifiziert werden. So kann im Zuge des *Environmental Ratings* zwar ein signifikant negativer Zusammenhang auf die Realisierung abnormaler Renditen nachgewiesen werden, allerdings ist das Regressionsmodell an sich nicht signifikant, weshalb eine Übertragung der Erkenntnisse auf die Grundgesamtheit nicht möglich ist. Dies gilt auch für den nachgewiesenen signifikant positiven Einfluss der *society & product responsibility* auf den M&A-Erfolg. Lediglich Hypothese H_{3b}, die den Einfluss der *corporate governance & business ethics responsibility* auf die Realisierung abnormaler Renditen im Zuge des Announcements eines Deals misst, kann eindeutig verifiziert werden.

HYPOTHESE	URSACHE-WIRKUNGS-ZUSAMMENHANG	ERGEBNIS
H_1	Je höher das CSR-Engagement des Käuferunternehmens, desto höher der M&A-Erfolg.	**verworfen**
H_{2a}	Je höher die Social Responsibility des Käuferunternehmens, desto höher der M&A-Erfolg.	**verworfen**
H_{2b}	Je höher die Environmental Responsibility des Käuferunternehmens, desto höher der M&A-Erfolg.	**keine Aussage**
H_{3a}	Je höher die Staff & Supplier Responsibility des Käuferunternehmens, desto höher der M&A-Erfolg.	**verworfen**
H_{3b}	Je höher die Corporate Governance & Business Ethics Responsibility des Käuferunternehmens, desto höher der M&A-Erfolg.	**angenommen**
H_{3c}	Je höher die Society & Product Responsibility des Käuferunternehmens, desto höher der M&A-Erfolg.	**keine Aussage**
H_{3d}	Je höher die Product & Services Responsibility des Käuferunternehmens, desto höher der M&A-Erfolg.	**verworfen**
H_{3e}	Je höher das Environmental Management des Käuferunternehmens, desto höher der M&A-Erfolg.	**verworfen**
H_{3f}	Je höher die Eco-Efficiency des Käuferunternehmens, desto höher der M&A-Erfolg.	**verworfen**

Tabelle 6.16: Zusammenfassung der empirischen Ergebnisse.
Quelle: Eigene Darstellung.

Um die Möglichkeit der verzögerten Einflussnahme des CSR-Ratings auf den M&A-Erfolg zu untersuchen, wurde im Rahmen eines Exkurses der **Einfluss des Vorjahresratings** auf die

Realisierung abnormaler Renditen im Zuge des Announcements einer Transaktion gemessen. Die Ergebnisse der zeitverzögerten Analyse bekräftigen die zuvor gemachten Erkenntnisse und lassen diese robust erscheinen. Lediglich Hypothese H_{2b}, bei der zuvor keine Aussage getätigt werden konnte, kann mit Hilfe der zeitverzögerten Betrachtung nun eindeutig verworfen werden. So besteht nach wie vor ein signifikant negativer Einfluss des *Environmental Ratings* auf den M&A-Erfolg, der nun jedoch auf die Grundgesamtheit übertragbar ist.

Alles in allem zeigt sich, dass der zuvor postulierte Zusammenhang zwischen der CSR-Performance des Käuferunternehmens und dem M&A-Erfolg nicht nachweisbar ist. Die Wertsteigerungspotentiale, die durch die Übernahme gesellschaftlicher Verantwortung im Zuge des M&A-Prozesses generiert werden könnten, sind am Kapitalmarkt nicht erkennbar. In einigen Fällen ist sogar anzunehmen, dass der Kapitalmarkt die Übernahme gesellschaftlicher Verantwortung eher als wertvernichtend einstuft. So kann angenommen werden, dass die negative abnormale Rendite im Falle eines hohen *Environmental Ratings* des Käuferunternehmens darauf zurückzuführen ist, dass der Kapitalmarkt den entsprechenden Unternehmen während der Transaktion höhere Kosten für die Aufrechterhaltung dieses Status zusprechen. Als Reaktion darauf könnten einige Investoren die Aktien des Käuferunternehmens bei Bekanntwerden eines Transaktionsgeschehens abstoßen, was die negativen abnormalen Renditen insbesondere im Zuge eines hohen Environmental Managements erklären würden. Lediglich ein hohes *Corporate Governance Niveau* wird am Kapitalmarkt als Signal für eine hohe Qualität und Kompetenz der Unternehmensleitung gesehen. Damit honoriert der Kapitalmarkt Käuferunternehmen, die nach den Grundsätzen und Elementen der CSR geführt werden und schenkt ihnen mehr Vertrauen hinsichtlich der frühzeitigen Entdeckung von Risiken im Zuge einer Transaktion.

Die Gesamtheit der empirischen Ergebnisse erlaubt folglich, den **vorab postulierten positiven Zusammenhang** zwischen der CSR-Performance des Käuferunternehmens und dem M&A-Erfolg (vorerst) zu verwerfen. Die Übernahme gesellschaftlicher Verantwortung führt zum derzeitigen Zeitpunkt nicht eindeutig dazu, dass die Wahrscheinlichkeit einer Wertsteigerung im Zuge von M&A aus empirischer Sicht steigt. Vielmehr ist davon auszugehen, dass das Konzept der CSR den M&A-Erfolg nicht ausschlaggebend beeinträchtigt.

7 SCHLUSSBETRACHTUNG

7.1 Erkenntnisse der Arbeit

Das zentrale Ziel der Arbeit bestand darin, theoretisch und empirisch fundierte Aussagen zum Wertsteigerungspotenzial von CSR bei M&A-Transaktionen abzuleiten. Zu diesem Zweck wurde eine übergeordnete Forschungsfrage formuliert, die sich in drei untergeordnete Forschungsfragen aufgliedert und den Sachverhalt aus verschiedenen Blickwinkeln erfasst. Im Folgenden werden nun die wichtigsten Erkenntnisse der vorliegenden Arbeit zusammengefasst, indem sie an den zu Beginn der Arbeit herausgearbeiteten untergeordneten Forschungsfragen gespiegelt werden (vgl. Abschnitt 1.4).

F_1: ***Warum** fungiert die Übernahme gesellschaftlicher Verantwortung des Käuferunternehmens als potentieller Erfolgsfaktor bei M&A?*

Bei der Analyse der hohen Misserfolgsraten von M&A zeigt sich, dass Akquisitionsrisiken die zentrale Ursache für das Scheitern von M&A-Transaktionen sind. Nicht nur die M&A-Entscheidung an sich, sondern auch das M&A-Management ist durch eine Vielzahl an Risiken determiniert, deren Bewertung und Steuerung im Zuge eines akquisitionsbegleitenden Risikomanagements unabdingbar ist, um die Wahrscheinlichkeit der Wertsteigerung durch M&A zu erhöhen. Betrachtet man nun auch die Übernahme gesellschaftlicher Verantwortung vor dem Hintergrund des Risikomanagements, so lässt sich das Konzept der CSR als Management ökologischer und sozialer Risiken interpretieren, welches zur Reduzierung strategischer Risiken, operativer Prozessrisiken, Produktionsrisiken und Reputationsrisiken dient. Zugleich führt eine Integration von CSR ins Risikomanagement dazu, dass sowohl das Blickfeld als auch der Zeithorizont des Risikomanagementansatzes eines Unternehmens erweitert wird. Geht man nun von der Annahme aus, dass sämtliche Maßnahmen und Handlungen, die gewährleisten, dass das Akquisitionsrisiko umfassend bewertet und gesteuert wird, die Erfolgswahrscheinlichkeit von M&A erhöhen, so müssten folglich Käuferunternehmen, die ein hohes CSR-Engagement aufweisen, und daher auch über ein umfassenderes Risikomanagement verfügen, besser in der Lage sein, das Akquisitionsrisiko zu reduzieren. Der Risikomanagementansatz liefert demzufolge eine Begründung dafür, warum CSR einen potenziellen Erfolgsfaktor bei M&A-Transkationen darstellt.

F_2: ***Welche*** *CSR-Maßnahmen können in den M&A-Prozess integriert werden, damit die Wahrscheinlichkeit einer erfolgreichen M&A-Transaktion steigt?*

Bei der Ausarbeitung der Ansatzpunkte zur Integration von CSR in den M&A-Prozess zeigt sich, dass die Übernahme gesellschaftlicher Verantwortung in Form eines ganzheitlichen Risikomanagementansatzes sowohl als Instrument der Risikovorsteuerung, der Risikoanalyse als auch der Risikosteuerung fungiert. Durch die Berücksichtigung sozialer und ökologischer Gesichtspunkte bei der Entwicklung der Basisstrategie ist es möglich, bereits zu Beginn des M&A-Prozesses der Forderung nach Nachhaltigkeit nachzukommen und zentrale Risiken, die sich aus der Missachtung ökologischer und/oder sozialer Themen ergeben, zu vermeiden. Durch die Integration von CSR während des Kandidatenscreenings können frühzeitig ökologische und soziale Risiken identifiziert werden und jene Kandidaten, die den Anforderungen der Basisstrategie nicht genügen, aus dem weiteren Verfahren ausgeschlossen werden. Eine eigenständige CSR Due Diligence garantiert eine systematische Gewinnung und Ausarbeitung risikobezogener Informationen bezüglich ökologischer und sozialer Aspekte und schafft damit eine wichtige Basis für eine gezielte Risikobeeinflussung. Bei der Berücksichtigung von CSR im Zuge der Detailbewertung gelingt es, eine umfassende und risikobereinigte Berechnung des subjektiven Unternehmenswertes zu gewährleisten. Im Zuge der Integrationsphase stellen CSR-Aktivitäten des Käuferunternehmens sicher, dass Integrationsrisiken weitgehend gesteuert werden, indem zentrale Ursachen für Dissynergien wie das Merger-Syndrom reduziert oder der kulturelle Wandel unterstützt wird. Die Erweiterung der M&A Balanced Scorecard um eine CSR-Perspektive garantiert schlussendlich, dass die Fortschritte bei der Realisierung der Synergien sowie die Wirksamkeit bei der Steuerung der Risiken in regelmäßigen Abständen geprüft werden und so Abweichungen zwischen dem angestrebten und dem tatsächlich festgestellten Chancen- und Risikoportfolio frühzeitig identifiziert und Gegenmaßnahmen implementiert werden können.

F_3: ***Wie*** *bedeutsam ist die Übernahme gesellschaftlicher Verantwortung des Käuferunternehmens für den M&A-Erfolg?*

Im Gegensatz zur theoretischen Analyse des Wirkungseinflusses von CSR auf den M&A-Erfolg führen die Ergebnisse der empirischen Untersuchung dazu, dass der vorab postulierte positive Zusammenhang zwischen der CSR-Performance des Käuferunternehmens und dem M&A-Erfolg negiert werden muss. So lassen die Ergebnisse der univariaten Analyse zunächst darauf schließen, dass die Übernahme gesellschaftlicher Verantwortung des Käuferunternehmens einen negativen Einfluss auf den Erfolg einer M&A-Transaktion hat, da unabhängig von der CSR-Dimension „Prime" gelistete Käuferunternehmen signifikant niedrigere abnormale Renditen erzielen als „Under Prime" gelistete Unternehmen. Im Zuge der multivariaten Regressionsanalyse ist allerdings kein verallgemeinerbarer Zusammenhang zwischen der CSR-Performance des Käuferunternehmens als unabhängige Variable und dem M&A-Erfolg aus Sicht des Kapitalmarktes als abhängige Variable zu erkennen. Unabhängig von Regressionsmodell führt kaum eine CSR-Variable zu einem signifikanten Einfluss auf die Realisierung abnormaler Renditen. Bekräftigt wird diese Vermutung durch die anschließend durchgeführte Panelanalye, bei der die Möglichkeit einer verzögerten Einflussnahme des CSR-Engagements auf den M&A-Erfolg untersucht wurde. Empirisch ist der vorab postulierte positive Zusammenhang zwischen der CSR-Performance des Käuferunternehmens und dem Erfolg einer M&A-Transaktion demnach nicht belegbar.

Die Erkenntnisse der vorliegenden Arbeit zeichnen damit ein sehr kontroverses Bild zum Wertsteigerungspotenzial von CSR im Zuge einer M&A-Transaktion. Was bedeutet dies nun für die in Abschnitt 1.4 aufgestellte, übergeordnete Forschungsfrage?

Eine Negierung der Erfolgswirkung von CSR bei M&A wäre dann fatal, wenn die empirischen Erkenntnisse nur darauf zurückzuführen sind, dass nicht alle Facetten und Wirkungsparameter von CSR im Rahmen der empirischen Studie berücksichtigt worden sind. Die Implikation für das Management würde lauten, dass auf eine Integration von CSR in den M&A-Prozess verzichtet werden kann, obwohl möglicherweise doch ein nachweisbarer empirischer Zusammenhang zwischen der Übernahme gesellschaftlicher Verantwortung des Käuferunternehmens und dem M&A-Erfolg besteht. Vergegenwärtigt man sich die Tatsache, dass selbst bei bereits identifizierten und in der Fachliteratur anerkannten M&A-Erfolgsfaktoren die empirischen Wirkungszusammenhänge häufig nicht eindeutig nachweisbar sind (vgl. Abschnitt 3.6), so besteht, bevor eine eindeutige Ausklammerung von CSR-Gesichtspunkten im Zuge von M&A vorgenommen werden kann, weiterer Forschungsbedarf.

Auf der anderen Seite kann die These, dass das Konzept der Übernahme gesellschaftlicher Verantwortung die Wahrscheinlichkeit einer Wertsteigerung im Zuge von M&A erhöht (vgl. Abschnitt 1.1) in dieser Form ebenso wenig hingenommen werden. Die theoretischen Wirkungszusammenhänge zeigen zwar, dass ein Zusammenhang zwischen der Übernahme gesellschaftlicher Verantwortung des Käuferunternehmens und der Wahrscheinlichkeit einer Wertsteigerung bei M&A grundsätzlich besteht, solange dieser Effekt empirisch jedoch nicht nachweisbar ist, wäre eine uneingeschränkte Befürwortung dieser Behauptung mit einer nicht gerechtfertigten Überbewertung des Konzeptes CSR bei M&A gleichzusetzen. Die Forderung der Nachweisbarkeit des postulierten positiven Zusammenhangs zwischen CSR und dem Erfolg einer M&A-Transaktion ist zwingend notwendig, bevor die in Abschnitt 4.3 aufgezeigten Möglichkeiten zur Integration von CSR in den M&A-Prozess in die Unternehmenspraxis in dieser Form umgesetzt werden sollten.

Angesichts der kontroversen Ergebnisse zur Bedeutung von CSR bei M&A ist es angebracht, die Ergebnisse der empirischen Untersuchung zunächst kritisch zu reflektieren und sich den Grenzen der Untersuchung klar zu werden, bevor Managementimplikationen abgeleitet werden.

7.2 Grenzen der Untersuchung

Die Interpretation und Nutzbarkeit der gewonnenen Resultate aus der empirischen Untersuchung verlangen eine sorgfältige Analyse der spezifischen Limitationen, mit der die vorliegende Studie behaftet ist.

Die erste Einschränkung bei der Interpretation der empirischen Ergebnisse bezieht sich auf die zugrunde liegende **Datenbasis** der Untersuchung. Aufgrund der in Abschnitt 5.4.1 vorgenommenen Auswahlkriterien besteht die Gefahr eines sog. *Selection Bias*. Dieser existiert einerseits durch die Voraussetzung der Börsennotierung der untersuchten Unternehmen, ohne die das Konzept der Ereignisstudie nicht anwendbar ist. Zudem wurde die Auswahl der untersuchten börsennotierten Unternehmen nicht zufallsgeneriert erhoben, sondern war davon abhängig, ob das Käuferunternehmen dem OEKOM RESERACH UNIVERSUM der Insight-Unternehmen angehört. Dies könnte zur Folge haben, dass die ausgewählte Datenbasis die Grundgesamtheit nicht in vollem Maße repräsentiert und damit eine Übertragbarkeit der Schlussfolgerungen auf alle Unternehmen nicht ohne Weiteres möglich ist. Darüber hinaus ist die kleine Stichprobenanzahl von N=113 Transaktionen zu bemängeln. Ein umfangreicheres Datensample, das neben der Erweiterung des Beobachtungszeitraumes auch eine höhere Anzahl an untersuchten Transaktionen inkludiert, könnte ggf. validere Ergebnisse der empirischen Untersuchung gewährleisten, da zahlreiche Modellprämissen der Regressionsuntersuchung durch eine zunehmende Stichprobenzahl in ihrer Qualität steigen. Außerdem ist zu bedenken, dass aktuelle Entwicklungen der letzten zwei Jahre nicht in die Untersuchung aufgenommen wurden. Aufgrund der gestiegenen Bedeutung von CSR am Kapitalmarkt könnte eine jüngere Untersuchung die Erkenntnisse signifikant beeinflussen.

Weitere Limitationen lassen sich durch die in der Arbeit **angewandte Methodik** begründen. So muss einerseits beanstandet werden, dass die *evaluierten CSR-Daten* der Rating-Agentur OEKOM RESEARCH nicht explizit für wissenschaftliche Zwecke generiert werden (vgl. Schreck 2009, 99–100), sondern vielmehr als *„kritische Messlatte und Impulsgeber für die Integration ökologischer und sozialer Belange"* dienen. Dadurch ist nicht zwangsläufig gewährleistet, dass alle Facetten der gesellschaftlichen Verantwortung im CSR-Rating der OEKOM RESEARCH integriert werden. Ebenfalls zu beachten ist, dass der *Transaktionserfolg* lediglich eindimensional, aus Sicht des Kapitalmarktes, betrachtet wird. Neben den grundlegenden Nachteilen kapitalmarktorientierter Untersuchungen (vgl. im Detail Abschnitt 5.1.2) sind zwei weitere Limitationen zu nennen: Die Berechnung der abnormalen Rendite basiert bei Ereignisstudien auf der Annahme, dass das Schätzmodell die zu erwartende Rendite richtig ermittelt. Hierbei besteht jedoch das sog. *Joint-Hypothesen* Problem, das auf das Dilemma zurückzuführen ist, dass die Berechnung der abnormalen Rendite von der Richtigkeit der Schätzung der erwarteten Rendite abhängt (vgl. Fama 1991, 1601–1602). Möglich ist jedoch, dass bereits die geschätzte erwartete Rendite durch das Schätzmodell nicht richtig ermittelt wurde und nur deshalb eine abnormale Rendite besteht. Zwar zeigt sich, dass sowohl theoretisch als auch empirisch das Marktmodell für eine zuverlässige Schätzung abnormaler Renditen geeignet ist (vgl. u.a. Cable/Holland 1999, 339) und damit die Gefahr fehlspezifischer Erkenntnisse aufgrund von falscher Schätzung als sehr gering anzusehen ist, dennoch sollte man sich des Problems bewusst sein. Darüber hinaus ist der *Zeithorizont*, in dem der Einfluss von CSR auf den M&A-Erfolg gemessen wurde, zu erwähnen. Trotz der Tatsache, dass die vorliegende Arbeit auf häufig verwendete Ereignisperioden der Literatur zurückgreift (vgl. Abschnitt 5.1.3.2.3) besteht die Gefahr, dass die Dauer der Ereignisperioden zu kurz ist, um sämtliche Auswirkungen und Effekte der Übernahme gesellschaftlicher Verantwortung hinreichend zu erfassen. Eine Erweiterung der Ereignisfenster um einige Wochen oder gar Monate könnte die Resultate erheblich verändern und ggf. zu einem schlüssigeren Resümee führen. So zeigen allein Studien zum CSR Business Case, dass die Erkenntnisse stark von der Zeitspanne der Erfolgsbetrachtung abhängen (vgl. u.a. Makni/Francoeur/Bellavance 2009, 419; Boesso/Michelon 2010, 491). Während eine kurzfristige Erfolgsbetrachtung in der Regel zu keinem oder gar zu einem negativen Ergebnis führt, lassen langfristige Erfolgsanalysen häufig deutlich bessere Schlussfolgerungen zu (vgl. Wang/Bansal 2012, 4). Obwohl die Aktienkursreaktionen die erwarteten abdiskontierten zukünftigen Cashflows eines Unternehmens widerspiegeln (vgl. Fama 1970, 385), besteht die Möglichkeit, dass sich die Investoren erst Klarheit darüber verschaffen müssen, inwieweit die CSR-Strategie des Käuferunternehmens mit den

Wertsteigerungspotenzialen im Zuge einer M&A-Transaktion verbunden ist. In diesem Fall greift die eindimensionale Fokussierung auf den Kapitalmarkt zu kurz. Aufgrund der Mehrdimensionalität des CSR-Konzeptes könnten alternative Erfolgsgrößen, die den Einfluss von CSR auf den M&A-Erfolg von einem anderen Standpunkt aus betrachten, zu gegensätzlichen Erkenntnissen führen.

Neben den Limitationen aufgrund der Datenbasis sowie der verwendeten Methodik ergeben sich Interpretationsgrenzen aufgrund der **inhaltlichen Fokussierung** der zugrunde liegenden Forschungsfrage. Da bei der Erfolgsmessung lediglich auf die Sichtweise des Käuferunternehmens abgestellt wurde, bleibt der Wirkungseinfluss von CSR auf den M&A-Erfolg aus Sicht des gekauften Unternehmens sowie aus Sicht des Gesamtunternehmens ausgeklammert. Aussagen bezüglich der Frage, ob CSR-Unterschiede zwischen Käufer- und Verkäuferunternehmen den M&A-Erfolg tangieren, können daher nicht abgeleitet werden. Damit fokussiert sich die vorliegende Untersuchung lediglich auf einen Teilbereich des möglichen Wirkungseinflusses von CSR auf M&A.

7.3 Handlungsempfehlungen

7.3.1 Implikationen für die Forschung

Aufgrund der Limitationen der vorliegenden Arbeit sollte die Forschung die Wirkungseinflüsse von CSR bei M&A für die Praxis weiter spezifizieren. In Anbetracht der Erkenntnisse zum bisherigen Forschungsstand in Bezug auf CSR bei M&A zeigt sich, dass dem Themenkomplex bislang nur sehr wenig Beachtung geschenkt wurde (vgl. Abschnitt 1.3). Obwohl die vorliegende Arbeit einen ersten Schritt zur Schließung der Forschungslücke vornimmt, reichen die Erkenntnisse noch lange nicht aus, um alle Facetten und Fragestellungen des Themenkomplexes zu beantworten. Weiterführende Forschung zur Ergründung des Zusammenhangs zwischen dem Konzept der Übernahme gesellschaftlicher Verantwortung und dem Erfolg einer M&A-Transaktion scheint unabdingbar.

Um Limitationen hinsichtlich der genutzten Datenbasis zu umgehen, sollten zukünftige Arbeiten die Auswirkungen von CSR im Rahmen einer vollständigen **Panel-Studie** testen. Auf diese Weise könnte in nochmals vertiefter Form analysiert werden, ob der bislang nicht empirisch nachweisbare Zusammenhang zwischen dem CSR-Niveau des Käuferunternehmens und der Realisierung abnormaler Renditen robust erscheint oder nur aufgrund des *Selection Bias* entstanden ist.

Die Tatsache, dass der Erklärungsgehalt in nahezu allen Regressionsmodellen der vorliegenden Arbeit nur marginal ist, deutet außerdem darauf hin, dass die Übernahme gesellschaftlicher Verantwortung nicht direkt auf den M&A-Erfolg wirkt, sondern womöglich als **Mediator** (sog. intervenierende Variable) fungiert. In diesem Fall wäre es sinnvoll, nicht auf Analysemethoden wie die der multiplen Regression zurückzugreifen, sondern alternative Analysemethoden heranzuziehen wie z.B. ein Strukturgleichungsmodell, welches den Einfluss von CSR auf den M&A-Erfolg über multivariate Submodelle misst. Die Submodelle stellten die Beziehung zwischen unterschiedlichen Faktoren (Konstrukten) und ihren Indikatoren her. In einem Messmodell werden über manifeste Indikatoren die latenten exogenen, d.h. unabhängigen bzw. erklärenden Faktoren erfasst. In einem anderen Modell werden die latenten endogenen, d.h. abhängigen bzw. zu erklärenden Faktoren abgebildet (vgl. Bollen 1989, 13–15). Die Abhängigkeit zwischen den Konstruktvariablen erfolgt unter Berücksichtigung von Messfehlern durch das Strukturmodell. Damit können die auf Basis unterschiedlicher Überlegungen a priori deduzierten Beziehungen zwischen unterschiedlichen zu untersuchenden Faktoren abgebildet und gemessen werden (vgl. Grün 2010, 94).

Neben der Analyse des generellen Einflusses von CSR auf M&A wäre es außerdem interessant zu untersuchen, ob sich die Wirkung von CSR auf den M&A-Erfolg durch strukturelle Transaktionseigenschaften verändert. So liegt die Vermutung nahe, dass der Einfluss von CSR in **Abhängigkeit der geografischen Reichweite** der Transaktion variiert. Wie Studien zeigen, spielen unterschiedliche institutionelle Rahmenbedingungen eine große Rolle bei der Ausgestaltung von CSR (vgl. Dobers/Halme 2009, 242). Zahlreiche empirische Untersuchungen bestätigen, dass CSR in großem Maße kontextabhängig ist. So unterscheidet sich das CSR-Engagement nicht nur zwischen Entwicklungs- und Industrieländern (vgl. Dobers/Halme 2009; Frynas 2004; Golob/Bartlett 2007), sondern bereits innerhalb Zentral- und Südamerikas (vgl. Adams/Ghaly 2007; Vives 2006; Vivarta/Canela 2006; Logsdon/Thomas/van Buren 2006; Oliveira 2006), Ost- und Mitteleuropas (vgl. Jamali 2007; Küskü 2007; Ray 2008) Asiens (vgl. Liu/Jia/Li 2011; Tang/Li 2009; Wang/Chaudhri 2009) und Afrikas (vgl. Ofori/Hinson 2007; Wahba 2008). Die länderspezifische Ausgestaltung und Bedeutung von CSR lässt annehmen, dass die CSR-Effekte bei internationalen M&A-Transaktionen nicht in gleichem Maße wirken wie bei national durchgeführten Transaktionen. Da bei rein national durchgeführten Transaktionen davon ausgegangen werden kann, dass die (relevanten) Stakeholder eine gleiche bzw. ähnliche Einschätzung zu CSR haben, führt dies a priori dazu, dass der Einfluss von CSR innerhalb der unterschiedlichen Stakeholdergruppen gleich stark ist, d.h. keine Unterschiede im Einfluss einer CSR-Maßnahme zwischen den Stakeholdern des Ziel- und Käuferunternehmens bestehen. Diese Annahme kann bei international durchgeführten Transaktionen nicht mehr aufrecht erhalten werden. So ist hier zu vermuten, dass der CSR-Einfluss auf die (relevanten) Stakeholder des Zielunternehmens in Abhängigkeit ihrer Einschätzung zur Bedeutung von CSR variiert. Dies führt dazu, dass die CSR-Effekte nicht in gleichem Maße auf die Stakeholder des Ziel- und Käuferunternehmens wirken. Erachten die Stakeholder des Ziellandes CSR als nicht so bedeutsam, wird sich der Einfluss von CSR auf den M&A-Erfolg annahmegemäß auch nicht so stark herausbilden wie in Ländern, bei denen CSR eine hohe Bedeutung einnimmt.

Zugleich könnte untersucht werden, ob der Einfluss von CSR auf den M&A-Erfolg von der **Branchenzugehörigkeit** beeinflusst wird. Da die sozialen und ökologischen Auswirkungen von Branche zu Branche unterschiedlich sind, nimmt auch das CSR-Engagement je nach Branche eine andere Bedeutung ein (vgl. Abschnitt 5.2.2.2.2). Unterschiedliche Anforderungen wirken sich sowohl auf die Gestaltung als auch auf die Intensität der CSR-Aktivitäten aus, weshalb eine Unterscheidung des Wirkungseinflusses von CSR auf den M&A-Erfolg in Abhängigkeit der Branchenzugehörigkeit sinnvoll ist. Dies lässt vermuten, dass Transaktionen von CSR-sensiblen Branchen grundsätzlich stärker durch CSR-Effekte beeinflusst werden als Transaktionen von Unternehmen, bei denen CSR weniger bedeutsam ist.

Ebenfalls von Interesse ist die Analyse der Wirkung von CSR auf Teilphasen des M&A-Prozesses. So ergeben sich beispielsweise bei der Analyse des Einflusses von CSR auf den **Post-Merger-Integrationserfolg (PMI)** interessante Teilforschungsfragen. Neben dem Aspekt, ob Maßnahmen wie die Einführung eines M&A Code of Conducts tatsächlich einen Vertrauenszyklus bei den Mitarbeitern des gekauften Unternehmens in Gang setzt, wäre der Nachweis, dass die Übernahme gesellschaftlicher Verantwortung unmittelbar zu einer organisationalen Identität im Zuge der PMI beiträgt (vgl. Abschnitt 4.3.2.3.2) von enormer Bedeutung für die vorliegende Fragestellung.

Überdies liegen bislang keine Erkenntnisse aus der Erfolgsfaktorenforschung bezüglich des Einflusses des **CSR-Niveaus des Targets** und der möglichen Wirkung auf den Erfolg der Transaktion vor. In diesem Bereich besteht ebenfalls Forschungsbedarf, um u.a. auch den Nutzen von CSR im Zuge der Due Diligence weiter zu begründen. So könnten über qualitative Ansätze wie etwa Experteninterviews tiefgreifende Aufschlüsse über mögliche Zusammenhänge der CSR des Targets und der Berücksichtigung von ökologischen und sozialen Prüffeldern im Zuge der Due Diligence erlangt werden.

Insgesamt zeigt sich, dass zahlreiche Anknüpfungspunkte bestehen, mit denen sich die Forschung weiter auseinandersetzen kann. Die Schlussfolgerung hieraus lautet, dass sich die Wissenschaft eingehender mit der Untersuchung des Einflusses von CSR auf den M&A-Erfolg befassen sollte und die vorliegende Arbeit den Beginn einer neuen Forschungsrichtung darstellt.

7.3.2 Implikationen für die Praxis

Für Führungskräfte scheint zunächst die **Einsicht von Bedeutung**, dass CSR ein Konzept darstellt, welches zunehmend auch bei strategischen Unternehmensentscheidungen wie M&A eine Rolle spielt. Exemplarisch sei hier auf das Beispiel der 2006 durchgeführten Übernahme der Kosmetikkette THE BODY SHOP durch L´OREAL hingewiesen. Die Ankündigung der M&A-Transaktion löste eine weltweite Debatte aus - Kritiker warfen dem Kosmetikunternehmen THE BODY SHOP „greenwashing" vor und riefen zu einem Boykott auf. Hintergrund dieser negativen medialen Resonanz war die Tatsache, dass THE BODY SHOP des Öfteren seinen Unmut über Unternehmen wie L´OREAL und NESTLÉ aufgrund ihres modernen Konsumerismus bekundet hatte. THE BODY SHOP selbst gilt als eines der Pionierunternehmen für CSR und vertritt offenkundig Werte wie Umweltschutz, Achtung der Menschenrechte, fairen Handel und setzt sich vehement gegen Tierversuche zu Kosmetikzwecken ein (vgl. www.thebodyshop.de 2012). Die Tatsache, dass RODDICK, die Gründerin von THE BODY SHOP, der Übernahme zustimmte – die aufgrund der hohen gezahlten Prämie (34,2 Prozent des damaligen Aktienkurses) ökonomisch rentabel war, warf ein schlechtes Licht auf die Transaktion. *„It´s ironic that a company (The Body Shop) well-known for its anti-animal testing stance should sell-out to one (L´Oreal) that tests on animals and which has yet to show its commitment to any ethical issues at all"* (www.ethicalconsumer.org 2006). Auch bei der im März 2012 angekündigten Übernahme des niederländischen Paketzustellers TNT EXPRESS durch den US-Logistikkonzern UPS wurde in einem Zeitungsartikel darüber spekuliert, ob TNT für den Logistikkonzern UPS unter anderem auch deshalb ein attraktives Ziel darstellte, weil TNT eines der führenden Unternehmen für nachhaltige Geschäftspraktiken ist. Als Beispiel für die ausgeprägten Nachhaltigkeitspraktiken von TNT lässt sich u.a. anbringen, dass der damalige TNT Präsident, PETER BAKKER, im Jahr 2009 für den CLINTON GLOBAL CITIZEN AWARD nominiert wurde und im Jahr 2010 den SUSTAINABILITY LEADERSHIP AWARD erhielt (vgl. www.amillaminute.wordpress.com 2012). Die aufgelisteten Beispiele zeigen, dass CSR immer häufiger in den Fokus von M&A-Entscheidungen rückt. Das Management sollte sich dieser Entwicklung bewusst werden und sich über die damit einhergehenden Chancen aber auch Risiken im Klaren sein.

Hinsichtlich der Frage, inwieweit Käuferunternehmen das Konzept der CSR in den M&A-Prozess integrieren sollten, lässt sich dagegen empfehlen - zumindest zum aktuellen Forschungszeitpunkt - auf einen ganzheitlichen Integrationsansatz gemäß der in Kapitel 4 dargestellten Integrationstiefe zu verzichten und sich vorerst für eine weniger tiefe Integrationsvariante von CSR im M&A-Prozess zu entscheiden, die dem Kosten-Nutzen-Effekt zum derzeitigen Zeitpunkt eher gerecht wird. Im Zuge der **Risikovorsteuerung** lässt sich beispielsweise empfehlen, während des Kandidatenscreenings vorübergehend auf eine Ausarbeitung eines expliziten CSR-Soll-Profils zu verzichten und lediglich die Ausschlusskriterien um CSR-Gesichtspunkte zu erweitern. Analoges Vorgehen ist auch bei der **Risikoanalyse** möglich. So sollte bei der Due Diligence in Abhängigkeit der Zielsetzung, der Beschaffenheit der Transaktion sowie der Risikoneigung und den eingesetzten Kapazitäten individuell entschieden werden, inwieweit die Durchführung einer eigenständigen CSR Due Diligence vor dem Kosten-Nutzen-Aspekt der Qualität der Entscheidungsgrundlage dienlich ist. Alternativ zur eigenständigen CSR Due Diligence wäre denkbar, die CSR Prüfung im Sinne einer *Red Flag* Due Diligence oder einer *gestaffelten* CSR Due Diligence durchzuführen. Eine Red Flag Due Diligence charakterisiert sich dadurch, dass der Prüfungsumfang sachlich begrenzt wird. Ziel ist es nicht, eine umfassende Risikoinventur zu machen, sondern lediglich nach Sachverhalten zu suchen, die in Form von Deal-Breakern unausweichlich gegen den Unternehmenskauf sprechen (vgl. Slopek 2009, 56). Eine gestaffelte Due Diligence ist dadurch gekennzeichnet, dass zunächst nur anhand eines Quick Scans nach deal-breakern gesucht wird - ähnlich wie bei der Red Flag Due Diligence müssen diese vorab definiert werden. Die thematische Gewichtung des Quick Scans ist dabei von den Rahmenbedingungen der Transaktion abhängig. Der CSR Quick Scan würde beispielsweise analysieren, wie das Zielunternehmen aktuell mit ökologischen und sozialen Themen umgeht. Der so ermittelte Ist-Zustand ist dann die Grundlage für die erste Go-/No-Go-Entscheidung der Verantwortlichen. Erst im Anschluss daran erfolgt - im Gegensatz zur Red Flag Due Diligence - dann der sog. Full Scan. Dieser ist eine über alle Disziplinen hinwegreichende Due Diligence-Prüfung analog zu Abschnitt 4.3.2.2.1 (vgl. Senn/Trawnika 2009, 445). Im Rahmen der **Risikosteuerung** sollte zunächst auf bereits bestehende CSR-Aktivitäten zurückgegriffen werden, bevor CSR-Programme, die explizit für die Veränderungsprozesse im Rahmen einer M&A-Transaktion nötig sind, implementiert werden. Allerdings ist es wichtig, die bestehenden CSR-Aktivitäten auch zu kommunizieren.

Inwieweit sich entsprechende CSR-Aktivitäten als Signalinstrumente zur Reduzierung von Dissynergien bei der Integration eignen, hängt wesentlich davon ab, ob es dem Käuferunternehmen gelingt, seine bestehenden CSR-Aktivitäten erfolgreich zu kommunizieren. Allein die Erkenntnis darüber, dass die Kommunikation bereits bestehender CSR-Aktivitäten hilfreich ist, um den personalwirtschaftlichen und kulturellen Wandel zu unterstützen, sollte Anlass geben, bei der Ausarbeitung der Kommunikationsstrategie im Zuge von M&A die Kommunikation der bereits bestehenden CSR-Aktivitäten des Unternehmens zu integrieren.

7.4 Schlussbemerkung

Unabhängig von der immer wiederkehrenden Kritik an CSR als oberflächlicher Imagepflege lässt sich kaum bestreiten, dass ein strategisch ausgerichtetes CSR-Engagement eine unabdingbare Basis zur Bewältigung aktueller Herausforderungen darstellt. Die Einsicht, dass CSR als Teil eines ganzheitlichen Risikomanagementansatzes eine essenzielle Rolle für das Management gesellschaftlicher und ökologischer Risiken spielt, wird zusehends geteilt. So zeigt u.a. eine Befragung zur Notwendigkeit eines ganzheitlichen CSR-basierten Risikomanagementsystems der HDAX-Unternehmen, die im Jahr 2010 durchgeführt wurde, dass allein 35 der 73 befragten Unternehmen bereits die Notwendigkeit der Erweiterung bestehender Risikomanagementsysteme um das Konzept der CSR erkennen. Nur 15 Unternehmen sehen darin keine Erfordernis, während die restlichen 8 Unternehmen zu keiner Stellungnahme bereit waren. Bezüglich der Frage, in welchem Umfang das Risikomanagement um CSR ergänzt werden sollte, plädierten 22 Unternehmen für eine individuelle Integration; weitere 13 Unternehmen sahen die bestmögliche Ergänzung durch die Erweiterung bisheriger Risikomanagementsysteme um CSR-Komponenten (vgl. Schramm 2012, 240). Diese Entwicklung wird unweigerlich auch dazu führen, dass sich strategische Unternehmensentscheidungen wie M&A, welche in einem hohen Maß durch Risiken gekennzeichnet sind, mit dem Konzept der CSR stärker auseinander setzen müssen, um weiterhin wettbewerbsfähig zu bleiben.

Allerdings sollte die Reichweite und Wirkung des CSR-Konzeptes auch nicht überschätzt werden. Checklisten, die CSR-Aspekte abprüfen, sollten und können nie den Ausschlag für die wirtschaftliche Standfähigkeit eines unternehmerischen Projektes geben (vgl. Häusler 2012, 11). Der Versuch, sämtliche unternehmerische Aktivitäten und Entscheidungen unter CSR-Gesichtspunkten zu beleuchten und damit gewissermaßen eine Art „Nachhaltigkeitsprofessionalisierung" für die Unternehmenspraxis zu etablieren, die einer Heroisierung des CSR-Konzeptes gleicht, bei der die Übernahme gesellschaftlicher Verantwortung als Lösung für sämtliche Herausforderungen und Risiken in der Unternehmenspraxis angesehen wird, ist zu hinterfragen. CSR-Kampagnen wie die der Drogeriemarktkette „dm", die mit der Einführung ihrer neuen „Guten Schokolade" dafür wirbt, dass „Stück für Stück die Welt gerettet wird", lässt indes den Ansatz eines zum Teil bereits bestehenden, abgehobenen Nachhaltigkeitskults erkennen. Dies suggeriert, dass unternehmerisches Handeln per se keinen gesellschaftlichen Nutzen hat und erst durch das Konzept CSR zu einer „guten" Wirtschaft wird (vgl. Häusler 2012, 3). Um dieser Entwicklung entgegenzuwirken sollte sowohl der Anwendungsbereich als auch die Integrationstiefe von CSR unabhängig von der zugrunde liegenden Forschungsfrage stets hinterfragt werden.

Das Resümee der vorliegenden Arbeit fällt aufgrund der zwiespältigen Erkenntnisse zum Wertsteigerungspotenzial von CSR bei M&A daher zwangsläufig kritisch aus. Insbesondere vor dem Hintergrund, dass bislang noch weitgehend ungeklärt bleibt, welche Konsequenzen und Wirkungseinflüsse die Übernahme gesellschaftlicher Verantwortung des Käuferunternehmens auf den M&A-Erfolg hat, gilt es zunächst, die Erkenntnisse der weiteren Forschung abzuwarten, bevor eine vollständige Notwendigkeit zur Integration von CSR in den M&A-Prozess befürwortet werden kann:

„CSR remains a work in progress. At its best, it promises a corporate decision-making process in which managers think and talk openly about social and environmental issues and then tell the world what they did and why. At its worst, it is nothing more than an elaborate public relations charade in which companies perform certain prescribed rituals but continue to do business as usual. But it may even be worse that business as usual, as the effect of the rituals may be to co-opt critics, mislead consumers, and preempt regulation. Only ongoing empirical scrutiny of the CSR movement will tell" (Conley/Williams 2005, 38).

ANHANG

A-1: Datenbasis der vorliegenden Untersuchung

A-2: Qualität der Regressionsgeraden des Marktmodells

Siehe gemeinsam online unter http://www.eul-verlag.de/pdf-wz/9783844102338_Anhang.pdf

A-3: Normalverteilung der abnormalen Renditen

Transaktions-Nummer	Kolmogorov-Smirnov-Test p-Wert	Transaktions-Nummer	Kolmogorov-Smirnov-Test p-Wert
1	0.007660	66	0.001720
2	0.000000	67	0.000010
3	0.000000	68	0.000000
4	0.000000	69	0.000000
5	0.486980	70	0.000000
6	0.001330	71	0.000000
7	0.000000	72	0.000010
8	0.000400	73	0.000040
9	0.000000	74	0.000190
10	0.000000	75	0.000000
11	0.000000	76	0.051420
12	0.000000	77	0.004960
13	0.000000	78	0.000000
14	0.001300	79	0.000000
15	0.000000	80	0.102530
16	0.526860	81	0.004220
17	0.000890	82	0.001050
18	0.010400	83	0.000480
19	0.209070	84	0.000000
20	0.000000	85	0.564950
21	0.000000	86	0.000000
22	0.000000	87	0.000000
23	0.048310	88	0.000000
24	0.000000	89	0.000000
25	0.000000	90	0.000000
26	0.000000	91	0.000030
27	0.000190	92	0.000000
28	0.000000	93	0.001050
29	0.000000	94	0.036370
30	0.065210	95	0.435900
31	0.053260	96	0.000000
32	0.121120	97	0.002190
33	0.013320	98	0.321270
34	0.011770	99	0.007280
35	0.390830	100	0.014070
36	0.000000	101	0.000000
37	0.000000	102	0.092990
38	0.097600	103	0.001950
39	0.006530	104	0.000000
40	0.008150	105	0.000780
41	0.000000	106	0.124630
42	0.000000	107	0.096870
43	0.046560	108	0.000000
44	0.000030	109	0.000000
45	0.000000	110	0.000000
46	0.000150	111	0.173250
47	0.329660	112	0.046730
48	0.000000	113	0.000030

LITERATURVERZEICHNIS

ACHLEITNER, A.-K./WIRTZ, B. W./WECKER, R. (2004): M&A-Management. In: Wirtschaftswissenschaftliches Studium (WISU), Heft 4, S. 476–486.

ADAMS, M. A./GHALY, A. E. (2007): Determining barriers to sustainability within the Costa Rican coffee industry. In: Sustainable Development, Jg. 15, Heft 4, S. 229–241.

ADKINS, S. (1999): Cause Related Marketing. Who cares wins, Oxford 1999.

AHLEMANN, F./SCHRÖDER, C./TEUTEBERG, F. (2005): Kompetenz- und Reifegradmodelle für das Projektmanagement, Osnabrück 2005.

AHUJA, G./KATILA, R. (2001): Technological Acquisitions and the innovation performance of acquiring firms: a longitudinal study. In: Strategic Management Journal, Jg. 22, Heft 1, S. 197–220.

AIGNER, D./HOPKINS, J./JOHANSSON, R. (2003): Beyond Compliance. Sustainable Business Practices and the Bottom Line. In: American Journal of Agricultural Economics, Jg. 85, Heft 5, S. 1126–1139.

ALBINGER, H. S./FREEMAN, S. (2000): Corporate Social Performance and Attractiveness as an Employer to Different Job Seeking Populations. In: Journal of Business Ethics, Jg. 28, Heft 2, S. 243–253.

AMBA-RAO, S. C. (1993): Multinational Corporate Social Responsibility, Ethics, Interactions and Third World Governments: An Agenda for the 1990s. In: Journal of Business Ethics, Jg. 12, Heft 7, S. 553–572.

ANDRADE, G./MITCHELL, M./STAFFORD, E. (2001): New Evidences and Perspectives on Mergers. In: Journal of Economic Perspectives, Jg. 15, Heft 2, S. 103–120.

ANDRAS, G. (2008): Integrity Due Diligence. Neue Säule im Due Diligence Prozess? In: ZRFG, Heft 5, S. 205–208.

ANDRÉ, P./KOOLI, M./L'HER, J.-F. (2004): The Long-Run Performance of Mergers and Acquisitions: Evidence from the Canadian Stock Market. In: Financial Management, Jg. 33, Heft 4, S. 27–43.

ANHEIER, H. K. (2003): Das Stiftungswesen in Deutschland. Eine Bestandsaufnahme in Zahlen. In: Handbuch Stiftungen. Ziele, Projekte, Management, rechtliche Gestaltung hrsg. von Bertelsmann-Stiftung, Wiesbaden 2003, S. 43–85.

ANZINGER, M. (2009): Corporate Social Responsibility als Instrument der Nachhaltigen Entwicklung. Welche Instrumente bilden einen geeigneten Ansatzpunkt für das Nachhaltigkeitsmanagement eines Unternehmens, Wien 2009.

AON HEWITT (2009): M&A Transactions and the Human Capital Key to Success- Gobal Report. Internetadresse: http://www.aon.com/attachments/thought-leadership/Hewitt_Global_MandA_Survey_Findings.pdf. Erstelldatum: 16.07.2009. Abfragedatum: 24.07.2011.

AON HEWITT (2010): 57 Prozent der Unternehmen verlieren bei Übernahmen oder Fusionen Top-Talente. Aktuelle Hewitt-Studie "Global M&A Survey 2010". Internetadresse: http://www.business-on.de/koeln-bonn/talente-top-performer-unternehmen-fusion-transaktionen-_id25122.html. Erstelldatum: 12.03.2010. Abfragedatum: 02.07.2011.

ARMITAGE, S. (1995): Event Study Methods and Evidence on their Performance. In: Journal of Economic Surveys, Jg. 8, Heft 4, S. 25–52.

ARTHAUD-DAY, M. (2005): Transnational Corporate Social Responsibility: A tri-dimensional Approach to international CSR Research. In: Business Ethics Quarterly, Jg. 15, Heft 1, S. 1–22.

ASHFORTH, B./MAEL, F. (1989): Social Identity Theory and the Organization. In: The Academy of Management Journal, Jg. 14, Heft 1, S. 20–39.

ASONGU, J. J. (2007A): The History of Corporate Social Responsibility. In: Journal of Business and Public Policy, Jg. 1, Heft 2, S. 1–18.

ASONGU, J. J. (2007B): The Legitimacy of Strategic Corporate Social Responsibility as a Marketing Tool. In: Journal of Business and Public Policy, Jg. 1, Heft 1, S. 1–12.

AT KEARNY (2008): Three Years After The Marriage- Merger Integration Revisited. Internetadresse: http://www.atkearney.de/content/veroeffentlichungen/whitepaper_detail.php/id/50371/practice/strat_strategie. Erstelldatum: unbekannt. Abfragedatum: 25.11.2011.

AUERBACH, C. (2009): Fusionen deutscher Kreditinstitute. Erfolg und Erfolgsfaktoren am Beispiel von Sparkassen und Kreditgenossenschaften, Wiesbaden 2009.

AUSTIN, J. E./LEONARD, H. B. (2008): Can the virtous mouse and the wealth elephant live happily ever after? In: California Management Review, Jg. 51, Heft 1, S. 77–102.

AW, M. S. B./CHATTERJEE, R. A. (2004): The performance of UK firms acquiring large cross-border and domestic takeover targets. In: Applied Financial Economics, Jg. 14, Heft 5, S. 337–349.

BACHMANN, C. W. R. (2001): Synergie- und Nutzungspotenziale von Unternehmenszusammenschlüssen. Definition, Realisierung, Messung, 1. Aufl., Wiesbaden 2001.

BACKHAUS, K. (2008): Multivariate Analysemethoden. Eine anwendungsorientierte Einführung, 12. Aufl., Berlin 2008.

BACKHAUS, K./STONE, B./HEINER, K. (2002): Exploring the Relationship Between Corporate Social Performance and Employer Attractiveness. In: Business & Society, Jg. 41, Heft 3, S. 292–318.

BADEN, A. (2001): Shareholder Value- oder Stakeholder-Ansatz? Zur Vorteilhaftigkeit der beiden Konzepte. In: Wissenschaftliches Studium, Jg. 30, Heft 8, S. 398–403.

BAIN & COMPANY (2003): Attention Deal Makers: Don't time the market. Internetadresse: http://www.bain.com/about/press/press-releases/attention-deal-makers-dont-time-the-market.aspx. Erstelldatum: 01.04.2003. Abfragedatum: 16.07.2011.

BAKHAYA, Z. (2006): Wertorientierte Unternehmenssteuerung in Private Equity-finanzierten Unternehmen. Eine konzeptionelle und empirische Untersuchung zu ihrer Implementierung und Ausgestaltung, Hamburg 2006.

BALZ, U. (2003): M&A: Marktteilnehmer und Motive. In: Das Praxisbuch Mergers & Acquisitions. Von der strategischen Überlegung zur erfolgreichen Integration hrsg. von Balz, U./ Arlinghaus, O., München 2003, S. 11–41.

BAMBERGER, B. (1994): Der Erfolg von Unternehmensakquisitionen in Deutschland. Eine theoretische und empirische Untersuchung, Bergisch Gladbach 1994.

BAMBERG, G./BAUR, F. (2002): Statistik, 12. Aufl., München, Wien 2002.

BANSE, G. (1996): Herkunft und Anspruch der Risikoforschung. In: Risikoforschung zwischen Disziplinarität und Interdisziplinarität. Von der Illusion der Sicherheit zum Umgang mit Unsicherheit hrsg. von Banse, G., Berlin 1996, S. 15–72.

BARK, C./KÖTZLE, A. (2003): Erfolgsfaktoren der Post-Merger-Integrations-Phase. Ergebnisse einer empirischen Untersuchung. In: Finanz Betrieb, Heft 3, S. 133–146.

BARNEY, J. (1991): Firm Resources and Sustained Competitive Advantage. In: Journal of Management, Jg. 17, Heft 1, S. 99–120.

BARTELS, J./DOUWES, R./JONG, M. DE/PRUYN, A. (2006): Organizatinal Identification during a Merger: Determinants of Employees'expected identification with the new organization. In: British Journal of Management, Jg. 17, Heft 1, S. 49–67.

BASIL, D./DESHPANDE, S./RUNTE, M. (2008): The Impact of Cause-related Marketing on Nonprofit Organizations. Partnerships, Proof and Practices. International nonprofit and social marketing conference 2008.

BASSEN, A./JASTRAM, S./MEYER, K. (2005): Corporate Social Responsibility. Eine Begriffserläuterung. In: Zeitschrift für Wirtschafts- und Unternehmensethik, Jg. 6, Heft 2, S. 231–236.

BAUCH, C. (2004): Planung und Steuerung von Unternehmensintegrationen. Praktisch-normative Empfehlungen zur Post Merger-Integration, Berlin 2004.

BAUERNHANSL, T./EVERSHEIM, W. (2003): Bewertung von Synergiepotenzialen im Maschinenbau, 1. Aufl., Wiesbaden 2003.

BAUER, T./FERTIG, M./SCHMIDT, C. M. (2009): Empirische Wirtschaftsforschung. Eine Einführung, Berlin, Heidelberg 2009.

BAUMOL, W. (1959): Business Behavior, Value and Growth, New York (u.a.) 1959.

BAUSCH, A. (2003): Unternehmungszusammenschlüsse. Strategien und Strukturen für kooperatives und akquisitorisches Wachstum in Industrieunternehmungen, 1. Aufl., Wiesbaden 2003.

BAUSCH, A./FRITZ, T. (2005): Financial Performance of Mergers and Acquisitions. A Metaanalysis. Paper presented at the Academy of Management Meeting 2005.

BAYLE CORDIER, J. (2010): The impact of an M&A on a target firm: a Socially Responsible Organizational Identity Perspective, Paris 2010.

BAYRAM, M. (2007): Risikomanagement im internationalen Konzern. Grundlagen und Risikomanagementsysteme, Saarbrücken 2007.

BEA, F. X./HAAS, J. (2005): Strategisches Management. Grundwissen der Ökonomik: Betriebswirtschaftslehre, 4. Aufl., Stuttgart 2005.

BEATGE, J. (1997): Akquisitionscontrolling. Wie ist der Erfolg einer Akquisition zu ermitteln? In: Umbruch und Wandel. Herausforderungen zur Jahrhundertwende: Festschrift für Prof. Dr. Carl Zimmerer zum 70. Geburtstag hrsg. von Claussen, C. P./ Zimmerer, C., München (u.a.) 1997, S. 448–468.

BEAVER, W. (1968): The Information Content of Annual Earnings Announcements. In: Journal of Accounting Research, Jg. 6, Heft 3, S. 67–92.

BECKER-OLSEN, K./HIL, R. (2005): The Impact of Perceived Corporate Social Responsibility On Consumer Behavior. Working Paper Series 2005.

BECK, R. (2003): Erfolg durch wertorientiertes Controlling: Entscheidungen unterstützende Konzepte 2003.

BEISEL, D. (2007): Funktionelle und systematische Einordnung. Grundlagen. In: Beck'sches Mandats-Handbuch Due Diligence hrsg. von Beisel, D./ Andreas, F. E., München 2007, S. 1–11.

BEITEL, P./SCHIERECK, D./WAHRENBURG, M. (2004): Explaining M&A Success in European Banks. In: European Financial Management, Jg. 10, Heft 1, S. 109–139.

BELIVEAU, B./COTTRILL, M./O'NEILL, H. M. (1994): Predicting corporate social responsiveness: A model drawn from three perspectives. In: Journal of Business Ethics, Jg. 13, Heft 9, S. 731–738.

BERA, A./BILIAS, Y. (2001): Rao`s score, Neyman`s C and Silvey`s LM tests: an essay on historical developments and some new results. In: Journal of Statistical Planning and Inference, Jg. 97, Heft 1, S. 9–44.

BERENS, W./SCHMITTING, W./STRAUCH, J. (2011): Funktionen, Terminierung und rechtliche Einordnung der Due Diligence. In: Due Diligence bei Unternehmensakquisitionen hrsg. von Berens, W./ Brauner, H./ Strauch, J., 6. Aufl., Stuttgart 2011, S. 67–104.

BERENS, W./STRAUCH, J. (2002): Due Diligence bei Unternehmensakquisitionen - eine empirische Untersuchung, Frankfurt am Main (u.a.) 2002.

BERENS, W./STRAUCH, J. (2006): Financial Due Diligence. In: Handbuch Mergers & Acquisitions Management hrsg. von Wirtz, B. W., 1. Aufl., Wiesbaden 2006, S. 535–555.

BERENS, W./STRAUCH, J. (2011): Herkunft und Inhalt des Begriffes Due Diligence. In: Due Diligence bei Unternehmensakquisitionen hrsg. von Berens, W./ Brauner, H./ Strauch, J., 6. Aufl., Stuttgart 2011, S. 3–21.

BERGH, D. D. (2001): Executive retention and acquisition outcomes: A test of opposing views on the influence of organizational tenure. In: Journal of Management, Jg. 27, Heft 5, S. 603–622.

BERGMOSER, U./THEUSINGER, I./GUSHURST, K.-P. (2008): Corporate Compliance- Grundlagen und Umsetzung. In: Betriebs-Berater, Jg. BB-Special 5, Heft 25, S. 1–11.

BERNDT, H./GÖTZ, H. (2009): Stiftung und Unternehmen. Zivilrecht, Steuerrecht, Gemeinnützigkeit, Herne 2009.

BERTELSMANN STIFTUNG (2005): Die gesellschaftliche Verantwortung von Unternehmen. Internetadresse: http://www.bertelsmann-stiftung.de/bst/de/media/xcms_bst_dms_15645__2.pdf. Erstelldatum: unbekannt. Abfragedatum: 25.11.2009.

BERTELSMANN STIFTUNG (2007): Der CSR Navigator. CSR Politik in Afrika, Amerika, Asien und Europa. Internetadresse: http://www.bertelsmann-stiftung.de/cps/rde/xbcr/SID-05819F98-145128E8/bst/CSR_Navigator_kurz_deutsch.pdf. Erstelldatum: unbekannt. Abfragedatum: 26.09.2012.

BETKO, H./REIML, D./SCHUBERT, P. (2011): Environmental Due Diligence. In: Due Diligence bei Unternehmensakquisitionen hrsg. von Berens, W./ Brauner, H./ Strauch, J., 6. Aufl., Stuttgart 2011, S. 575–592.

BHATTACHARYA, C. B./SEN, S./KORSCHUN, D. (2008): Using Corporate Social Responsibility to Win the War for Talents. In: MIT Sloan Management Review, Jg. 49, Heft 2, S. 37–44.

BIBERACHER, J. (2003): Synergiemanagement und Synergiecontrolling, München 2003.

BIHR, D./DEYHLE, A. (2000): Risiko-Früherkennungs-System. In: Controller-Magazin, Heft 3, S. 262–269.

BINDER, J. (1998): The Event Study Methodology Since 1969. In: Review of Quantitative Finance and Accounting, Jg. 11, Heft 2, S. 111–137.

BLACCONIERE, W./PATTEN, D. (1994): Environmental disclosures, regulatory costs, and changes in firm value. In: Journal of Accounting & Economics, Jg. 18, Heft 3, S. 357–377.

BLATTBERG, R./GONEDES, N. (1974): A Comparison of the Stable and Student Distributions as Statistical Models for Stock Prices. In: The Journal of Business, Jg. 47, Heft 2, S. 244–280.

BLECKER, T. (1999): Unternehmung ohne Grenzen. Konzepte, Strategien und Gestaltungsempfehlungen für das strategische Management, Wiesbaden 1999.

BLEYMÜLLER, J./GEHLERT, G./GÜLICHER, H. (2004): Statistik für Wirtschaftswissenschaftler, 14. Aufl., München 2004.

BLÖCHER, A. (2001): Due Diligence und Unternehmensbewertung im Akquisitionsprozess. In: Due Diligence in der Praxis. Risiken minimieren bei Unternehmenstransaktionen hrsg. von Scott, C., 1. Aufl., Wiesbaden 2001, S. 29–53.

BLUMBERG, M. (2006): Ethisches Marketing: Gutes tun und davon profitieren. Internetadresse: http://www.openpr.de/pdf/100873/Ethisches-Marketing-Gutes-tun-und-davon-profitieren.pdf. Erstelldatum: 20.09.2006. Abfragedatum: 18.03.2010.

BLYTH, A. (2005): Business Behaving Responsibility. In: Director, Jg. 59, Heft 1, S. 30.

BOATENG, A. X. (2010): Mergers & Acquisitions in China: Who makes the money? Nottingham 2010.

BOEHMER, E./MUSUMECI, J./POULSEN, A. (1991): Event-study methodology under conditions of event-induced variance. In: Journal of Financial Economics, Jg. 30, Heft 2, S. 253–272.

BOESSO, G./MICHELON, G. (2010): The Effects of Stakeholder Prioritization on Corporate Financial Performance: An Empirical Investigation. In: International Journal of Management Reviews, Jg. 27, Heft 3, S. 470–496.

BÖGER, M. (2010): Gestaltungsansätze und Determinanten des Supply Chain Risk Managements. Eine explorative Analyse am Beispiel von Deutschland und den USA, 1. Aufl., Lohmar 2010.

BOHDAL, U./DENISON, E. (2008): Soziale Kompetenz beim Unternehmenskauf. In: Mergers & Acquisitions, Heft 6, S. 287–292.

BÖHLER, H. (2004): Marktforschung, 3. Aufl., Stuttgart 2004.

BOHLEY, P. (1996): Statistik. Einführendes Lehrbuch für Wirtschafts- und Sozialwissenschaftler, 6. Aufl., München, Wien 1996.

BÖHL, S. (2006): Wertorientiertes Controlling. Eine ganzheitliche führungsprozessorientierte Konzeption zur Unterstützung der Implementierung einer wertorientierten Unternehmensführung, Hamburg 2006.

BÖHMER, E./LÖFFLER, Y. (1999): Kursrelevante Ereignisse bei Unternehmensübernahmen. Eine empirische Analyse des deutschen Kapitalmarktes. In: Zeitschrift für betriebswirtschaftliche Forschung, Jg. 51, Heft 1, S. 299–324.

BÖHRINGER, A./BUKOWSKY, I./EBERS, M./MAURER, I. (2006): Herausforderungen grenzüberschreitender M&A. In: Handbuch Mergers & Acquisitions Management hrsg. von Wirtz, B. W., 1. Aufl., Wiesbaden 2006, S. 133–156.

BOLLEN, K. A. (1989): Structural equation with Latent Variables, New York 1989.

BOOCHS, W. (2000): Sponsoring in der Praxis, Neuwied 2000.

BOROWICZ, F. (2006): Wenn gute Manager schlechte Unternehmen kaufen- Interessenskonflikte und deren Management bei Akquisitionen. In: Der M&A-Prozess. Konzepte, Ansätze und Strategien für die Pre- und Post-Phase hrsg. von Keuper, F./ Glahn, C./ Häfner, M., Wiesbaden 2006, S. 33–60.

BORTZ, J. (2005): Statistik für Human- und Sozialwissenschafter, Heidelberg 2005.

BOUNCKEN, R. (2000): Dem Kern des Erfolges auf der Spur? State of the Art zur Identifikation von Kernkompetenzen. In: Zeitschrift für betriebswirtschaftliche Forschung, Jg. 70, Heft 7/8, S. 865–885.

BOUTIN-DUFRESNE, F./SAVARIA, P. (2004): Corporate Social Responsibility and Financial Risk. In: The Journal of Investing, Heft 1, S. 57–66.

BOWEN, H. R. (1953): Social Responsibilities of the Businessman, Michigan 1953.

BOWMAN, E./HAIRE, M. (1975): A Strategic Posture Toward Corporate Social Responsibility. In: California Management Review, Jg. 18, Heft 2, S. 49–58.

BOWMAN, R. (1983): Understanding and Conducting Event Studies. In: Journal of Business, Finance & Accounting, Jg. 10, Heft 4, S. 561–584.

BRADLEY, M./DESAI, A./KIM, E. H. (1988): Synergistic Gains from Corporate Acquisitions and their division between the Stockholders of Target and Acquiring Firms. In: Journal of Financial Economics, Jg. 21, Heft 1, S. 3–40.

BRADLEY, M./SUNDARSAM, A. (2006): Acquisitions and Performance: A Re-Assessment of the Evidence, Working Paper, 2006.

BRANCO, M./RODRIGUES, L. (2006): Corporate Social Responsibility and Resource-Based Perspectives. In: Journal of Business Ethics, Jg. 69, Heft 2, S. 111–132.

BRETZKE, W.-R. (1976): Zur Berücksichtigung des Risikos bei der Unternehmensbewertung. In: Zeitschrift für betriebswirtschaftliche Forschung, Jg. 28, Heft 1, S. 153–165.

BREUSCH, T. (1978): Testing for autocorrelation in dynamic linear models. In: Australian Economic Papers, Jg. 17, Heft 31, S. 334–355.

BREUSCH, T./PAGAN, A. (1979): Simple Test for Heteroscedasticity and Random Coefficient Variation. In: Econometrica, Jg. 47, Heft 5, S. 1287–1294.

BRINK, A. (2009): Corporate Philanthropy aus strategischer Perspektive. In: Die Unternehmung, Jg. 63, Heft 1, S. 75–100.

BROCK, D. M. (2005): Multinational acquisition integration: the role of national culture in creating synergies. In: International Business Review, Jg. 14, Heft 3, S. 269–288.

BROWN, B./PERRY, S. (1994): Removing the Financial Performance Halo form Fortune´s "most admired" companies. In: The Academy of Management Journal, Jg. 37, Heft 5, S. 1347–1359.

BROWN, K./HARLOW, W./TINIC, S. (1988): Risk Aversion. Uncertain information and market efficiency. In: Journal of Financial Economics, Jg. 22, Heft 2, S. 355–669.

BROWN, S./WARNER, J. B. (1980): Measuring Security Price Performance. In: Journal of Financial Economics, Jg. 8, Heft 3, S. 205–258.

BROWN, S./WARNER, J. B. (1985): Using Daily Stock Returns. The Case of Event Studies. In: Journal of Financial Economics, Jg. 14, Heft 1, S. 3–31.

BRÜHWILER, B. (2008): Der neue Risikomanagement-Standard ISO 31000: Risk Management. Principles and Guidelines on Implementation. In: Zeitschrift für Risk, Fraud & Governance, Jg. 3, Heft 1, S. 14–17.

BRUNER, R. F. (2004): Applied mergers and acquisitions, Hoboken 2004.

BRUNNER, J. (1999): Value based performance management. Wertsteigernde Unternehmensführung: Strategie, Instrumente, Praxisbeispiele, Wiesbaden 1999.

BRUNSSON, N. (1979): An inquiry into the concept of uncertainty in management theories, Göteburg 1979.

BUBIK, M. (2005): Erfolgskriterien für Unternehmenszusammenschlüsse, Frankfurt am Main (u.a) 2005.

BÜHNER, R. (1990): Erfolg von Unternehmenszusammenschlüssen in der Bundesrepublik Deutschland, Stuttgart 1990.

BUNDESVERBAND DER DEUTSCHEN ARBEITGEBERVERBÄNDE (2009): CSR Germany- Unternehmen tragen gesellschaftliche Verantwortung. Internetadresse: http://www.csrgermany.de/www/csrcms.nsf/id/6184BB0AF3153967C1256F0000 2DB92C. Erstelldatum: unbekannt. Abfragedatum: 23.11.2009.

BUNDESVEREINIGUNG DER DEUTSCHEN ARBEITGEBERVERBÄNDE (2005): Internationale Aspekte von Corporate Social Responsibility. Praxishinweise für Unternehmen, Berlin 2005.

BUNTENBROICH, D. (2007): Menschenrechte und Unternehmen. Transnationale Rechtswirkungen "freiwilliger" Verhaltenskodizes, Frankfurt am Main 2007.

BURGER, A./BUCHHART, A. (2002): Risiko-Controlling, München 2002.

BURR, W. (2005): Unternehmensführung. Strategien der Gestaltung und des Wachstums von Unternehmen, München 2005.

CABLE, J./HOLLAND, K. (1999): Modelling normal returns in event studies: a model-selection approach and pilot study. In: The European Journal of Finance, Jg. 5, Heft 4, S. 331–341.

CAMBPELL, J. (2007): Why would corporations behave in socially responsible ways? An institutional theory of corporate social responsibility. In: Academy of Management Review, Jg. 32, Heft 3, S. 946–967.

CAPRON, L./SHEN, J.-C. (2007): Acquisitions of private vs. public firms: Private information, target selection, and acquirer returns. In: Strategic Management Journal, Jg. 28, Heft 9, S. 891–911.

CARLO, L. DE (2004): Corporate Social Responsibility. Möglichkeiten zur Unterstützung durch die deutsche EZ. Internetadresse: http://www.die-gdi.de/CMS-Homepage/openwebcms3.nsf/%28ynDK_contentByKey%29/ENTR-7C3JDA/$FILE/Corporate%20Social%20Responsibility.pdf. Erstelldatum: 01.05.2004. Abfragedatum: 18.03.2010.

CARROLL, A. (1979): A Three-Dimensional Conceptual Model of Corporate Performance. In: Academy of Business Review, Jg. 4, Heft 4, S. 497–505.

CARROLL, A. (1991): The Pyramid of Corporate Social Responsibility: Toward the Moral Management of Organizational Stakeholders. In: Business Horizons, Jg. 34, Heft 4, S. 39–48.

CARROLL, A. (1998): The Four Faces of Corporate Citizenship. In: Business and Society Review, Jg. 100, Heft 1, S. 1–7.

CARROLL, A. (2008): The Pyramid of Corporate Social Responsibility: Toward the Moral Management of Organizational Stakeholders. In: The corporate social responsibility reader hrsg. von Burchell, J., London (u.a.) 2008, S. 90–97.

CARROLL, A. B. (1999): Corporate Social Responsibility: Evolution of a Definitional Construct. In: Business & Society, Jg. 38, Heft 3, S. 268–295.

CARROLL, A. B. (2000): A Commentary and an Overview of Key Questions on Corporate Social Performance Measurement. In: Business & Society, Jg. 39, Heft 4, S. 466–478.

CARROLL, A. B./BUCHHOLTZ, A. K. (2008): Business & Society, Mason, Ohio 2008.

CHANDRA, R./MORIARITY, S./WILLINGER, L. (1990): A Reexamination of the Power of Alternative Return-Generating Models and the Effect of Accounting for Cross-Sectional Dependencies in Event Studies. In: Journal of Accounting Research, Jg. 28, Heft 2, S. 398–408.

CHANMUGAM, R./ANSLINGER, P./PARK, M. (2004): Post-Merger Integration myths versus high-performance realities. Internetadresse: http://www.imaa-institute.org/docs/m&a/accenture_04_Post-merger%20Integration%20Myths%20Versus%20High-performance%20Realities.pdf. Erstelldatum: 23.06.2004. Abfragedatum: 31.05.2011.

CHATTERJEE, S./HARRISON, J. S./BERGH, D. D. (2003): Failed takeover attempts, corporate governance and refocusing. In: Strategic Management Journal, Jg. 24, Heft 1, S. 87–96.

CHAUDHRI, V. (2006): Organising Global CSR. A case study of Hewlett-Packard´s e-inclusion Initiative. In: Journal of Corporate Citizenship, Jg. Autumn, Heft 23, S. 39–51.

CHRISTMANN, P. (2000): Effects of "Best Practices" of Environmental Management on Cost Average: The Role of Complementary Assets. In: The Academy of Management Journal, Jg. 43, Heft 4, S. 663–680.

CLARK, K./OFEK, E. (1994): Mergers as a Means of Restructuring Distressed Firms: An Empirical Investigation. In: Journal of Financial and Quantitative Analysis, Jg. 25, Heft 4, S. 541–565.

CLARKSON, M. B. (1995): A Stakeholder Framework for analyzing and evaluating corporate social performance. In: Academy of Management Review, Jg. 20, Heft 1, S. 92–117.

CLEVER, H. (1993): Post-Merger-Management, Stuttgart 1993.

COENENBERG, A. G./JAKOBY, S. (2000): Akquisition und Unternehmensbewertung. In: Betriebswirtschaft für Führungskräfte. Eine Einführung in wirtschaftliches Denken und Handeln für Ingenieure, Naturwissenschaftler, Juristen und Geisteswissenschaftler hrsg. von Busse von Colbe, W., Stuttgart 2000, S. 177–206.

COENENBERG, A. G./SALFELD, R. (2007): Wertorientierte Unternehmensführung, Stuttgart 2007.

COENENBERG, A. G./SAUTTER, M. (1992): Strategische und finanzielle Bewertung von Unternehmensakquisitionen. In: Unternehmensakquisition und Unternehmensbewertung. Grundlagen und Fallstudien hrsg. von Busse von Colbe, W./ Coenenberg, A. G./ Brüggerhoff, J. et al., Stuttgart 1992, S. 187–217.

COENENBERG, A. G./SCHULTZE, W. (2007): Akquisitionen und Unternehmensbewertung. In: Betriebswirtschaft für Führungskräfte. Eine Einführung für Ingenieure, Naturwissenschaftler, Juristen und Geisteswissenschaftler hrsg. von Busse von Colbe, W./ Coenenberg, A. G./ Kajüter, P. et al., 3. Aufl., Stuttgart 2007, S. 339–370.

CONLEY, J. M./WILLIAMS, C. A. (2005): Engage, Embed, and Embellish: Theory Versus Practice in the Corporate Social Responsibility Movement. In: Journal of Corporation Law, Jg. 31, Heft 1, S. 1–38.

CONN, R./COSH, A./GUEST, P./HUGHES, A. (2005): The Impact on UK Acquirers of Domestic, Cross-border, Public and Private Acquisitions. In: Journal of Business Finance & Accounting, Jg. 32, Heft 5, S. 815–870.

COPELAND, T. E. (2000): Valuation, New York (u.a.) 2000.

COPELAND, T. E./KOLLER, T./MURRIN, J. (2002): Unternehmenswert. Methoden und Strategien für eine wertorientierte Unternehmensführung, 3. Aufl., Frankfurt am Main, New York 2002.

CORRADO, C./ZIVNEY, T. (1992): The Specification and Power of the Sign Test in Event Study Hypothesis Tests Using Daily Stock Returns. In: Journal of Financial and Quantitative Analysis, Jg. 27, Heft 3, S. 465–478.

COWAN, A. (1992): Nonparametric Event Study Tests. In: Review of Quantitative Finance and Accounting, Jg. 2, Heft 12, S. 343–358.

CROYLE, R./KAGER, P. (2002): Giving Mergers a Head Start. By tapping former employees, companies can get a jump on the all-important process. In: Harvard Business Review, Jg. 80, Heft 5, S. 20–22.

CUMMINS, J. D./WEISS, M. A. (2004): Consolidation in the European Insurance Industry: Do Mergers and Acquisitions Create Value for Shareholders? Paper presented at the Brookings/Wharton Conference 2004.

CURRLE, M. (1999): Unternehmenswertrechnung und Shareholder Value. In: Controlling, Jg. 11, Heft 8/9, S. 431–433.

CYBO-OTTONE, A./MURGIA, M. (2000): Mergers and shareholder wealth in European banking. In: Journal of Banking and Finance, Jg. 24, Heft 6, S. 831–859.

CZYMMEK/FRANK/FAßBENDER-WYNANDS, E. (2001): Die Bedeutung der Balanced Scorecard im Rahmen eines auf Kennzahlen basierenden Umwelt-Controlling, Köln 2001.

DABUI, M. (2000): Postmerger-Management. Zielgerichtete Integration bei Akquisitionen und Fusionen, Wiesbaden 2000.

DANBOLT, J. (2004): Target Company Cross-border Effects in Acquisitions into the UK. In: European Financial Management, Jg. 10, Heft 1, S. 83–108.

DAUB, C.-H. (2005): Globale Wirtschaft - globale Verantwortung. Die Integration multinationaler Unternehmen in den Prozess der nachhaltigen Entwicklung, Basel 2005.

DAUSEND, J. (2008): Unternehmenskultur und Corporate Responsibility, 1. Aufl., Hamburg 2008.

DAWN, S./TREVOR, J. P. (2006): Corporate Social Responsibility and Risk Management? In: The Journal of Corporate Citizenship, Jg. 22, Heft Summer, S. 39–51.

DEEGEN, T. (2001): Ansatzpunkte zur Integration von Umweltaspekten in die Balanced Scorecard, Lüneburg 2001.

DELOITTE (2007): Auf Erfolgskurs. M&A in Deutschland: Trends, Aktivitäten, Zielsetzungen, Strategien, Erfolgsfaktoren. Internetadresse: http://www.deloitte.com/assets/DcomGermny/Local%20Assets/Documents/13_FocusOn/M%20and%20A/2009/de_R_MuA_in_Deutschland_2007.pdf. Erstelldatum: 01.11.2007. Abfragedatum: 15.08.2011.

DELOITTE (2009): How green is the deal? The growing role of sustainability in M&A. Internetadresse: http://www.deloitte.com/assets/Dcom-UnitedStates/Local%20Assets/Documents/US_MA_How_Green_Is_the_Deal_Jan09.pdf. Erstelldatum: unbekannt. Abfragedatum: 27.09.2012.

DELOITTE (2010): Sustainability and M&A. It´s not just about due diligence. Internetadresse: http://oportunidades.deloitte.cl/marketing/Reportes-internos/Energy/diciembre/M_A.pdf. Erstelldatum: unbekannt. Abfragedatum: 24.01.2012.

DELOITTE (2011): Sustainable Finance. The risks and opportunities that (some) CFOs are overlooking. Internetadresse: http://www.deloitte.com/view/en_GX/global/services/sustainability-and-climate-change/0db5e3a6978c2310VgnVCM3000001c56f00aRCRD.htm#. Erstelldatum: Oktober 2011. Abfragedatum: 05.07.2012.

DENK, R./EXNER-MERKEIT, K./RUTHNER, R. (2006): Risikomanagement in Unternehmen. Ein Überblick. In: Schriftenreihe zur Wirtschaftswissenschaftlichen Forschung und Praxis, Jg. 3, Heft 4, S. 9–40.

DENTCHEV, N. (2004): Corporate Social Performance as a Business Strategy. In: Journal of Business Ethics, Jg. 55, Heft 4, S. 397–412.

DEUTSCHE GESELLSCHAFT FÜR PERSONALFÜHRUNG (2007): Erfolgreiche M&As- was das Personalmanagement dazu beiträgt. Untersuchungsergebnisse und Handlungsempfehlungen. In: Praxis Papiere, Jg. 2, Heft 1.

DIBELIUS, A. (2005): Mergers & Acquisitions aus Sicht der Kapitalmärkte. In: Handbuch Mergers & Acquisitions. Planung, Durchführung, Integration hrsg. von Picot, G./ Bartels, E., 3. Aufl., Stuttgart 2005, S. 33–52.

DICKEN, A. (2000): Erfolg von Unternehmen aus aktueller Sicht. In: Betriebswirtschaftliche Forschung und Praxis, Heft 4, S. 358–372.

DLA PIPER (2007): European M&A Survey 2007. Internetadresse: http://www.financialexecutives.org/eweb/upload/FEI/1727766_1_UKGROUPS.pdf. Erstelldatum: unbekannt. Abfragedatum: 20.08.2011.

DOBERS, P./HALME, M. (2009): Corporate social responsibility and developing countries. In: Corporate Social Responsibility and Environmental Management, Jg. 16, Heft 5, S. 237–249.

DODD, E. M. (1932): For Whom are Corporate Managers Trustees? In: Harvard Law Review, Jg. 45, Heft 7, S. 1145–1163.

DOWELL, G./HART, S./YEUNG, B. (2000): Do Corporate Global Environmental Standards Create or Destroy Market Value? In: Management Science, Jg. 46, Heft 8, S. 1059–1074.

DRAPER, N./SMITH, H. (1967): Applier Regression Analysis, New York (u.a.) 1967.

DRESEWSKI, F. (2007): Verantwortliche Unternehmensführung, Berlin 2007.

DRUMWRIGHT, M. (1996): Company Advertising with a Social Dimension. The role of Noneconomic Criteria. In: Journal of Marketing Research, Jg. 60, Heft 4, S. 71–87.

DUBIELZIG, F./SCHALTEGGER, S. (2005): Corporate Citizenship. In: Handlexikon Public Affairs hrsg. von Althaus, M./ Geffken, M./ Rawe, S., Münster 2005, S. 235–238.

DURBIN, J./WATSON, G. (1950): Testing for Serial Correlation in Least Squares Regression. In: Biometrika, Jg. 37, Heft 4, S. 409–428.

DU, S./BHATTACHARYA, C./SEN, S. (2007): Reaping relational rewards from corporate social responsibility: The role of competitive positioning. In: International Journal of Research in Marketing, Jg. 24, Heft 3, S. 224–241.

DÜSTERLHO, J.-E. V. (2003): Das Shareholder-Value-Konzept. Methodik und Anwendung im strategischen Management, 1. Aufl., Wiesbaden 2003.

DUTTON, J./DUKERICH, J. (1991): Keeping the Eye on the Mirror: Image and Identity in Organizational Adaptation. In: The Academy of Management Journal, Jg. 34, Heft 3, S. 517–554.

DYLLICK, T. (1992): Management der Umweltbeziehungen: öffentliche Auseinandersetzungen als Herausforderung, Wiesbaden 1992.

DYLLICK, T. (2004): Was ist CSR? Erklärung und Definition. Internetadresse: http://www.iwoe.unisg.ch/org/iwo/web.nsf/SysWebRessources/Dyllick_CSR-2003/$FILE/Dyllick_CSR_baum2004.pdf. Erstelldatum: unbekannt. Abfragedatum: 21.10.2009.

EBERS, M./GOTSCH, W. (2006): Institutionenökonomische Theorien der Organisation. In: Organisationstheorien hrsg. von Kieser, A./ Ebers, M., 6. Aufl., Stuttgart 2006, S. 247–308.

EBERSTADT, N. N. (1977): What History tells us about Corporate Responsibilities. In: Managing Corporate Social Responsibility hrsg. von Carroll, A. B. 1977, S. 17–22.

EBERT, M. (1998): Evaluation von Synergien bei Unternehmenszusammenschlüssen, Hamburg 1998.

ECCLES, R./LANES, K./WILSON, T. (1999): Are you paying too much for that acquisition? The key is knowing what your top price is- and having discipline to stick to it. In: Harvard Business Review, Jg. 77, Heft 4, S. 136–146.

ECKBO, B. E. (2010): Corporate takeovers. Modern empirical developments, San Diego 2010.

EGRI, C./RALSTON, D. (2008): Corporate responsibility: A review of international management research from 1998 to 2007. In: Journal of International Management, Jg. 14, Heft 3, S. 319–339.

EMPT, M. (2004): Corporate Social Responsibility. Das Ermessen des Managements zur Berücksichtigung von Nichtaktionärsinteressen im US-amerikanischen und deutschen Aktienrecht, Berlin 2004.

ENQUETE-KOMMISSION (2002): Bürgerliches Engagement: Aus dem Weg in eine zukunftsfähige Bürgergesellschaft, Berlin 2002.

ENTINE, J. (2003): The Myth of Social Investing: A Critique of its Practice and Consequences for Corporate Social Performance Research. In: Organization & Environment, Jg. 16, Heft 3, S. 352–368.

ERLEI, M./LESCHKE, M./SAUERLAND, D. (2007): Neue Institutionenökonomik, 2. Aufl., Stuttgart 2007.

ESCHEN, E. (2002): Der Erfolg von Mergers & Acquisitions. Unternehmungszusammenschlüsse aus der Sicht des ressourcenbasierten Ansatzes, Wiesbaden 2002.

FAMA, E. F. (1970): Efficient Capital Markets: A Review of Theory and Empirical Work. In: Journal of Finance, Jg. 25, Heft 2, S. 383–423.

FAMA, E. F. (1976): Stock Market Price Behavior. Efficient capital markets: A Review of Theory and Empirical Work. In: Journal of Finance, Jg. 31, Heft 1, S. 143–145.

FAMA, E. F. (1991): Efficient Capital Markets II. In: Journal of Finance, Jg. 46, Heft 5, S. 1575–1617.

FAMA, E. F./FISHER, L./JENSEN, M./ROLL, R. (1969): The Adjustment of Stock Prices to new information. In: International Economic Review, Jg. 10, Heft 1, S. 1–21.

FASSE, F.-W. (1995): Risk-Management im strategischen internationalen Marketing, Hamburg 1995.

FELDMAN, M./SPRATT, M. (1994): Postmerger Integration. In: The Mergers & Acquisitions Handbook hrsg. von Rock, M. L./ Rock, R. H./ Sikora, M. J., 2. Aufl., New York 1994, S. 409–417.

FIEGE, S. (2006): Risikomanagement- und Überwachungssystem nach KonTraG. Prozess, Instrumente, Träger, Wiesbaden 2006.

FIELDS, E. (2011): The Essentials of Finance and Accounting for Nonfinancial Managers 2011.

FIESELER, C. (2008): Die Kommunikation von Nachhaltigkeit, Wiesbaden 2008.

FIGGE, F. (2000): Öko-Rating. Ökologieorientierte Bewertung von Unternehmen, Berlin (u.a.) 2000.

FIGGE, F./HAHN, T. (2002): Environmental Shareholder Value Matrix. Konzeption, Anwendung und Berechnung, Lüneburg 2002.

FIGGE, F./HAHN, T./SCHALTEGGER, S./WAGNER, M. (2001): Sustainability Balanced Scorecard. Wertorientiertes Nachhaltigkeitsmanagement mit der balanced scorecard, Lüneburg 2001.

FINKERNAGEL, L. (2007): Corporate Social Responsibility. Eine neue Perspektive der Unternehmenskommunikation, Saarbrücken 2007.

FINKERNAGEL, S./HALEBLIAN, J. (2002): Understanding Acquisition Performance: The Role of Transfer Effects. In: Organization Science, Jg. 13, Heft 1, S. 36–47.

FISCHER, D. (2011): Compliance und Crime Due Diligence. In: Interdisziplinäre Aspekte von Compliance hrsg. von Holzhauser, G./ Sutter, C., Baden-Baden 2011, S. 103–294.

FISCHER, L.-J. (2008): Wertorientiertes Kundenmanagement bei M&A-Transaktionen, 1. Aufl., Lohmar 2008.

FOMBRUN, C. (1997): Three Pillars of Corporate Citizenship. In: Corporate Global Citizenship: Doing Business in the Public Eye hrsg. von Thichy, N./ McGill, A./ St. Clair, L. 1997, S. 27–42.

FOMBRUN, C./GARDBERG, N./BARNETT, M. (2000): Opportunity Platforms and Safety Nets: Corporate Citizenship and Reputational Risk. In: Business and Society Review, Jg. 105, Heft 1, S. 85–106.

FORSTMANN (1998): Managing Cultural Differences in Cross-cultural mergers and acquisitions. In: Cultural dimensions of international mergers and acquisitions hrsg. von Gertsen, M. C./ Søderberg, A.-M./ Torp, J. E., Berlin, New York 1998, S. 57–83.

FRANKE, G. (2000): Gefahren kurzfristigen Risikomanagements durch Value at Risk. In: Handbuch Risikomanagement hrsg. von Johanning, L./ Rudolph, B., Bad Soden 2000, S. 53–83.

FRANK, G. M. (1993): Probleme und Erfolgsfaktoren bei der Übernahme von Unternehmen. In: Management von Unternehmensakquisitionen hrsg. von Gert-M., F./ Stein, I., Stuttgart 1993, S. 133–145.

FREEDMAN, M./JAGGI, B. (1986): An analysis of the impact of corporate pollution disclosures included in annual financial statements on investors' decisions. In: Advances in Public Interest Accounting, Jg. 1, Heft 1, S. 193–212.

FREEMAN, R. E. (1984): Strategic management - A Stakeholder Approach, Boston (u.a.) 1984.

FREIMANN, J./WALTHER, M. (2002): The Impacts of Corporate Environmental Management Systems. A Comparison of EMAS and ISO 14001. In: Greener Management International, Jg. 36, Heft 1, S. 91–103.

FRENSCH, F. (2007): The social side of mergers and acquisitions., Berlin 2007.

FRIEDMAN, M. (1970): The Social Responsibility of Business is to Increase its profits. Internetadresse: http://www.colorado.edu/studentgroups/libertarians/issues/friedman-soc-resp-business.html. Erstelldatum: 13.09.1970. Abfragedatum: 26.10.2009.

FRUHAN, W. E. (1979): Financial strategy. Studies in the creation, transfer, and destruction of shareholder value, Homewood,Ill. 1979.

FRYNAS, G. J. (2004): Social and environmental litigation against transnational firms in Africa. In: The Journal of Modern African Studies, Jg. 42, Heft 03, S. 363–388.

FUCHS, H. J. (2007): Die China AG. Zielmärkte und Strategien chinesischer Markenunternehmen in Deutschland und Europa, 1. Aufl., München 2007.

FUES, T. (2001): Trends und Interdependenzen in der Weltgesellschaft. In: Globale Trends 2002 hrsg. von Hauchler, I./ Messner, D./ Nuscheler, F., Frankfurt am Main 2001, S. 49–72.

FULLER, K. P./GLATZER, M. (2003): Method of payment choice for international targets. In: Corporate Governance and Finance, Jg. 8, Heft o.H., S. 47–64.

FURTNER, S. (2006): Erfolgsfaktoren für M&A-Aktivitäten im österreichischen Mittelstand. In: M&A Review, Heft 4, S. 166–170.

FÜSER, K./GLEIẞNER, W./MEIER, G. (1999): Risikomanagement (KonTraG)- Erfahrungen aus der Praxis. In: Der Betrieb, Jg. 52, Heft 15, S. 753–758.

GARRIGA, E./MELÉ D. (2004): Corporate Social Responsibility Theories: Mapping the Territory. In: Journal of Business Ethics, Jg. 53, Heft 1, S. 51–71.

GEORGEN, M./RENNEBOOG, L. (2004): Shareholder Wealth Effects of European Domestic and Cross-border Takeover Bids. In: European Financial Management, Jg. 10, Heft 1, S. 9–45.

GERDS, J./SCHEWE, G. (2011): Post-Merger-Integration. Unternehmenserfolg durch Integration Excellence, 4. Aufl., Berlin, Heidelberg 2011.

GERPOTT, T. J. (1993): Integrationsgestaltung und Erfolg von Unternehmensakquisitionen, Stuttgart 1993.

GHEMAWAT, P./GHADAR, F. (2000): The Dubious Logic of Global Megamergers. In: Harvard Business Review, Jg. 78, Heft 4, S. 65–72.

GIERSCH, C./HANLEY-GIERSCH, J. (2010): Reputational Due Diligence. The key to strategic risk management. In: Berlin Risk Brief, Jg. 6, Heft Oktober, S. 1–7.

GINTENREITER, P. (2002): Ergebnisse. In: Due Diligence. Risikoanalyse im Zuge von Unternehmenstransaktionen hrsg. von Kranebitter, G., Landsberg/Lech 2002, S. 24–29.

GLASER, J./HORNUNG, S./LABES, M. (2007): Indikatoren für die Humanressourcenförderung. Humankapital messen, fördern und wertschöpfend einsetzen, 1. Aufl., Bremerhaven 2007.

GLAUM, M./HUTZSCHENREUTER, T. (2010): Mergers & Acquisitions. Management des externen Unternehmenswachstums, Stuttgart 2010.

GLAUM, M./LINDEMANN, J. (2002): Externes Wachstum: Theoretische Überlegungen und empirische Befunde. In: Wachstumsstrategien internationaler Unternehmungen. Internes vs. externes Unternehmenswachstum hrsg. von Glaum, M./ Hommel, U./ Thomaschewski, D., Stuttgart 2002, S. 269–299.

GLAUM, M./LINDEMANN, J./FRIEDRICH, N. (2006): Erfolg von Mergers & Acquisitions. In: Handbuch Mergers & Acquisitions Management hrsg. von Wirtz, B. W., 1. Aufl., Wiesbaden 2006, S. 287–316.

GLEIßNER, W./MEIER, G. (2000): Risikomanagement als integraler Bestandteil der wertorientierten Unternehmensführung. In: DSWR Datenverarbeitung - Steuer - Wirtschaft - Recht, Jg. 29, Heft 1-2, S. 6–10.

GODFREY, L. (1978): Testing against general autoregressive and moving average error models when regressors include lagged dependent variables. In: Econometrica, Jg. 46, Heft 6, S. 1293–1301.

GOERKE, B. (2009): Event-Studies. In: Methodik der empirischen Forschung hrsg. von Albers, S., 3. Aufl., Wiesbaden 2009, S. 467–484.

GOLOB, U./BARTLETT, J. (2007): Communication about corporate social responsibility: A comparative study of CSR reporting in Australia and Slovenia. In: Public Relations Review, Jg. 33, Heft 1, S. 1–9.

GOMEZ, P./WEBER, B. (1989): Akquisitionsstrategie. Wertsteigerung durch Übernahme von Unternehmungen, Zürich 1989.

GREENE, W. H. (2003): Econometric analysis, 5. Aufl., Upper Saddle River, N.J 2003.

GREENING, D. W./TURBAN, D. B. (2000): Corporate Social Performance As a Competitive Advantage in Attracting a Quality Workforce. In: Business & Society, Jg. 39, Heft 3, S. 254–280.

GRI (2006): Leitfaden zur Nachhaltigkeitsberichterstattung. Internetadresse: http://www.globalreporting.org/NR/rdonlyres/B77474D4-61E2-4493-8ED0-D4AA9BEC000D/2868/G3_LeitfadenDE1.pdf. Erstelldatum: unbekannt. Abfragedatum: 18.03.2010.

GRIFFIN, J./MAHON, J. (1997): The Corporate Social Performance and Corporate Financial Performance Debate: Twenty-Five Years of Incomparable Research. In: Business & Society, Jg. 36, Heft 1, S. 5–31.

GRÜNERT, T. (2007): Mergers & Acquisitions in Unternehmungskrisen. Krisenbewältigung durch Synergierealisation, Wiesbaden 2007.

GRÜNINGER, S. (2010): Werteorientiertes Compliance Management System. In: Handbuch Compliance-Management. Konzeptionelle Grundlagen, praktische Erfolgsfaktoren, globale Herausforderungen hrsg. von Wieland, J./ Steinmeyer, R./ Grüninger, S. et al., Berlin 2010, S. 39–69.

GRÜN, M. C. (2010): Kundenbeziehungen nach Fusionen und Akquisitionen. Die Auswirkung der Beziehungsgestaltung und Synergierealisierung auf den M&A-Erfolg, Wiesbaden 2010.

GUENSTER, N. (2010): The Effect of differences in Corporate Social Responsibility between Bidder and Target on stock returns around the announcement date of Mergers and Acquisitions 2010.

GUGLER, K./MUELLER, D./YURTOGLU, B. B./ZULCHNER, C. (2003): The effects of mergers: an international comparison. In: International Journal of Industrial Organization, Jg. 21, Heft 5, S. 625–653.

GUJARATI, D. N./PORTER, D. C. (2010): Essentials of econometrics, 4. Aufl., New York 2010.

GUNKEL, M. A. (2010): Effiziente Gestaltung des Risikomanagements in deutschen Nicht-Finanzunternehmen. Eine empirische Untersuchung, Norderstedt 2010.

GUSERL, R. (2002): Schlüsselfaktoren erfolgreicher M&A-Transaktionen. In: Handbuch Fusionen. Allgemeine, betriebswirtschaftliche, rechtliche und Branchen-Aspekte hrsg. von Pernsteiner, H./ Mittermair, K., Wien 2002, S. 113–149.

HABISCH, A. (2003): Corporate Citizenship, Berlin (u.a.) 2003.

HABISCH, A. (2006): Gesellschaftliches Engagement als Win-Win-Szenario. In: Erfolgsfaktor Verantwortung. Corporate social responsibility professionell managen hrsg. von Gazdar, K., Berlin 2006, S. 81–97.

HABISCH, A./WILDNER, M./WENZEL, F. (2008): Corporate Citizenship als Bestandteil der Unternehmensstrategie. In: Handbuch Corporate Citizenship hrsg. von Habisch, A./ Schmidpeter Rene/ Neureiter, M., Berlin 2008, S. 3–43.

HACHMEISTER, D. (2000): Der Discounted Cash Flow als Maß der Unternehmenswertsteigerung, 4. Aufl., Frankfurt am Main 2000.

HAHN, K./WEBER, S./FRIEDRICH, J. (2000): Ausgestaltung des Risikomanagements in mittelständischen Unternehmen. In: Bilanzrecht und Wirtschaftsprüfung, Jg. 55, Heft 51/52, S. 2620–2628.

HAHN, T. (2005): Gesellschaftliches Engagement von Unternehmen. Reziproke Stakeholder, ökonomische Anreize, strategische Gestaltungsoptionen, 1. Aufl., Wiesbaden 2005.

HAIR, J. F. (2010): Multivariate data analysis. A global perspective, 7. Aufl., Upper Saddle River 2010.

HALEBLIAN, J./DEVERS, C. E./MCNAMARA, G./CARPENTER, M. A./DAVISON, R. B. (2009): Taking Stock of What We Know About Mergers and Acquisitions: A Review and Research Agenda. In: Journal of Management, Jg. 35, Heft 3, S. 469–502.

HALLER, D. (2000): Zur Eignung finanzwirtschaftlicher Aussagesysteme für die Beurteilung strategischer Unternehmensübernahmen, Aachen 2000.

HALLER, M. (1986): Künftige Entwicklung im Risiko-Management. In: Risiko-Management hrsg. von Jacob, H., Wiesbaden 1986, S. 117–127.

HAMMANN, E.-M./HABISCH, A./PECHLANER, H. (2009): Values that create value: socially responsible business practices in SMEs- empirical evidence from German companies. In: Business Ethics: A European Review, Jg. 18, Heft 1, S. 37–51.

HAMSCHMIDT, J./DYLLICK, T. (2001): ISO 14001. Profitable? Yes! But is it eco-effective? In: Greener Management International, Jg. 34, Heft 2, S. 32–54.

HANSEN, U. (2004): Gesellschaftliche Verantwortung als Business Case. Ansätze, Defizite und Perspektiven der deutschsprachigen Betriebswirtschaftslehre. In: Betriebswirtschaftslehre und gesellschaftliche Verantwortung hrsg. von Schneider, U./ Steiner P., Wiesbaden 2004, S. 59–83.

HANSEN, U./SCHRADER, U. (2005): Corporate Social Responsibility als aktuelles Thema der Betriebswirtschaftslehre. In: Die Betriebswirtschaft, Jg. 65, Heft 4, S. 373–395.

HART, S./AHUJA, G. (1996): Does it pay to be green? An empirical examination of the relationship between emission reduction and firm performance. In: Business Strategy and the Environment, Jg. 5, Heft 1, S. 30–37.

HARTUNG, J./ELPELT, B./KLÖSENER, K.-H. (2009): Statistik. Lehr- und Handbuch der angewandten Statistik, 15. Aufl., München 2009.

HASE, S. (1996): Integration akquirierender Unternehmen: Planung, Konzeption, Bewertung und Kontrolle., Frankfurt am Main 1996.

HASPESLAGH, P. C./JEMISON, D. B. (1992): Akquisitionsmanagement. Wertschöpfung durch strategische Neuausrichtung des Unternehmens, Frankfurt Main 1992.

HASSAN, M./PATR, D./TUCKMAN, H./WANG, X. (2007): Do mergers and acquisitions create shareholder wealth in the pharmaceutical industry? In: International Journal of Pharmaceutical and Healthcare Marketing, Jg. 1, Heft 1, S. 58–78.

HAUSER, S. E. (2003): Informationsverarbeitung am Neuen Markt. Eine empirische Analyse der Determinanten von Kursreaktionen auf Ad-hoc-Meldungen, 1. Aufl., Wiesbaden 2003.

HÄUSLER, R. (2012): Der naive Kult um CSR. Internetadresse: http://de.stratum-consult.de/de/stratum-menschen/stratum-der-naive-kult-um-csr.pdf. Erstelldatum: Juni 2012. Abfragedatum: 25.09.2012.

HAWAWINI, G. A./SWARY, I. (1990): Mergers and acquisitions in the U.S. banking industry. Evidence from the capital markets, Amsterdam (u.a.) 1990.

HAWRANEK, F. (2004): Schnittstellenmanagement bei M&A-Transaktionen, 1. Aufl., Wiesbaden 2004.

HAY GROUP (2010): The silver bullet of success - Winners and losers in the M&A game. Internetadresse: http://www.haygroup.com/downloads/gr/misc/mergers_and_acquisitions__the_silver_bullet_of_success.pdf. Erstelldatum: unbekannt. Abfragedatum: 16.08.2011.

HAYES, B./WALKER, B. (2005): Corporate Responsibility or Core Competence? In: Development in Practice, Jg. 15, Heft 3-4, S. 405–412.

HAYNES, B. (2005): ACG/Homson Dealmaker's Survey Finds M&A Pros Bullish On Deals. In: Mergers & Acquisitions, Jg. 40, Heft 7, S. 8–11.

HAY, R./GRAY, E. (1977): Social Responsibility of Business Managers. In: Managing Corporate Social Responsibility hrsg. von Carroll, A. B. 1977, S. 8–16.

HAYWARD, M. L. A. (2002): When do firms learn from their acquisition experience? Evidence from 1990 to 1995. In: Strategic Management Journal, Jg. 23, Heft 1, S. 21–39.

HELLING, N. U. (1994): Strategieorientierte Unternehmensbewertung. Instrumente und Techniken, Wiesbaden 1994.

HEMINGWAY, C./MACLAGAN, P. (2004): Manager's Personal Values as Drivers of Corporate Social Responsibility. In: Journal of Business Ethics, Jg. 50, Heft 1, S. 33–44.

HEMMELRATH, A. (2001): Cross Border Transactions: Länderstudie Frankreich. In: Internationales Fusionsmanagement. Erfolgsfaktoren grenzüberschreitender Unternehmenszusammenschlüsse hrsg. von Jansen, S. A./ Picot, G./ Schiereck, D., Stuttgart 2001, S. 227–240.

HENDERSON, D. (2001): Misguided virtue, London 2001.

HENNIG-THURAU, T./HANSEN, U./BORNEMANN, D. (2001): Marktchancen sozial-ökologischer Geldanlagen bei privaten Investoren. Eine verhaltenswissenschaftliche Analyse. In: Zeitschrift für angewandte Umweltforschung, Jg. 14, Heft 1-4, S. 198–216.

HENSELMANN, K. (2001): Das KonTraG und seine Anforderungen an das Risikomanagement. In: Risikomanagement hrsg. von Betz, S./ Götze, U./ Götze-Henselmann-Mikus, Heidelberg 2001, S. 29–46.

HERBST, D. (2003): Praxishandbuch Unternehmenskommunikation, 1. Aufl., Berlin 2003.

HERCHEN, O. (2007): Corporate Social Responsibility. Wie Unternehmen mit ihrer ethischen Verantwortung umgehen, 1. Aufl., Norderstedt 2007.

HERMANN, R./DIETRICH, M. (2001): Risikomanagement und Risikocontrolling. Transparenz durch risikoadjustiertes Berichtswesen. In: Bilanz & Buchhaltung, Heft 4, S. 134–143.

HESSELER, M. (2007): Projektmanagement. Wissensbausteine für die erfolgreiche Projektarbeit, München 2007.

HILLMAN, A./KEIM, G. (2001): Shareholder Value, Stakeholder Management and Social Issues: What´s the Bottom Line? In: Strategic Management Journal, Jg. 22, Heft 2, S. 125–139.

HINNE, C. (2008): Mergers & Acquisitions Management. Bedeutung und Erfolgsbeitrag unternehmensinterner M&A-Dienstleister, Wiesbaden 2008.

HIß, S. B. (2006): Warum übernehmen Unternehmen gesellschaftliche Verantwortung? Ein soziologischer Erklärungsversuch, Frankfurt 2006.

HIß, S. B. (2009): Corporate Social Responsibility- Innovation oder Tradition? Zum Wandel der gesellschaftlichen Verantwortung von Unternehmen in Deutschland. In: Zeitschrift für Wirtschafts- und Unternehmensethik, Jg. 10, Heft 3, S. 287–303.

HOFMANN, E. (2004): Strategisches Synergie- und Dissynergiemanagement, 1. Aufl., Lohmar 2004.

HOLTBRÜGGE, D./WELGE, M. K. (2010): Internationales Management. Theorien, Funktionen, Fallstudien, 5. Aufl., Stuttgart 2010.

HÖLTERS, W. (2005): Mergers & Acquisitions. In: Handbuch des Unternehmens- und Beteiligungskaufs. Grundfragen, Bewertung, Finanzierung, Steuerrecht, Arbeitsrecht, Vertragsrecht, Kartellrecht, Börsenrecht, Insolvenzrecht, Internationales Recht, Vertragsbeispiele hrsg. von Hölters, W./ Bauer, J.-H., 6. Aufl., Köln 2005, S. 2–81.

HOLTMANN, D. (2010): Grundlegende multivariate Modelle der sozialwissenschaftlichen Datenanalyse, 3. Aufl., Potsdam 2010.

HOLZBORN, A. (2006): Corporate Social Responsibility in kleinen und mittleren Unternehmen. Grundlagen - Instrumente - Perspektiven, Saarbrücken 2006.

HOMBURG, C. (2000): Kundenbindung im Umfeld von Fusionen und Akquisitionen. In: Management von Akquisitionen. Akquisitionsplanung und Integrationsmanagement hrsg. von Picot, A., Stuttgart 2000, S. 169–180.

HOMBURG, C./BUCERIUS, M. (2006): Is speed of integration really a success factor of mergers and acquisitions? An analysis of the role of internal and external relatedness. In: Strategic Management Journal, Jg. 27, Heft 4, S. 347–367.

HONG, H./STEIN, J. (1999): A Unified Theory of Underreaction, Momentum Trading and Overreaction in Asset Markets. In: The Journal of Finance, Jg. 54, Heft 6, S. 2143–2184.

HORZELLA, A. (2010): Wertsteigerung im M&A-Prozess. Erfolgsfaktoren, Instrumente, Kennzahlen, 1. Aufl., Wiesbaden 2010.

HOUSTON, J./RYNGAERT, M. (1994): The overall gains from large bank mergers. In: Journal of Banking and Finance, Jg. 18, Heft 6, S. 1155–1176.

HUANG, C./BOLCH, B. (1974): On the testing of Regression Disturbances for Normality. In: Journal of American Statistical Association, Jg. 69, Heft 346, S. 330–335.

HÜLLMANN, U. (2003): Wertorientiertes Controlling für eine Management-Holding, München 2003.

HUMPERT, F. (1985): Unternehmensakquisition. Erfahrungen beim Kauf von Unternehmen. In: Die Betriebswirtschaft, Jg. 45, Heft 1, S. 30–41.

HUNGENBERG, H. (2004): Strategisches Management in Unternehmen. Ziele, Prozesse, Verfahren, 3. Aufl., Wiesbaden 2004.

HUNGENBERG, H./WULF, T. (2007): Grundlagen der Unternehmensführung, 3. Aufl., Berlin, Heidelberg 2007.

HUSTED, B. W. (2005): Risk Management, Real Options, Corporate Social Responsibility. In: Journal of Business Ethics, Jg. 60, Heft 2, S. 175–183.

HUSTED, B./ALLEN, D. (2009): Strategic Corporate Social Responsibility and Value Creation. A Study of Multinational Enterprises in Mexico. In: Management International Review, Jg. 49, Heft 6, S. 781–799.

HUTZSCHENREUTER, T./KLEINDIENST, I./SCHMITT, M. (2011): Path-related empirical research on M&A-outcome: review and research agenda. In: Review of Managerial Science, Heft March, S. 1–31.

HYUN, H.-J./KIM, H. H. (2010): The Determinants of Cross-border M&As: The Role of Institutions and Financial Development in the Gravity Model. In: World Economy, Jg. 33, Heft 2, S. 292–310.

IMUG (2006A): Wirkungen von vergleichenden Untersuchungen zur Corporate Social Responsibility bei Verbrauchern. Arbeitspapier 16/2006 2006a.

IMUG (2006B): CSR und Verbraucher. Internetadresse: http://www.imug.de/pdfs/verbraucher/imug_news_Sonderausgabe_CSR_und_Verbraucher_07_03.pdf. Erstelldatum: März 2006. Abfragedatum: 06.04.2010.

INGRAM, R./FRAZIER, K. (1983): Narrative Disclosures in Annual Reports. In: Journal of Business Research, Jg. 11, Heft 1, S. 49–60.

INTERNATIONAL LABOUR ORGANISATION (O.J.): Information Leaflet. Internetadresse: http://www.ilo.org/wcmsp5/groups/public/---dgreports/---dcomm/---webdev/documents/publication/wcms_082361.pdf. Erstelldatum: unbekannt. Abfragedatum: 02.12.2009.

JAMALI, D. (2007): The Case for Strategic Corporate Social Responsibility in Developing Countries. In: Business and Society Review, Jg. 112, Heft 1, S. 1–27.

JANISCH, M. (1993): Das strategische Anspruchsgruppenmanagement. Vom Shareholder-Value zum Stakeholder Value, Bern (u.a.) 1993.

JANSEN, S. A. (2004): Management von Unternehmenszusammenschlüssen: Theorien, Thesen, Test und Tools, Stuttgart 2004.

JANSEN, S. A. (2008): Mergers & Acquisitions. Unternehmensakquisitionen und -kooperationen Eine strategische, organisatorische und kapitalmarkttheoretische Einführung, Wiesbaden 2008.

JANSEN, S. A./KÖRNER, K. (2000): Fusionsmanagement in Deutschland. Eine empirische Analyse von 103 Zusammenschlüssen mit deutscher Beteiligung zwischen 1994 und 1998 unter spezifischer Auswertung der Erfolgswirkungen des Typuses der Fusion, der (Inter-) Nationalität, der Branche und der Unternehmensgröße, 1. Aufl., Witten-Herdecke 2000.

JASTRAM, S. (2007): The link between Corporate Social Responsibility and strategic management. In: CIS Papers, Jg. 17, Heft Oktober, S. 1–17.

JEMISON, D. B./SITKIN, S. (1986): Acquisitions: the process can be a problem. In: Harvard Business Review, Jg. 64, Heft 2, S. 107–116.

JOHNSON, R./GREENING, D. (1999): The Effects of Corporate Governance and Institutional Ownership Types on Corporate Social Performance. In: The Academy of Management Journal, Jg. 42, Heft 5, S. 564–576.

JOHNSTON, J./DINARDO, J. (2008): Econometric methods, 4. Aufl., New York (u.a.) 2008.

JONEN, A. (2007): Semantische Analyse des Risikobegriffs. Strukturierung der betriebswirtschaftlichen Risikodefinition und literaturempirische Auswertung 2007.

JOYNER, B./PAYNE, D. (2002): Evolution and Implementation: A Study of Values, Business Ethics and Corporate Social Responsibility. In: Journal of Business Ethics, Jg. 41, Heft 4, S. 297–311.

JUCHLI, P./MÜLLER, A./ULMER, M. (2006): Wertorientierte Unternehmensführung- Management im Spannungsfeld von Kapitalmarkt und Gesellschaft. In: Wertorientierte

Unternehmensführung. Management im Spannungsfeld von Kapitalmarkt und Gesellschaft: Tagungsband zum 3. DocNet Management Symposium hrsg. von Ulmer, M./ Ernst, E./ Juchli, P. et al., 1. Aufl., Bern 2006, S. 11–20.

KAJÜTER, P. (2004): Risikomanagement im Beteiligungscontrolling. In: Beteiligungscontrolling. Ein Handbuch für die Unternehmens- und Beratungspraxis hrsg. von Littkemann, J./ Zündorf, H., 1. Aufl., Herne 2004, S. 259–282.

KAPLAN, R. S./NORTON, D. P. (1997): Balanced scorecard. Strategien erfolgreich umsetzen, Stuttgart 1997.

KAUFMANN, L./EHRGOTT, M./REIMANN, F. (2008): Der Nutzen anständigen Wirtschaftens. In: Harvard Business Manager, Heft 1, S. 6–12.

KAUP, K. C. (2009): Transaktionserfolg von Mergers & Acquisitions in der Logistik. Die Konsolidierung aus Sicht des Kapitalmarktes, 1. Aufl., Wiesbaden 2009.

KAY, I./SHELTON, M. (2000): The people problem in mergers. In: McKinsey Quarterly, Heft 4, S. 27–37.

KEINERT, C. (2008): Corporate social responsibility as an international strategy, Heidelberg 2008.

KELLER, G. (2002): Risikomanagement bei Unternehmensakquisitionen. Konzeptionelle Grundlagen und Elemente eines Instrumentariums zur Identifikation, Evaluation und Steuerung von Akquisitionsrisiken, München 2002.

KENGELBACH, J./LE GRAND, H./ROOS, A. (2003): Erfolg von M&A-Transaktionen in Downturns. In: Finanz Betrieb, Heft 2, S. 72–78.

KERLER, P. (2000): Mergers & Acquisitions und Shareholder Value, Bern 2000.

KHOTARI, S./WARNER, J. B. (2006): Econometrics of Event Studies 2006.

KIECHEL, W. (1988): Corporate Strategy for the 1990s. In: Fortune, Jg. 1988. Erstelldatum: 29.02.1988, http://money.cnn.com/magazines/fortune/fortune_archive/1988/02/29/70249/index.htm, Erstelldatum: k, Abrufdatum: 04.09.2012.

KIM, Y. J./LEE, W.-N. (2009): Overcoming Consumer Skepticism in Cause-Related Marketing: The Effects of Corporate Social Responsibility and Donation Size Claim Objectivity. In: Journal of Promotion Management, Jg. 15, Heft 4, S. 465–483.

KING, A./LENOX, M. (2001): Does it Really Pay to be Green? An Empirical Study of Firm Environmental and Financial Performance. In: Journal of Industrial Ecology, Jg. 5, Heft 1, S. 105–116.

KING, D. R./DALTON, D. R./DAILY, C. M./COVIN, J. G. (2004): Meta-analyses of post-acquisition performance: indications of unidentified moderators. In: Strategic Management Journal, Jg. 25, Heft 2, S. 187–200.

KING, D./MACKINNON, A. (2001): Who Cares? Community Perceptions in the Marketing of Corporate Citizenship. In: The Journal of Corporate Citizenship, Jg. 3, S. 37–53.

KIRCHHOFF, K. R. (2006): CSR als strategische Herausforderung. In: Erfolgsfaktor Verantwortung. Corporate social responsibility professionell managen hrsg. von Gazdar, K., Berlin 2006, S. 13–33.

KIRCHNER, M. (1991): Strategisches Akquisitionsmanagement im Konzern, Wiesbaden 1991.

KIRSCH, W. (1991): Unternehmenspolitik und strategische Unternehmensführung, 2. Aufl., München 1991.

KITCHING, J. (1967): Why do mergers miscarry? In: Harvard Business Review, Jg. 45, S. 84–103.

KLASSEN, R./MCLAUGHLIN, C. (1996): The Impact of Environmental Management on Firm Performance. In: Management Science, Jg. 42, Heft 8, S. 1199–1214.

KLEIKAMP, C. (2007): Stakeholder Value-Ansatz für ein Leistungsmessungs- und Anreizsystem, Saarbrücken 2007.

KLEINFELD, A./KETTLER, A. (2011): Verantwortung Compliance. Integrität als Bestandteil gesellschaftlicher Verantwortung. In: Corporate social responsibility in kommunalen Unternehmen. Wirtschaftliche Betätigung zwischen öffentlichem Auftrag und gesellschaftlicher Verantwortung hrsg. von Sandber, B./ Lederer, K., Wiesbaden 2011, S. 273–294.

KLEIN, J./DAWAR, N. (2004): Corporate social responsibility and consumers' attributions and brand evaluations in a product-harm crisis. In: International Journal of Research in Marketing, Jg. 21, Heft 3, S. 203–217.

KLOSE, R./WEINERT, S. (2007): Emotionen in M&A-Projekten verstehen und erfolgreich begleiten. In: M&A Review, Heft 9, S. 365–369.

KNEISEL, H. (2007): Financial Due Diligence im Rahmen von M&A-Transaktionen. In: Mergers & Acquisitions. Von der Strategie zur Integration hrsg. von Menz, M., 1. Aufl., Bern, Stuttgart, Wien 2007, S. 85–103.

KOCHER, E. (2004): Unternehmerische Selbstverpflichtung zur sozialen Verantwortung. Erfahrungen mit sozialen Verhaltenskodizes in der transnationalen Produktion. In: RdA, Jg. 57, Heft 1, S. 27–31.

KOCHER, E. (2005): Unternehmerische Selbstverpflichtung im Wettbewerb- Die Transformation von "soft laws" in "hard laws" durch das Wettbewerbsrecht. In: GRUR, Jg. 107, Heft 8, S. 647–652.

KOGELER, R. (1992): Synergiemanagement im Akquisitions- und Integrationsprozess von Unternehmungen. Eine empirische Untersuchung anhand branchenübergreifender Fallstudien, München 1992.

KOHERS, N. (2004): Acquisitions of private targets: the unique shareholder wealth implications. In: Applied Financial Economics, Jg. 14, Heft 16, S. 1151–1165.

KOHLI, A./PRICEWATERHOUSECOOPERS (2006): European M&A: How do deals affect shareholder value? 2006.

KOLBE, C. (1993): Anmerkungen zur Unternehmensakquisition als Form des Markteintritts. In: Management von Unternehmensakquisitionen hrsg. von Gert-M., F./ Stein, I., Stuttgart 1993, S. 187–199.

KOMMISSION DER EUROPÄISCHEN GEMEINSCHAFT (2001): Grünbuch. Europäische Rahmenbedingungen für die soziale Verantwortung von Unternehmen. Internetadresse: http://eur-lex.europa.eu/LexUriServ/LexUriServ.do?uri=COM:2001:0366:FIN:DE:PDF. Erstelldatum: 18.07.2001. Abfragedatum: 06.04.2010.

KONAR, S./COHEN, M. (2001): Does the Market value Environmental Performance? In: The Review of Economics and Statistics, Jg. 83, Heft 2, S. 281–289.

KÖNIG, T./ZORN, N. (2001): Umwelt-Due Diligence bei Unternehmenstransaktionen. In: Due Diligence in der Praxis. Risiken minimieren bei Unternehmenstransaktionen hrsg. von Scott, C., 1. Aufl., Wiesbaden 2001, S. 140–152.

KÖPPL, P. (2003): Power Lobbying: Das Praxishandbuch der Public Affairs. Wie professionelles Lobbying die Unternehmenserfolge absichert und steigert, Wien 2003.

KOTHARI, S. P./WARNER, J. B. (2004): Econometrics of Event Studies. Internetadresse: http://papers.ssrn.com/sol3/papers.cfm?abstract_id=608601. Erstelldatum: 20.10.2004. Abfragedatum: 13.06.2011.

KPMG (2003): Beating the Bears: Making global deals enhance value in the new Millenium.

KPMG (2004): Impact - A survey on environmental due diligence. Internetadresse: http://www.kpmg.co.uk/pubs/208251.pdf. Erstelldatum: 01.05.2004. Abfragedatum: 04.07.2012.

KPMG (2006): The morning after: Driving for post deal success. Internetadresse: http://www.kpmg.com/CN/en/IssuesAndInsights/ArticlesPublications/Documents/Driving-for-post-deal-success-0602.pdf. Erstelldatum: 21.02.2006. Abfragedatum: 15.07.2011.

KPMG (2007): The Determinants of M&A-Success. What Factors Contribute to Deal Success? Internetadresse: http://www.kpmg.com.au/Portals/0/ts_Determinants-of-MA-Success2007.pdf. Erstelldatum: unbekannt. Abfragedatum: 25.11.2011.

KRÄKEL, M. (1999): Organisation und Management, Tübingen 1999.

KRAUS, G./WESTERMANN, R. (1997): Projektmanagement mit System. Organisation, Methoden, Steuerung, Wiesbaden 1997.

KRUG, J. A./HEGARTY, W. H. (2001): Predicting who says and leaves after an acquisition: a study of top managers in multinational firms. In: Strategic Management Journal, Jg. 22, S. 185–197.

KRYSTEK, U. (1999): Unternehmungskultur und Akquisition. In: Zeitschrift für Betriebswirtschaft, Heft 5, S. 539–565.

KÜBLER, R. (1996): Management strategisch motivierter Akquisitionsprojekte. Ein prozeßorientierter Ansatz zur Durchführung von Unternehmenskäufen, Bergisch Gladbach 1996.

KUHLEN, B. (2005): Corporate Social Responsibility, Baden-Baden 2005.

KUHN, L. (2008): Was ist die Triple Bottom Line. In: Harvard Business Manager Edition, Jg. 1, Heft 1, S. 12.

KÜRSTEN, W./MECKL, R./KROSTEWITZ, A. (2007): Value-Based M&A-Management- der M&A-Prozess im Lichte des Shareholder Value-Prinzips. In: Die Unternehmung, Jg. 61, Heft 2, S. 157–178.

KÜSKÜ, F. (2007): From necessity to responsibility: evidence for corporate environmental citizenship activities from a developing country perspective. In: Corporate Social Responsibility and Environmental Management, Jg. 14, Heft 2, S. 74–87.

KUSTER, J./HUBER, E./LIPPMANN, R./SCHMID, A./SCHNEIDER, E./WITSCHI, U./WÜST, R. (2008): Handbuch Projektmanagement, 2. Aufl., Berlin, Heidelberg 2008.

LAABS, J.-P./SCHIERECK, D. (2010): The long-term success of M&A in the automotive supply industry: determinants of capital market performance. In: Journal of Economics and Finance, Jg. 34, Heft 1, S. 61–88.

LAJOUX, A. R./ELSON, C. (2011): The art of M&A due diligence. Navigating critical steps and uncovering crucial data, 2. Aufl., New York 2011.

LANKOSKI, L. (2006): Environmental and Economic Performance. The Basic Links. In: Managing the business case for sustainability hrsg. von Schaltegger, S./ Wagner, M., Sheffield 2006, S. 32–46.

LANTOS, G. P. (2001): The Boundaries of Strategic Corporate Social Responsibility. Internetadresse: http://faculty.stonehill.edu/glantos/Lantos1/PDF_Folder/Pub_arts_pdf/Strategic%20CSR.pdf. Erstelldatum: 01.06.2001. Abfragedatum: 06.04.2010.

LEE, M.-D. P. (2008): A review of the theories of corporate social responsibility. Its evolutionary path and the road ahead. In: International Journal of Management Reviews, Jg. 10, Heft 1, S. 53–73.

LEISCH, F. C./LOHNER, A. (2009): Compliance-Risiken im Transaktionsgeschäft. In: M&A Review, Heft 3, S. 133–136.

LEITZ, C. (2009): Corporate Social Responsibility - Stand der Forschung und Entwicklungstrends, Frankfurt am Main 2009.

LENHARD, R. (2008): Erfolgsfaktoren von Mergers & Acquisitions in der europäischen Telekommunikationsindustrie 2008.

LIEBENER, S. (1999): Economies of Scope - eine theoretische Analyse von Unternehmenszusammenschlüssen mit dem Ziel der Realisierung von Verbundeffekten, Berlin 1999.

LIN, C. Y.-Y./WEI, Y.-C. (2006): The Role of Business Ethics in Merger and Acquisition Success: An Empirical Study. In: Journal of Business Ethics, Heft 69, S. 95–109.

LINDSTÄDT, H. (2006): Ziele, Motive und Kriterien für Unternehmenszusammenschlüsse. Wertorientierung aus strategischer Perspektive. In: Handbuch Mergers & Acquisitions Management hrsg. von Wirtz, B. W., 1. Aufl., Wiesbaden 2006.

LIS, B. (2010): Corporate Social Responsibility. Eine empirische Analyse des Einflusses auf potentielle Arbeitnehmer, Hamburg 2010.

LITKE, H.-D. (2007): Projektmanagement. Methoden, Techniken, Verhaltensweisen, evolutionäres Projektmanagement, 5. Aufl., München 2007.

LIU, X./JIA, S./LI, F. (2011): Corporate social responsibility as a legitimate concern for Chinese enterprises: An analysis of media depictions. In: Public Relations Review, Jg. 37, Heft 3, S. 207–216.

LOCKE, R. (2002): The Promise and Perils of Globalization: The Case of Nike. In: MIT IPC Working Paper, Jg. 02, Heft 008, S. 39–70.

LOCKETT, A./MOON, J./VISSER, W. (2006): Corporate Social Responsibility in Management Research: Focus, Nature, Salience and Sources of Influence. In: Journal of Management Studies, Jg. 43, Heft 1, S. 115–136.

LOEW, T. (2006): CSR in der Supply Chain. Herausforderungen und Ansatzpunkte für Unternehmen. Internetadresse: http://www.4sustainability.org/downloads/Loew_2006_CSR_in_der_Supply-Chain.pdf. Erstelldatum: unbekannt. Abfragedatum: 19.03.2010.

LOEW, T./ANKELE, K./BRAUN, S./CLAUSEN, J. (2004): Bedeutung der CSR-Diskussion für Nachhaltigkeit und die Anforderungen an Unternehmen. Internetadresse: http://www.ioew.de/uploads/tx_ukioewdb/future-IOEW_CSR-Studie_Kurzfassung.pdf. Erstelldatum: 30.06.2004. Abfragedatum: 06.04.2010.

LOEW, T./BRAUN, S. (2006): Organisatorische Umsetzung von CSR. Vom Umweltmanagement zur Sustainable Corporate Governance. Internetadresse: http://www.4sustainability.org/downloads/Loew_Braun_2006_Organisatorische_Umsetzung_von_CSR.pdf. Erstelldatum: unbekannt. Abfragedatum: 10.03.2008.

LOEW, T./CLAUSEN, J./ROHDE, A. (2011): CSR und Risikomanagement: Gesetzliches und freiwilliges Risikomanagement und die Rolle von Corporate Social Responsibility. Internetadresse: http://www.4sustainability.de/fileadmin/redakteur/bilder/Publikationen/Loew-Clausen-Rohde_CSR_und_Risikomanagement_2011.pdf. Erstelldatum: unbekannt. Abfragedatum: 09.09.2012.

LOGSDON, J. M./THOMAS, D. E./VAN BUREN, H. (2006): Corporate Social Responsibility in Large Mexican Firms. In: The Journal of Corporate Citizenship, Jg. 21, Heft Spring, S. 51–60.

LÖHR, K. (2005): Erfolgsfaktoren bei Unternehmensübernahmen der Pharma- und Biotechnologiebranche. Eine empirische Analyse, 1. Aufl., Norderstedt 2005.

LONG, S./ERVIN, L. (2000): Using Heteroscedasticity Consistent Standard Errors in the Linear Regression Model. In: The American Statistican, Jg. 54, Heft 3, S. 217–224.

LUBATKIN, M./SCHULZE, W. S./MAINKAR, A./COTTERILL, R. W. (2001): Ecological investigation of firm effects in horizontal mergers. In: Strategic Management Journal, Jg. 22, Heft 4, S. 335–357.

LUCKS, K. (2002): Die Organisation von M&A in internationalen Konzernen. In: Die Unternehmung, Jg. 56, Heft 4, S. 197–211.

LUCKS, K. (2005): Mergers & Acquisitions: A Systematic Procedure for Success. In: Working Papers der Fachhochschule Ingolstadt, Heft 9.

LUCKS, K./MECKL, R. (2002): Internationale Mergers & Acquisitions. Der prozessorientierte Ansatz, Berlin 2002.

LÜCK, W. (1998): Elemente des Risikomanagements. In: Der Betriebswirt, Jg. 1, Heft 2, S. 8–14.

LÜCK, W. (2000): Managementrisiken. In: Praxis des Risikomanagements. Grundlagen, Kategorien, branchenspezifische und strukturelle Aspekte hrsg. von Dörner, D./ Horváth, P./ Kagerman, H., Stuttgart 2000, S. 311–343.

LUHMANN, N. (2003): Soziologie des Risikos, 1991. Aufl., Berlin, New York 2003.

LUO, X./BHATTACHARYA, C. B. (2006): Corporate Social Responsibility, Customer Satisfaction and Market Value. In: Journal of Marketing Research, Jg. 70, Heft 1, S. 1–18.

MAAß, F. (2009): Kooperative Ansätze im Corporate Citizenship. Erfolgsfaktoren gemeinschaftlichen Bürgerengagements von Unternehmen im deutschen Mittelstand, 1. Aufl., München 2009.

MACKINLAY, C. (1997): Event Studies in Economics and Finance. In: Journal of Economic Literature, Jg. 35, Heft 3, S. 13–39.

MADAUSS, B. J. (2000): Handbuch Projektmanagement. Mit Handlungsanleitungen für Industriebetriebe, Unternehmensberater und Behörden, 6. Aufl., Stuttgart 2000.

MAIGNAN, I./FERRELL, O. C./HULT, G. T. (1999): Corporate Citizenship: Cultural Antecedents and Business Benefits. In: Journal of the Academy of Marketing Science, Jg. 27, Heft 4, S. 455–469.

MAINZER, U. (2005): Der verfassungsrechtliche Schutz der Stiftungen in der ersten Hälfte des 19. Jahrhunderts. Zu den historischen Grundlagen des modernen Stiftungsrechts, Aachen 2005.

MAKNI, R./FRANCOEUR, C./BELLAVANCE, F. (2009): Causality Between Corporate Social Performance and Financial Performance: Evidence from Canadian Firms. In: Journal of Business Ethics, Jg. 89, Heft 3, S. 409–422.

MALATESTA, P./THOMPSON, R. (1985): Partially Anticipated Events. A Model of Stock Price Reactions with an Application to Corporate Acquisitions. In: Journal of Financial Economics, Jg. 14, Heft 2, S. 237–250.

MANNE, H./WALLICH, H. (1972): Modern corporation and social responsibility, Washington, D.C 1972.

MARCH, J./SHAPIRA Z. (1987): Managerial Perspectives on Risk and Risk Taking. In: Management Science, Jg. 33, Heft 11, S. 1404–1418.

MARGOLIS, J. D./WALSH, J. P. (2003): Misery Loves Companies: Rethinking Social Initiatives by Business. In: Administrative Science Quarterly, Jg. 48, Heft 2, S. 268.

MARKS, M. L./MARVIS, P./BRAJKOVICH, L. (2001): Making Mergers and Acquisitions Work: Strategic and Psychological Preparation. In: The Academy of Management Journal, Jg. 15, Heft 2, S. 80–95.

MARKS, M. L./MIRVIS, P. H. (1997): Previsiting the Merger Syndrome: Dealing with Stress. In: Mergers & Acquisitions, Jg. 31, Heft 6, S. 21–27.

MARSDEN, C./ANDRIOF, J. (1998): Towards an Understanding of Corporate Citizenship and How to Influence it. In: Citizenship Studies, Jg. 2, Heft 2, S. 329–352.

MARTEN, K.-U./KÖHLER, A. (1999): Due Diligence in Deutschland. In: Finanz Betrieb, Jg. 36, Heft 11, S. 337–348.

MARTYNOVA, M./OOSTING, S./RENNEBOOG, L. (2006): The long-term operation performance of European mergers and acquisitions. In: Finance Working Paper, Jg. 137, Heft 6.

MARTYNOVA, M./RENNEBOOG, L. (2006): Mergers and Acquisitions in Europe. In: Discussion Paper, Heft 6.

MATTEN, D./MOON, J. (2008): "Implicit" and "Explicit" CSR: A conceptual framework for a comparative understanding of corporate social responsibility. In: Academy of Management Review, Jg. 33, Heft 2, S. 404–424.

MAYERHOFER, W./GRUSCH, L./MERTZBACH, M. (2008): Corporate Social Responsibility. Einfluss auf die Einstellung zu Unternehmen und Marken, Wien 2008.

MCINTOSH, M. (2003): Living corporate citizenship. Strategic routes to socially responsible business, London (u.a.) 2003.

MCWILLIAMS, A./SIEGEL, D. S. (1997): Event Studies in Management Research: Theoretical and Empirical Issues. In: The Academy of Management Journal, Jg. 40, Heft 3, S. 626–657.

MCWILLIAMS, A./SIEGEL, D. S. (2000): Corporate Social Responsibility and Financial Performance: Correlation or Misspecification? In: Strategic Management Journal, Jg. 21, Heft 5, S. 603–609.

MCWILLIAMS, A./SIEGEL, D. S. (2001): Corporate Social Responsibility: a theory of the firm perspective. In: Academy of Business Review, Jg. 26, Heft 1, S. 117–127.

McWilliams, A./Siegel, D. S. (2002): Additional Reflections on the Strategic Implications of Corporate Social Responsibility. In: The Academy of Management Journal, Jg. 27, Heft 1, S. 15–16.

McWilliams, A./Siegel, D. S./Wright, P. (2006): Corporate Social Responsibility: Strategic Implications. In: Journal of Management Studies, Jg. 43, Heft 1, S. 1–18.

Meckl, R. (2004): M&A und Ethik. In: Jahrbuch Mergers & Acquisitions hrsg. von Lucks, K., Wiesbaden 2004, S. 24–27.

Meckl, R. (2005): Mergers & Acquisitions: Ethische Herausforderungen von Unternehmenszusammenschlüssen. In: Globalisierung der Wirtschaft. Segen oder Fluch? hrsg. von Lachmann, W./ Haupt, R./ Farmer, K., Münster, Berlin, Hamburg, London, Wien 2005, S. 61–81.

Meckl, R. (2010): Internationales Management, 2. Aufl., München 2010.

Meckl, R./Hawranek, F. (2006): Eine M&A-Balanced-Scorecard als Managementinstrument für M&A-Prozesse. In: Strategisches Management von Mergers & Acquisitions. State of the Art in Deutschland und Österreich hrsg. von Borowicz, F./ Mittermair, K., Wiesbaden 2006, S. 91–116.

Meckl, R./Sodeik, N./Fischer, L.-J. (2006): Erfolgsfaktoren für Mergers & Acquisitions - Ergebnisse einer empirischen Studie. In: Prozessorientiertes M&A-Management. Strategien, Prozesse, Erfolgsfaktoren hrsg. von Seidenschwarz, W./ Bielenberg, K., München 2006, S. 163–182.

Meffert, H. (1991): Strategisches Ökologie-Management. In: Ökologie-Management als strategischer Wettbewerbsfaktor hrsg. von Coenenberg, A. G./ Weise, E./ Eckrich, K., Stuttgart 1991, S. 7–32.

Meggison, W./Morgan, A./Nail, L. (2004): The determinants of positive long-term performance in strategic mergers: Corporate focus and cash. In: Journal of Banking & Finance, Jg. 28, Heft 3, S. 523–552.

Mellert, S. (2009): Compliance bei M&A-Transaktionen. In: Compliance in der Unternehmerpraxis hrsg. von Wecker, G./ van Laak, H., 2. Auflage, Wiesbaden 2009, S. 87–96.

Mentz, M. (2006): Mergers & Acquisitions in der Automobilzulieferindustrie. Wertschöpfungspotentiale durch internationale Positionierung, 1. Aufl., Wiesbaden 2006.

Metz, M. (2002): Controlling des Integrationsprozesses bei Mergers & Acquisitions, 1. Aufl., Wiesbaden 2002.

Meyer, K./Lieb-Dóczy (2003): Post-Acquisition Restructuring as Evolutionary Process. In: Journal of Management Studies, Jg. 40, Heft March, S. 459–483.

Michel, U./Roß, A. (2001): Wertorientiertes Beteiligungsmanagement. Wie Kapitalbeteiligungsgesellschaften ihre Beteiligungen erfolgreich managen können. In: Kostenrechnungspraxis, Jg. 45, Heft 1, S. 83–88.

MIKOSCH, L. (2010): Umwelt Due Diligence. Ein bewährter Weg zur Erfassung und Bewertung von Umweltrisiken bei Unternehmenstransaktionen. In: Angewandte Geographie. Aktuelle Raumentwicklungsstrategien und Lösungsansätze umweltbezogener Problemfelder hrsg. von Megerle, H./ Eberle, D., Tübingen 2010, S. 93–106.

MITTERMAIR, K./KNOUREK, A. (2006): Cross Border-M&A. In: Strategisches Management von Mergers & Acquisitions. State of the Art in Deutschland und Österreich hrsg. von Borowicz, F./ Mittermair, K., Wiesbaden 2006, S. 23-40.

MODIGLIANI, F./POGUE, G. (1974): An Introduction to risk and return. Concepts and Evidence. In: Financial Analysts Journal, Heft May-June, S. 69–86.

MOELLER, S. B./SCHLINGEMANN, F. P. (2005): Global diversification and bidder gains: A comparison between cross-border and domestic acquisitions. In: Journal of Banking & Finance, Jg. 29, Heft 3, S. 533–564.

MOELLER, S. B./SCHLINGEMANN, F. P./STULZ, R. M. (2004): Firm size and the gains from acquisitions. In: Journal of Financial Economics, Jg. 73, Heft 2, S. 201–228.

MOHR, L./WEBB, D./HARRIS, K. (2001): Do Consumers Expect Companies to be Socially Responsible? The Impact of Corporate Social Responsibility on Buying Behavior. In: Journal of Consumer Affairs, Jg. 35, Heft 1, S. 45–72.

MOIR, L. (2001): What do we Mean by Corporate Social Responsibility? In: Corporate Governance and Finance, Jg. 1, Heft 2, S. 16–22.

MONTGOMERY, D. R. C. (2003): Corporate Social Responsibility. Reputation Effects on MBA Job Choice 2003.

MOON, J./VOGEL, D. (2009): Corporate Social Responsibility, Government and Civil Society. In: The Oxford handbook of corporate social responsibility hrsg. von Crane, A., Oxford 2009, S. 303–323.

MORGAN, S. (2009): The impact of Corporate Social Responsibility on Mergers and Acquisitions 2009.

MORI (2000): The First Ever European Survey of Consumers' attitudes towards Corporate Social Responsibility, Brüssel 2000.

MOSKOWITZ, M. (1972): Choosing Socially Responsible Stocks. In: Business and Society Review, Jg. 1, Heft 1, S. 71–75.

MOXTER, A. (1983): Grundsätze ordnungsmäßiger Unternehmensbewertung, 2. Aufl., Wiesbaden 1983.

MUEHLFELD, K./SAHIB, P. R. (2007): Completion or Abandonment of Mergers and Acquisitions: Evidence from the Newspaper Industry, 1981-2000. In: Journal of Media Economics, Jg. 20, Heft 2, S. 107–137.

MUELLER, D. (1969): The Theory of Conglomerate Mergers. In: Quarterly Journal of Economics, Jg. 83, Heft 4, S. 643–659.

MÜLLER, M./GOMES DOS SANTOS, V./SEURING, S. (2008): Eine vergleichende Analyse der Legimität von drei sozial-ökologischen Branchenstandards. In: Corporate Social Responsibility. Trend oder Modeerscheinung hrsg. von Müller, M./ Schaltegger, S., München 2008, S. 109–123.

MÜLLER, M./SCHALTEGGER, S. (2008): CSR zwischen unternehmerischer Vergangenheitsbewältigung und Zukunftsorientierung. In: Corporate Social Responsibility. Trend oder Modeerscheinung hrsg. von Müller, M./ Schaltegger, S., München 2008, S. 17–35.

MÜLLER-STEWENS, G./LECHNER, C. (2005): Strategisches Management. Wie strategische Initiativen zum Wandel führen, 3. Aufl., Stuttgart 2005.

MÜLLER-STEWENS, G./SPICKERS, J./DEISS, C. (1999): Mergers & Acquisitions. Markttendenzen und Beraterprofile, Stuttgart 1999.

MÜNSTERMANN, M. (2007): Corporate Social Responsibility. Ausgestaltung und Steuerung von CSR-Aktivitäten, Wiesbaden 2007.

MUTZ, G. (2008): Corporate Volunteering I. In: Handbuch Corporate Citizenship hrsg. von Habisch, A./ Schmidpeter Rene/ Neureiter, M., Berlin 2008, S. 241–249.

NAGOS, P. (1991): Externe Berichterstattung - Information für "Stakeholders", Zürich 1991.

NEWEY, W./WEST, K. (1987): Hypothesis Testing with Efficient Method of Moments Estimation. In: International Economic Review, Jg. 28, Heft 3, S. 777-767.

NIJHOF, A./BRUIJN, T. DE/HONDERS, H. (2008): Partnerships for corporate social responsibility: A review of concepts and strategic options. In: Management Decision, Jg. 46, Heft 1, S. 152–167.

NOWAK, K. (2003): Marktorientierte Unternehmensbewertung. Discounted Cash Flow, Realoption, Economic Value Added und der Direct Comparison Approach, 2. Aufl., Wiesbaden 2003.

OBERNDORFER, U./WAGNER, M. (2010): Die Rolle des Nachhaltigkeitsmanagements für den Börsenwert von Unternehmen. Eine ereignisstudienbasierte Untersuchung der DAX-30, Berlin 2010.

ODGEN, S./WATSON, R. (1999): Corporate Performance and Stakeholder Management: Balancing shareholder and customer interests in the U.K. privatized water industry. In: Academy of Management Journal, Jg. 42, Heft 5, S. 526–538.

OEHLER, A./UNSER, M. (2001): Finanzwirtschaftliches Risikomanagement, Berlin (u.a.) 2001.

OERKE, M. (1999): Ad-Hoc-Mitteilungen und deutscher Aktienmarkt. Marktreaktion auf Informationen, Wiesbaden 1999.

OFORI, D. F./HINSON, R. E. (2007): Corporate social responsibility (CSR) perspectives of leading firms in Ghana. In: Corporate Governance, Jg. 7, Heft 2, S. 178–193.

OLIVEIRA, J. DE (2006): Corporate Citizenship in Latin America. In: The Journal of Corporate Citizenship, Jg. 21, Heft Spring, S. 17–20.

ORLITZKY, M. (2008): Corporate Social Performance and Financial Performance: A Research Synthesis. In: The Oxford handbook of corporate social responsibility hrsg. von Crane, A./ McWilliams, A./ Matten, D. et al., Oxford (u.a.) 2008, S. 113–136.

ORLITZKY, M. O. /. F. L. /. S. L. (2003): Corporate Social and Financial Performance: A Meta-Analysis. In: Organization Studies, Jg. 24, Heft 3, S. 403–442.

ORLITZKY, M./BENJAMIN, J. D. (2001): Corporate Social Performance and Firm Risk: A Meta-Analytic Review. In: Business & Society, Jg. 40, Heft 4, S. 369–396.

OSSADNIK, W. (1995): Die Aufteilung von Synergieeffekten bei Fusionen, Stuttgart 1995.

PAAR, S. (2005): Die Kommunikation von Corporate Citizenship, Dissertation Nr. 3055, Bamberg 2005.

PABLO, A. L. (1999): Managerial risk interpretations: does industry make a difference? In: Journal of Managerial Psychology, Jg. 14, Heft 2, S. 92–108.

PACK, H. (2005): Due Diligence. In: Handbuch Mergers & Acquisitions. Planung, Durchführung, Integration hrsg. von Picot, G./ Bartels, E., 3. Aufl., Stuttgart 2005, S. 287–320.

PAINE, L. S. (1994): Managing for Organizational Integrity. In: Harvard Business Review, Jg. 72, Heft 2, S. 106–117.

PAPADAKIS, V. M. (2005): The role of broader context and the communication program in merger and acquisition implementation success. In: Management Decision, Jg. 43, Heft 2, S. 236–255.

PAPROTTKA, S. (1996): Unternehmenszusammenschlüsse. Synergiepotentiale und ihre Umsetzungsmöglichkeiten durch Integration, Wiesbaden 1996.

PAUL, C./SIEGEL, D. S. (2006): Corporate Social Responsibility and Economic Performance. In: Journal of Business Ethics, Jg. 15, Heft 3, S. 207–221.

PAUSENBERGER, E. (1989): Zur Systematik von Unternehmenszusammenschlüssen. In: Betriebswirtschaftslehre WISU, Heft 11, S. 621-626.

PAUSER, S. H. (2007): M&A in der Bauindustrie. Werteffekte und Erfolgsdeterminanten, 1. Aufl., Wiesbaden 2007.

PAVA, M./KRAUSZ, J. (1996): The Association between Corporate Social Responsibility and Financial Performance: The Paradox of Social Cost. In: Journal of Business Ethics, Jg. 15, Heft 3, S. 321–357.

PEEMÖLLER, V./REINEL-NEUMANN, B. (2009): Corporate Governance und Corporate Compliance im Akquisitionsprozess. In: Bilanzrecht und Betriebswirtschaft, Jg. 64, Heft 5, S. 206–210.

PENG, M. W. (2009): Global business, Mason, Ohio 2009.

PENROSE, E. T. (2009): The theory of the growth of the firm, 4. Aufl., Oxford, New York 2009.

PENZEL, H.-G. (2000): Klare Strategie und Zielausrichtung: Erfolgsfaktoren für das Post-Merger-Management in Banken. In: Zeitschrift für Führung und Organisation, Jg. 69, Heft 1, S. 25–36.

PERNSTEINER, H. (2011): Ethisch orientierte Investments und die Konsequenzen für Unternehmen. In: M&A Review, Jg. 22, Heft 12, S. VI.

PFINGSTEN, A./BREITMEYER, C./EGGERS, F./HAKENES, H./RECHTIEN, C./RIESO, S. (2000): Armutsmaße als Downside-Risikomaße: Ein Weg zu Risikomaßen, die dem Value-at-Risk überlegen sind. In: Handbuch Risikomanagement hrsg. von Johanning, L./ Rudolph, B., Bad Soden 2000, S. 85–107.

PFÖHLER, M./HERMANN, M. (1997): Grundsätze zur Durchführung von Umwelt-Due-Diligence. In: Die Wirtschaftsprüfung, Heft 18, S. 628–635.

PICKEN, L. G. (2003): Unternehmensvereinigungen und Shareholder-Value, Frankfurt am Main (u.a.) 2003.

PICOT, A./DIETL, H./FRANCK, E. (2005): Organisation. Eine ökonomische Perspektive, 4. Aufl., Stuttgart 2005.

PICOT, G. (2005): Wirtschaftsrechtliche Aspekte der Durchführung von Mergers & Acquisitions, insbesondere der Gestaltung des Transaktionsvertrages. In: Handbuch Mergers & Acquisitions. Planung, Durchführung, Integration hrsg. von Picot, G./ Bartels, E., 3. Aufl., Stuttgart 2005, S. 121–286.

PICOT, G. (2008): Das vorvertragliche Verhandlungsstadium bei der Durchführung von Mergers & Acquisitions. In: Handbuch Mergers & Acquisitions. Planung - Durchführung - Integration hrsg. von Picot, G., 4. Aufl., Stuttgart 2008, S. 156–205.

PISER, M. (2004): Strategisches Performance-Management, Wiesbaden 2004.

PORTER, M. (1990): The Competitive Advantage of Nations. In: Harvard Business Review, Jg. 90, Heft 2, S. 73–93.

PORTER, M. E. (1985): Competitive advantage. Creating and sustaining superior performance, New York, London 1985.

PORTER, M. E./KRAMER, M. (2007): Corporate Social Responsibility. In: Harvard Business Manager, Heft 1, S. 16–34.

PORTER, M./KRAMER, M. (2008): Wohltaten mit System. In: Harvard Business Manager Edition, Jg. 1/2008, S. 7–20.

PRESTON, L./O´BANNON, D. (1997): The Corporate Social-Financial Performance Relationship. A Typology and Analysis. In: Business & Society, Jg. 36, Heft 4, S. 419–429.

PRICEWATERHOUSECOOPERS (2009A): Post Merger Integration Study 2009. Zielgerade oder Achterbahn? Internetadresse: http://www.imaa-institute.org/docs/m&a/pwc_13_post%20merger%20integration%20study%202009.pdf?

PHPSESSID=6bfa4fa04e4caa9d75ddf8c4de43ee2f. Erstelldatum: Juli 2009. Abfragedatum: 25.11.2011.

PRICEWATERHOUSECOOPERS (2009B): Post Merger Integration Survey 2009. European Results. Delivering Deal Value. Internetadresse: http://www.pwc.com/gx/en/delivering-deal-value-consulting/publications/assets/pmi-euro-survey-2009.pdf. Erstelldatum: unbekannt. Abfragedatum: 25.11.2011.

QUAZI, A. M./O´BRIEN, D. (2000): An Empirical Test of a Cross-national Model of Corporate Social Responsibility. In: Journal of Business Ethics, Jg. 25, Heft 1, S. 33–51.

RADEMACHER, M. (2011): Prozess- und wertorientiertes Controlling von M&A-Projekten, 1. Aufl., Lohmar (u.a.) 2011.

RAFFÉE, H./EISELE, J. (1993): Erfolgsfaktoren des Joint-Venture-Management. Grundlagen und erste Ergebnisse einer empirischen Untersuchung, Mannheim 1993.

RALL, W. (2002): Internes versus externes Wachstum. In: Wachstumsstrategien internationaler Unternehmungen. Internes vs. externes Unternehmenswachstum hrsg. von Glaum, M./ Hommel, U./ Thomaschewski, D., Stuttgart 2002, S. 3–19.

RANFT, A./LORD, M. (2002): Acquiring New Technologies and Capabilities: A grounded model of Acquisition. In: Organization Science, Jg. 13, Heft 4, S. 420–441.

RAPPAPORT, A. (1979): Strategic analysis for more profitable acquisitions. In: Harvard Business Review, Jg. 57, Heft Juli/August, S. 99–110.

RAPPAPORT, A./KLIEN, W. (1999): Shareholder value. Ein Handbuch für Manager und Investoren, 2. Aufl., Stuttgart 1999.

RAPPAPORT, A./SIROWER, M. (1999): Stock or Cash? The trade-offs for buyers and sellers in Mergers and Acquisitions. In: Harvard Business Review, Heft November/Dezember.

RAY, S. (2008): A case study of shell at Sakhalin: having a whale of a time? In: Corporate Social Responsibility and Environmental Management, Jg. 15, Heft 3, S. 173–185.

REICHERT, T. (2002): Sozialstandards in der Weltwirtschaft, Eschborn 2002.

REICHMANN, T. (2001): Controlling mit Kennzahlen und Managementberichten. Grundlagen einer systemgestützten Controlling-Konzeption, 6. Aufl., München 2001.

REISSNER, S. (1992): Synergiemanagement und Akquisitionserfolg, Wiesbaden 1992.

RENNINGS, K. /. M. A. (2006): The Economic Performance of European Stock Corporations. Does Sustainability Matter? In: Managing the business case for sustainability hrsg. von Schaltegger, S./ Wagner, M., Sheffield 2006, S. 196–210.

RICHTER, F. (2005): Mergers & Acquisitions. Investmentanalyse, Finanzierung und Prozessmanagement, München 2005.

RIEDEL, F. (2010): Value-based Mergers & Acquisitions-Management. Die Steigerung des Shareholder Value durch M&A, 1. Aufl., Hamburg 2010.

RIEDER, M./FALGE, S. (2010): Compliance-Due Diligence. dargestellt am Beispiel der Anti-Korruptions Due Diligence. In: Compliance. Aufbau - Management - Risikobereiche hrsg. von Görling, H./ Bannenberg, B., Heidelberg (u.a.) 2010, S. 407–429.

RIESS, B. (2006): Verantwortung für die Gesellschaft - verantwortlich für das Geschäft. Ein Management-Handbuch, Gütersloh 2006.

RIETH, L. (2009): Global governance und corporate social responsibility. Welchen Einfluss haben der UN Global Compact, die Global Reporting Initiative und die OECD Leitsätze auf das CSR-Engagement deutscher Unternehmen?, Opladen (u.a.) 2009.

RIORDAN, C./GATEWOOD, R./BILL, J. B. (1997): Corporate Image: Employee Reactions and Implications for Managing Corporate Social Performance. In: Journal of Business Ethics, Jg. 16, Heft 4, S. 401–412.

RIVOLI, P. (2003): Making a Difference or Making a Statement? Finance Research and Socially Responsible Investment. In: Business Ethics Quarterly, Jg. 13, Heft 3, S. 271–287.

ROBBINS, S. P./CAMPBELL, T. T./JUDGE, T. A. (2010): Organizational behaviour, Harlow (u.a.) 2010.

ROBERTS, P./DOWLING, G. (2002): Corporate Reputation and Sustained Superior Financial Performance. In: Strategic Management Journal, Jg. 23, S. 1077-1039.

ROCKHOLTZ, C. (1999): Marktwertorientiertes Akquisitionsmanagement. Due Diligence-Konzeption zur Identifikation, Beurteilung und Realisation akquisitionsbedingter Synergiepotentiale, Frankfurt am Main 1999.

ROCKHOLTZ, C. (2011): Due Diligence-Konzeption zum synergieorientierten Akquisitionsmanagement. In: Due Diligence bei Unternehmensakquisitionen hrsg. von Berens, W./ Brauner, H./ Strauch, J., 6. Aufl., Stuttgart 2011, S. 177–199.

RODERMANN, M. (1999): Strategisches Synergiemanagement, Wiesbaden 1999.

ROECK, K./SWAEN, V. (2010): The role of CSR on employees´post-merger organizational identification 2010.

ROLL, R. (1986): The Hubris Hypotheses of Corporate Takeovers. In: The Journal of Business, Jg. 2, Heft 1, S. 197–216.

ROMEIKE, F. (2003): Erfolgsfaktor Risiko-Management. Chance für Industrie und Handel, 1. Aufl., Wiesbaden 2003.

ROMEIKE, F. (2005): Modernes Risikomanagement. Die Markt-, Kredit- und operationellen Risiken zukunftsorientiert steuern, 1. Aufl., Weinheim 2005.

ROSENKRANZ, F./MISSLER-BEHR, M. (2005): Unternehmensrisiken erkennen und Managen. Einführung in die quantitative Planung, Berlin 2005.

ROVIT, S./LEMIRE, C. (2003): Your Best M&A Strategy. Smart deal makers methodically acquire through good times and bad. In: Harvard Business Review, Jg. 81, S. 16–18.

RUDOLPH, B./JOHANNING, L. (2000): Entwicklungslinien im Risikomanagement. In: Handbuch Risikomanagement hrsg. von Johanning, L./ Rudolph, B., Bad Soden 2000, S. 15–52.

RUF, B./MURALIDHAR, K./BROWN, R./JANNEY, J./PAUL, K. (2001): An Empirical Investigation of the Relationship between Change in Corporate Social Performance and Financial Performance: A Stakeholder Theory Perspective. In: Journal of Business Ethics, Jg. 32, Heft 2, S. 143–156.

RUSSO, M./FOUTS, P. (1997): A Resource-Based Perspective on Corporate Environmental Performance and Profitability. In: The Academy of Management Journal, Jg. 40, Heft 3, S. 534–559.

RYAN, A. (1973): The philosophy of social explanation, London 1973.

SACKMANN, S. A. (2002): Unternehmenskultur. Erkennen - Entwickeln - Verändern, Neuwied 2002.

SALIGER, E. (2003): Betriebswirtschaftliche Entscheidungstheorie. Einführung in die Logik individueller und kollektiver Entscheidungen, 5. Aufl., München, Wien 2003.

SALMONES, M. D. M. G. L. DE/CRESPO, A. H./BOSQUE, I. R. D. (2005): Influence of Corporate Social Responsibility on Loyalty and Valuation of Services. In: Journal of Business Ethics, Jg. 61, Heft 4, S. 369–385.

SALTER, M./WEINHOLD, W. (1981): Choosing compatible acquisitions. Through a tailor-made screening system, companies can find a profitable match. In: Harvard Business Review, Jg. 59, Heft 1, S. 117–127.

SAMSINGER, R./SCHIESSL, E. (2005): Nachhaltigkeitsberichterstattung in Österreich nach den Richtlinien der Global Reporting Initiative (GRI) 2002. Internetadresse: http://www.arbeiterkammer.at/bilder/d22/NHBinOe2004.pdf. Erstelldatum: unbekannt. Abfragedatum: 18.03.2010.

SANDLER, G. (1991): Synergie: Konzept, Messung und Realisation - Verdeutlicht am Beispiel der horizontalen Diversifikation durch Akquisition, Bamberg 1991.

SAUERWEIN, E./THURNER, M. (1998): Der Risiko-Management-Prozess im Überblick. In: Betriebliches Risikomanagement hrsg. von Hinterhuber, H. H./ Sauerwein, E./ Fohler-Norek, C., Wien, Berlin 1998, S. 19–39.

SAUTER-SACHS, S. (1992): Die unternehmerische Umwelt. Konzept aus Sicht des Zürcher Ansatzes zur Führungslehre. In: Die Unternehmung, Jg. 1, Heft 3, S. 183–204.

SCHÄFER, H./BEER, J./ZENKER, J./FERNANDES, P. (2006): Who is who in Corporate Social Responsibility Rating? A survey of internationally established rating systems that measure Corporate Social Responsibility, Gütersloh 2006.

SCHALTEGGER, S./SYNNESTVEDT, T. (2002): The Link between "green" and economic success: environmental management as the crucial trigger between environmental and economic performance. In: Journal of Environmental Management, Jg. 65, Heft 5, S. 339–346.

SCHEIN, E. H. (1985): Organizational Culture and Leadership, San Francisco 1985.

SCHEIN, E. H. (2009): Organisationskultur. The Ed Schein Corporate culture survival guide, 3. Aufl., Bergisch Gladbach 2009.

SCHELLE, H./OTTMANN, R./PFEIFFER, A. (2008): ProjektManager, 3. Aufl., Nürnberg 2008.

SCHENK, A. (1998): Bewertung und Kontrolle von industriellen Sachrisiken. In: Betriebliches Risikomanagement hrsg. von Hinterhuber, H. H./ Sauerwein, E./ Fohler-Norek, C., Wien, Berlin 1998, S. 85–115.

SCHERRER, C./GREVEN, T. (1999): Soziale Konditionalisierung des Welthandels. Die Instrumente Sozialklausel, Verhaltenskodex und Gütesiegel in der Diskussion, Bonn 1999.

SCHIERENBECK, H./LISTER, M. (2002): Value Controlling. Grundlagen wertorientierter Unternehmensführung, 2. Aufl., München, Wien 2002.

SCHLITTGEN, R. (2008): Einführung in die Statistik. Analyse und Modellierung von Daten, 11. Aufl., München 2008.

SCHLITTGEN, R./STREITBERG, B. (2001): Zeitreihenanalyse 2001.

SCHLOTER, C. (2004): Vertrauen als Grundlage von Stakeholderbeziehungen. In: Zeitschrift für Führung und Organisation, Jg. 73, Heft 4, S. 202–206.

SCHLUND, M. (2007): Corporate Social Responsibility (CSR) - eine Sozialinnovation der Unternehmen für die Gesellschaft? In: Herausforderungen einer zukunftsorientierten Unternehmenspolitik hrsg. von Gramlich, D./ Träger, M. 2007, S. 65–89.

SCHMAUTZER, D. (2008): Cross-Border Bank Mergers: Who Gains and Why?, Frankfurt am Main, New York 2008.

SCHMIDT, S./VOGT, P./SCHRIBER, S. (2005): Ansätze und Ergebnisse angloamerikanischer M&A-Forschung. In: Journal für Betriebswirtschaft JfB, Jg. 55, S. 297–319.

SCHNELL, R./HILL, P. B./ESSER, E. (2008): Methoden der empirischen Sozialforschung, 8. Aufl., München 2008.

SCHNIETZ, K./EPSTEIN, M. (2005): Exploring the financial value of a reputation for Corporate Social Responsibility during a crisis. In: Corporate Reputation Review, Jg. 7, Heft 4, S. 327–345.

SCHOLZ, J. (2000): Wert und Bewertung internationaler Akquisitionen, Wiesbaden 2000.

SCHRAMM, P. (2012): Corporate Social Responsibility (CSR) und Risikomanagement. Vorschlag eines ganzheitlichen praxisnahen CSR-basierten Risikomanagementsystems, Hamburg 2012.

SCHRANZ, M. (2007): Wirtschaft zwischen Profit und Moral, Wiesbaden 2007.

SCHRECK, P. (2009): The Business Case for Corporate Social Responsibility. Understanding and Measuring Economic Impacts of Corporate Social Performance, Heidelberg 2009.

SCHRECK, P. (2011): Erfolgswirkungen von Umwelt- und Sozialstandards: Empirische Erkenntnisse zu CSR als Business Case. Internetadresse: http://www.eineweltnetzwerkbayern.de/fileadmin/assets/Publikationen/csr2/csr2-schreck.pdf. Erstelldatum: unbekannt. Abfragedatum: 07.11.2011.

SCHRECK, P. (2012): Der Business Case for Corporate Social Responsibility. In: Corporate Social Responsibility. Verantwortungsvolle Unternehmensführung in Theorie und Praxis hrsg. von Schneider, A./ Schmidpeter Rene, Berlin, Heidelberg 2012, S. 67–86.

SCHREYÖGG, G. (2003): Organisation. Grundlagen moderner Organisationsgestaltung, 4. Aufl., Wiesbaden 2003.

SCHULER, D. A./CORDING, M. (2006): A corporate social performance-corporate financial performance behavioural model for consumers. In: Academy of Management Review, Jg. 31, Heft 3, S. 540–558.

SCHWAAB, M.-O. (2003): Fusionen - Herausforderungen für das Personalmanagement. In: Fusionen. Herausforderungen für das Personalmanagement hrsg. von Schwaab, M.-O./ Dahl, H.-G./ Hesse, J. et al., Heidelberg 2003, S. 17–44.

SCHWAIGER, M. (2004): Components and Parameters of Corporate Reputation - an empirical Study. In: Schmalenbach Business Review, Jg. 56, S. 46–71.

SCHWALBACH, J./SCHWERK, A. (2008): Corporate Governance und Corporate Citizenship. In: Handbuch Corporate Citizenship hrsg. von Habisch, A./ Schmidpeter Rene/ Neureiter, M., Berlin 2008, S. 71–85.

SCHWALBE, U. (2005): Die Berücksichtigung von Effizienzgewinnen in der Fusionskontrolle-Ökonomische Aspekte. In: Effizienz und Wettbewerb hrsg. von Böge, U./ Oberender, P., Berlin 2005, S. 63–94.

SCHWEIGER, D./IVANCEVICH, J./POWER, F. (1987): Executive Actions For Managing Human Resources Before and After Acquisition. In: Academy of Management Executive, Jg. 1, Heft 2, S. 127–138.

SCHWERK, A. (2008): Strategisches gesellschaftliches Engagement und gute Corporate Governance. In: Corporate Citizenship in Deutschland hrsg. von Backhaus-Maul, H., Wiesbaden 2008, S. 121–145.

SEIDEL, G. R. (1995): Kritische Erfolgsfaktoren bei Unternehmensübernahmen. Eine Analyse der US-Bankenbranche, Wiesbaden 1995.

SEMLER, F.-J. (2005): Der Unternehmens- und Beteiligungskaufvertrag. In: Handbuch des Unternehmens- und Beteiligungskaufs. Grundfragen, Bewertung, Finanzierung, Steuerrecht, Arbeitsrecht, Vertragsrecht, Kartellrecht, Börsenrecht, Insolvenzrecht, Internationales Recht, Vertragsbeispiele hrsg. von Hölters, W./ Bauer, J.-H., 6. Aufl., Köln 2005, S. 652–750.

SENN, M./TRAWNIKA, P. (2009): M&A- Vor dem Ja-Wort. Gestaffelte Operational Due Diligence zur frühzeitigen Erkennung von M&A-Risiken und Reduzierung von Implementierungsaufwand. In: M&A Review, Heft 10, S. 441–446.

SEN, S./BHATTACHARYA, C. B. (2001): Does Doing Good always lead to doing better? Consumer Relations to Corporate Social Responsibility. In: Journal of Marketing Research, Jg. 38, Heft 2, S. 225–243.

SERRA, A. P. (2002): Event Study Tests. A brief survey. In: Working Papers University de Porto, Heft 117.

SETH, A. (1990): Sources of Value Creation in Acquisitions: An empirical investigation. In: Strategic Management Journal, Jg. 11, Heft 6, S. 431–446.

SETH, A./SONG, K. P./PETTIT, R. R. (2002): Value creation and destruction in cross-border acquisitions: an empirical analysis of foreign acquisitions of U.S. firms. In: Strategic Management Journal, Jg. 23, Heft 10, S. 921–940.

SIEGEL, D. S./VITALIANO, D. (2006): An Empirical Analysis of the Strategic Use of Corporate Social Responsibility. In: Rensselaer Working Papers in Economics, Heft 0602, S. 1–20.

SILBERER, G./KÖPLER, B.-H./MARQUARDT, J. (2000): Kommunikation mit Kunst im Unternehmen. Optionen, Strategien, Potenziale, Frankfurt am Main 2000.

SINKOVICS, R./ZAGELMEYER, S./KUSSTATSCHER, V. (2011): Between merger and syndrome: The intermediary role of emotions in four cross-border M&As. In: International Business Review, Jg. 20, Heft 1, S. 27–47.

SIROWER, M. L. (1997): The synergy trap. How companies lose the acquisition game, New York 1997.

SLOPEK, D. E. (2009): Unternehmenskauf Light: Die Red Flag Due Diligence. In: M&A Review, Heft 2, S. 56–59.

SMIDTS, A./PRUYN, A. T. H./VAN RIEL, C. (2001): The Impact of Employee Communication and Perceived External Prestige on Organizational Identification. In: The Academy of Management Journal, Jg. 44, Heft 5, S. 1051–1062.

SMITH, C. N. (2003): Corporate Social Responsibility: Whether or How? In: California Management Review, Jg. 45, Heft 4, S. 52–76.

SPICER, A./DUNFEE, T./BAILEY, W. (2004): Does national content matter in ethical decision making? An empirical test of integrative social contracts theory. In: Academy of Management Journal, Jg. 47, Heft 4, S. 610–620.

SPICKERS, J. (1995): Unternehmenskauf und Organisation. Gestaltungs- und Erklärungsdimensionen eines ganzheitlich-systemorientierten Akquisitionsmanagements, Bern 1995.

SPILLER, R. (2000): Ethical Business and Investment: A Model for Business and Society. In: Journal of Business Ethics, Jg. 27, Heft 1/2, S. 149–160.

STAHL, G./VOIGT, A. (2008): Do Cultural Differences Matter in Mergers and Acquisitions? A Tentative Model and Examination. In: Organization Science, Jg. 19, Heft January-February, S. 160–176.

STAHLKE, N. H. (2007): Erfolgsfaktoren bei Mergers & Acquisitions in der deutschen Energiewirtschaft. Theoretische Fundierung und empirische Analyse unter Berücksichtigung einer Befragung von Führungskräften aus der Energiewirtschaft, 1. Aufl., Herrsching 2007.

STEGER, U. (1993): Umweltmanagement. Erfahrungen und Instrumente einer umweltorientierten Unternehmensstrategie, 2. Aufl., Frankfurt am Main, Wiesbaden 1993.

STEGMANN, R. (2002): Der Erfolg von Unternehmenszusammenschlüssen. Kritische Faktoren und Handlungsempfehlungen, 1. Aufl., Wiesbaden 2002.

STERN, J. M./SHIELY, J. S./ROSS, I./BERTHEAU, N. (2002): Wertorientierte Unternehmensführung mit E(conomic) V(alue) A(dded). Strategie, Umsetzung, Praxisbeispiele, 1. Aufl., München 2002.

STIEFL, J. (2005): Finanzmanagement. Unter besonderer Berücksichtigung von kleinen und mittelständischen Unternehmen, München 2005.

STIEFL, J./WESTERHOLT, K. v. (2008): Wertorientiertes Management. Wie der Unternehmenswert gesteigert werden kann, München, Wien 2008.

STRACHWITZ, R./REIMER, S. (2008): Stiftungen. In: Handbuch Corporate Citizenship hrsg. von Habisch, A./ Schmidpeter Rene/ Neureiter, M., Berlin 2008, S. 217–230.

STRASSER, B. (2000): Informationsasymmetrien bei Unternehmensakquisitionen, Frankfurt am Main 2000.

STRONG, N. (1992): Modelling Abnormal Returns: A Review Article. In: Journal of Business, Finance & Accounting, Jg. 19, Heft 4, S. 533–553.

STÜHRENBERG, L./STREICH, D./HENKE, J. (2003): Wertorientierte Unternehmensführung. Theoretische Konzepte und empirische Befunde, 1. Aufl., Wiesbaden 2003.

SUDARSANAM, P. S. (2010): Creating value from mergers and acquisitions. The challenges, 2. Aufl., Harlow, New York 2010.

SUDARSANAM, S. (2006): Hostile or friendly takeover? Does it matter? In: Handbuch Mergers & Acquisitions Management hrsg. von Wirtz, B. W., 1. Aufl., Wiesbaden 2006, S. 265–285.

SULLIVAN, L. H. (2009): The Global Sullivan Principles. Internetadresse: http://thesullivanfoundation.org/about/global-sullivan-principles. Erstelldatum: unbekannt. Abfragedatum: 06.04.2010.

TAJFEL, H./TURNER, J. (1985): The social identity theory of intergroup behavior. In: Psychology of intergroup relations hrsg. von Worchel, S./ Austin, W. G., Chicago 1985, S. 7–24.

TANEJA, S. S./TANEJA, P. K./GUPTA, R. (2011): Researches in Corporate Social Responsibility: A Review of Shifting Focus, Paradigms and Methodologies. In: Journal of Business Ethics, Jg. 101, Heft 3, S. 323–364.

TANG, L./LI, H. (2009): Corporate Social Responsibility communication of Chinese and global corporations in China. In: Public Relations Review, Jg. 35, Heft 3, S. 199–212.

THE BOSTON CONSULTING GROUP (2010): Accelerating Out of the Great Recession: Seize the Opportunities in M&A. Internetadresse: http://www.bcg.com/documents/file52102.pdf. Erstelldatum: June 2010. Abfragedatum: 28.06.2011.

THIELEMANN, U. (2005): Compliance und Integrity- Zwei Seiten ethisch integrierter Unternehmenssteuerung. Lektionen aus dem Compliance-Management einer Großbank. In: zfwu, Jg. 6, Heft 1, S. 31–45.

THOMAS, G./NOWAK, M. (2006): Corporate Social Responsibility: A Definition. GSB Working Paper No. 62, Curtin University of Technology, Perth 2006.

THOMAS, I. (2008): Grenzüberschreitende Mergers & Acquisitions. Erfolg und Erfolgsfaktoren internationaler Unternehmenszusammenschlüsse in Japan, Marburg 2008.

TIROLE, J. (1995): Industrieökonomik, München 1995.

TOURANI RAD, A./VAN BEEK, L. (1999): Market Valuation of European Bank Mergers. In: European Management Journal, Jg. 17, Heft 5, S. 532–540.

TOWERS PERRIN (2004): HR Rises to the Challenge: Unlocking the Value of M&A. Internetadresse: http://www.imaa-institute.org/docs/m&a/towersperrin_11_TP%20Track%202004%20M&A%20Report.pdf. Erstelldatum: unbekannt. Abfragedatum: 24.06.2011.

TOWERS WATSON (2010): Mergers & Acquisitions: HR als kritischer Erfolgsfaktor in M&A-Deals. Ergebnisbericht Towers Watson Pulse Survey. Internetadresse: http://www.towerswatson.com/assets/pdf/1717/m_and_a_pulse_survey.pdf. Erstelldatum: April 2010. Abfragedatum: 25.11.2011.

TRAUTWEIN, F. (2008): Merger Motives and Merger Prescriptions. In: Mergers and Acquisitions hrsg. von Krug, J. A., Los Angeles 2008, S. 110–126.

TRZICKY, N. (1999): Stakeholder einer Fusion und deren Feinbilder. In: Fusionen. Gestalten und Kommunizieren hrsg. von Henckel Donnersmarck, M.-E. von/ Bebenroth, R., 2. Aufl., Bonn (u.a.) 1999, S. 43–62.

TSCHÖKE, K./KLEMEN, B. (2010): M&A-Zyklus- Warten auf den Aufschwung. In: M&A Review, Heft 2, S. 82–87.

TUCH, C./O`SULLIVAN, B. (2007): The impact of acquisitions on firm performance: A review of the evidence. In: International Journal of Management Reviews, Jg. 9, Heft 2, S. 141–170.

UNCTAD (1999): The Social Responsibility of transnational corporations. Internetadresse: http://www.unctad.org/en/docs/poiteiitm21.en.pdf. Erstelldatum: Oktober 1999. Abfragedatum: 26.10.2009.

UNGERATH, M./HOGNINGEN-HUENE, J. (2005): PMI: Integrationserfolg zwischen Konsens und Durchsetzungskraft. 2. Global PMI Survey von AT Kearney. In: M&A Review, Heft 3, S. 131–132.

UNITED NATIONS WORLD COMMISSION ON ENVIRONMENT AND DEVELOPMENT (1987): Our Common Future. "Brundtland Report". Internetadresse: http://www.un-documents.net/wced-ocf.htm. Erstelldatum: unbekannt. Abfragedatum: 14.08.2011.

URBAN, D./MAYERL, J. (2011): Regressionsanalyse. Theorie, Technik und Anwendung, 4. Aufl., Wiesbaden 2011.

VAARA, E. (2003): Post-acquisition Integration as Sensemaking: Glimpses of Ambiguity, Confusion, Hypocrisy and Politicization. In: Journal of Management Studies, Jg. 40, Heft 4, S. 859–895.

VALCÁRCEL, S. (1992): Ermittlung und Beurteilung des "strategischen Zuschlags" als Brücke zwischen Unternehmenswert und Marktpreis. In: Der Betrieb, Jg. 45, Heft 12, S. 589–595.

VERY, P./SCHWEIGER, D. (2001): The Acquisitions Process as a Learning Process: Evidence from a Study of Critical Problems and Solutions in domestic and cross-border deals. In: Journal of World Business, Jg. 36, Heft 1, S. 11–31.

VIVARTA, V./CANELA, G. (2006): Corporate Social Responsibility in Brazil. In: The Journal of Corporate Citizenship, Jg. 21, Heft Spring, S. 95–106.

VIVES, A. (2006): Social and Environmental Responsibility in Small and Medium Enterprises in Latin America. In: Journal of Corporate Citizenship, Jg. 21, Heft Spring, S. 39–50.

VOGEL, D. H./SCHUMANN, W. (2002): M&A - Ideal und Wirklichkeit, 1. Aufl., Wiesbaden 2002.

WAAS, M. (2005): "Wagnis Mensch" im M&A-Prozess. Eine verhaltenstheoretische Risikoanalyse, 1. Aufl., Wiesbaden 2005.

WADDOCK, S. (2000): The Multiple Bottom Lines of Corporate Citizenship: Social Investing, Reputation and Responsibility Audits. In: Business and Society Review, Jg. 105, Heft 3, S. 323–345.

WADDOCK, S. (2003): Myths and Realities of Social Investing. In: Organization & Environment, Jg. 16, Heft 3, S. 369–380.

WADDOCK, S./GRAVES, S. (1997): The Corporate Social Performance - Financial Performance Link. In: Strategic Management Journal, Jg. 18, Heft 4, S. 303–319.

WAHBA, H. (2008): Does the market value corporate environmental responsibility? An empirical examination. In: Corporate Social Responsibility and Environmental Management, Jg. 15, Heft 2, S. 89–99.

WALSH, G./WIEDERMAN, K.-P. (2004): A Conceptualization of Corporate Reputation in Germany: An Evaluation and Extension of the RQ. In: Corporate Reputation Review, Jg. 6, Heft 4, S. 304–312.

WALSH, J. P./WEBER, K./MARGOLIS, J. (2003): Social Issues and Management: Our Lost Cause Found. In: Journal of Management, Jg. 29, Heft 6, S. 859–881.

WANG, J./CHAUDHRI, V. (2009): Corporate social responsibility engagement and communication by Chinese companies. In: Public Relations Review, Jg. 35, Heft 3, S. 247–250.

WANG, T./BANSAL, P. (2012): Social responsibility in new ventures: profiting from a long-term orientation. In: Strategic Management Journal, Jg. 33, Heft 10, S. 1135–1153.

WEAVER, G./TREVINO, L. K./COCHRAN, P. I. (1999): Integrated and decoupled corporate social performance: management commitments, external pressures and corporate ethics practices. In: Academy of Management Journal, Jg. 42, Heft 5, S. 539–552.

WEBER, J./WEIßENBERGER, B. E./LIEKWEG, A. (2005): Risk tracking and reporting. Unternehmerisches Chancen- und Risikomanagement nach dem KonTraG, Weinheim 2005.

WEBER, Y./SHENKAR, O./RAVEH, A. (1996): National and Corporate Cultural Fit in Mergers & Acquisitions: An Exploratory Study. In: Management Science, Jg. 42, Heft 8, S. 1215–1227.

WECKER, G./GALLA, S. (2009): Pflichten der Geschäftsleitung & Aufbau einer Compliance Organisation. In: Compliance in der Unternehmerpraxis hrsg. von Wecker, G./ van Laak, H., 2. Auflage, Wiesbaden 2009, S. 49–72.

WEGMANN, J./KOCH, W. (2000): Due Diligence - Unternehmensanalyse durch externe Gutachter. Due Diligence als neuer Analysestandard. In: DStR, Heft 24, S. 1027–1032.

WEGNER, M. (2004): Das Prinzip Nachhaltigkeit im Spannungsfeld von globalem Anspruch und lokaler Umsetzung. Internetadresse: http://www.opus-bayern.de/ku-eichstaett/volltexte/2004/26/pdf/disswegner.pdf. Erstelldatum: 14.12.2004. Abfragedatum: 06.04.2010.

WEINMANN, M. (2004): Wertorientiertes Management von Unternehmenszusammenschlüssen, Frankfurt am Main (u.a.) 2004.

WEISMÜLLER, A. (1997): Akquisitionscontrolling bei Mannesmann. In: Schmalenbachs Zeitschrift für betriebswirtschaftliche Forschung, Jg. 49, Heft 10, S. 892–911.

WELGE, M. K./AL-LAHAM, A. (2005): Strategisches Management. Grundlagen - Prozess - Implementierung, 4. Aufl., Wiesbaden 2005.

WELGE, M. K./HOLTBRÜGGE, D. (2006): Internationales Management. Theorien, Funktionen, Fallstudien, 4. Aufl., Stuttgart 2006.

WESTEBBE, A./LOGAN, D. (1995): Corporate Citizenship. Unternehmen im gesellschaftlichen Dialog, Wiesbaden 1995.

WHITE, H. (1980): A Heteroskedasticity-Consistent Covariance Matrix Estimator and a Direct Test for Heteroskedasticity. In: Econometrica, Jg. 48, Heft 4, S. 817–838.

WIEDERKEHR, B./ZÜGER, R.-M. (2010): Risikomanagementsystem im Unternehmen. Grundlagen mit zahlreichen Beispielen, Repetitionsfragen und Antworten, 1. Aufl., Zürich 2010.

WIEDERMAN, K.-P. (2006): RQ-Messkonzept als Basis einer differenzierten Erfassung der Unternehmensreputation. In: Wirtschaftswissenschaftliches Studium (Wist), Jg. 35, Heft 3, S. 147–154.

WIELAND, J. (2003): Corporate Citizenship. In: Corporate Citizenship und strategische Unternehmenskommunikation in der Praxis hrsg. von Behrent, M., Mering 2003, S. 13–19.

WIELAND, J. (2005): Corporate-Citizenship-Management. Eine Zukunftsaufgabe für Unternehmen? In: Corporate Citizenship. Gesellschaftliches Engagement- unternehmerischer Nutzen hrsg. von Wieland, J./ Conradi, W., Marburg 2005, S. 9–21.

WINDSOR, D. (2001A): Corporate Citizenship. Evolution and interpretation. In: Perspectives on Corporate Citizenship hrsg. von Andriof, J./ McIntosh, M., Sheffield, UK 2001, S. 39–52.

WINDSOR, D. (2001B): The Future of Corporate Responsibility. In: International Journal of Organizational Analysis, Jg. 9, Heft 3, S. 225–256.

WIRTZ, B. W. (2003): Mergers & Acquisitions Management. Strategie und Organisation von Unternehmenszusammenschlüssen, 1. Aufl., Wiesbaden 2003.

WITTMANN, E. (2000): Risikomanagement im internationalen Konzern. In: Praxis des Risikomanagements. Grundlagen, Kategorien, branchenspezifische und strukturelle Aspekte hrsg. von Dörner, D./ Horváth, P./ Kagerman, H., Stuttgart 2000, S. 789–820.

WÖGINGER, H. (2004): Das Synergy-Value-Konzept. Synergien bei Mergers & Acquisitions, 1. Aufl., Wiesbaden 2004.

WÖHLER, C./CUMPELIK, C. (2006): Orchestrierung des M&A-Transaktionsprozesses in der Praxis. In: Handbuch Mergers & Acquisitions Management hrsg. von Wirtz, B. W., 1. Aufl., Wiesbaden 2006, S. 451–470.

WOLF, J. (2011): Organisation, Management, Unternehmensführung. Theorien, Praxisbeispiele und Kritik, 4. Aufl., Wiesbaden 2011.

WOLF, K./RUNZHEIMER, B. (2009): Risikomanagement und KonTraG. Konzeption und Implementierung, 5. Aufl., Wiesbaden 2009.

WOLKE, T. (2008): Risikomanagement, 2. Aufl., München (u.a.) 2008.

WOOD, D. (1995): Introduction: The Fortune Database as a CSP Measure. In: Business & Society, Jg. 34, Heft 2, S. 197–198.

WORLD ECONOMIC FORUM (2002): Global Corporate Citizenship. The Leadership Challenge for CEOs and Boards. Internetadresse: http://members.weforum.org/pdf/GCCI/GCC_CEOstatement.pdfhttps://members.weforum.org/pdf/GCCI/GCC_CEOstatement.pdf. Erstelldatum: unbekannt. Abfragedatum: 10.11.2011.

WORLD ECONOMIC FORUM (2011): Global Risks 2011. An initiative of the Risk Response Network, 6. Aufl. 2011.

WORTMANN, A. (2001): Shareholder Value in mittelständischen Wachstumsunternehmen, 1. Aufl., Wiesbaden 2001.

WRIGHT, P./KROLL, M./LADO, A./VAN NESS, B. (2002): The structure of ownership and corporate acquisition strategies. In: Strategic Management Journal, Jg. 23, Heft 1, S. 41–53.

WÜHLE, M. (2007): Mit CSR zum Unternehmenserfolg. Gesellschaftliche Verantwortung als Wertschöpfungsfaktor, Saarbrücken 2007.

WU, M.-L. (2006): Corporate Social Performance, Corporate Financial Performance and Firm Size: A Meta-Analysis. In: The Journal of American Academy of Business, Jg. 8, Heft 1, S. 163–171.

ZAHN, E./FOSCHIANI, S./TILEBEIN, M. (2000): Wissen und Strategiekompetenz als Basis für die Wettbewerbsfähigkeit von Unternehmen. In: Die Ressourcen- und Kompetenzperspektive des strategischen Managements hrsg. von Freiling, J./ Hammann, P., Wiesbaden 2000, S. 47–68.

ZIELASEK, G. (1999): Projektmanagement als Führungskonzept. Erfolgreich durch Aktivierung aller Unternehmensebenen, 2. Aufl., Berlin 1999.

ZIMMER, R. (2003): Die Durchsetzung internationaler Mindeststandards von Arbeitsbedingungen. Verhaltenskodizes als Ergänzung zum Völkerrecht. In: Forum Recht, Heft 4, S. 125–127.

ZIMMER, R. (2006): Corporate Social Responsibility. Ausübung sozialer Verantwortung als Pflicht des Unternehmens. Internetadresse: http://www.euro-betriebsrat.de/pdf/wlcsr.pdf. Abfragedatum: 23.05.2011.

ZIMMER, R. (2008): Soziale Mindeststandards und ihre Durchsetzungsmechanismen. Sicherung internationaler Mindeststandards durch Verhaltenskodizes?, Baden-Baden 2008.

ZOLLO, M./LESHCHINKSKII, D. (2000): Can Firms Learn to Aquire? Do Markets Notice? Working Paper 00-01 2000.

ZOLLO, M./SINGH, H. (2004): Deliberate learning in corporate acquisitions: post-acquisition strategies and integration capability in U.S. bank mergers. In: Strategic Management Journal, Jg. 25, Heft 13, S. 1233–1256.

ELEKTRONISCHES QUELLENVERZEICHNIS

WWW.AMILLAMINUTE.WORDPRESS.COM (2012): Is M&A starting to be driven by sustainability issues? Internetadresse: http://amillaminute.wordpress.com/2012/03/23/is-ma-starting-to-be-driven-by-sustainability-issues/. Erstelldatum: 23.03.2012. Abfragedatum: 26.09.2012.

WWW.BMU.DE (2007): Nachhaltigkeitsberichterstattung von Unternehmen. Status Quo Report Deutschland 2007. Internetadresse: http://www.bmu.de/files/pdfs/allgemhttps://www.bmu.de/files/pdfs/allgemein/application/pdf/nachhaltigkeit_statusbericht2007.pdfein/application/pdf/nachhaltigkeit_statusbericht2007.pdf. Erstelldatum: September 2007. Abfragedatum: 26.06.2011.

WWW.BMU.DE (2011): Verantwortung neu denken. Risikomanagement und CSR. Internetadresse: http://www.bmu.de/files/pdfs/allgemein/application/pdf/broschuere_csr_veranwortung_bf.pdf. Erstelldatum: März 2011. Abfragedatum: 30.06.2012.

WWW.DIGITALJOURNAL.COM (2010): Greenpeace boycotts Nestle: "Don´t have a Kit Kat break today". Internetadresse: http://www.digitaljournal.com/article/289481. Erstelldatum: 23.03.2010. Abfragedatum: 12.09.2012.

WWW.ECONOMIST.COM (2005): The good company. Internetadresse: http://www.economist.com/node/3555212. Erstelldatum: 20.01.2005. Abfragedatum: 10.11.2011.

WWW.ETHICALCONSUMER.ORG (2006): L´Oreal to take over Body Shop. Internetadresse: http://www.ethicalconsumer.org/mediainfo/lorealandthebodyshop.aspx. Erstelldatum: 17.03.2006. Abfragedatum: 26.09.2012.

WWW.ETHICALCONSUMER.ORG (2012): Takeovers of ethical companies. Internetadresse: http://www.ethicalconsumer.org/commentanalysis/features/ethicalcompanytakeovers.aspx. Erstelldatum: July/August 2012. Abfragedatum: 24.08.2012.

WWW.FOCUS.DE (2011): Massenkollaps bei H&M-Zulieferer. Internetadresse: http://www.focus.de/finanzen/news/unternehmen/schlechte-arbeitsbedingungen-massenkollaps-bei-hundm-zulieferer_aid_658925.html. Erstelldatum: 25.08.2011. Abfragedatum: 22.08.2012.

WWW.OEKOM-RESERACH.COM (2012): Oekom country rating. Internetadresse: http://oekom-research.com/index.php?content=country-ratinghttp://oekom-research.com/index.php?content=country-rating. Abfragedatum: 24.08.2012.

WWW.SPIEGEL.DE (2010): Aldi-Kritiker prangern Ausbeutung an. Internetadresse: http://www.spiegel.de/wirtschaft/unternehmen/werbepersiflage-aldi-kritiker-prangern-ausbeutung-an-a-721597.html. Abfragedatum: 07.10.2010.

WWW.SPIEGEL.DE (2012): Inspektoren decken Missstände bei Apple-Zulieferer Foxconn auf. Internetadresse: http://www.spiegel.de/netzwelt/gadgets/inspektoren-kritisieren-bedingungen-bei-apple-zulieferer-foxconn-a-824698.html. Abfragedatum: 30.03.2012.

WWW.THEBODYSHOP.DE (2012): Werte & Kampagnen. Internetadresse: http://www.thebodyshop.de/values-campaigns/index.aspx. Abfragedatum: 22.08.2012.

WWW.UNGLOBALCOMPACT.ORG (2005): Warum teilnehmen? Eine Teilnahme am Global Compact bringt zahlreiche Vorteile mit sich. Internetadresse: http://www.unglobalcompact.org/languages/german/de-gc-flyer-05.pdf. Erstelldatum: unbekannt. Abfragedatum: 02.12.2009.

WWW.UNGLOBALCOMPACT.ORG (2011): UN Global Compact Participants. Internetadresse: http://www.unglobalcompact.org/ParticipantsAndStakeholders. Erstelldatum: 28.07.2011. Abfragedatum: 05.10.2012.

PLANUNG, ORGANISATION UND UNTERNEHMUNGSFÜHRUNG

Herausgegeben von Prof. Dr. Dr. h. c. Norbert Szyperski, Köln, Prof. Dr. Udo Winand, Kassel, Prof. (em.) Dr. Joachim Griese, Bern, Prof. Dr. Harald F. O. von Kortzfleisch, Koblenz, und Prof. Dr. Ludwig Theuvsen, Göttingen

Band 128
Michaela Schaschke
Kultivierung von Kundenwissen – Ein Systematisierungsrahmen für das Customer Knowledge Management
Lohmar – Köln 2010 • 372 S. • € 65,- (D) • ISBN 978-3-89936-975-5

Band 129
Swantje Hartmann
External Embeddedness of Subsidiaries – Influences on Product Innovation in MNCs
Lohmar – Köln 2011 • 392 S. • € 66,- (D) • ISBN 978-3-8441-0037-2

Band 130
Melanie Kramp
Zukunftsperspektiven für das Prozessmanagement – Der Umgang mit Komplexität
Lohmar – Köln 2011 • 304 S. • € 59,- (D) • ISBN 978-3-8441-0069-3

Band 131
Andreas Palm
Post Merger Integration von Unternehmenskulturen – Interkulturelles Integrationskonzept unter besonderer Berücksichtigung einer ganzheitlichen Kommunikationsstrategie
Lohmar – Köln 2012 • 192 S. • € 49,- (D) • ISBN 978-3-8441-0137-9

Band 132
Katja Theuerkorn
Corporate Social Responsibility als Erfolgsfaktor bei M&A-Transaktionen
Lohmar – Köln 2013 • 360 S. • € 64,- (D) • ISBN 978-3-8441-0233-8

JOSEF EUL VERLAG